Waarom wilde natuur niet meer bestaat

Voor Yasha, mijn favoriete dier

Emma Marris

Waarom wilde natuur niet meer bestaat

Een nieuwe kijk op de relatie tussen mens en dier

Nieuw Amsterdam

Oorspronkelijke titel *Wild Souls: Freedom and Flourishing in the Non-Human World*
Oorspronkelijke uitgever Bloomsbury Publishing, New York

Tekstredactie Marianne Tieleman
Correctie Jeroen Teitler
Register Ewout van der Hoog
Ontwerp omslag Rouwhorst + Van Roon
NUR 410
ISBN 978 90 468 2984 4
www.nieuwamsterdam.nl

MIX
Papier van verantwoorde herkomst
FSC® C004472
FSC www.fsc.org

INHOUD

Bloei is altijd wederzijds.

— ROBIN WALL KIMMERER

1

De vlucht van de kauaikruiper

Om mijn veertigste verjaardag te vieren, besloot ik in het paradijs naar uitsterving te gaan kijken. Op een heldere, winderige dag in december meldde ik mij op de helikopterlandingsplaats van Lihue Airport op het eiland Kauai, waar enkele ecologen in vliegenierspakken klaar zaten voor een vlucht. Rondom ons fladderden roodkuifkardinalen, opvallende vogels met grijze rugveren, witte borstveren en een ceriserode kop en borstvlek. Deze prachtige zangvogels zijn in Zuid-Amerika inheems. Op Hawaï zijn ze in 1928 ingevoerd,[1] als een van de meer dan vijftig vogelsoorten die zich in deze archipel hebben gevestigd sinds de komst van de mens.[2] In het laagland zie je vooral deze talrijke nieuwkomers heen en weer schieten tussen planten die zijn meegenomen uit Brazilië, Australië, Madagascar en elders. Om de oorspronkelijk bewoners te zien moeten we verder omhoog, naar de in mist gehulde bergen.

Toen de Hawaïaanse eilanden miljoenen jaren geleden ontstonden uit vulkanische uitbarstingen, was er nog geen leven. Het waren kale rotsen. Tot de eerste mensen er arriveerden – heel recent, voor geologische begrippen – was elke soort die op Hawaï leefde te herleiden tot een voorloper die erin geslaagd was duizenden kilometers oceaan over te steken. Alle vogels waren nakomelingen van de 27 soorten die in een ver verleden naar deze eilanden waren gevlogen of gewaaid. Eenmaal in de nieuwe habitat aangekomen leerde hun kroost gaandeweg het nieuwe voedsel eten en daarbij te gedijen. De gewone raaf wist de eilanden te bereiken en evolueerde in de kleinere hawaïkraai of 'alalā. In de loop der tijd zijn uit één soort honingkruiper 47 verschillende soorten voortgekomen. Destijds waren er op Hawaï nog geen muggen, dus de vogels schakelden hun immunologische afweer uit die ze hadden ontwikkeld tegen de vele ziekten die deze insecten bij zich dragen.

Een rode helikopter werd kortstondig aan de grond gezet en drie ecologen met waterdichte rugzakken onder hun arm klauterden aan boord. De piloot had zijn motoren niet uitgezet en steeg weer snel op. Er stopte een auto waaruit een kleine vrouw met krullend haar stapte: Lisa 'Cali' Crampton, sinds 2010 de leider van het Kaua'i Forest Bird Recovery Project. Ze overhandigde mij een vliegenierspak en ritste haar eigen exemplaar dicht, waarin ze eruitzag als een vastberaden militair die op een speciale missie gaat. In haar geval was die missie het redden van meerdere vogelsoorten voordat ze volledig zouden zijn uitgestorven. De helikopter kwam terug en gebukt liepen we erheen en klommen naar binnen. We stegen op en zwenkten richting de blauwe hemel, terwijl de velden en wegen plaatsmaakten voor onwaarschijnlijk steile bergen, bedekt met groen gebladerte en glinsterende watervallen. Volgende halte: het Bird Camp. Mensen hebben Hawaï ontdekt in het gouden tijdperk van de ontdekking van Polynesië, tussen achthonderd en duizend jaar geleden.[3] Dat bracht een heel ecosysteem op gang met vee, honden, gewassen voor voedsel, medicijnen, vezels, hout en decoraties. Ze leerden ook gebruik te maken van lokale grondstoffen, waaronder de prachtige veren van vogels zoals de vuurrode apapane.

Een paar soorten verdwenen toen de eerste mensen naar Hawaï kwamen, maar geleidelijk ontwikkelden zij complexe vormen van land- en zeebeheer die hen in staat stelden duurzaam te wonen op de dichtbevolkte eilanden. Zo zouden de vogelvangers die *kia manu* werden genoemd met lokaas en kleverig sap vogels gevangen hebben genomen om ze na het plukken van een paar veren weer vrij te laten.[4] Het komt dus niet door het vervaardigen van mantels voor de adel dat de bosvogels van Kauai met uitsterven worden bedreigd. Nee, het waren de muggen, en de virussen die ze bij zich droegen, die in 1826 met het eerste Britse schip meekwamen.[5] 'Mijn vogels hebben geen weerstand tegen ingevoerde ziektes,' zei Crampton.

Het Kaua'i Forest Bird Recovery Project probeert acht verschillende vogelsoorten te redden die hard zijn geraakt door de vogelmalaria, het vogelpokkenvirus, het verlies van hun leefgebied en de introductie van varkens en ratten. De populaties van bepaalde inheemse vogels op Kauai krimpen zo snel dat hun gezang is verstomd. Er zijn niet genoeg oudere vogels om de melodieën aan de jongere vogels te leren.[6] Twee soorten, de akikiki of kauaikruiper en de akekee, zitten het dichtst tegen uitsterving aan. De akekee is groenachtig geel met een gekruiste snavel, die hij gebruikt om knoppen open te peuteren uit de helderrode, bolvormige bloemen van de ohiaboom, op zoek naar insecten. Hij komt alleen voor in het Koke'e State Park en het Alaka'i Wilderness Preserve, waar zich het Bird Camp bevindt, en er zijn minder dan duizend individuen van over. De kauaikruipers zijn kleine witgrijze donsballetjes met roze snavels en grote ogen. Ze eten ongewervelde dieren die ze vinden door stukjes schors van bomen af te trekken. Er zijn er nog geen vijfhonderd van over. Deze vogels overleven hoog in de bergen waar het voor muggen te koud is om zich te kunnen voortplanten. Maar nu het klimaat opwarmt, komen muggen steeds hoger voor. De muggen hebben ook het Bird Camp bereikt, al zie je ze daar voorlopig alleen in de zomer. In de iets koudere wintermaanden gaan ze dood. De vogels krijgen uitstel. Maar misschien niet voor lang.

We bleven hangen boven wat eruitzag als een ondoordringbaar dicht oerwoud en net toen ik dacht: we kunnen nergens landen, zag ik een piepkleine open plek met daarop een zelfgebouwd houten 'heliplatform'. We landden en een paar tellen later was de helikopter alweer weg. Het was kil hierboven. De lucht was bedekt met een fijne mist die de contouren van alles om ons heen vervaagde. Ohiabomen waren bedekt met korstmos en mos. We liepen over een steiger die nauwelijks uitstak boven wat kennelijk een moeras was. Alles was doorweekt. Crampton ging ons voor op een wandeling door het bos. We waadden door een rivier waarbij we ons aan een touw moesten vasthouden en gingen vervolgens omhoog over een slingerend pad. Ons doel was het nalopen van de rattenvallen. Muggen waren er deze tijd van het jaar (nog) niet, maar ratten wel en zij zijn dol op de eieren en kuikens van zangvogels. Crampton zei dat rondom het gebied waar we liepen een afrastering tegen varkens was gezet, omdat varkens de vruchtdragende struiken opeten waarvan vogels zoals de puaiohi – een schuwe lijster – leven. Het woud voelt onvoorstelbaar afgelegen. We zijn hemelsbreed ongeveer vijftien kilometer verwijderd van de stad Waimea, maar het terrein is zo steil en ruig dat de ecologen die hier worden gestationeerd wekenlang geen andere mensen zien, en alle voorraden per helikopter worden gebracht.

Crampton doet onderzoek naar technieken om de muggen hierboven te kunnen doden. Ze fokt dieren in gevangenschap om voor bepaalde soorten een populatie in reserve te hebben. Ook kijkt ze naar mogelijkheden om de akekee nog hoger in de bergen te laten leven. En ze doodt ratten.

Al wandelend, steun zoekend bij vulkanische rotsen en takken, vroeg ik Crampton hoe ze dit werk volhoudt, in aanmerking genomen dat er een gerede kans is dat de vogels waaraan ze zich wijdt over tien jaar toch zijn uitgestorven. 'Door al het geregel,' antwoordde ze: het coördineren van de vrijwilligers, fondsen werven, de laatste ontwikkelingen volgen in de muggenbestrijding, experimenten bedenken, rapporten schrijven. Ze heeft het ontzettend druk. 'We hebben geen tijd om depressief te zijn,' zei ze.

We bereikten de eerste rattenval. Crampton gebruikt de nieuwste en beste technologie op het gebied van rattenbestrijding, de Goodnature A24 die is uitgevonden in Nieuw-Zeeland. Deze val van tweehonderd dollar ziet er heel anders uit dan de muizenvallen die iedereen kent. Het is eigenlijk een luchtdrukpistool – een miniatuurversie van de pistolen die in commerciële slachthuizen worden gebruikt om vee te doden – in een plastic container met aas. Het wapen wordt aangedreven met een koolzuurpatroon, vergelijkbaar met die in de sodamaker thuis. Het knaagdier ruikt het aas – Crampton gebruikt kokos met een laagje chocolade – steekt zijn kop in de container en activeert het wapen, waardoor het direct wordt gedood. Het knaagdier valt opzij en het pistool gaat automatisch terug in de beginstand. Eén val kan 24 dieren doden voordat de koolzuurpatroon moet worden vervangen.

Ik had deze vallen al eerder op spectaculaire wijze in werking gezien, toen ik een paar dagen eerder over een messcherpe bergkam liep met André F. Raine, projectleider van het Kaua'i Endangered Seabird Recovery Project. De missie van Raine lijkt sterk op die van Crampton, maar hij houdt zich vooral bezig met zeevogels zoals de hawaïstormvogel – die vanwege zijn roep 'ua'u wordt genoemd in het Hawaïaans – en Newells pijlstormvogel die bekendstaat als de 'a'o.

We moesten geheugenkaarten halen uit de camera's waarmee hij bepaalde holen in de gaten houdt en stuitten op een Goodnature-val omringd door een macabere verzameling ratten in diverse staten van ontbinding. Ik telde er minstens zeven. Van een van de ratten was alleen nog een glimmende witte ruggengraat aan een kale staart over. 'Leuk is het niet,' zei Raine, terwijl hij met zijn laars tegen een rattenlijk duwde. 'Het is een vieze en nare methode. Maar wat er met de vogels gebeurt is ook stuitend.'

Zijn vogels planten zich pas voort als ze vijf of zes jaar oud zijn. Dan kiezen ze eindelijk een soortgenoot om mee te paren en graven ze een hol hoog op de rotsen of in het woud, waar ze eieren leggen en twee maanden geduldig broeden. Als hun jongen uit het ei komen, vliegen ze naar zee om vis of inktvis voor ze te vangen. Bij terugkeer zijn hun nesten op wat bloed en veren na leeg.

Bij de vallen van Goodnature hoort een clicker die aangeeft hoe vaak de val is geactiveerd. Door de vochtige warmte in dit tropische woud en door het gretige kannibalisme van de ratten, blijft er vaak maar weinig over waaraan je kunt zien dat er een rat is gedood. Crampton heeft 425 van dit soort vallen in het bos gezet: niet genoeg om de ratten uit te roeien, maar wel om ze 'op achterstand te zetten' en de vogels een kans te geven. We zagen geen tekenen van ratten bij deze val, maar de teller had er toch één geregistreerd. Crampton schreef het op in haar veldnotities, het enige in memoriam dat deze rat ooit zal krijgen.

Iets verder was Crampton iets aan het vertellen toen ze plotseling zweeg. Ze had een vertrouwd getsjirp gehoord. We bleven roerloos staan.

Er klonk geritsel in de olopua, een Hawaïaanse olijfboom met paarse vruchten. Het was een kauaikruiper. Hij fladderde rond, gestrest door onze aanwezigheid in zijn territorium. Crampton tuurde strak door haar verrekijker en probeerde de kleuren van de plastic ringen rond het pootje te zien, om de waarneming in haar onderzoekslogboek te kunnen noteren. De kauaikruiper bewoog zo snel dat het haar moeite kostte. 'Ik denk dat het wit op zilver is,' zei ze. Ik schreef het op in mijn notitieboek. 'Hij is nog jong,' voegde Crampton eraan toe. 'Als je telkens jonge vogels in een territorium ziet, zijn de ouders aan het vertrekken... of aan het doodgaan.'

Op dat moment wist ik dat ik iets bijzonders kreeg te zien. Een individu van een zeer zeldzame soort, die over tien jaar misschien niet meer bestond, fladderde om ons heen. Ik zocht in mijzelf naar het Grote Gevoel, maar merkte dat dit geforceerd was. De kauaikruiper was charmant, maar als kleine grijsachtige zangvogel zag hij eruit en klonk hij net als de soorten die ik dagelijks bij mijn vogelvoederhuisje in Oregon zie. Maar toen zag ik hoe Crampton naar de vogel keek; ze trilde over haar hele lichaam van de spanning. Toen klopte mijn hart ook in mijn keel.

Veel mensen die zichzelf omschrijven als milieubeschermer zijn ook dierenliefhebber en ik heb mezelf altijd beschouwd als lid van beide clubs. Ik heb het belang van milieubescherming overgenomen van de cultuur waarin ik ben opgegroeid: een natuurminnende, progressieve kring van familie en vrienden in Seattle. In de zomer ging ik naar het Audubon Day Camp en leerde ik een douglasspar te onderscheiden van een rode ceder. Ik ging uit kamperen met ons gezin en maakte toen ik ongeveer tien jaar oud was zelfs trektochten door het Cascadegebergte. Ik schreef gedichten over de natuur. Ik vond het vanzelfsprekend dat de wildernis bescherming verdiende, dat uitsterving een tragedie is, dat biodiversiteit belangrijk is.

Mijn persoonlijke ervaring met individuele dieren was niet erg groot. Mijn moeder was niet het type voor huisdieren, al maakte ze een uitzondering toen onze plaatselijke boekwinkel een schildpadpoesje weggaf. Harriet was misschien nog minder een mensenliefhebber dan mijn moeder een kattenliefhebber was. Een van haar favoriete bezigheden was zich verstoppen tussen de treden van onze trap, zodat ze onzichtbaar bleef voor iedereen die de trap afdaalde. Zodra je je voet op haar tree neerzette, haalde ze met haar klauwen uit naar je enkels. Toen mijn ouders gingen scheiden, was een van de eisen van mijn moeder dat mijn vader de poes zou nemen. Wat hij deed, en de poes leidde nog een lang, druk bestaan, waar mijn vader zelf maar weinig van merkte.

Los van Harriet haalde ik mijn eerste ideeën over dieren vooral uit boeken, natuurdocumentaires en de dierentuin. Mijn oma nam mijn broers en mij vaak mee naar de Woodland Park Zoo in Seattle, ruim een kilometer van ons huis. In onze achtertuin konden we zelfs het roepen van de siamangs horen, grote en luidruchtige gibbons uit Zuidoost-Azië. De Woodland Park Zoo liep voorop in het tonen van dieren in een 'natuurlijke' habitat en het positioneren van dierentuinen als voorvechters van natuurbescherming. Hoewel ik het vermoedelijk niet had kunnen uitleggen, was ik er als kind van overtuigd dat de dierentuin er was om wilde dieren te beschermen.

De dierentuin leerde me vooral dieren als voorbeelden van hun specifieke soort te zien, en ze meer te waarderen als ze tot een zeldzame soort behoorden. Tijdens een schoolreisje 'achter de schermen' werd ik zelfs gekrabd door een sneeuwluipaard. Mijn klasgenoten waren jaloers en ik kreeg er een rare kick van dat een *bedreigde diersoort* mij had aangeraakt. Het voelde heel anders dan de onaangename verrassing van Harriets klauwen als je met een wasmand de trap af liep.

Nadat ik in 2001 mijn doctoraal Engels haalde aan de University of Texas in Austin, keerde ik terug naar Seattle en kreeg een baan als secretaresse aan de botanische faculteit van de University of Washington. Tijdens mijn korte verblijf daar werden botanie en zoölogie samengevoegd tot de faculteit biologie. Ik kan me nog goed de terughoudendheid herinneren van de botanisten die doorgaans, eerlijk gezegd, rustiger, minder agressief en aardiger waren dan de zoölogen. Ze stonden niet te juichen dat ze maatjes moesten worden met de sterke persoonlijkheden die roofdieren en andere charismatische beesten bestudeerden. Ons kantoor verhuisde naar een ander gebouw aan de overkant van de straat en ik werd misselijk van de geur van het voedsel dat ze aan de fruitvliegen gaven. Ik merkte dat ik me met de botanisten identificeerde.

Ik stopte met die baan voor een opleiding academisch schrijven en in 2005 ging ik aan de slag als verslaggever voor het tijdschrift *Nature* in Washington D.C., met ecologie en natuurbescherming als specialisme. Ik schreef veel verhalen over dieren, deels omdat de lezers daarvan hielden, maar ik probeerde mijn chefs er altijd van te overtuigen meer aandacht aan plantkunde te besteden. Ik vereenzelvigde me nog steeds met de botanisten.

De meeste ecosystemen bevatten echter zowel dieren als planten en je kunt het een niet volledig begrijpen zonder het ander. In mijn vijftienjarige loopbaan als milieuwetenschapper heb ik het geluk gehad van dichtbij kennis te kunnen maken met wombats en wolven, Europese bizons en brulapen, bultrugwalvissen en Galapagosschildpadden, wallaby's en de zuidereilandtakahe. Jarenlang heb ik achteloos op het standpunt gestaan dat natuurbeschermers, die zich inspannen om dieren te redden, de beste mensenvrienden zijn die wilde dieren kunnen hebben. Tenslotte proberen zij te voorkomen dat dieren uitsterven en ze beschermen hun habitats.

In de beginjaren van mijn loopbaan stelde ik vragen bij veel aannames over 'natuur' en 'wildernis' die toen gangbaar waren in de natuurbescherming. Waren ingevoerde soorten altijd slecht? Bestond er nog wel echte 'wildernis'? Betekende dat concept wel iets in een wereld waar inheemse volken duizenden jaren voordat de Europese kolonisten arriveerden vorm gaven aan ecosystemen? Deze vragen zouden leiden tot het schrijven van mijn eerste boek, *Rambunctious Garden: Saving Nature in a Post-Wild World*. Kort gezegd trok ik daarin de conclusie dat natuurbescherming zich moet concentreren op het beschermen van het vermogen van ecosystemen zich aan te passen en te veranderen in een veranderende wereld, in plaats van te proberen alle verandering tegen te houden of terug te draaien.

In de afgelopen jaren ben ik steeds vaker gaan schrijven over specifieke gevallen, waarbij de belangen van individuele dieren lijken te botsen met het beoogde behoud van biodiversiteit. Om soorten te redden doden natuurbeschermers een verrassende hoeveelheid afzonderlijke dieren. En ze behandelen dieren heel verschillend naar gelang ze veelvoorkomend of zeldzaam zijn, 'invasief' of inheems, gedomesticeerd, 'verwilderd' of 'wild'.

Pas toen ik in 2013 naar Oregon verhuisde, begon ik echt te onderzoeken hoe natuurbescherming al dan niet de levens van individuele dieren beter maakt. Mijn echtgenoot kreeg een baan als filosofiedocent aan Oregon Tech, een kleine technische hogeschool in Klamath Falls, een voormalige houtindustriestad met zo'n twintigduizend inwoners, verstopt in de coniferenbossen tussen het Cascadegebergte en het enorme en droge Great Basin.

Nadat we verhuisd waren ging ik in mijn nieuwe woonomgeving op zoek naar onderwerpen om over te schrijven. Een onderwerp dat bijna elke week in de plaatselijke krant stond, was de terugkeer van wilde wolven naar het gebied, twee generaties nadat ze met een massale vergiftigingscampagne bewust waren uitgeroeid in een groot deel van de Verenigde Staten. Er leefden toen hooguit zestig wolven in de staat.[7] Ze werden (en worden) vaak weggejaagd van het vee en soms doodgeschoten door overheidsbeambten als ze te veel trek krijgen in schapen of koeien. Sommige dieren zijn door stropers gedood. Milieubeschermers willen dat ze met rust worden gelaten zodat ze zich kunnen voortplanten en zijn blij dat de dieren terug zijn in Oregon. 'Voor velen zijn wolven hét symbool van vrijheid, wildernis en het Amerikaanse westen,' schreef de natuurbeschermingsgroep Oregon Wild.[8]

Kort voordat ikzelf naar Klamath County verhuisde, verscheen daar ook de beroemdste wolf van Oregon, een knappe, langbenige grijze wolf die door overheidsbiologen met OR7 wordt aangeduid en door plaatselijke natuurbeschermers 'Journey' wordt genoemd. In 2011 werd OR7 door die biologen gevolgd toen hij vanuit het uiterste noordoosten van de staat helemaal naar de grens met Californië liep en daarmee de eerste wilde wolf was in bijna een eeuw tijd die in de Golden State opdook. In totaal legde dit jonge mannetje ruim vijftienhonderd kilometer af.[9] In 2013 stak hij weer de grens met Oregon over, het jaar daarop vond hij een wijfje en samen kregen ze een stel jongen die de *Rogue Pack* werden genoemd, in een leefgebied dat de districten Jackson en Klamath overlapt.

OR7 was het gesprek van de dag, iedereen had het over hem op feestjes en in de supermarkt. Een nieuwe vriendin *bezwoer* dat hij door haar tuin langs het meer had gelopen. De meeste boeren waren niet zo blij met zijn aanwezigheid, vooral toen de Rogue Pack jonge stieren begon te doden in een met espen bezaaide vallei iets ten zuiden van Crater Lake. Veel van de buren die ik sprak waren echter door de wolven gefascineerd en hadden er zelfs een soort ontzag voor. Vrienden die in deze streek werkten voor federale en provinciale instellingen voor natuurbeheer waren ronduit opgetogen. Klamath County voelde opeens een stuk wilder.

Maar hoe wild was OR7 eigenlijk? Dankzij zijn halsband met GPS-tracker wist de staat Oregon te allen tijde precies waar hij was. Staatsbiologen hadden monsters van zijn DNA en konden zijn voorouders traceren. Hij had zowel een naam als een bijnaam. Hij had zelfs een eigen Twitter-account dat werd bijgehouden door een paar van zijn fans. Als het Oregon Department of Fish and Wildlife had gewild, zouden ze hem makkelijk hebben kunnen doden, dat wil zeggen voordat zijn halsband stilviel en hij weigerde in een van de vallen te lopen die biologen hadden gezet om de tracker te kunnen vervangen.[10]

Ik begon me af te vragen of dieren die zo intens worden gemonitord en beheerd wel echt *wild* zijn. Was alles behalve huisdieren of vee dan 'wild'? Hoe zat het met dieren die geen huisdieren of vee waren maar wel door mensen werden beheerd of gereguleerd? De herintroductie van wolven in een wereld waar aan het eind van deze eeuw negen miljard mensen zullen wonen, houdt in dat de wolven zo moeten worden beheerd dat conflicten met mensen tot een minimum worden beperkt. Maar het is moeilijk vol te houden dat het beheer door de mens de wildheid niet reduceert. Want wat is wildheid anders dan de afwezigheid van menselijke bemoeienis?

In de Noorse mythologie bestaat een verhaal over een bovennatuurlijke wolf die Fenrir heet. Hij is de zoon van de god Loki en aanvankelijk woont hij bij de goden. Maar hij wordt zorgwekkend groot en sterk en dus binden ze hem vast. Als hij zich weet te bevrijden van meerdere zware kettingen, bedwingen de goden hem door hem vast te binden met het magische koord Gleipnir, vervaardigd uit een aantal paradoxale elementen, zoals de adem van een vis, de baard van een vrouw, het geluid van een lopende kat. Deze droomachtige en onmogelijke gedachten doen mij denken aan de ongrijpbare wetten, regels en politieke grenzen die bepalen waar de wolven vandaag de dag leven. Ik heb me altijd afgevraagd waarom de goden de dreigende Fenrir niet gewoon hebben gedood, waarom ze de voorkeur gaven aan een vastgebonden wolf boven een dode wolf. Omdat we nu GPS-trackers, verdovingspijlen en een 'wolvenplan' als ons koord gebruiken, lijken we dezelfde keuze te hebben gemaakt.

Hoe meer ik schreef over de herintroductie van de wolf, hoe ongemakkelijker ik me begon te voelen. Door de wolven terug te brengen zal de dynamiek in bepaalde ecosystemen vast zijn veranderd en veel mensen werden er blij van, maar hoe blij waren de wolven zelf? Omdat we ze willen laten leven tussen menselijke nederzettingen en op hetzelfde grondgebied als vrij grazend vee, moesten we ze continu volgen en hun gedrag bijsturen. Sommige wolven zijn wel vijf keer gevangen. En toen ze niet aan onze regels gehoorzaamden, hebben we ze gedood.

Volgens Mark Hebblewhite, een wolvenonderzoeker aan de University of Montana, zijn de meest voorkomende doodsoorzaken voor wolven in grote delen van de Verenigde Staten en Canada het zetten van vallen, jacht, stroperij, auto-ongelukken en ruiming door wildbeheerders. In zijn onderzoek naar 22 grijze wolven met een halsbandtracker die stierven tussen 1987 en 2018 in en rond Banff National Park, bleek 90 procent van de sterfgevallen door mensen veroorzaakt te zijn.[11] In maar twee gevallen was er een 'natuurlijke' oorzaak: een lawine en een val van een rots en daarnaast nog één onbekende oorzaak.

In Oregon, waar ik woon, zijn er in totaal nog geen tweehonderd wolven. In 2019 zijn er minstens zeven gestorven.[12] Een ouder vrouwtje stierf aan een bacteriële infectie, vijf zijn er door auto's geraakt, en eentje is legaal door een boer doodgeschoten omdat zijn herdershond werd aangevallen. Ik ken maar één plek in de Verenigde Staten waar een 'natuurlijke' dood voor wolven de norm is: Yellowstone National Park. Gegevens over 155 gestorven wolven met een tracker tussen 1998 en 2010 tonen aan dat 37 procent was gedood door andere wolven. Nog eens 27 procent overleed aan 'onbekende natuurlijke oorzaken'.[13] Als de meeste wolven buiten de nationale parken jong sterven door menselijk handelen, denk ik dat je je terecht mag afvragen of het toelaten van wolven in het westen voor individuele wolven wel het offer waard is.

Waarom verschillen de regels voor de omgang met wilde dieren zo sterk met hoe we onze huisdieren en vee behandelen? Die vraag gaat verder dan wolven alleen. Zelfs in zorgvuldig beheerde reservaten verhongeren wilde dieren zoals herten vaak of worden ze opgegeten door roofdieren die wij liefdevol herintroduceren om ecosystemen in hun oude staat terug te brengen. Iedere dag sterven wilde dieren op een verschrikkelijke manier, die we dierenmishandeling zouden noemen als het onze honden of paarden betrof.

Als natuurbeschermer heb ik lange tijd het leed van individuele dieren in 'het wild' kunnen accepteren. Maar nu mensen 'het wild' steeds vaker actief beheren, wordt het uitgangspunt dat we geen morele verplichtingen jegens de dieren hebben steeds moeilijker vol te houden. Wanneer we wolven herintroduceren en controle willen hebben over hun populaties en verblijfplaatsen, lijkt me dat we ook verantwoordelijk zijn voor hun welzijn en misschien zelfs voor dat van de herten waarop ze jagen. Maar als dat waar is, hoe zit het dan met dieren waarvan we de levens onbedoeld beïnvloeden door klimaatverandering, landontwikkeling en het verplaatsen van soorten? Vallen zij ook onder onze verantwoordelijkheid? Die gedachte veroorzaakte bij mij een soort intellectuele duizeligheid. Zou de mens een morele verplichting hebben tegenover ontelbare miljoenen dieren op aarde, tegenover elke mus en eekhoorn en stadsrat en elk witstaarthert? Dat werd me te veel.

Ik begon me te verdiepen in de enorme berg ideeën en geschriften over de ethische verplichtingen van de mens tegenover andere dieren, maar ontdekte dat veel daarvan zich beperkte tot huisdieren en boerderijdieren. Het merendeel van het kleinere aantal boeken over onze relatie met wilde dieren gaat ervan uit dat zij volkomen onafhankelijk van de mens zijn met hun leven ergens 'daarbuiten', en niet worden beïnvloed door de menselijke beschaving. Onze ethische verplichting jegens wilde dieren wordt vaak simpel geformuleerd: we moeten ze gewoon met rust laten en hun habitat beschermen.

Het probleem is dat het 'daarbuiten' niet meer bestaat. De hele aarde is als een grotere versie van Kauai, met zijn flora en fauna van over de hele planeet, een nalatenschap van menselijk beheer die eeuwen teruggaat, met zeldzame dieren die moeite doen om te blijven voortbestaan in de marges van ecosystemen die warmer en vreemder zijn dan voorheen.

In mijn vorige boek betwijfelde ik of in de 21e eeuw nog wel zoiets bestaat als ongerepte natuur. Mensen hebben de hele wereld drastisch veranderd. Vanaf duizenden jaren geleden hebben we ecosystemen veranderd met vuur, hebben we bepaalde soorten doen uitsterven en tientallen andere soorten gedomesticeerd. Meer recent hebben we uitgestrekte bossen gekapt, grasland veranderd in akkers, rivieren omgelegd en bergen verplaatst. We hebben steden gebouwd, zoet en zout water vervuild, alles met plastic bestrooid, de nacht verlicht met kunstlicht, de lucht en de zeeën gevuld met het lawaai van miljarden machines, de continenten doorkruist met wegen, planten en dieren naar nieuwe plekken verhuisd en het klimaat aanzienlijk getransformeerd. Deze veranderingen raken ook wilde dieren die op honderden kilometers van de dichtstbijzijnde menselijke nederzetting leven.

We hebben veel diersoorten zo diep geraakt met onze grootschalige hervorming van de planeet Aarde dat we waarschijnlijk hun evolutionaire richting hebben verlegd. Ik wilde weten of de verregaande impact van de mens op de aarde onze verantwoordelijkheid jegens de dieren verandert. Hoe zit het met dieren zoals de ijsbeer, die hun jachtgebied zijn kwijtgeraakt door het smelten van het zeeijs? Zijn wij verplicht de ijsberen te voeden? Hoe zit het met wilde wolven die paren met verwilderde honden? Moeten we ze tegenhouden? Hoe zit het met uitheemse muizen die op zeldzame zeevogels jagen? Moeten we die vergiftigen? In een door de mens veranderde wereld lijkt het onmogelijk vol te houden dat onze ethische verantwoordelijkheid voor de 'wilde' dieren louter neerkomt op 'de natuur zijn gang laten gaan'. Toch was het me nog niet duidelijk wat deze vergrote verantwoordelijkheid precies inhield. Zouden we, in zekere zin, voor alle wilde dieren moeten zorgen? Maar als we dat doen, maken we ze dan niet minder wild, minder vrij?

Als we beter zouden begrijpen wat onze morele verplichtingen zijn tegenover onze niet-menselijke verwanten, zou dat de manier waarop wij besluiten nemen in natuurbescherming en wildbeheer en zelfs op gebieden als stadsplanning, diergeneeskunde, ongediertebestrijding of landbouw, sterk kunnen verbeteren. We zijn nu meer bezig met de context van ons ingrijpen en de zeldzaamheid van de soort, dan met de vraag of het dier pijn kan voelen of kan lijden, of we een dier wettelijk beschermen of dat we het zonder blikken of blozen een pijnlijke dood laten sterven. Onze regels en zeden ten aanzien van de interactie met dieren zijn grillig en tegenstrijdig. Dat kan beter.

Sommige veranderingen moeten worden doorgevoerd in het beleid en het recht, andere kunnen worden bewerkstelligd door individuen. Met een beter begrip van de ethische keuzes die we maken, zijn we beter in staat om te beslissen of we wel of niet een exotisch dier kopen, of we naar de dierentuin gaan, of we jagen op vlees of trofeeën, of dat we vallen zetten voor 'invasieve' soorten in onze achtertuin.

Niet-menselijke dieren zijn anders dan wij en we kunnen nooit helemaal weten hoe het is om zoals zij te zijn. Toch kunnen we van ze houden met een pure, simpele liefde die we soms voor andere mensen niet kunnen opbrengen. We kunnen ontzag voelen voor hun aanwezigheid. Ze kunnen ons bang maken – de gekromde kat in de nacht, de uil buiten de tent. Onze gevoelens over dieren zijn altijd sterk geweest, maar is onze intuïtie over hoe, en of, we als mensen met ze omgaan nog steeds de juiste? Ik besloot het aan de deskundigen te vragen.

Moraalfilosofie is de studie van de ethiek. Ethici ontwikkelen theorieën over wat het betekent om een deugdzaam persoon te zijn, over wat werkelijk moreel waardevol is en wat niet en over hoe we, als mensen die het goede willen doen, in elke gegeven situatie dienen te handelen. Dus als ik wil uitvinden wat ik zou moeten doen in relatie tot wilde dieren, zou ik me tot de filosofie moeten wenden.

Helaas heeft de moraalfilosofie geen ondubbelzinnige antwoorden. Er zijn veel verschillende ethische theorieën ontwikkeld en zelfs daarbinnen vind je weer denkers met afwijkende argumenten. In zeker opzicht gaat filosofie meer over het stellen van vragen dan over het geven van praktische adviezen. Dus toen ik op zoek ging naar antwoorden door het *lezen* van filosofie, moest ik die filosofie vervolgens ook *in praktijk* brengen. Het bleek dat je daar geen graad of toga voor nodig hebt. In werkelijkheid kwam het erop neer dat ik onder de modder kwam te zitten om de holen van stormvogels te onderzoeken, dat ik om kampvuren zat, genetische laboratoria bezocht en in rattenvallen keek. Ik reisde naar het bloedrode zand van de Australische outback om de bedreigde bettong, of kangoeroerat, te vinden, naar de cacaokleurige rivierverkeersaders van het Peruaanse Amazonegebied om met pijl en boog op spinapen te jagen, en naar een onbewoond eilandje in Nieuw-Zeeland om een zeldzame en geliefde rat te zoeken.

Ik begon naar de dieren zelf te kijken en naar de ecosystemen waarin ze leven, en ik probeerde de aard van de dingen waar ik zo veel van houd te begrijpen. Daarna keek ik naar de manieren waarop mensen hebben geprobeerd hun liefde voor wilde dieren uit te drukken, door ze te vangen en te beheren, door ze als huisdier te houden en ze in dierentuinen te tonen. Vervolgens richtte ik me op de natuurbescherming waar ik als journalist zo lang over heb geschreven en keek ik naar het fokken in gevangenschap, het bijvoederen van wilde populaties en het doden van 'invasieve' soorten. Maar dit keer probeerde ik die handelingen te bekijken zowel door de ogen van individuele dieren als in het kader van de bescherming van soorten. Intussen heb ik ook het jagen op vlees, een van de oudste relaties tussen mensen en niet-mensen, opnieuw bekeken.

Terwijl ik u meeneem op mijn reis hoop ik dat uzelf aan een eigen reis begint, en de verhalen en filosofische benaderingen die ik met u deel kunt gebruiken om uw eigen waarden en overtuigingen te onderzoeken, of misschien zelfs te veranderen. We zullen ons in dit boek concentreren op 'wilde' dieren, dus ik zal het niet vaak hebben over honden of katten of over het welzijn van boerderijdieren of over vegetariër worden, hoewel het onderscheid tussen huisdieren, vee en 'wilde' dieren vager is dan u misschien denkt, zoals we zullen zien.

Ik zal me ook niet rechtstreeks bezighouden met sociale rechtvaardigheid bij de mens, al raakt die wel bijna alle kwesties van 'natuurbescherming'. Ter discussie stellen welke waarden ertoe doen en welke niet, kijken naar wie het geld en de macht heeft en waarom, naar wie profiteert van acties die worden ondernomen uit naam van de 'natuur', dat zijn allemaal kernvragen. Ik denk dat een ethische omgang met de niet-menselijke wereld vooral afhangt van het vermogen van mensen die van oudsher onderdrukt worden, inclusief mensen van kleur en inheemse volken, om zelf hun macht te gebruiken en hun waarden en kijk op de wereld gelijkwaardig te maken aan die van de oude witte mannen die nu de natuurbescherming domineren.

Ik zeg er maar meteen bij dat ik u geen wiskundige formule zal geven om ethische besluiten te kunnen nemen. In sommige gevallen lijkt geen enkele optie probleemloos, bijvoorbeeld als we moeten kiezen tussen het schade toebrengen aan specifieke dieren of het verliezen van een diersoort. Dat spanningsveld komt voort uit pogingen twee zeer verschillende dingen te vergelijken: de waarde van individuele wezens en de waarde van complexe ecosystemen. In zekere zin is dit het moeilijkste van alle problemen, waar we aan het eind van onze reis op zullen terugkomen.

Ik begin met de 'wilde' dieren, dieren die ik gedurende het grootste deel van mijn loopbaan vooral beschouwde als onderdeel van een soort of als knooppunten binnen een ecosysteem. Ik wilde ze nu proberen te zien als individuen. Dit hield in dat ik de kauaikruiper niet alleen moest beschouwen als lid van een bedreigde soort, maar als een gevederd iemand met behoeften, verlangens en plannen. Het betekende ook dat ik op dezelfde manier moest proberen te denken over de ratten die voor die vogel gestorven waren.

2
Onze dierenfamilie

Op een zomerse middag vloog er een vleermuis door de schoorsteen naar beneden – ik had de schuif open laten staan – en verdween in ons huis. Mijn echtgenoot was de stad uit, mijn kinderen waren klein, ik wist dat een prik tegen hondsdolheid wordt aanbevolen als kinderen door een vleermuis worden gebeten en ik wist dat zo'n prik duizenden dollars kost. Ik voelde ook een empathische paniek opkomen. De vleermuis zat gevangen in een complex bouwwerk met heel weinig openingen naar buiten. Voor de vleermuis moet het huis hebben geleken op een doolhof-achtige grot, vol met vreemde texturen en vormen waar zijn sonar uit wijs moest worden.

Ik begon naar de vleermuis te zoeken, rondsluipend als een binnendringer, doodsbang dat ik plotseling op zijn paniekerige gevlieg zou stuiten, waardoor *ikzelf* in paniek zou raken, en dan zouden ook de *kinderen* in paniek raken... Ik wist niet wat ik moest doen. De schemering viel en de vleermuis leek een plekje gevonden te hebben om zich te verstoppen. Ik gaf het op. Ik legde mijn kinderen in mijn bed zodat ze bij mij konden slapen en deed zelfs de slaapkamerdeur op slot. In hun slaap waren hun kleine dierenhoofdjes warm en plakkerig van het zweet, zoals dat gaat met slapende mensenkinderen in de zomer. Ik luisterde of ik iets hoorde bewegen en vroeg me af wat de vleermuis deed en dacht.

De volgende dag, toen de kinderen naar een film zaten te kijken, kwam de vleermuis tevoorschijn uit een gat in de muur en dook over hun hoofden. Ik belde het plaatselijke opvangcentrum voor wilde dieren, *Badger Run*, en zij stuurden een jonge vrouw met leren handschoenen en een schoenendoos. Ze straalde een benijdenswaardige kalmte uit, vond de vleermuis, pakte hem voorzichtig op en stopte hem in de doos. Ze beloofde het dier mee te nemen naar een rustige plek en op een boomtak te zetten, want sommige vleermuizen kunnen niet vanaf de grond opvliegen. Ik was opgelucht voor zowel mijzelf als voor de vleermuis en was me hevig bewust van de onoverbrugbare kloof tussen ons. Hoe vriendelijk ik me ook opstelde tegenover dit medezoogdier, hij of zij was zo wezenlijk anders dan ik dat we gewoon geen contact konden maken op een manier waarbij we ons allebei goed zouden voelen.

In 1974 publiceerde de filosoof Thomas Nagel een stuk waarin hij zich afvraagt hoe het is om een vleermuis te zijn.[1] Het ging hem eigenlijk vooral om wat filosofen het 'lichaam-geestprobleem' noemen. Dat gaat over de vraag of we slechts hersenen zijn die in een lichaam rondhangen, of dat we méér zijn. Zijn onze gedachten, gevoelens, intenties – ons zelfbesef – alleen maar het product van een stuk weefsel dat in onze schedel zit?

Nagel concludeerde dat die knappe hersenwetenschap van de jaren zeventig niet echt kon uitleggen wat bewustzijn is. 'Het feit dat een organisme überhaupt een bewuste ervaring kan hebben, betekent in feite dat het iets eigens is om dat organisme te *zijn*,' schreef hij. Als voorbeeld van hoe specifiek anders zo'n organisme is, koos hij de vleermuis: een zoogdier, maar heel verschillend van ons. 'Iedereen die enige tijd in een afgesloten ruimte heeft doorgebracht met een opgewonden vleermuis, weet wat het is om een fundamenteel *verschillende* levensvorm tegen te komen,' voegt Nagel eraan toe. Zeg dat wel.

Vleermuizen vliegen. Vleermuizen leven 's nachts. Vleermuizen leven in een wereld die ze hoofdzakelijk waarnemen via echolocatie, een wereld die driedimensionaal wordt gemaakt door de textuur van geluidsgolven. Als we de verbeeldingskracht zouden hebben om voor ons te zien – dat werkwoord toont aan hoe visueel wij zijn ingesteld! – wat het betekent om als een vleermuis door de nacht te vliegen of zelfs om het landschap te kunnen horen, dan zouden we als mens een idee hebben hoe het moet zijn om als een vleermuis te leven. 'Maar,' zegt Nagel, 'daar gaat het niet om. Ik wil weten hoe het voor een vleermuis is om een vleermuis te zijn.'

En dat, stelt Nagel, is domweg onmogelijk. Zijn punt is dat zelfs als we elke zenuwcel in het vleermuizenbrein in kaart brengen, we nog steeds niet echt kunnen weten hoe het voor een vleermuis is om een vleermuis te zijn. En dat betekent dat er iets is dat hij het 'subjectieve karakter van de ervaring' noemt, die niet kan worden verklaard uit de fysieke feiten van het vleermuizenlichaam. De blijkbaar onoverbrugbare kloof tussen het menselijke dier en het niet-menselijke dier heeft de mens doen geloven dat er niets in een vleermuizenkop zit, omdat hij niet kan weten wat er in die kop omgaat. Maar volgens mij bewijst juist dat 'subjectieve karakter van de ervaring' dat zij een *zelf* hebben en zijn, ook al is die eigenheid heel anders dan de onze.

We kunnen nooit precies weten hoe het is om in het bewustzijn van een dier of een andere soort te leven, maar we komen daar wel steeds meer over te weten. Ieder jaar verschijnen er wetenschappelijke studies die aantonen dat niet-menselijke dieren slim, emotioneel en zelfs vriendelijk zijn. Ze hebben een rijk innerlijk leven. Mensen die samenleven met niet-mensen weten dat. En de wetenschap begint er ook achter te komen. Elke nieuwe vondst maakt het moeilijker om vol te houden dat dieren niet een of andere morele status verdienen. Als ze kunnen lijden, als ze een geheugen hebben, als ze kunnen liefhebben, als ze kunnen kiezen, dan is het niet gerechtvaardigd om hen alleen maar als dingen te behandelen. De laatste gemeenschappelijke voorouder van alle grote apen, inclusief de mens, leefde zo'n dertien miljoen jaar geleden.[2] De knaagdierachtige gemeenschappelijke voorouder van alle placentazoogdieren, inclusief de mens, leefde ongeveer 66 miljoen jaar terug, kort nadat de dinosaurussen door een asteroïde werden getroffen.[3] En de wormachtige gemeenschappelijke voorouder van alle tweezijdig symmetrische dieren, inclusief de mens, leefde ongeveer 550 miljoen jaar geleden. We zijn allemaal familie van elkaar.[4]

Ervan uitgaand dat we allemaal aan elkaar verwant zijn, moet de meest conservatieve hypothese luiden dat onze mentale capaciteiten wel gradueel van elkaar verschillen, maar niet wezenlijk. Er is gewoon geen reden om aan te nemen dat er een scherpe lijn zou zijn die de neuroanatomie of de cognitieve eigenschappen van mensen en niet-mensen scheidt. Sterker nog, niet-mensen blijken over vrijwel elke vaardigheid te beschikken die wetenschappers exclusief aan de mens hadden toegeschreven.

Niemand twijfelt er nog serieus aan dat onze medezoogdieren gevoel hebben. In 2012 heeft een groep neurowetenschappers een verklaring opgesteld en ondertekend die de *Cambridge Declaration on Consciousness* heet, en stelt dat 'de neurologische substraten die het bewustzijn genereren' aanwezig zijn bij 'alle zoogdieren en vogels, en bij veel andere wezens zoals octopussen'.[5] De vraag of ook *insecten* een bewustzijn hebben kwam weer ter sprake in 2016 met de publicatie van een verhandeling van bioloog Andrew B. Barron en filosoof Colin Klein. De twee kwamen bijeen om te bespreken dat de aanwezigheid van structuren in het insectenbrein die een model van het zelf in de ruimte creëren, maken dat insecten een besef van zichzelf *als zichzelf* hebben en daarmee een 'subjectieve ervaring'.

Menselijke hersenen zijn niet de grootste in het dierenrijk en we hebben ook niet meer zenuwcellen dan andere soorten. Deskundigen hebben ooit beweerd dat alleen mensen 'zelfbewust' zijn, in die zin dat ze zichzelf kunnen zien als een aparte entiteit. Maar dat blijkt ook niet waar te zijn. Om na te gaan of dieren zelfbewust zijn, zetten onderzoekers heimelijk een opvallend teken op het voorhoofd van een dier en geven het vervolgens een spiegel. De gedachte is dat als het dier in de spiegel kijkt en begrijpt dat het zichzelf ziet, het zijn gezicht zal aanraken om de vlek weg te vegen. Sommige olifanten doen dit. Dolfijnen ook, evenals eksters. Chimpansees doen hetzelfde, al benadrukt primatoloog Frans de Waal dat dit formele onderzoek niet bepaald nodig is om vast te stellen dat deze apen 'snappen' dat zij de aap in de spiegel zijn.[6] De Waal heeft gezien hoe chimpansees een spiegel gebruiken om hun gebit te checken, om hun eigen achterwerk te bewonderen, om een wond boven op hun kop te bestuderen, of zelfs gebruiken als ze hun oren schoonmaken met een strootje. In 2019 doorstond ook een vis uit de familie lipvissen - een slimme vissoort met een pruillip die zich gemakkelijk kan aanpassen – de test. Na verschillende bewegingen voor de spiegel te hebben uitgeprobeerd, zoals Groucho Marx in *Duck Soup*, begreep de gevangen lipvis blijkbaar dat ze naar zichzelf keek en probeerde de vlek af te schrapen.[7]

Dolfijnen kennen zichzelf niet alleen als individuen, ze hebben zelfs namen. Elk dier heeft een unieke roep die het met bepaalde intervallen herhaalt, alsof het zeggen wil: 'Hier is Joe!'[8] Dolfijnen in groepen gebruiken elkaars naam om de aandacht van een ander te trekken. Dolfijnen die afgezonderd in gevangenschap leven, roepen wel hun naam, maar worden nooit gehoord. Ook papegaaien hebben namen.[9] Onderzoekers denken dat ze die namen van hun ouders krijgen als ze nog in het nest zijn. Vleermuizen produceren elk afzonderlijk eveneens een unieke roep, die ze herkennen als die van henzelf.[10] Ze leren die roep van hun moeder. Dus de vleermuis in mijn huis had heel concreet een eigen naam.

Veel dieren hebben een 'persoonlijkheid', waarbij sommige individuen meetbaar brutaler zijn dan andere, of nieuwsgieriger dan andere, of socialer dan andere, of beter in het oplossen van concrete problemen. Die eigenschappen duiken telkens weer op bij dezelfde individuen, zelfs in verschillende contexten. Er is persoonlijkheid aangetoond bij spinnen, koolwitjes, krekels,[11] en bijen.[12] Kikkers, padden, salamanders en watersalamanders vertonen allemaal verschillen van individu tot individu als het gaat om durf, onderzoekingsdrang en niveau van activiteit.[13] Het feit dat dieren verschillen van individu tot individu is iets wat ze zelf ook weten. Dat is waarom dieren vrienden hebben, individuen waar ze bij voorkeur tijd mee doorbrengen. Bij één experiment keken onderzoekers hoe tien jonge oosterse kousenbandslangen zich gedroegen in een leefruimte met vier schuilplaatsen.[14] In de video zigzaggen de slangen door hun behuizing en gaan ze bij elkaar op bezoek. De onderzoekers ontdekten niet alleen dat de slangen heel sociaal zijn, maar ze zoeken ook steeds dezelfde slangen op, zelfs nadat de onderzoekers hun plekken verplaatsten en de behuizing schoonmaakten om geursporen te verwijderen. Dat doet vermoeden dat de slangen elkaar als individuen zien en bepaalde individuen verkiezen boven andere. 'Ze beschikken over een verfijnde sociale vaardigheid,' zei een van de onderzoekers tegen *National Geographic*. 'Ze kunnen onderscheid maken.'[15]

Veel mensen weten uit eigen ervaring dat zoogdieren zoals paarden, honden en katten een duidelijk eigen karakter hebben. Soms kunnen we zelfs herleiden hoe hun karakter is gevormd door wat ze in hun leven hebben meegemaakt. Onderzoekers hebben bij honden basiseigenschappen benoemd die kunnen variëren, zoals speelsheid, jaaggedrag, nieuwsgierigheid of onbevreesdheid, vriendelijkheid en agressiviteit. Maar ook niet-gedomesticeerde dieren hebben persoonlijkheden. Ratten kunnen introvert of extravert zijn, brutaal of verlegen, agressief of vreedzaam.[16] Voor een deel is het karakter erfelijk, wat verklaart hoe fokkers van huisratten kunnen selecteren op rustige en gezellige ratten.

Sommigen zeggen dat alleen mensen een multi-interpretabele taal hebben die kan worden gebruikt om zowel over het verleden als de toekomst en het heden te praten, maar ook andere dieren communiceren met elkaar in betrekkelijk complexe systemen, door gebruik te maken van geluiden, gebaren en zelfs gewaggel. Honingbijen leggen met ingewikkelde dansen vliegroutes uit aan andere korfbewoners. Vogels en zoogdieren waarschuwen elkaar voor bedreigingen met alarmgeluiden, die kunnen variëren afhankelijk van het soort roofdier, de locatie van de bedreiging en de urgentie van de situatie. Apen communiceren allerlei zaken met handgebaren, inclusief de universele uitgestoken hand die 'delen' betekent. Wij maken dat gebaar ook. En onderzoekers hebben sommige dieren totaal nieuwe taalsystemen aangeleerd. Chimpansees en gorilla's kunnen honderden woorden in gebarentaal aanleren en maken spontaan vindingrijke combinaties van tekens. Een chimpansee die Washoe heet duidde een zwaan aan met de tekens voor 'water' en 'vogel'. Een gevangen grijze roodstaartpapegaai uit Afrika met de naam Alex leerde meer dan honderd woorden om dingen te herkennen en uit te spreken, en gebruikte zijn vaardigheid om bepaalde lunches te eisen, vragen te stellen, overeenkomsten en verschillen tussen voorwerpen aan te duiden, te tellen, eenvoudige sommetjes te maken en te zeggen: 'Wil boom gaan', als hij de boom voor het raam van het lab wilde zien, zijn favoriete uitzicht.[17]

Veel dieren beschikken ook over een bepaalde vorm van 'identiteitsbesef', wat betekent dat ze niet alleen weten dat ze zelf individuen zijn, maar ook begrijpen dat anderen een subjectieve mentale beleving hebben zoals zijzelf. Omdat ze dit weten kunnen ze zich voorstellen wat andere individuen denken. Struikgaaien, een soort blauwe gaai die in mijn deel van Oregon leeft, zijn slim genoeg om te beseffen dat andere gaaien hun voedsel zullen stelen als ze zien waar ze het verstoppen.[18] Dus komen ze later terug als de andere gaaien niet in de buurt zijn en verplaatsen hun voorraad.

Identiteitsbesef hoeft niet altijd tot bedrog te leiden. Het is ook van cruciaal belang voor samenwerking en bij het bieden van hulp. Omdat ze weten dat hun familie en vrienden honger en dorst kunnen lijden, brengen chimpansees voedsel en water naar oudere en zieke soortgenoten, waarbij ze soms het water in hun eigen mond komen brengen.[19] Kapucijnapen delen voedsel met apen in de volgende kooi, maar niet als ze hebben gezien dat hun buurman net een grote maaltijd heeft genuttigd.[20] Resusapen werden in de jaren zestig onderworpen aan een akelig experiment waarbij het trekken aan een ketting een voedseltablet opleverde, maar ook een elektroschok gaf aan de makaak in de kooi ernaast, totdat het trekken ophield.[21] Eén aap hongerde liever zichzelf twaalf dagen uit dan zijn medegevangene pijn te doen. Dolfijnen tillen een gewonde of verdoofde soortgenoot op hun rug en zorgen dat hij of zij naar de oppervlakte kan komen om te ademen.[22] Er bestaan waarnemingen van orka's die iets soortgelijks deden toen een van hun soortgenoten door een veerboot was geraakt.[23] Chimpansees geven gereedschap aan een soortgenoot zodat die bij eten kan komen. Ze moeten het juiste stuk gereedschap kiezen en de vriendelijkheid hebben om dit te overhandigen, en dat gaat allebei moeiteloos. In een bekend geval vond de bonobo Kuni, nauw verwant aan de chimpansee, een gewonde spreeuw.[24] Ze 'klom naar het hoogste punt van de hoogste boom en vouwde voorzichtig de vleugels van de vogel uit, in elke hand een vleugel, alvorens hem in de lucht te gooien'.

Ook ratten helpen soortgenoten in nood, bijvoorbeeld een rat die door onderzoekers in een plastic buis is gevangen. In één studie ploeteren ratten, die een grote afkeer van zwemmen hebben, dwars door een zwembad om een rat te redden die in een nauwe buis gevangenzit.[25] Bij een andere test kregen ratten een mederat die in een buis was gevangen én vijf stukjes chocola gepresenteerd. Ze moesten kiezen tussen de chocola voor zichzelf houden of de gevangen rat bevrijden en de chocolade delen. In iets meer dan de helft van de gevallen kozen ze voor delen.[26] Ik vroeg aan onderzoeker Peggy Mason aan de University of Chicago, die meerdere van deze experimenten bedacht heeft, of ze bereid was te concluderen dat ratten empathie hebben. Ze was nog niet 100 procent bereid, zei ze, maar neigde wel tot die conclusie. 'Het belangrijkste bewijs is dat de helpende rat het volledige scala van emoties moet voelen om gemotiveerd te worden tot het bieden van hulp,' zei ze. 'Als we die rat een anti-angstmedicijn geven, ziet de rat het probleem niet.[27] Wij maken daaruit echt op dat de rat reageert vanuit emotionele motieven.' Een andere clou is het gedrag van de rat nadat de gevangen rat uit de buis is bevrijd. De helpende rat 'volgt de bevrijde rat', zegt Mason. 'Hij springt op hem en likt hem.' Toen primatoloog Frans de Waal haar lab bezocht, wees hij erop dat dit veel leek op het 'troostgedrag' bij prairiewoelmuizen. 'De helpende rat beseft dat de gevangen rat stress voelt en troost hem.'

Communicatie en identiteitsbesef komen bij elkaar in activiteiten zoals samenwerking bij de jacht, die voorkomt bij primaten, walvissen, hondachtigen, katachtigen en haviken. Ik had ooit het geluk om een groep bultrugwalvissen samen vis te zien vangen met de zogenoemde *bubble-net*-techniek. Zo'n zes tot twaalf walvissen duiken samen naar beneden en vormen in de diepte een cirkel. Dan laten ze een stroom luchtbellen vrij uit hun spuitgaten terwijl ze een school vissen omcirkelen. Deze vissen komen niet door het scherm van luchtbellen heen en kunnen in dit 'net' van opstijgend water worden geduwd. Eén walvis geeft een teken, waarna ze allemaal hun bek opendoen en opwaarts door de school zwemmen, die ze in één teug opslokken. Vanaf de oppervlakte konden wij de ronddraaiende beweging van het water zien die door de luchtbellen was veroorzaakt. Zeevogels zweefden erboven, in afwachting. Zodra zij vissen naar boven zagen komen, doken ze naar beneden. Even later braken de kaken van de bultruggen door het oppervlak van de zee.

Bepaalde dieren werken samen met andere soorten. Raven trekken vaak op met wolven en hebben hun krachtige hoektanden nodig om prooien te doden en karkassen open te scheuren, waarvan zij dan verder kunnen eten. Er wordt beweerd dat raven zelfs wolven naar dode dieren leiden en op jachtmogelijkheden wijzen. 'Ik heb zelf het idee dat raven wolven op het spoor van elanden zetten, maar het is moeilijk zoiets te bewijzen,' vertelde wolvenonderzoeker Rolf Peterson in een e-mail. 'Raven volgen de wolven meestal tijdens de jacht, strijken neer in bomen als ze rusten en vliegen weer op als de wolven verder trekken. Wolven kunnen een dode eland zeker vinden door het krassen van de raven te volgen – ik heb dat zelf ook gedaan – en het is maar een kleine stap voor raven om de wolven te attenderen op een eland die in problemen verkeert – ik vermoed dat raven er heel geoefend in zijn om dat uit te vogelen.'

Op een video die gemaakt is met een wildcamera en begin 2020 viral ging, is een ander soortoverschrijdend jachtteam te zien.[28] Een duidelijk opgewonden coyote wacht op een das bij de opening van een betonnen doorlaat in de buurt van San Francisco. De coyote begroet de das met een klassieke hondachtige 'speelhouding', waarbij hij zijn kop laag houdt en zijn kont hoog, om aan te geven dat hij niet vijandig gezind is. Dan gaan ze beide de doorlaat in, om samen te jagen. Gewoonlijk graaft de das naar een dier zoals bijvoorbeeld een grondeekhoorn, die hij naar de oppervlakte drijft, waar de coyote wacht om toe te slaan. Eekhoorns die proberen niet in de kaken van de coyote te belanden, belanden in het pad van de das. Beide roofdieren profiteren.

Er bestaat zelfs een waterversie van dit partnerschap, waarbij een murene als das fungeert en een koraalforel de coyote is.[29] De murene wringt zich door nauwe ruimten in het rif en spoelt de prooi uit, die de forel dan kan grijpen. Prooien die de forel proberen te ontwijken door de veiligheid van het rif op te zoeken, eindigen als murenevoer.

Lange tijd beweerden deskundigen dat alleen mensen gereedschappen maken en gebruiken, maar in het hele dierenrijk zijn voorbeelden van het gebruik van gereedschappen te vinden.[30] Chimpansees trekken zijtakjes van stokken af om ermee naar termieten te hengelen, ze kauwen bladeren tot pulp om als spons dienst te doen en ze maken houten speren voor de jacht. Kapucijnapen gebruiken stenen als hamer en aambeeld om noten open te krijgen. Makaken en otters hanteren ook stenen hamers. IJsberen gooien tijdens de jacht stukken ijs en steen naar zeehonden, soms met fatale gevolgen. Olifanten laten boomstammen op schrikdraad vallen om de stroom eraf te halen. De Nieuw-Caledonische kraai is een meester-instrumentenbouwer, die met haken en speren die hijzelf maakt op larven in verrot hout jaagt. Van veel soorten wouwen en valken uit de hele wereld is bekend dat zij brandende stokken met hun snavels of klauwen oppakken en naar andere gebieden vliegen om daar het vuur te verspreiden, zodat zij kunnen jagen op dieren die de vlammen ontvluchten.[31]

En veel dieren zijn in staat nieuw gereedschap voor nieuwe uitdagingen uit te vinden. Olifanten duwen een blok van de ene ruimte naar de andere en gebruiken dat als opstapje om bij een smakelijk hapje te komen dat buiten het bereik van hun slurf is. Chimpansees stapelen dozen op en gebruiken een stok om bij bananen te komen die dicht bij het plafond liggen. Zelfs duiven gebruiken dozen als opstapje.[32] Gierzwaluwen gooien stenen in met water gevulde bekkens om het waterpeil te laten stijgen, zodat ze bij een drijvende lekkernij kunnen komen.

Elke chimpanseegemeenschap in het wild gebruikt tot 25 verschillende gereedschappen, maar elke groep heeft weer een net iets andere gereedschapskist, aangepast aan hun specifieke terrein en van generatie tot generatie doorgegeven. Nu de wetenschap steeds vaker ziet dat dieren in staat zijn tot leren, wordt ook de dierlijke cultuur vastgelegd, dat wil zeggen manieren om dingen te doen die alleen worden waargenomen in bepaalde populaties van een bepaalde soort. Het beroemdste voorbeeld van dierlijke cultuur is ook een van de vroegste: een waarneming in 1953 van innovatief gedrag – zoete aardappelen wassen vóór het opeten – dat was uitgevonden door een jonge vrouwtjesmakaak die Imo heette, en dat werd overgenomen door de rest van de makaken die op hetzelfde Japanse eiland leefden.[33] (Het is interessant om op te merken dat de onderzoekers die deze apen bestudeerden hun namen gaven en geen nummers, wat toen gebruikelijk was. Je vraagt je af of dit bijdroeg aan het vermogen van de wetenschappers om het gedrag te beschouwen als een culturele trend die in gang werd gezet door een enkel individu.)

Orka's eten van alles en nog wat: zalm, otters, jonge baleinwalvissen, zelfs vogels. Maar bepaalde 'ecotypes' specialiseren zich in specifieke prooien.[34] Type B1-orka's in Antarctica eten vooral Weddellzeehonden, terwijl kleinere B2-orka's pinguïns eten. Er is zelfs nog een kleiner Antarctisch type – type C, dat een naar voren hellend 'ooglapje' heeft – dat zich ophoudt in het pakijs en vis eet. In de Stille Oceaan komen zogeheten transiëntenorka's voor, in meerdere varianten. Ze jagen in kleine, stille groepen en eten vooral walvissen, zeehonden en andere zoogdieren. Deze transiënten mijden zorgvuldig de luidruchtige orka's uit de Salish Sea, die meer sedentair zijn en vis eten. Onderzoekers denken dat deze verschillen eerder cultureel zijn dan aangeboren, deels omdat ze hebben kunnen zien dat ouders hun kinderen leren op een bepaalde prooi te jagen. Toen een walvis die was opgegroeid in gevangenschap in de zee bij IJsland werd vrijgelaten, moest hij worden gevoed met ingevroren haring om te overleven.

Dieren maken ook een soort kunst. De mannetjes van de prieelvogel in Nieuw-Guinea en Australië besteden een groot deel van hun tijd en energie aan het maken van ingewikkelde bouwsels van twijgen, bloemen, bessen, kevervleugels en zelfs kleurrijk afval. Die vormen het decor voor hun complexe baltsen, waar acrobatische bewegingen bij horen en zelfs imitaties van andere soorten. Wat zo verbazingwekkend is aan de torens en 'priëlen' die ze construeren, is dat deze geen vaste vorm hebben zoals bijenkorven of de nesten van kolibries. Elk exemplaar is weer anders. Artistieke vaardigheid en verfijnde ambachtelijkheid worden gewaardeerd door de vrouwtjes. Veel onderzoekers stellen dat dit uiterlijk vertoon door de vrouwtjes wordt gebruikt om de cognitieve vaardigheden van hun potentiële partner in te schatten, maar Darwin meende dat ze echt door de schoonheid ervan werden aangetrokken.[35] In andere woorden, de priëlen zijn niet gewoon signalen van paringsgeschiktheid, maar worden door de vrouwtjes gewaardeerd om hoe ze eruitzien, zoals wij een schilderij bewonderen of een boeket voorjaarsbloemen. Een studie uit 2013 keek of prieelvogels die het beter deden in cognitieve tests ook succesvoller zijn in het aantrekken van vrouwtjes.[36] Dat was niet het geval, wat doet vermoeden dat de vrouwtjes niet op zoek waren naar een eenvoudige maatstaf voor cognitieve bekwaamheid.

Dieren kunnen beslist emoties voelen. Psychobioloog Jaak Panksepp vertelde aan journalist Virginia Morell dat emoties 'evolutionaire vaardigheden' zijn die een groot aantal soorten helpen te navigeren door complexe problemen in het dagelijks leven.[37] Panksepp zegt dat de delen van de hersenen die worden geassocieerd met emoties in evolutionair opzicht heel oud zijn en bij vrijwel alle zoogdieren voorkomen. Het idee dat emoties 'vaardigheden' zijn, was voor mij wel een onthulling. Als een vrouw die makkelijk huilt en sterke gevoelens heeft, had ik mijn emoties lange tijd beschouwd als onaangepast en een beetje gênant, als een belemmering voor rationeel denken. Maar emoties zijn bij dieren zo gewoon dat ze vrijwel zeker een adaptieve functie hebben.

Plezier is iets ouds. Onze naaste verwanten, de apen, lachen als ze worden gekieteld en als ze spelen. Wolven spelen en stoeien als ze jong zijn, hoewel ze als volwassenen wel serieuzer worden. Honden lijken op Peter Pan en worden nooit volwassen, ze spelen hun hele leven. Jonge ratten spelen en vinden het leuk om gekieteld te worden. Rattengelach heeft zo'n hoge toon dat mensen het niet kunnen horen. Angst en verdriet zijn helaas ook wijdverbreid en zetelen in de hersenen vlak bij het systeem voor fysieke pijn. Jonge vogels en zoogdieren slaken vaak kleine noodkreten als ze te lang alleen worden gelaten door hun ouders. De hersendelen die deze kreten genereren zitten zo dicht tegen het pijncentrum aan dat Panksepp de babydieren stil kon krijgen door ze pijnstillers te geven. Er is geen reden om aan te nemen dat ze geen psychologische pijn voelen als ze deze noodkreten uiten, net als wijzelf als we bang en eenzaam zijn, denkt Panksepp.

Dieren vechten en leggen het weer bij, ze voeren oorlog en rouwen om hun doden. Verdriet wordt gevoeld door vele soorten. Olifanten gebruiken hun slurven om de schedels en wangen te strelen van overleden en beminde soortgenoten, blijven urenlang bij ze staan en slepen ze soms een stukje mee. Chimpanseemoeders die hun kind hebben verloren lopen dagenlang rond met hun lijkjes, in één geval zelfs 68 dagen. 'Ze verzorgde het lichaam zorgvuldig, kamde het haar regelmatig, deelde haar dag-en-nacht-nesten ermee, en raakte van streek als ze van elkaar gescheiden werden,' schreven onderzoekers over zo'n moeder.[38]

In een geval uit 2018 wist orka J35, ook wel Tahlequah genoemd, haar dode kind zeventien dagen met zich mee te dragen.[39] De rouwende moeder zwom met het lijk op haar rug en voorhoofd en droeg het lichaam zelfs in haar bek. Haar groepsgenoten hebben haar misschien eten gebracht tijdens die rouwperiode.

Veel ethici richten zich minder op de intelligentie of rationaliteit van dieren dan op hun vermogen om blijdschap te voelen en, in de volste zin van het woord, te lijden. Onderzoekers die zich bezighouden met dierenwelzijn maken onderscheid tussen systemen die alleen een reactie teweegbrengen als een gevaarlijke prikkel wordt gedetecteerd, en systemen die informatie over prikkels opnemen in het bewustzijn van het organisme als het die als onaangenaam ervaart. Alleen het laatste wordt beschouwd als echte pijn en iedereen die huisdieren heeft gehad weet dat dieren pijn kunnen voelen. Als een hond wordt gestoken door een bij of een kat komt met zijn poot tussen de deur, is hun reactie direct en ondubbelzinnig. Welzijnonderzoekers hebben duidelijke uitingen van pijn gezien bij een verscheidenheid aan soorten. Jonge dieren schreeuwen het uit, waarschijnlijk om de bescherming van de ouders af te dwingen, maar oudere dieren worstelen vaak in stilte om aan de pijn te ontsnappen. Laboratoriummuizen 'grimassen', knijpen hun ogen toe en houden hun oren plat.

In 2016 las ik met ontzetting het boek *What a Fish Knows* van Jonathan Balcombe, waarin hij een beeld schetst van 'het innerlijk leven van onze onderwaterverwanten'. Het blijkt dat vissen complexe denkers zijn met een uitstekend geheugen. Ze maken plannen en kunnen nieuwsgierig zijn. Vissen strelen en aaien elkaar en vinden het blijkbaar net zo fijn om te worden aangeraakt als wij. En ze hebben dezelfde zenuwbanen als wij, zenuwbanen die pijn doorgeven en die ze met grote zekerheid kunnen voelen. In een experiment waar ik nachtmerries van krijg werden zebravissen gehouden in een bak waarvan de ene kant was gevuld met allerlei planten en dingen om te ontdekken en de andere kant met helemaal niks.

Als de vissen een soort robots waren geweest, zou je denken dat ze aan beide kanten van de bak evenveel tijd doorbrachten en rondzwommen in een willekeurig patroon. In werkelijkheid gaven ze de voorkeur aan het 'verrijkte' deel van de bak. Deze voorkeur veranderde niet toen ze werden geïnjecteerd met azijnzuur, de stof die azijn zijn scherpte geeft en die in ons een stekende pijn zou veroorzaken. Maar nadat ze azijnzuur ingespoten hadden gekregen en er morfine werd gedruppeld in de lege kant van de bak, waren ze vooral daar te vinden. 'Oftewel,' schrijft Balcombe, 'zebravissen brengen een offer in ruil voor enige verlichting van de pijn.'[40]

Waarom hebben mensen dan zo lang aangenomen, of misschien gehoopt, dat vissen geen pijn voelen en in wezen geestloos zijn? Balcombe denkt dat het probleem zit in ons onvermogen om hun uitdrukkingen of emoties te lezen. Onze sympathie wordt niet getriggerd. 'We horen geen geschreeuw en zien geen tranen als hun bek wordt doorboord en we hun lichaam uit het water trekken,' schrijft hij.[41] 'Hun starende ogen, altijd onder water en dus zonder oogleden, versterken de illusie dat ze niets voelen.' Veel vissen uiten hun pijn wel degelijk, maar het geluid is bedoeld om onder water gehoord te worden en wij zijn daartoe niet in staat.

Er zijn veel redenen te geven waarom het de wetenschap zo veel tijd heeft gekost om intelligentie en gevoel te zien in de ogen van dieren. Zonder enige twijfel is ons verlangen om ze te blijven eten, te vangen, tentoon te stellen en ermee te experimenteren een van die redenen. De beperkingen van onze eigen soort spelen ook een rol. Frans de Waal gaf zijn boek over dierlijke kennis uit 2016 de titel *Zijn we slim genoeg om te weten hoe slim dieren zijn?* om de aandacht te vestigen op de manier waarop onze menselijke hersenen onze verwachtingen van dierlijke intelligentie hebben gevormd. Mensen zijn goed in taal, in samenwerken en in het maken van gereedschappen, dus we zijn geneigd die eigenschappen te waarderen en te toetsen. Maar andere soorten zijn veel beter dan wij in mentale vaardigheden die zijn toegespitst op hun eigen ecologische rollen. 'Het lijkt heel onredelijk om aan een eekhoorn te vragen of hij tot tien kan tellen als optellen in het leven van een eekhoorn helemaal niet belangrijk is,' schrijft De Waal. Eekhoorns zakken misschien voor de telopdracht, maar ze maken gehakt van ons als het aankomt op het onthouden van de verstopplaatsen van duizenden noten.

Individuele dieren zijn geen wezens die louter bestaan uit instinct en die routinematig gedrag vertonen als een bijfiguur in een computerspel. Ze leven in een zeer ingewikkelde, interspecifieke sociale wereld, waar zij voortdurend het reilen en zeilen om zich heen gadeslaan, keuzes maken, problemen oplossen, voedsel vinden, jongen grootbrengen en zelfs genot najagen. Als je een vleermuis ziet die kortstondig door de maan wordt verlicht, zie je niet alleen 'een vleermuis', maar een specifieke vleermuis met eigen karaktertrekken, met herinneringen uit zijn leven, met een gezin waar hij voor zorgt en met een plan voor de nabije toekomst. We kunnen niet weten hoe het is om een vleermuis te zijn, maar we kunnen er zeker van zijn dat de vleermuis dat wel weet. Er werd die dag een individuele vlucht door mijn huis gemaakt, door een iemand.

3
Filosoferen over het niet-menselijke

De mens is altijd een diersoort tussen vele andere geweest. Zo beschouwt men in veel culturen zichzelf nog steeds. Maar de cultuur waarin ik opgroeide gaf mij een heel ander beeld, waarin mensen zichzelf helemaal niet zien als dieren en waarin dieren simpele wezens zijn die worden geleid door hun instinct. Elke verplichting om ze goed te behandelen kwam neer op een vorm van liefdadigheid jegens mindere wezens. Beide ideeën, die van dieren als verwanten of als mindere wezens zonder bewustzijn, kennen we al heel lang.

Het idee van dieren als verwanten is vrijwel zeker ouder. Tijdens het grootste deel van onze evolutionaire geschiedenis waren andere dieren zowel een existentiële bedreiging voor ons als een bron van levensonderhoud. In onze begintijd waren we waarschijnlijk vaker prooi dan roofdier. Ook nu nog worden primaten, van dwergmuismaki's tot reusachtige gorilla's, belaagd door allerlei dieren, van uilen tot luipaarden en tijgers. En fossiele resten van onze voorouders en hun familie tonen aan dat het voor ons vermoedelijk niet anders was. Een kleuterschedel van een *Australopithecus africanus*, 2,8 miljoen jaar oud, vertoont krassen die er precies zo uitzien als de krassen die adelaars vandaag de dag op apenschedels maken, en het schedeltje werd gevonden in een hoop botten die typerend is voor roofvogels.[1] In de ongeveer twee miljoen jaar oude schedel van een voorouder die *Paranthropus* wordt genoemd zitten twee kleine gaten, met exact de omvang en afstand tot elkaar als past bij een hedendaagse luipaardensoort.[2] Fossiele mensachtigen van zo'n 1,8 miljoen jaar oud, gevonden in wat nu Georgië is, vertonen knaagsporen van grote katten of hyena's.[3]

Prooi zijn heeft ons gevormd.[4] Onze sociale aard kan deels zijn veroorzaakt door het gegeven dat het veilig was om in grote groepen te leven in een tijd dat luipaarden gevaarlijker voor ons waren dan virussen. Onze vele talen kunnen zijn ontstaan als alarmkreten om elkaar te attenderen op naderende roofdieren. Sommige onderzoekers denken dat we rechtop zijn gaan lopen omdat we zo in het grasland beter konden uitkijken naar roofdieren zoals grote meerkatten of prairiehonden. Rechtopstaand leken we ook groter, waardoor bepaalde aspirant-aanvallers wellicht werden afgeschrikt. Rondlopen op twee benen betekende ook dat we relatief makkelijk onze baby's konden optillen om weg te rennen als er gevaar dreigde. Zulke details blijven speculatief, maar het zou wel heel eigenaardig zijn als het miljoenen jaren opgejaagd worden door andere dieren onze evolutionaire richting *niet* had beïnvloed.

Wij aten zelf ook andere dieren. Minimaal 2,6 miljoen jaar geleden begonnen onze voorouders vlees te eten en onderzoekers denken dat we eerst de restanten van de prooien van katachtige roofdieren aten. We gebruikten stenen gereedschappen om het vlees van de botten te schrapen; wetenschappers kunnen de sporen nog zien. Daarna braken we de botten open om het merg op te eten. Zo'n 1,5 miljoen jaar terug gingen we zelf voor vlees op dieren jagen.[5] Gezien de dubbele rol van de niet-menselijke dieren in ons leven als brengers van leven en brengers van dood, is het begrijpelijk dat in veel menselijke religies dieren zowel worden aanbeden als geofferd om de gunst van de goden in te roepen.

In wat nu Indonesië is, op misschien wel de oudste figuratieve schildering ter wereld, circa 44.000 jaar oud, jagen hybride mens-dierfiguren op wilde varkens en buffels.[6] In de Chauvetgrot in het huidige Zuid-Frankrijk zijn op schilderingen van ongeveer 30.000 jaar geleden mammoeten, holenberen, holenleeuwen, wolharige neushoorns en oerossen te zien, de voorouders van het moderne vee. Leeuwenkoppen overlappen elkaar en lijken in het flakkerende kaarslicht van de donkere grot bijna iets van beweging te suggereren. We zullen nooit weten wat deze schilderingen precies betekenden voor de makers ervan.

Onze goden waren vaak half mens, half dier. Een van de oudste beeldjes ter wereld, dat bekendstaat als de Leeuwmens, is 35.000 tot 40.000 jaar oud en toont een mens met een katachtig hoofd. Van de geheimzinnige Keltische god Cernunnos met zijn gewei hebben we alleen beelden, maar voor zover bekend geen verhalen.[7] Hij houdt vaak een slang vast met een ramskop, zit op de grond met de benen over elkaar en was volgens een deskundige misschien een god van de 'tussenwereld', 'tegelijk wild en tam'. De Maya kennen een soortgelijke god, Siip (of Sip), een oude man met een hertengewei en hertenoren, soms afgebeeld met een wespennest tussen zijn geweitakken.[8] Siip kan transformeren van het ene jachtdier in het andere, van hert tot gordeldier tot pekari.

Griekenland had zijn saters, Minotaurus en centaurs. Egyptische goden hadden vaak dierenkoppen op mensenlichamen: Horus, de 'god van de hemel', met zijn valkenkop, de woeste godin Bastet met een kattenkop, de doodsgod Anubis met de kop van een jakhals en de gevaarlijke god Seth met de kop van een onaangenaam ondefinieerbaar beest, een wezen dat Egyptologen domweg aanduiden als 'het Seth-dier'. In het hindoeïsme is Hanuman een heldhaftige figuur met apenkop en apenstaart, terwijl Ganesha, de god van het nieuwe begin en de schutspatroon van geleerden, een olifantenkop met een gebroken slagtand heeft.

In sommige gevallen wordt van levende niet-menselijke dieren gedacht dat ze heilige eigenschappen hebben. Inheemse volken aan de oostkust van Noord-Amerika ten tijde van de kolonisatie beschouwden bepaalde dieren, vooral die waarop zij jaagden, als bezitters van spirituele kracht.[9] De bruine beren van Hokkaido zijn zowel levende dieren als belichamingen van de goden voor de inheemse Ainu in Japan.[10] Bij hun eredienst moest traditiegetrouw jaarlijks ritueel een beer worden geofferd. Sommige christelijke sektes staan erom bekend dat ze giftige slangen gebruiken voor hun eredienst, omdat ze die beschouwen als incarnaties van Satan. In deze religieuze tradities zien we een wereld waar zowel mensen als niet-mensen en ook hybriden, goden met veel macht kunnen zijn.

Het meer vertrouwde westerse verhaal van mensen als meesters over de dieren gaat terug tot minstens de oude Grieken.[11] De antieke Griekse beschaving was sterk verdeeld over de vraag of mensen morele verplichtingen hadden tegenover niet-menselijke dieren. De stoïcijnen, die invloedrijk zouden worden onder de christenen, gebruikten dieren wel als metaforen voor de 'lagere' kanten van de menselijke natuur: irrationaliteit, gulzigheid, lust en dergelijke. Ze redeneerden dat dieren niet alleen geen bewustzijn hebben, maar beweerden ook dat ze letterlijk niets voelen. Hun verbijsterende argument was dat, omdat niet-menselijke dieren niet kunnen praten, dieren wel levende wezens zijn, maar zonder geest of gevoel: alleen zij die kunnen praten hebben ook verstand, en alleen zij die verstand hebben, kunnen echt waarnemen of voelen. Die mening werd waarschijnlijk niet breed gedeeld buiten de ijle filosofische kringen. Iedereen die ooit een hond heeft gezien die pijn lijdt, weet dat die gevoel heeft. Er was ook een mystieke tegencultuur in de antieke mediterrane wereld die er rekening mee hield dat de menselijke ziel een weg heeft afgelegd door een reeks niet-menselijke incarnaties. Sommigen van hen zagen af van dierenoffers en het eten van vlees.

Net als bij de Grieken was en is het christelijke denken over dieren niet monolithisch. Aan de ene kant hadden de christenen van God nadrukkelijk een plek gekregen naast en boven de dieren. Zoals gezegd wordt in Genesis 1:26: 'En God zei: Laten wij mensen maken die ons evenbeeld zijn, die op ons lijken; zij moeten heerschappij voeren over de vissen van de zee, de vogels van de hemel, over het vee, over de hele aarde, en over alles wat daarop rondkruipt.'

Aan de andere kant vind je ook christelijke figuren zoals Franciscus van Assisi, een middeleeuwse geestelijke die bekendstond om zijn zorg voor de dieren en voor de niet-menselijke wereld in het algemeen. In Sint-Franciscus' beroemde *Zonnelied* richt hij zich tot 'Broeder Zon' en 'Zuster Maan', tot bomen, bloemen en andere groeiende dingen. Hij preekte voor de vogels en onderhandelde over een bestand tussen een wolf en de stad Gubbio, zoals te lezen valt in de veertiende-eeuwse *Fioretti di San Francesco*.[12] Als de wolf toezegde geen mensen en andere dieren meer te doden, beloofden de bewoners van de stad hem te voeden, 'aangezien het de honger is die u zo veel kwaad doet doen'. Om aan te geven dat hij akkoord ging met deze afspraak, tilde de wolf 'zijn poot op en legde die gemoedelijk in de hand van Sint-Franciscus, omdat hij alleen op deze manier de eed kon afleggen'. Het verdrag hield twee jaar stand. De wolf 'ging gemoedelijk van deur tot deur zonder iemand te kwetsen, en alle mensen ontvingen hem hoffelijk, gaven hem met plezier te eten en geen hond blafte onderweg tegen hem. Ten slotte, na twee jaar, stierf hij van ouderdom en de mensen van Gubbio waren in diepe rouw, want als ze zagen hoe vriendelijk hij met iedereen omging, herinnerde hij hen aan de deugdzaamheid en heiligheid van Sint-Franciscus.'

We zien hier opnieuw twee concurrerende ideeën, een waarbij mensen boven dieren staan en een waarbij mensen gewoon één diersoort zijn tussen de andere, waarbij niet-menselijke dieren worden beschouwd als vertegenwoordigers waarmee je kunt onderhandelen.

In veel culturen kunnen mensen veranderen in dieren en dieren in mensen, en de verhalen over deze transformaties bevatten echo's van een wereldbeeld waarin de scheidslijnen tussen mensen en niet-mensen als poreus werden beschouwd. In de Japanse en Noordoost-Chinese volkskunst kunnen vossen veranderen in prachtige vrouwen, mannen verleiden en met hen trouwen. In Schotland word je eerder verleid door een Selkie, een zeehond die is getransformeerd tot vrouw. Als je haar bij je wilt houden, moet je haar scheiden van haar zeehondenvel anders glipt ze daarin terug en verdwijnt ze in de koude, gladde zee. In verhalen van de Canadese Inuit worden ijsberen mensen. Zoals een oudere Inuit vertelt: 'Ze duwen hun snuit tegen de grond en hun vacht wordt van ze afgestroopt.'[13] Net als in het verhaal van de Selkie voorkomt het vernietigen van de berenvacht dat de beergedaante terugkeert. Het bestaan van weerwolven was een erkend feit in het zeventiende-eeuwse Europa. In een inheemse gemeenschap in het Peruaanse Amazonegebied maakte ik kennis met de weduwe van een man die in een jaguar zou zijn veranderd.

Mensen kunnen soms dieren zijn, maar dieren kunnen ook mensen zijn. De niet-menselijke dieren in veel verhalen van inheemse Amerikanen lijken veel op ons, het zijn pratende wezens met huizen en echtgenotes, die grappen vertellen en op jacht gaan. Deze dierenmensen roepen een wereld op waar mensen niet apart staan van een soort robots zonder spraak, maar waarin mensen en andere dieren met elkaar omgaan in een werveling van plannen, interesses, emoties, relaties, gelach en tranen. Dat is een meeslepend beeld.

Bewijzen dat deze houding zelfs gangbaar was in bepaalde christelijke gemeenschappen, zijn te vinden in de fascinerende geschiedenis van niet-menselijke dieren die terechtstaan voor moord, vernietiging van eigendommen, bestialiteit en andere misdrijven in Europa en de Europese kolonies van de negende tot de negentiende eeuw.[14] Opmerkelijk is dat gedomesticeerde dieren voor geweldsdelicten als leden van een menselijk huishouden werden berecht door wereldlijke rechtbanken. Wilde dieren werden berecht door kerkelijke rechtbanken en kregen te horen dat ze zich moesten onthouden van het plunderen van kerken of het verslinden van gewassen. In 1487 hield de bisschop van Autun drie dagen lang processies in zijn hele bisdom, om de slakken die er woonden te waarschuwen dat ze officieel vervloekt zouden worden als ze niet ophielden met het eten van kruiden en wijnranken, en dat ze het gebied moesten verlaten. In de zestiende eeuw vroegen de inwoners van de Franse stad Beaune het kerkelijk hof van Autun om excommunicatie van insecten die hun gewassen plunderden. De insecten werden vervloekt met de 'kerkelijke ban en eeuwigdurende vervloeking'.[15] Wanneer de insecten terechtstonden en ter dood werden veroordeeld, werden er soms een paar ritueel geëxecuteerd.

Insecten werden niet altijd getroffen door een banvloek. In een geval uit 1545 klaagden de wijnbouwers van de stad St. Julien dat snuitkevers hun wijnranken opaten. De snuitkevers kregen juridische assistentie toegewezen die blijkbaar goed werk deed, want de rechter oordeelde dat 'aangezien God, de opperste schepper van alles wat bestaat, heeft bepaald dat de aarde vruchten en kruiden voortbrengt, niet alleen voor het levensonderhoud van de denkende mens, maar ook voor de bescherming en de ondersteuning van insecten, die rondvliegen boven de grond, zou het ongepast zijn om onbezonnen en overhaast te werk te gaan tegen de dieren die nu zowaar worden beschuldigd en aangeklaagd; daarentegen zou het gepaster zijn om onze toevlucht te nemen tot de barmhartigheid van de hemel en vergiffenis te vragen voor onze zonden'.[16] Openbare gebeden en missen werden bevolen en het altaarbrood werd door de wijngaarden rondgedragen. Dat leek te werken.

In 1587 keerden de snuitkevers terug en werden ze opnieuw berecht. Hun advocaat, een zekere Pierre Rembaud, stelde dat het eten van planten 'een wettelijk recht was dat hun was gegeven ten tijde van de schepping',[17] en hij citeerde Genesis waarin God zegt: 'aan de dieren die in het wild leven, en aan de vogels in de hemel en aan de levende wezens die op de aarde rondkruipen, geef ik de groene planten tot voedsel'.[18] Hij merkte ook op dat het absurd was om van 'redeloze beesten' te verwachten dat ze het menselijk recht zouden volgen. Daar brachten de aanklagers tegen in dat in Genesis ook stond dat mens meester was over de dieren.[19] Het proces duurde weken, dus de inwoners van St. Julien stelden een compromis voor en boden aan de snuitkevers te laten eten wat ze wilden op een aangewezen terrein ver weg van de wijnstokken. De procurator of vertegenwoordiger van de snuitkevers, Antoine Filliol, zei dat het stuk land dat door de stedelingen werd aangeboden niet goed genoeg was voor zijn cliënten. De rechter benoemde enkele onafhankelijke personen om het voorgestelde keverreservaat te onderzoeken en verslag uit te brengen over de geschiktheid voor de insecten, en betaalde drie florijnen om hun reiskosten te vergoeden.

Jammer genoeg voor geschiedenisstudenten is de uitkomst van het proces niet bekend, omdat de laatste bladzijde van het verslag gedeeltelijk door dieren is opgegeten. Maar dit proces en de aangevoerde argumenten waren bepaald niet uniek. Zelfs het idee om een toevluchtsoord aan te bevelen of te reserveren waar het ongedierte - of het nu knaagdieren of insecten waren - zich ongestoord kon terugtrekken, was blijkbaar heel gewoon. In 1713 zou een kolonie termieten die een Braziliaans klooster ondermijnde zich op een ordelijke manier naar hun toegewezen 'reservaat' hebben begeven, zodra het vonnis aan hen was voorgelezen.

Varkens kunnen gevaarlijk zijn, vooral voor invalide volwassenen, kinderen en zuigelingen, waarvan we weten dat ze door varkens kunnen worden gedood en opgegeten. En in vroeger tijden mochten ze vaak vrij rondlopen. Uit historische verslagen blijkt dan ook dat veel varkens werden berecht voor moord, nadat ze mensen hadden aangevallen en gedood. De varkens werden gevangengezet samen met menselijke veroordeelden en kregen dezelfde rantsoenen. Als ze schuldig waren bevonden, kwamen ze doorgaans op de brandstapel of werden ze opgehangen 'tot de dood erop volgt'.[20] De eigenaren van deze criminele varkens hoefden zich niet te verantwoorden en werden soms zelfs schadeloos gesteld voor het verlies van hun moorddadige dieren. Runderen, ossen, honden en paarden werden eveneens berecht en wegens moord ter dood veroordeeld.

Ook werden dieren vaak geëxecuteerd vanwege verboden bestialiteiten, wat erg onredelijk is als je in aanmerking neemt dat er voor de daad twee instemmende partijen nodig zijn. In tenminste één geval – de veroordeling in 1750 van ene Jacques Ferron en een ezelin – werd het vrouwtjesdier vrijgesproken op grond van het feit dat ze 'het slachtoffer was van geweld en niet uit vrije wil had deelgenomen aan het misdrijf van haar meester'.[21] De inwoners van de stad Vanvres ondertekenden een akte waarin het goede karakter van de ezelin werd bevestigd met onder meer de bewering dat 'zij in woord en daad en in haar hele levenswandel een zeer oprecht wezen is'. Alles bij elkaar genomen suggereren deze processen dat middeleeuwse en vroegmoderne Europeanen aan niet-mensen een zekere mate van rationaliteit en een zekere mate van bewustzijn toekenden. Ze zagen hen als *personen* die iets verkeerds kunnen doen.

Tijdens de Verlichting leidde de eenzijdige focus op de macht van logica en rationaliteit echter tot het scheppen van een steeds scherpere scheidslijn tussen mensen, die redeneren, en dieren, waarin geen enkele onafhankelijke gedachte zou omgaan. De Franse filosoof René Descartes geloofde dat de fysieke wereld, inclusief dierenlichamen en -hersenen, bestond uit materie die mathematische wetten volgde. Mensen vormden daarop een uitzondering, omdat ze volgens hem een onsterfelijke ziel bezaten. (We kunnen weten dat we een ziel hebben, legde hij uit in zijn beroemde uitspraak *cogito, ergo sum*, omdat we een bewustzijn hebben.) Zijn visie is vaak geïnterpreteerd alsof die zou betekenen dat alle andere soorten eigenlijk maar uurwerken of robots zijn, die bij pijn niet schreeuwen uit angst, maar puur uit instinct. Zijn apologeten zeggen echter dat uit een nadere lezing van zijn werk blijkt dat hij wel erkende dat dieren gevoelens hebben, maar ontkende dat ze *gedachten* hebben.[22] In zijn brieven heeft hij het inderdaad over dieren die 'woede, angst, honger enzovoort' hebben en zelfs 'vreugde', en 'hopen op voedsel' – wat voor mij echt klinkt als nadenken. 'Ik ontzeg geen enkel dier gevoelens, zolang deze afhangen van een lichaamsorgaan,' schreef hij. Het zou dus accurater zijn om te zeggen dat Descartes dacht dat dieren niet werkelijk zelfbewust zijn en niet kunnen redeneren, en dat ze daarom niet behoren tot het domein van entiteiten tegenover wie wij morele verplichtingen hebben. Deze stellingname brengt veel problemen met zich mee – Mag je naalden in pasgeboren baby's steken? Zij kunnen ook niet logisch nadenken! – maar is niet zo absurd als wat hem vaak wordt aangewreven.

Voor Immanuel Kant, die eind achttiende eeuw in Pruisen leefde en werkte, vloeit elke morele theorie voort uit wat hij zag als het fundamentele principe van de ethiek: je kunt mensen niet behandelen als louter middelen tot een doel. Je kunt mensen zonder hun toestemming niet gebruiken om iets te krijgen wat je wilt hebben, ook als dat een groter goed zou zijn. Kant vond echter niet dat dit ook gold voor niet-menselijke dieren. Hij schreef dat 'dieren niet zelfbewust zijn en slechts middelen tot een doel zijn. Dat doel is de mens.'[23]

Maar juist het rationele onderzoek dat zo geliefd was bij de Verlichtingsdenkers begon anatomische en gedragsmatige overeenkomsten tussen mens en dier te ontdekken, en de mensen begonnen de openlijke mishandeling van en wreedheid tegen dieren steeds meer af te keuren. In 1789 voorspelde de filosoof Jeremy Bentham: 'de dag zal *wellicht* komen waarop de rest van de dierlijke schepping rechten zal verwerven die hun nu nog ontzegd worden door de macht der tirannie'. Hij vond de gedachte om alleen 'rationele' wezens ethisch correct te behandelen absurd. Hij schreef: 'De vraag is niet of zij kunnen *redeneren,* ook niet of zij kunnen *praten* maar *of zij kunnen lijden*?'[24] In 1859 publiceerde Charles Darwin *On The Origin of Species*, een uiteenzetting over evolutie door natuurlijke selectie. De wetenschappelijke, culturele en ethische nagalm van de ontdekking van de gemeenschappelijke oorsprong van mensen en alle andere dieren weerklinkt nog altijd, want het duurt meerdere generaties voordat de muur die in de westerse cultuur werd opgericht tussen homo sapiens en andere soorten afbrokkelt.

In de negentiende eeuw kwamen in Groot-Brittannië wetten tegen dierenmishandeling in zwang.[25] Men wilde vooral een einde maken aan vivisectie, het uitvoeren van chirurgische experimenten op levende dieren. De campagnevoerders, meestal christenen, zagen het dier als minderwaardig aan de mens, maar betoogden dat mensen barmhartig en medelevend moesten zijn. De victoriaanse band met huisdieren werd steeds hechter en ze werden behandeld als leden van het gezin. Om bepaalde dode katten en honden werden bijvoorbeeld gerouwd en ze kregen een officiële begrafenis. ('In liefdevolle herinnering aan onze trouwe kleine vriend "Wobbles", 24 augustus, 1900' staat er op een grafsteen op een dierenbegraafplaats in het Londense Hyde Park.) Meer in het algemeen ontstond in het Westen een toenemende belangstelling voor Aziatische godsdiensten, spiritualisme, theosofie en andere niet-christelijke ideeën, wat de deur opende voor de mogelijkheid dat dieren in zekere zin een ziel hebben, een notie die lange tijd door de christelijke autoriteiten is verworpen.

Terwijl de houding van het publiek tegenover honden, katten en paarden steeds sentimenteler werd, waren veel wetenschappers juist sceptisch. In de twintigste eeuw probeerde een invloedrijke groep wetenschappers die bekendstaan als de 'behavioristen', dieren te bestuderen met dezelfde rationele striktheid waarmee men chemische reacties bestudeert.[26] Ze beperkten het verzamelen van data tot waarneembare en meetbare gegevens, en in het geval van dieren betekende dit dat ze hun gedrag observeerden. Ze concludeerden wel dat in een bepaald experiment een hond of een aap zich snel terugtrok en zijn tanden ontblootte, maar ze zouden nooit zover gaan om te zeggen dat het dier bang was. Ze concentreerden zich op instincten en reacties op prikkels. Over dieren praten alsof ze gevoelens en verlangens hebben, werd beschouwd als antropomorfisme, dus dierlijk gedrag bekijken door een menselijke bril, en als uiterst onwetenschappelijk.

In de tweede helft van de eeuw begon deze benadering te bezwijken onder de evidente aanwezigheid van dierlijke stemmingen, verlangens en persoonlijkheden. Langetermijnstudies zoals Jane Goodalls observeringen van de chimpansees in het Gombe National Park in Tanzania, vertelden de complete levensverhalen van individuen en deze individuen verschilden heel duidelijk van de anderen. Er zaten zelfs eikels tussen! Hoe meer wetenschappers zichzelf toestonden niet-mensen te zien als individuen met hersenen, doelen en emoties, hoe meer hun studies aantoonden dat die individuen bezig waren doelen te bereiken en uitdrukking gaven aan hun gevoelens. Het resultaat is het grote aantal ontdekkingen op het gebied van dierlijke cognitie die we in het vorige hoofdstuk hebben besproken.

In de tweede helft van de twintigste eeuw begon in westerse landen de zorg voor het welzijn van dieren verder te gaan dan een beleefde afkeer van willekeurige wreedheid. Campagnevoerders gingen vraagtekens zetten bij diepgewortelde gewoontes zoals het eten van vlees. In 1964 populariseerde Ruth Harrison de term 'bio-industrie' in haar boek *Animal Machines*. Voor veel mensen die niet op of rond een boerderij wonen, bood haar beschrijving van de moderne veeteelt een pijnlijk contrast met de prentenboekversie van Klara de koe, die uit een weide vol boterbloemen naar huis wandelt om gemolken te worden. De lezers leerden over de benauwde opsluiting van vee in gesloten ruimten, die volgens Harrison 'acuut ongemak, verveling en verwaarlozing van de gezondheid' veroorzaakte. [...] Het dier krijgt geen kans om te leven voordat het sterft,' schreef ze.[27] Peter Singers *Animal Liberation*, verschenen in 1975, maakte een provocerende vergelijking tussen hoe mensen met dieren omgaan en hoe witte mensen met zwarte slaven omgingen. Hij gaat uit van het 'gelijkheidsbeginsel', dat stelt dat alle bewuste wezens met respect behandeld moeten worden, evenals alle mensenrassen. Dat is niet hetzelfde als gelijke rechten: een kip heeft bijvoorbeeld geen stemrecht nodig, of zou dat willen hebben. Maar het betekent wel dat een kippenleven net zo waardevol is als een mensenleven.

Voor Singer betekent ethisch handelen dat je handelt op een manier die leidt tot zo veel mogelijk geluk voor zo veel mogelijk bewuste wezens. Wanneer Singer het goede definieert, concentreert hij zich op de bevrediging van de behoeftes van individuen. Een hond heeft er behoefte aan niet getrapt te worden, een uil heeft de behoefte zijn jongen te voeden in plaats van ze te laten verhongeren, een walvis voelt de behoefte in de winter naar Hawaï te zwemmen. Uitvinden wat de behoeftes zijn van dieren kan lastig zijn, maar we kunnen beginnen met de makkelijke voorbeelden. We kunnen er bijvoorbeeld van uitgaan dat dieren die pijn kunnen voelen die liever niet voelen.

In Singers optiek is elke beslissing een soort rekensom. Het eten van een gebraden kip schenkt misschien een uur genot, maar de industriekip heeft een hels leven gehad om dit genot mogelijk te maken, en aangezien de kip en ik dezelfde ethische waarde hebben, is het immoreel om zo te handelen dat mijn voorkeur wordt bevredigd ten koste van het veel langer durende lijden van de kip. Bij elke keuze die voor ons ligt, is de optie die de behoeftebevrediging maximaliseert van alle bewuste wezens die door de actie worden getroffen, de juiste. Singer maakt een interessant onderscheid tussen pijn en dood. Is een onverwachte, ogenblikkelijke en pijnloze dood 'slecht' voor een dier zonder specifieke toekomstplannen? Misschien niet, vanuit Singers perspectief. Hij schrijft: 'Het leven nemen van een wezen dat heeft gehoopt, gepland en een toekomstig doel heeft gehad, is dat wezen de vervulling van al die inspanningen ontnemen. Het leven nemen van een wezen met een mentale capaciteit onder het vereiste niveau om te begrijpen dat men een wezen met een toekomst is, laat staan om plannen voor de toekomst te maken, brengt niet dit specifieke soort verlies met zich mee.' [28]

Singer pleit voor brede maatschappelijke veranderingen die in 1975 heel radicaal waren, zoals vegetarisme en afschaffing van de meeste dierproeven, maar hij bleef binnen het utilitaristische kader. Hij stelde niet dat dieren 'rechten' hebben.

Filosoof Tom Regan doet dat wel. Alle 'levenssubjecten' die een bewustzijn hebben, of wat hij omschrijft als 'het mysterie van een samenhangend psychologisch bewustzijn', hebben bepaalde rechten, waaronder het recht op 'respectvolle behandeling'.[29] Ze mogen 'nooit behandeld worden alsof ze bestaansmiddelen zijn voor anderen'. Hier zie je een nuancering van Kant terugkeren. Nogmaals, Kant vond zelf niet dat niet-menselijke dieren in dezelfde categorie horen als mensen, maar het fundament van Regans stelling lijkt erop: hij breidt alleen de cirkel uit om voelende dieren toe te voegen. Voorvechters van dierenrechten noem ik soms 'dieren-kantianen'. Een ander woord dat je in het kader van dit soort theorieën wel hoort voorbijkomen is 'deontologie', wat in het Grieks zoveel betekent als 'de wetenschap van de plicht'.

Elk op hun manier zijn Singer en Regan allebei principieel tegen het westerse idee dat dieren categorisch verschillen van en inferieur zijn aan mensen, een houding die Singer omschrijft als 'speciësisme' en die Regan betitelt als 'menselijk chauvinisme'.[30]

Singer en Regan zijn zeer invloedrijk geweest in de dierenethiek, maar beiden hebben het weinig over wilde dieren. De casestudies van Singer gaan vooral over gedomesticeerde dieren en over dierproeven, over wilde dieren zegt hij eigenlijk alleen dat we ze met rust moeten laten. 'Zodra wij onze aanspraak op "heerschappij" over de andere soorten hebben opgegeven, moeten wij ons helemaal niet meer met hen bemoeien,' schrijft hij.[31] 'We moeten hen zo veel mogelijk met rust laten. Als we de rol van tiran eenmaal hebben losgelaten, moeten we niet ook nog eens proberen voor God te spelen.'

Op het eerste gezicht lijkt dit niet te stroken met zijn utilitaristische referentiekader. Er is in de wereld veel pijn en leed. Roofdieren en parasieten maken het leven van veel wilde dieren zuur. Ze krijgen ongelukken, worden ziek of verhongeren. Als het juiste handelen leidt tot een optimale behoeftebevrediging, moeten we dan niet iets doen aan al die pijn in het wild? Singer zegt dat het soms goed kan zijn een wild dier in nood te helpen, maar dat een grootschalige inmenging in de werking van wilde ecosystemen vermoedelijk 'meer kwaad dan goed' doet.[32]

Net als Singer heeft Regan zich vooral beziggehouden met gedomesticeerde en gevangen dieren. En net als Singer denkt hij dat onze voornaamste morele verplichting jegens 'wilde' dieren is dat we 'ze laten zijn'.[33] 'Wij respecteren de competentie van dieren in het wild door hun toe te staan hun natuurlijke vaardigheden te gebruiken, zelfs in het licht van hun tegenstrijdige behoeftes. In het algemeen hebben zij onze hulp niet nodig in hun strijd om het bestaan en wij verzaken niet onze plicht wanneer wij ervoor kiezen geen hulp te bieden.' Onze bemoeizucht, zegt Regan, heeft inderdaad iets respectloos. 'Paternalistische inmenging in de levens van dieren betekent dat we hen hinderen in het najagen van wat ze willen, omdat wij denken dat het hun belangen schaadt als we ze wel hun gang laten gaan.'

De klassieke manier om je eigen gevoelens over utilitarisme en deontologische ethiek te testen, is jezelf in de hartverscheurende positie te plaatsen die wordt beschreven in het beroemde 'trolleyprobleem'.[34] Stel je voor dat je in een drukke stad naast de tramrails staat. Een tram is op hol geslagen en stormt naderbij, recht op vijf mensen af die op de tramrails staan en zich niet bewust zijn van het gevaar. Ze kunnen jou niet horen, jij kunt ze niet waarschuwen. Maar je kunt wel een wissel omzetten, zodat de tram naar een ander spoor gaat. Er is echter een probleem: er staat ook iemand op dat andere spoor. Zet je de wissel om zodat je vijf vreemden redt ten koste van één andere vreemde? Peter Singer zou deze vraag met ja beantwoorden. Het geluk en de levensduur van het vijftal wegen zwaarder dan de vroege dood van die eenling. Het is een rekensom. Kant en Regan zouden nee zeggen. Hoe durf je die ene man op het tweede spoor te gebruiken als een middel om het leven van de anderen te redden? Maar nu krijgt het verhaal een draai. Wat als je, in plaats van een wissel om te zetten om de vijf te redden, op een voetgangersbrug boven de sporen staat en je iemand van de brug moet duwen, zodat hij op de rails valt en de tram tegenhoudt? Verandert dat je antwoord? Niet bij Singer en Regan.

In reactie op zowel Singer als Regan heeft een aantal feministische filosofen beide benaderingen afgewezen als te principieel en te weinig rekening houdend met de specifieke relaties tussen denkende entiteiten. Toen ik de boeken van Singer en Regan las, had ikzelf ook het gevoel dat er iets typisch 'mannelijks' was aan hun benaderingen. Hun principes, om de behoeftebevrediging te maximaliseren en een individu nooit als een middel tot een doel te gebruiken, lijken heel simpel, eerlijk en bijna rekenkundig. Maar ze ontaarden al snel in praktisch onhaalbare plichten. De regels van Singer lijken te vereisen dat we al onze middelen, afgezien van het absolute minimum dat nodig is om te leven, inzetten voor het verminderen van het lijden in de wereld. Regans morele principes lijken uit te sluiten dat we *ooit* een voelend dier zouden kwetsen of doden, tenzij het gaat om zelfverdediging. En ze zeggen allebei dat we morele oordelen moeten vellen met ons rationele, logische verstand, niet met onze emoties.

Regan vindt bijvoorbeeld dat onze intuïtie over goed en kwaad waardevol kan zijn, maar dan alleen onze 'reflectieve intuïtie', die hij definieert als 'de morele overtuigingen die we koesteren *nadat* we een gewetensvolle poging hebben gedaan [...] om koel, rationeel, onpartijdig, met conceptuele helderheid en met zo veel mogelijk relevante informatie als nodig is, over die overtuigingen na te denken'.[35] Met andere woorden, die intuïtie moet emotievrij zijn.

Daarentegen beschouwt de filosoof Lori Gruen emoties zoals compassie en empathie als essentieel voor een ethische besluitvorming.[36] Gruen zegt dat veel mensen zich 'vervreemd' voelen door theorieën die ervan uitgaan dat mensen de specifieke complexiteit van bepaalde situaties moeten negeren en moeten vertrouwen op vérgaande regels en een abstracte rationaliteit. Gruen pleit juist voor een benadering die meer lijkt op hoe mensen in werkelijkheid tot ethische besluiten komen: door zowel onze rationele als emotionele vermogens te gebruiken, en rekening houdend met de relatie tussen ons eigen veelzijdige zelf en het dier of de dieren waarmee we te maken hebben.

De benadering van Gruen kan worden gecategoriseerd als 'moreel particularisme', een stroming die stelt dat de meeste mensen ethisch gezien niet 'principieel' zijn.[37] In plaats van te leven volgens motto's, regels of geboden, is het ethisch juister om zorgvuldig aandacht te besteden aan alle kenmerken van een specifieke situatie, verdedigbare redenen te ontwikkelen om op een bepaalde manier te handelen, en dan tot handelen over te gaan. Je beweegredenen hoeven echter niet van geval tot geval consistent te zijn en je hoeft je ook niet te beroepen op overkoepelende morele principes. Tenslotte is ieder geval weer anders.

Deze benadering biedt veel ruimte voor context, relaties en gevoelens.

Gruen oppert dat onze ethische besluitvorming voort zou moeten komen uit onze 'verstrengelde empathie' met dieren.[38] Ze definieert die 'verstrengelde empathie' als 'een zorgzaam soort perceptie die is gericht op hoe een ander welzijn ervaart. Een empirisch proces waarbij het gaat om een mengeling van emotie en cognitie en we erkennen dat we ons tot anderen verhouden en dat van ons wordt verwacht dat we met die relatie ontvankelijk en verantwoordelijk omgaan, door aandacht te besteden aan de behoeftes, belangen, verlangens, kwetsbaarheden, verwachtingen en gevoeligheden van de ander.'

De gedachte dat deze benadering 'vrouwelijk' zou zijn tegenover de 'mannelijke' en principiële benaderingen van Singer en Regan noemt Gruen 'ongelukkig', omdat 'het de stereotiepe rolpatronen van mannen en vrouwen verder verankert en lijkt uit te sluiten dat mannen zorgzaam kunnen zijn'.[39] Natuurlijk kan *iedereen* empathie voelen met niet-mensen.

Maar of je haar benadering nou beter of slechter vindt dan de 'dierenkantiaanse/deontologische' benaderingen, verreweg de meeste mensen nemen hun dagelijkse morele besluiten op een manier die je het beste particularistisch kunt noemen. Cognitiewetenschappers die besluitvorming onderzoeken, herkennen minstens twee processen die zich in onze hersenen afspelen als we een besluit nemen, ethisch of niet: een sneller en automatisch emotioneel proces en een langzamer, bewust en meer rationeel proces.[40] Omdat de emotionele reactie sneller gaat, komt het er vaak op neer dat we ons bewuste denkproces gebruiken om besluiten die we al hebben genomen te rationaliseren.

Dit kan verklaren waarom mensen die worden geconfronteerd met het trolleyprobleem vaak een dualistisch besluit nemen. De meesten zetten de wissel om en denken dus meer in de trant van Peter Singer. Maar diezelfde mensen weigeren vaak om een persoon naar zijn of haar einde te duwen, waarmee ze partij kiezen voor Regan en Kant. Het kan zijn dat men het emotioneel gewoon te akelig vindt om zich voor te stellen dat je achter iemand kruipt – ik stel me altijd een man voor met een oranje hawaïshirt en een strohoed op die aan een vanille-ijsje likt – en hem fysiek naar voren schuift: je spieren spannen aan en je handen voelen kort de warmte van zijn lichaam voordat hij onherroepelijk in de vergetelheid stort, schreeuwend van angst en verwarring terwijl hij valt. Als je mensen in een hersenscanner stopt en ze deze dilemma's voorlegt, zie je inderdaad dat de emotionele belasting van het 'iemand van een voetgangersbrug af duwen' zones doen oplichten die met emotie worden geassocieerd, terwijl deze zones bij het nadenken over het omzetten van de wissel niet betrokken lijken te zijn.[41]

Ik beschouw dit soort experimenten tegelijk als een realitycheck en als waarschuwing. Het zijn realitychecks voor zover ze laten zien wat er eigenlijk gebeurt: menselijke dieren proberen morele problemen op te lossen met behulp van sponzige biologische hersenen die we hebben overgehouden aan een amoreel evolutieproces en die zijn afgestemd op overleving, niet op rationaliteit of moraliteit. We werken niet met instrumenten die zijn ontworpen voor morele besluitvorming.

Deze experimenten zijn ook een waarschuwing, omdat ze ons eraan herinneren dat emoties een grote rol spelen bij het nemen van morele beslissingen. Wanneer wij emoties zoals angst of weerzin voelen ten aanzien van mensen of dieren die onze cultuur ons heeft geleerd te beschouwen als eng of weerzinwekkend, behandelen we hen niet met hetzelfde respect als de mensen of dieren die we hebben geleerd te bewonderen. Met andere woorden: denken in vooroordelen is onvermijdelijk. We moeten die leren herkennen en ertegen vechten.

Toen een journalist van *The Atlantic* aan Joshua Greene, een wetenschapper die zich aan Harvard bezighoudt met morele cognities, vroeg hoe we kunnen weten 'wanneer we verdiept zijn in een werkelijk ethisch denkproces en niet met gewoon een rationalisering van onze emoties', antwoordde hij dat we het gevoel moeten hebben er moeite voor te hebben gedaan.[42] 'Merk je dat je in alle ernst conclusies trekt die eigenlijk tegen je instinct ingaan? Verzet je je tegen je instinctieve reactie? Ik denk dat dat de duidelijkste aanwijzing is dat je er echt over nadenkt, in plaats van je instinctieve reactie te rechtvaardigen,' zei hij.

Het kiezen van een moreel principe en dat in elke situatie consequent toepassen, hoe je je daarbij ook voelt, zorgt er in zekere zin voor dat je je niet laat leiden door je emotionele geest en dat je je beschermt tegen je vooroordelen. Maar filosofen zoals Gruen zeggen dat die principes je gewoon niet altijd het juiste antwoord geven. Het zijn stompe instrumenten, die met context niet uit de voeten kunnen.

Voor Gruen en anderen zijn zorgrelaties essentieel bij ethische besluitvorming, het zijn geen irrelevante bijverschijnselen. In het licht van deze theorieën hebben we absoluut andere en veel ingewikkelder verplichtingen tegenover een huisdier dan tegenover een 'wild' dier, omdat het om heel verschillende relaties gaat. Misschien hebben we helemaal geen verplichtingen tegenover het 'wilde' dier. Of we voelen in het algemeen geen verplichtingen om voor 'wilde' dieren te zorgen, maar als we tijdens een wandeltocht op een gewond dier stuiten, voelen we opeens een zorgplicht die uit de situatie voortkomt.

Handelen uit empathie kan in sommige gevallen lastig zijn, bijvoorbeeld omdat roofdieren leven van het pijn toebrengen aan en doden van hun prooien. Met welke partij moeten wij empathie voelen?

Een laatste ethische benadering die ik wil behandelen wordt 'deugdethiek' genoemd. Deze biedt geen regels of principes om te beslissen wat in een bepaalde situatie het ethisch juiste is om te doen, en in die zin is het een particularistische theorie, zoals Gruens verstrengelde empathie. Maar in plaats van zich te concentreren op emoties en relaties en richtlijnen, kijkt de deugdethiek naar specifieke menselijke deugden.

Toegepast op niet-menselijke dieren is compassie of 'respectvolle liefde' de kerndeugd, zegt filosoof Rosalind Hursthouse.[43] Respectvolle liefde combineert zorg voor het welzijn van anderen met 'rekening houden met het recht van anderen om hun eigen keuzes te maken'.[44] Bij de deugdethiek van het milieu is nederigheid echter de belangrijkste deugd. Door deze lens gezien is het arrogant om de niet-menselijke wereld te gebruiken als een berg grondstoffen waaruit je mag pakken wat je wilt, of een systeem waarmee je mag manipuleren zoveel je wilt. Nederigheid betekent dat je jezelf ziet als maar één individu onder vele en mensen als maar één soort tussen vele andere. Het betekent handelen met zelfbeheersing en rekening houden met de behoeftes van anderen. Vaak leiden compassie en nederigheid als deugden naar dezelfde handelwijze. Maar in sommige gevallen kan compassie vragen om actie, terwijl nederigheid juist inactiviteit verlangt, en zelfs andersom.

Vandaag de dag zijn een paar advocaten bezig het idee dat bepaalde soorten dieren 'personen' zijn nieuw leven in te blazen, en proberen ze de juridische scheidslijn tussen mensen en andere dieren uit te wissen. De doelstelling van het Nonhuman Rights Project is om 'de gemeenrechtelijke status van mensapen, olifanten, dolfijnen en walvissen te veranderen van louter "dingen", die geen juridische rechten bezitten, in "rechtspersonen" die fundamentele rechten hebben zoals lichamelijke vrijheid en lichamelijke integriteit'. Mocht het idee van dieren als rechtspersonen vergezocht lijken, bedenk dan dat bedrijven ook rechtspersonen zijn. Dus lid zijn van de soort homo sapiens maakt duidelijk geen deel uit van de juridische definitie.

Om zijn doel te bereiken vertegenwoordigt het Nonhuman Rights Project apen en olifanten die leven in gevangenschap, en klaagt hun 'ontvoerders' aan op grond van *habeas corpus*, het basisrecht om niet te worden vastgehouden en gevangen gezet zonder van een misdrijf te worden beschuldigd. De rechters die hun zaken toegewezen krijgen, moeten zelf uitmaken of de cliënten door hen als personen kunnen worden beschouwd. Door voortdurend nieuwe zaken in nieuwe rechtsgebieden aan te spannen, hopen de advocaten van het Nonhuman Rights Project uiteindelijk een welwillende rechter te vinden die zal oordelen dat Hercules en Leo (voormalige onderzoekschimpansees) en Happy (een olifant die helemaal alleen in de dierentuin van de Bronx woont) personen zijn. Dat zou een krachtig juridisch precedent scheppen.

In 2018 kwam een team van advocaten onder leiding van Steven Wise hierbij in de buurt met het geval Tommy, een chimpansee die afgezonderd in een kale kooi leeft, in de schuur van zijn 'eigenaar'. Nadat een lagere rechtbank de zaak had verworpen, stapte het team naar het Hof van Beroep in New York, twee keer zelfs. De tweede keer wees de rechtbank het verzoek om een beroepsprocedure af omdat hij dit verzoek al een keer eerder had afgewezen. Maar ten minste één rechter, Eugene Fahey, begon twijfels te krijgen: 'Om een chimpansee te behandelen alsof hij of zij ondanks habeas corpus geen recht op vrijheid heeft, betekent dat je die chimpansee geen enkele intrinsieke waarde toekent en behandelt als iets wat mensen mogen gebruiken, als een ding dat alleen waarde heeft voor zover het nut heeft voor anderen. In plaats daarvan zouden we ons moeten afvragen of een chimpansee een individu is met inherente waarde die het recht heeft met respect te worden behandeld. [...] In de tijd die is verstreken sinds we het verzoek van het Nonhuman Rights Project voor het eerst hebben afgewezen, heb ik geworsteld met de vraag of dit een juiste beslissing was. Hoewel ik me neerleg bij de beslissing van het Hof om een beroepsprocedure af te wijzen, blijf ik me afvragen of het Hof er wel goed aan deed om het verzoek in eerste instantie af te wijzen.'[45]

Ook al begin ikzelf steeds meer over dieren te denken als personen, toch geef ik toe dat er verschillen lijken te zijn met mensen. In tegenstelling tot een hert of een vleermuis kunnen wij ons zorgen maken over de ethiek van onze handelwijze. Wij kunnen abstract nadenken over het goede of slechte van een bepaalde actie. Toch is het niet eerlijk om te zeggen dat dieren geen notie hebben van zorg, vriendelijkheid of empathie. Er bestaan veel voorbeelden van dieren die elkaar helpen of voor elkaar zorgen. En sommige niet-menselijke dieren begrijpen duidelijk wat eerlijkheid inhoudt. Bij een experiment dat over deze vraag ging, kreeg een onderzoeker een komkommer in zijn gezicht gegooid door een kapucijnaap die verontwaardigd was over het feit dat zijn buurman voor eenzelfde taak werd beloond met een veel smakelijker druif.[46] Maar los van zulke vage vermoedens van dierlijke ethiek lijkt het wreed om dieren te straffen omdat ze 'slechte' dingen hebben gedaan, zoals de middeleeuwse Europeanen soms deden. We verwachten van een leeuw niet dat hij ervan afziet een lam op te eten omdat het lam daar bezwaar tegen maakt. In ethisch jargon zijn mensen 'morele agenten', die de plicht hebben het goede te doen, terwijl dieren niet meer dan 'morele patiënten' zijn, entiteiten tegenover wie wij misschien wel ethische verplichtingen hebben.

Singer, Regan en Gruen lijken allen te denken dat we hooguit een beperkte verplichting hebben tegenover dieren die noch ons vee, noch onze huisdieren, noch onze gevangenen zijn. We moeten ze gewoon laten zijn. Maar 'wilde' dieren leven in de 21e eeuw niet echt onafhankelijk van de mensheid. Ik weet niet eens of er vandaag de dag nog wel 'wilde' dieren bestaan.

4
Tussen hond en wolf

In juli 2013 liep een jonge zwarte wolf door de omgeving van Ione in het landelijke noordoosten van de staat Washington.[1] Ze stapte in een wildklem met scherpe tanden, en zat vast. Een paar nieuwsgierige kalveren kwam kijken wat er aan de hand was: twee vrij rondlopende boerderijdieren die een gevangen wild dier bestuderen. De moeders van de kalveren arriveerden en maakten zich zorgen over de wolf, dus begonnen ze blufaanvallen uit te voeren, renden agressief op haar af en hielden op het laatste moment in.

Er kwamen mensen aan die de koeien wegjoegen en de wolf in de flank een kalmeringsmiddel toedienden, met een spuit die aan een lange stok zat. Na een woedende en grommende eerste reactie begon de wolf weg te zakken. Toen ze volledig buiten bewustzijn was, gingen de overheidsbiologen aan het werk.

Het team schatte haar gewicht op dertig kilo en haar leeftijd op vijftien maanden. Ze brachten een GPS-halsband aan, plaatsten een elektronische ID-chip onder haar huid en bevestigden een felgekleurd label aan haar oor met daarop haar ID-nummer: 47.

De biologen vertrokken en lieten 47 haar roes uitslapen. Toen ze ontwaakte, vervolgden zij en haar metgezel, een ander wijfje, hun weg. Als wolven geslachtsrijp zijn, verlaten ze doorgaans hun leefgebied en gaan op zoek naar een partner en een eigen territorium. Vaak trekken broers en zussen een tijdje samen op, dus de metgezel van 47 kan heel goed haar zus zijn geweest. Op een dag kwamen ze een enorme Akbash-schaapshond tegen. Dit wollige witte ras zou wolven moeten verjagen, dat is zijn taak. Maar om een of andere reden zagen de wolven en deze hond elkaar niet als vijanden. Ze begonnen met elkaar te spelen.

Voor veel mensen zijn wolven bij uitstek het symbool van wildheid. Honden daarentegen zijn het niet-menselijke dier dat we vooral beschouwen als deel van het gezin, 'onze trouwe vriend', het toppunt van domesticatie. Toch kunnen beide soorten paren en een vruchtbaar nageslacht krijgen. De wetenschappelijke naam van de grijze wolf is *Canis lupus*, die van de hond is *Canis lupus familiaris*. Dat wil zeggen dat ze tot dezelfde familie behoren.

Ambtenaren van de staat Washington zetten samen met de familie die eigenaar was van de hond een hek van tweeënhalve meter hoogte om de tuin. Toch bleven de wolvinnen er rondhangen om de hond naar buiten te lokken. Uiteindelijk lukte het de Akbash, een hond van zo'n vijftig kilo, om over de omheining te klimmen en om, in de woorden van Donny Martorello, de manager van de carnivorenafdeling van het Washington Department of Fish and Wildlife, 'een maand lang te proberen een wolf te zijn'.

De ambtenaren wilden niet dat de hond een van beide wijfjes zou bevruchten. Ten eerste omdat de genetische integriteit van de wolven op het spel stond. 'Genetische integriteit' is een vertrouwd begrip in de ecologische literatuur en wordt gebruikt om de waarde aan te geven van een genoom dat niet is besmet met de genen van verwante soorten of ondersoorten.[2] (Er zitten al wat hondengenen in de populatie van wilde wolven. De vachtkleur van Noord-Amerikaanse zwarte wolven is een eigenschap die eerst bij de huishond is geëvolueerd. Maar die eigenschap is al zoveel duizenden jaren geleden op wolven overgegaan dat de genen bij wijze van spreken zijn gepromoveerd tot een wolveneigenschap.)

Ten tweede worden honden beschouwd als eigendom, terwijl wolven sinds 2013 in de hele staat worden gezien als een bedreigde diersoort. De regels en wettelijke bepalingen waaronder zij vallen verschillen enorm en geven geen duidelijkheid over hoe er met hybride dieren moet worden omgegaan.

In de kern van de zaak waren de drie dieren wetteloos. Boeren uit de omgeving noemden de twee wijfjes Thelma en Louise. De GPS-halsband van Louise (die dus ook bekendstond als 47) maakte het tamelijk eenvoudig om de twee wolven en de hond op te sporen, en de wolven werden vanuit helikopters beschoten met een verdovend middel. De wolven werden onderzocht terwijl de hond er woedend bij stond te blaffen en de wijfjes bewaakte. Thelma bleek drachtig te zijn.

Na overleg met de wolfadviesgroep van de overheid namen ambtenaren de drachtige wolf opnieuw gevangen, opnieuw met behulp van een helikopter, en hebben ze haar gesteriliseerd, waarbij niet alleen haar embryo's maar ook al haar voortplantingsorganen zijn verwijderd. Martorello legde uit dat een volledige sterilisatie veiliger en makkelijker was dan een abortus. De hond werd naar zijn eigenaren teruggebracht. De twee wolven bleven in de omgeving opduiken. Een paar maanden later werd Thelma door een auto aangereden en stierf.

Louise keerde in haar eentje terug naar het huis waar de schaapshond woonde. Pogingen om haar weg te houden van het hondenverblijf bleken tevergeefs. 'Ze denkt dat de mannetjeshond bij de roedel hoort,' vertelde Martorello me destijds. 'In de loop van de zomer en de vroege herfst hebben we van alles gedaan om het dier af te schrikken: rubberen kogels, wegjagen, proberen te vangen. Het is niet gelukt. Ze blijft een sluwe wolf.'

In februari 2015 hadden ze Louise eindelijk te pakken. Ze kreeg vanuit een helikopter een verdovend middel ingespoten en werd naar Wolf Haven International gebracht, een opvangcentrum voor als huisdier gehouden wolven en wolfhonden bij Olympia in Washington. Hier zal ze de rest van haar leven in gevangenschap doorbrengen. Ze is gedeeltelijk gesteriliseerd, dus kan niet meer werpen, en heeft een eveneens gesteriliseerde wolfreu als gezelschap. Haar naam is nog een keer veranderd, nu in Ione.

Wendy Spencer, de operationeel directeur van Wolf Haven, vertelde me dat het centrum doorgaans geen wolven uit het wild opvangt, omdat ze denken dat zelfs de ruime verblijven en het beperkte contact met mensen onvoldoende kwaliteit van leven bieden voor een echt wilde wolf. Maar 47/Louise/Ione was al gewend geraakt aan mensen. 'Gebaseerd op alle veldrapporten en hoe gewend ze al was, is ze waarschijnlijk heel geschikt voor een leven in gevangenschap,' zegt ze. 'Het was dat of doodgeschoten worden.'

Tegenwoordig lijkt Ione betrekkelijk tevreden. Pamela Maciel Cabañas, mededirecteur van het opvangcentrum, praatte me in 2020 bij en zei dat Ione 'nog steeds een vreedzaam bestaan leidt in het deel van onze opvang waar geen publiek komt. Ze deelt een dichtbegroeide leefruimte met haar mannelijke metgezel, wolfhond Luca, met wie ze een hechte band lijkt te hebben. De dierenverzorgers zien ze vaak samen spelen of een groot stuk rauw vlees delen. Ione heeft het schuwe temperament dat typerend is voor wolven en als er mensen bij haar in de buurt bezig zijn, trekt ze zich meestal terug in de dichte struiken, via een doolhof van tunnels dat zij en Luca door de jaren heen hebben gemaakt. Maar als onze vrachtwagen vol voer hun leefruimte nadert, is het niet ongebruikelijk dat Ione en Luca opgewonden reageren, waarbij ze hoog in de lucht kunnen springen.'

De staat Washington had een mandaat om de grijze wolf als bedreigde soort te beschermen. Hybridisatie zou dieren met een onzekere status hebben opgeleverd die ongewisse verplichtingen met zich meebrengt, waaronder misschien zelfs de verplichting om jongen te doden als bedreiging voor de genetische integriteit van nabijgelegen wolvenroedels, of als ongedierte. Een wolfhond in het wild is niet alleen nutteloos maar ook een kiem van chaos, de voorbode van een 'hybride roedel' waaruit alle orde wegvalt en wolven hun waarde verliezen.

Italiaanse wildbeheerders hebben te maken gehad met hun eigen hybride roedel, het resultaat van paringen tussen honden en wolven die zo vaak en al zo lang voorkomen dat de meeste Italiaanse wolven eigenlijk wolfhonden in verschillende gradaties zijn.[3] Genetisch onderzoek geeft aan dat een groot deel van de hybridisatie generaties terug plaatsvond, toen de Italiaanse wolvenpopulatie zich naar nieuwe gebieden uitbreidde. Dit doet vermoeden dat deze ontwikkeling steeds gewoner gaat worden in Noord-Europa en Noord-Amerika, waar wolvenpopulaties naar nieuwe gebieden vol mensen en honden blijven trekken.

Luigi Boitani bestudeert de Italiaanse wolven al tientallen jaren en zegt dat er, zoals te verwachten valt, geen kant-en-klare voorschriften zijn hoe om te gaan met hybriden. 'Natuurlijk wil je niet alle zwarte wolven in Noord-Amerika doden, dat zou belachelijk zijn,' zegt hij. 'Maar je wilt waarschijnlijk wel tussenbeide komen als je in je tuin een wolf met een hond ziet paren. Tussen deze twee uitersten zit een grijs gebied. En het is heel lastig om een grens te trekken.'

Boitani geeft ruimhartig toe dat wolven en honden tot dezelfde familie horen, dat ze heel moeilijk uit elkaar te houden zijn, zelfs met genetisch gereedschap, en dat hybriden het net zo goed of zelfs beter doen dan 'zuivere' wolven die leven op de grens van de bewoonde wereld in Italië. In 1975 heeft hij drie vrij levende hybriden van een zender voorzien en een jaar lang gevolgd. 'Ze gedroegen zich 100 procent als wolven,' zegt hij. Ze verdedigden hun territorium en ze doodden vee. Het enige verschil was dat de mannetjes waardeloze vaders waren, ze kwamen niet met een voorraad vlees naar het hol om die uit te braken voor de pups, zoals wolvenvaders doen. Niettemin, 'een vrouwtjeswolf die paarde met een grote schaapshond' en die door Boitani gevolgd werd, bracht in haar eentje zes pups groot. Die gingen allemaal hun eigen weg en leidden een wolfachtig leven.

Ondanks het feit dat deze hybride dieren zich min of meer als wolven gedragen, vindt hij nog steeds dat de populatie zo beheerd zou moeten worden dat hij 'wolfachtiger' wordt. Hoe? Je doodt gewoon de dieren die eruitzien als honden, zegt Boitani. 'Als ze eruitzien als wolven, als ze zich gedragen als wolven, als ze de ecologische functie hebben van wolven, dan laat je ze met rust. Maar als je een wolf hebt die eruitziet als een hond, dan heb ik een probleem. Ik wil dat een wolf eruitziet als een wolf en niet is bezoedeld door onze honden.'

Hier is de aanbevolen beheerstrategie het wolfachtig houden van de wolven. Voor Boitani gaat het vooral om de 'wolven-esthetiek' en de instandhouding van hun ecologische niche, waarbij het behoud van het 'wilde' DNA en de vrijheid van individuele wolven op de tweede plaats komen.

De westerse cultuur staat bekend om zijn voorliefde voor categorieën en vooral dualiteiten. De mens en de natuur. Oost en west. Wild en tam. De manier waarop wij omgaan met het idee van een wolfhond in het wild illustreert ons grote ongemak met elke vervaging of verbreking van de binaire tegenstelling. Wolven moeten als hét symbool van wildheid volledig zijn verschoond van menselijke invloed en puur zijn. Door ze met honden te laten paren, bezoedelen we hun wilde zuiverheid met het morsige DNA van de hond, hét icoon van domesticatie.

Wolven hebben als symbool van wildheid zo'n grote culturele betekenis dat wij mensen veel moeite doen om de 'zuiverheid' van de soort te bewaken, zelfs als we daarmee de vrijheid van de dieren zelf beperken. Wildheid wordt vaak gedefinieerd als dat wat niet gecontroleerd wordt, maar paradoxaal genoeg moeten individuele wolven worden gecontroleerd om de 'wildheid' van hun genenpool te beschermen.

Vooral natuurbeschermers lijken meer waarde te hechten aan wat je 'wild DNA' zou kunnen noemen, een genoom dat niet is besmet door gedomesticeerde genen, dan aan de gedragsmatige of functionele autonomie van de werkelijke dieren. Alleen al het bestaan van werkterreinen als 'wildlifemanagement' en 'wildernisbeheer' geeft aan dat we ons opmerkelijk op ons gemak voelen bij het uitoefenen van een zekere mate van controle over organismen en plekken die wij bestempelen als 'wild'. Maar goed, de houding van de mens tegenover het wilde is nooit simpel geweest.

Al zo lang er geschreven verhalen bestaan, lezen we over ontzag én angst voor de wilde wereld, over verrukking én afkeer. Vaak is er de drang om die te veroveren en te domineren, maar ook zien we, als een transcendente tegenhanger, een drang om door de wildernis te worden opgeslokt, om erin op te gaan.

Het Gilgamesj-epos, een van onze oudste geschreven verhalen, vertelt over de vriendschap van de grote stedenbouwer Gilgamesj met een 'wilde man', Enkidu, die als we hem leren kennen een tevreden bestaan leidt zonder contact met mensen: 'bedekt met haar zoals de god van de dieren', grazend bij een poel met een kudde gazelles, 'en zijn hart verrukt om de beesten in het water'.[4] Gilgamesj dwingt de vermenselijking van Enkidu af door de priesteres Shamhat op hem af te sturen, die hem weet te verleiden. Nadat ze vele dagen de liefde hebben bedreven, wordt Enkidu door de wilde dieren gemeden. Zijn haar wordt geknipt, hij eet brood met bier en gaat met Shamhat naar de stad. Na een episch straatgevecht wordt hij de beste vriend van Gilgamesj, ze gaan samen op pad en doden de bosgod Humbaba, en ze voeren diens slagtanden mee als trofee. Daarna vellen ze de grootste en beste boom, en nemen die mee terug naar Uruk om er een prachtige deur van te maken. Het is moeilijk om deze parabel over ontbossing niet te lezen als een metafoor voor de opmars van de mens als een ecologische macht, over de triomfantelijke expansie van stedelijk en agrarisch gebied in wat ooit wildernis was. Maar wanneer Gilgamesj en Enkidu het bos binnengaan, bewapend met bijlen en dolken, blijven ze stilstaan om het te bewonderen, 'starend naar de hoge ceders' en merken op dat 'zijn schaduw zoet was en vol van zaligheid'.[5]

Iets aan die passage deed me denken aan historische foto's van negentiende-eeuwse houthakkers die naast enorme bomen staan, waarvan er veel al half zijn doorgezaagd. Uit deze beelden, die ik opgroeiend aan de noordwestkust vaak heb gezien, blijkt niet alleen de trots van de houthakkers dat ze zo'n zwaar karwei tot een goed einde brengen, maar ook hun ontzag voor de reusachtige bomen. Houthakkers voelen vaak een oprechte liefde voor bomen, zoals ook veel jagers hun prooi respecteren. Waardering en ontzag zijn van oudsher verweven met de gevoelens van de mens over de wildernis. In de Bijbel is die wildernis een dorre, levensbedreigende plek, maar het is ook een plaats van openbaring. In Genesis is de Hof van Eden een tuin, maar een die geen verzorging behoeft, een soort oerwildernis, ontdaan van de angel des doods. En in de christelijke verslagen waren de verdrijving uit dat paradijs en de overgang naar een leven als landbouwer iets tragisch.

De constante bij dit alles is weer die dualiteit, de overtuiging dat de agrarische landschappen en steden die de mens schept, een parallel universum vormen naast de andere soorten in hun eigen landschappen.

In het hedendaagse westerse denken wordt dit dualisme vaak ingekleurd met een beladen moralisme. De mens is niet alleen anders dan de wilde natuur, maar is ook in staat om die wilde natuur te vernietigen. In deze opvatting is elke menselijke invloed op de natuur slecht. Elke verandering die voortvloeit uit menselijk handelen is sowieso een achteruitgang.

Deze generalisering is begrijpelijk. De mens heeft zo veel dingen veranderd waar we nu spijt van hebben. We kijken naar onze oceanen vol ronddrijvend plastic, naar onze slinkende oerbossen, naar de stervende ogen van een van de laatste tien Californische bruinvissen, verstrikt in een net, en natuurlijk voelt het of we alles verpesten. Die gedachte werd in maart 2020 treffend verwoord in een populaire tweet die al snel een meme werd voor het grimmige, misantrope leedvermaak dat men beleeft aan de coronapandemie.

Wauw . . . De aarde geneest
Lucht wordt minder vuil
Water wordt schoner
Wilde dieren keren terug
Covid is het vaccin van de aarde
Wij zijn het virus.

Deze gedachte, dat de mens een soort ziekte is, is niet nieuw. Ik kan me herinneren dat ik in 2009 een wetenschappelijke lezing bijwoonde in de Society for Conservation Biology in Flagstaff, Arizona, waar een hoogleraar steden vergeleek met kankergezwellen, zowel wat betreft hun fysieke groeipatronen als in hun morele waarde.

De keerzijde van het idee dat de mens per definitie slecht zou zijn, is dat de natuur per definitie goed is. En dus zien we het woord 'natuurlijk' opduiken op onze doos ontbijtgranen, op onze shampoo, op ons afwasmiddel. Zwangere vrouwen kiezen voor een 'natuurlijke' bevalling en mijden het ziekenhuis en de narcose, het winkelend publiek komt naar 'natuurlijke' reformwinkels, alsof de supermarkten speelgoedbroccoli en plastic biefstukken verkopen.

'Wild' en 'natuurlijk', 'wildernis' en 'natuur' zijn inwisselbare termen die vaak worden gebruikt als we het hebben over dingen, dieren en plekken. Er zijn hele boeken geschreven over de betekenis van deze woorden. Ook door mijzelf.[6]

In de Amerikaanse wetgeving wordt wildernis die door de federale overheid is aangewezen gedefinieerd als 'een gebied waar de aarde en haar leefgemeenschap niet door de mens zijn aangetast, waar de mens zelf een bezoeker is die niet blijft'.[7] Een tekst over ecologische ethiek definieert het natuurlijke als volgt: 'Iets is natuurlijk voor zover het onafhankelijk is van menselijke vormgeving, controle en invloeden.'[8] Dit soort definities gaan er in de basis van uit dat de mens geen deel uitmaakt van de natuur. Ze gaan er zelfs van uit dat de mens het tegenovergestelde is van natuur, dat onze invloed de dingen minder wild of natuurlijk maakt. En die premisse verwerp ik. Na vele jaren ben ik de concepten wildernis en natuur gaan beschouwen als niet alleen onwetenschappelijk, maar ook schadelijk. Ten eerste zijn alle organismen die nu bestaan door de mens beïnvloed. Ten tweede zijn wij mensen ook sterk beïnvloed door de planten en dieren waarmee we zijn geëvolueerd, wij zijn zelf ook onderdeel van de 'natuur'. Ten derde is de retoriek over 'wildernis' vaak gebruikt om het ontzeggen van landrechten aan inheemse volken te rechtvaardigen en hun lange geschiedenis uit te wissen. En als laatste: het nadenken over mens en natuur als onverenigbaar, maakt het onmogelijk om manieren te (her)ontdekken waarop we voor het algemeen welzijn met en in de natuur kunnen werken. Ik sta nog steeds achter het woord 'wild', maar dan als een term voor het *autonome*, niet voor het on-menselijke.

Laten we met dat eerste punt beginnen. Alle soorten op aarde zijn beïnvloed door veranderingen die de mens in het milieu heeft aangebracht. Zelfs dieren die nog nooit een mens hebben gezien zijn door onze soort veranderd, tot in hun genoom. Op een manier die we nu pas beginnen te begrijpen zijn de 'wilde' dieren van nu, en de ecosystemen waarin ze leven, voor een deel menselijke creaties.

Alle soorten die regelmatig met elkaar in contact staan, oefenen selectiedruk op elkaar uit en geven zo vorm aan elkaars evolutie. Natuurlijke selectie begunstigt organismen die in hun omgeving gedijen, en tot die omgeving behoren net zo goed de daar levende soorten als niet-levende factoren zoals het klimaat. Zoals alle dieren op aarde heeft onze soort dus tijdens zijn hele bestaan invloed gehad op andere soorten. Gedurende een groot deel van onze geschiedenis was die invloed niet bijster groot. Wij waren als lastige prooi misschien een kleine factor in de evolutie van sommige roofdieren, maar we hebben zeker de evolutie bepaald van onze eigen parasieten, zoals luizen. De *Pediculus humanus* gedijt op geen enkel ander dier. Maar in het algemeen waren we gewoon één diersoort tussen vele andere, die allemaal evolutionaire druk op elkaar uitoefenden in een complex systeem van duwen en trekken.

Onze carrière als 'superinfluencers' kwam pas betrekkelijk recent op gang, evolutionair gesproken. Er zijn aanwijzingen dat onze voorouders in het Plioceen zo goed waren in het stelen van voedsel van grote carnivoren dat wij hebben meegeholpen met de uitsterving van deze grote beesten. Eén studie zegt dat het moment van uitsterven van 'beren, sabeltandkatten en reuzenmarters, otters en civetkatten' in Oost-Afrika meer te maken heeft met de toename van de denkkracht van onze voorouders dan met klimaatverandering.[9] (Hoewel die studie ook suggereerde dat een afname van de bosdichtheid een belangrijke oorzaak kan zijn geweest.) In een tijd waarin de concurrentie om prooien hevig was, kon het van een prooi weggejaagd worden door met stokken zwaaiende hominiden het verschil tussen leven en dood betekenen.

In het late Pleistoceen verscheen echter *Homo sapiens* ten tonele, en we beperkten ons niet tot het stelen van voedsel van betere jagers, want we waren zelf de beste jagers op aarde geworden. Terwijl de mens over de planeet migreerde, volgde in zijn voetspoor een hausse in de uitsterving van dieren zwaarder dan zo'n honderd pond (door onderzoekers aangeduid als 'megafauna'). Er waren talloze van deze uitstervingen en uiteindelijk had elke uitsterving weer een andere oorzaak. Klimaatveranderingen hebben er waarschijnlijk veel aan bijgedragen. Maar er zijn weinig wetenschappers die niet toegeven dat de menselijke jacht, zowel op de uitgestorven dieren zelf als op de prooidieren waarvan zij afhankelijk waren, een rol heeft gespeeld bij ten minste een deel van deze uitstervingen.

Noord-Amerika is in het Pleistoceen meer dan 70 procent van zijn megafauna kwijtgeraakt, waaronder de reuzenwolf, de Amerikaanse leeuw, reusachtige luiaards, een berggeitsoort, sabeltandkatten, de kortsnuitbeer, mammoeten en mastodonten.[10] Je kunt je bijna niet voorstellen hoe het continent eruitzag toen het door deze reuzen werd bewoond. Boven mijn open haard hangt een schilderij van de hand van mijn broer Alex, met daarop het skelet van een kortsnuitbeer, op schaal. Als hij op zijn achterpoten stond, was deze beer 3,5 meter groot. Hij kon met 65 kilometer per uur rennen. Hij at vlees. Waarschijnlijk at hij ons. Als ik naar hem kijk, probeer ik me voor te stellen wat voor soort cultuur, wat voor psychologie, wat voor persoon zich staande weet te houden in een wereld waar zulke brute kracht een reële levensbedreiging vormde. Het lukt me gewoon niet.

Tussen de vijftien- en tienduizend jaar geleden zijn al deze dieren verdwenen. Aangezien zij zoals alle schepsels de soorten in hun ecosysteem beïnvloedden, is hun landschap door hun afwezigheid getransformeerd. Paleo-ecologen kunnen terugkijken in de tijd door lange modderige kernen uit de bodem van meren te halen. Al die duizenden kernen zijn gelaagde tijdcapsules, die elk één periode vastleggen via het sediment dat zich geleidelijk op de bodem van de meren heeft afgezet. Wetenschappers zoeken in elke laag naar houtskool van bosbranden, stuifmeelkorrels en sporen van de schimmel *Sporormiella*, die in de mest van herbivoren leeft. Zulk onderzoek heeft bijvoorbeeld aangetoond dat toen mastodonten, mammoeten, reuzenbevers, reuzenluiaards en een verwant van de reuzeneland (*Cervalces*) in aantallen afnamen in wat nu een gebied is van Indiana tot New York.[11] Dat blijkt uit een sterke daling van het aantal schimmelsporen van de Sporormiella: de loofbomen namen explosief in aantal toe en haalden de sparren in als voornaamste bron van stuifmeel. Zoals iedereen weet die weleens tuin heeft geprobeerd netjes te houden waar ook herten komen, kunnen herbivoren een krachtig middel zijn om te voorkomen dat stekelige of giftige planten floreren. De teruggang van de megafauna had een effect alsof je om het hele continent een hek tegen de herten neerzette. Minder begrazing betekende meer planten, dat betekende ook meer brandstof voor branden, en onderzoekers vonden dan ook meer houtskool in de sedimentlagen die na de uitstervingen waren ontstaan.

In Australië verscheen de mens al veel eerder, ongeveer 65.000 jaar geleden. De komst van de mens leidde tot een golf van uitstervingen en, net als in Noord-Amerika, een verandering van veel landschappen. Delen van de outback die nu bijna boomloos zijn, waren volgens een bepaalde analyse ooit 'een mozaïek van bossen, struikgewas en grasland, met een groot aandeel van planten met smakelijke bladeren en vlezige vruchten'.[12] Toen de reusachtige verwanten van kangoeroes en wombats en enorme loopvogels verdwenen, hoopte de plantenmaterie zich op om vervolgens te verbranden, waarmee op bepaalde plekken een cyclus van branden ontstond die gunstig was voor de taaie, vuurbestendige soorten die nu algemeen zijn in de droge gebieden van Australië.

De eerste mensen arriveerden nog geen duizend jaar geleden in Nieuw-Zeeland, zo recent dat hun gesneuvelde megafauna nog maar net is verdwenen. In het Peabody Museum of Natural History van Yale zag ik het complete skelet van een moa, een familie van reuzenvogels die wel drie meter hoog konden worden en zoals bij zo veel andere soorten werd hun uitsterving waarschijnlijk ingeluid door de menselijke jacht. Ik keek naar het bijschrift en mijn nekhaartjes gingen overeind staan toen ik het woord 'subfossiel' las. Ik realiseerde me dat ik niet naar harde mineralen keek die de plek van de botten hadden ingenomen, zoals bij een doorsnee dinosaurusfossiel. Ik keek gewoon naar de botten van de vogel zelf, even vettig en echt als de botten die overblijven als je kalkoen hebt gegeten. Zo kort geleden zijn we de negen soorten van de moa kwijtgeraakt.

Maar ook al zijn hun lichamen nog maar net afgekoeld, het landschap heeft al op de verandering gereageerd. Zonder grote herbivore moa die het bos open houden en ervoor zorgen dat het zonlicht hier en daar de grond kan bereiken, is het bos dichtgegroeid en hebben schaduwminnende soorten het overgenomen.[13] Overal ter wereld is de megafauna mede door de menselijke jacht uitgestorven, wat weer leidde tot aanzienlijke veranderingen in het ecosysteem. Deze veranderingen zorgden voor nieuwe uitdagingen en kansen voor de overlevende dieren, beïnvloedden hun gedrag en gaf van generatie op generatie hun evolutie vorm.

Er waren waarschijnlijk ook een paar secondaire uitstervingen, in elk geval van bepaalde soorten parasieten, misschien van mestkeversoorten die afhankelijk waren van de forse hopen mest die de enorme wezens achterlieten.[14] Ook aasdieren kwamen in de problemen, omdat er minder reuzenkarkassen waren om van te smullen. In Noord-Amerika zijn we zeven complete soorten gieren kwijtgeraakt en de Californische condor overleefde alleen omdat hij profiteerde van gestrande walvissen en andere zeezoogdieren.[15]

Andere soorten moesten hun gedrag aanpassen om te overleven. De gewone vampier is waarschijnlijk hard getroffen door het uitsterven van de megafauna in zijn thuisgebied in de beide Amerika's.[16] Deze vleermuis landt op slapende zoogdieren, snijdt netjes hun huid open en slurpt hun bloed op. Met minder grote dieren om van te nippen was het leven zwaar, maar de vleermuis paste zich aan door over te schakelen op mensen en hun vee. Tegenwoordig zijn varkens, paarden en runderen de favoriete prooi.

Veel grote roofdieren, zoals de reuzenwolven en sabeltandkatten, stierven in die tijd, maar andere dieren pasten zich aan en raakten gewend aan het nieuwe normaal. In Zuid-Amerika kromp de jaguar proportioneel met de gemiddelde omvang van zijn nieuwe prooi.[17] In plaats van zich te goed te doen aan wilde paarden en kamelen en grondluiaards, leerden ze genoegen te nemen met capibara's en reuzenmiereneters. Ook de coyotes krompen en gebruikten hun legendarische sluwheid om te overleven in de nieuwe, kleinere wereld waarin ze waren beland.

Er is niet veel onderzoek gedaan naar specifieke dieraanpassingen in de golf van uitstervingen. Zoals een wetenschappelijke verhandeling zei: 'Tot op heden is de invloed van de terminale Pleistoceenuitsterving op de overlevende kleine en middelgrote dieren goeddeels genegeerd.'[18] Het ging in die verhandeling om een belangrijke vindplaats: Hall's Cave in Texas Hill Country, waar botten liggen die al 22.000 jaar oud zijn. Uit analyse van de botten bleek dat in de uitstervingsgolf 80 procent van de grote herbivoren en 20 procent van de toppredatoren in het gebied waren uitgeroeid. In de periode daarna waren de dieren gemiddeld kleiner en waren er minder grazers.

De schrijvers van dit stuk meldden nog een andere interessante vondst: de toppredatoren van nu, zoals jaguars, bergleeuwen, wolven en grizzlyberen, waren kleine jongens die zich staande hielden in de schaduw van veel imposantere soorten: de sabeltandkat en kromzwaardkat, de reuzenwolf en kortsnuitbeer. Deze uitgestorven 'hypercarnivoren' waren doorgaans gespecialiseerd in een beperkt aantal prooidieren. Na hen zijn 'toproofdieren' achtergebleven die nogal zuinige opportunisten zijn. Ze kunnen scharrelen, planten eten, van prooisoort veranderen en andere gedragskeuzes maken. Die flexibiliteit komt hun ongetwijfeld van pas nu ze zich overeind proberen te houden in de 21e eeuw.

In Afrika en Eurazië zijn de gevolgen van de menselijke jacht minder duidelijk en hadden sommige soorten megafauna vermoedelijk tijd om een evolutionair antwoord te vinden op die steeds slimmer wordende apen teneinde hun uitsterving te voorkomen. Dat wil echter nog niet zeggen dat onze invloed er niet even ingrijpend was. Sterker, dieren zoals Afrikaanse olifanten, neushoorns, nijlpaarden, bizons, elanden en waterbuffels overleefden onze opmars als efficiënte jagers door nieuwe wapens te ontwikkelen. Bijvoorbeeld een beter gehoor, scherpere hoorns of een ander verdedigingsmechanisme, waarmee eens te meer wordt aangetoond dat de menselijke invloed toen al is verweven in het genoom (en de levens) van deze soorten.

De mens heeft andere soorten niet alleen gevormd door bij te dragen aan hun uitsterving. In bepaalde gevallen hebben we wederzijds nuttige banden aangeknoopt met niet-mensen waardoor beide partijen zijn veranderd.

Robin Wall Kimmerer is ecoloog en geregistreerd lid van de Citizen Potawatomi Nation. Ze is ook directeur van het Center for Native Peoples and the Environment aan het College of Environmental Science and Forestry in Syracuse, in de staat New York. In haar boek *Braiding Sweetgrass* schrijft ze dat het plukken van veenreukgras om manden te vlechten de groei van de plant heeft bevorderd, en dat ongeplukte delen van de plant verwelken en afsterven. 'Door een lange, lange geschiedenis van cultureel gebruik, is het veenreukgras blijkbaar afhankelijk geworden van de mens omdat de "verstoring" zijn compenserende groei stimuleert,' schrijft ze.[19] M. Kat Anderson, etnobotanist aan de University of California in Davis, schrijft: 'Het is zeer waarschijnlijk dat sommige plantengroepen in de loop van eeuwen of misschien millennia van inheemse teelt, afhankelijk zijn geworden van verzorging en consumptie door de mens om vruchtbaar en vitaal te blijven.'[20] Met andere woorden: de mens heeft de evolutie van voedselsoorten gestuurd door selectief te oogsten en door zaden van planten met de gewenste eigenschappen opnieuw te planten.

Inheemse Noord-Amerikanen hebben opzettelijk planten verhuisd en brachten bijvoorbeeld waaierpalmen naar de Sonorawoestijn voor schaduw en fruit.[21] De Kumeyaay, die in en rond San Diego wonen, teelden manzanita, de Californische berendruif, seringen en wilde rozen, en breidden actief het verspreidingsgebied van pruimen, agaven, yucca, salie en mesquite uit.[22] Zij brachten cactusvijgen van de woestijn naar de kust, plantten boomgaarden met eiken en cultiveerden graanvelden.[23] 'Zorgvuldige bestudering van Spaanse verslagen wijst uit dat er weinig of geen natuurlijk landschap bestond,' schrijft antropologe Florence Shipek.[24] 'In plaats daarvan maken ze melding van gras, grasland met eiken, een beperkte chaparralgroei en gebieden met planten die op zo'n regelmatige afstand van elkaar stonden dat ze geplant leken, allemaal het product van menselijk beheer om voedsel te verschaffen. 'De buren en handelspartners van de Kumeyaay, de Chumash, hebben misschien grijze vossen naar de Channel Islands voor de kust van Californië gebracht, die toen evolueerden in een heel nieuwe soort, de piepkleine eilandvos.

Veel inheemse volken gebruiken vuur om zowel het land als hun dieren te beheren.[25] Vuur kan droge brandstof wegwerken en voorkomen dat er later in het seizoen verwoestende en onbeheersbare branden ontstaan. Vuur stimuleert ook de groei van nieuwe planten, die het meest voedzaam zijn voor herbivoren. Dus deze praktijk voedt zowel wilde dieren en trekt ze aan om bejaagd te kunnen worden. Veel Amerikaanse prairies, weiden en graslanden die de kolonisten beschouwden als 'natuurlijk', werden in werkelijkheid bewust met vuur beheerd.

Inheems landbeheer moet van invloed zijn geweest op de dieren die in en rond deze ecosystemen leefden. Ook heeft de mens de evolutionaire richting van sommige wilde dieren zo grondig bepaald dat ze ophielden wild te zijn. Eén theorie over de manier waarop honden zijn gedomesticeerd gaat over wolven en mensen als antieke jachtgenoten.[26]

Inheemse volken uit Noord-Amerika, Siberië en Oost-Azië kennen allemaal verhalen over vriendelijke, coöperatieve betrekkingen met wolven.

Het is zelfs mogelijk dat er niet méér voorbeelden zijn van mutualisme (een interactie tussen twee levensvormen waarvan beide voordeel hebben) tussen mensen en dieren omdat we in die gevallen zo met elkaar verstrengeld zijn geraakt dat we onze 'partners' anders zijn gaan labelen: gedomesticeerd. In dit omgekeerde perspectief zijn honden een ondersoort van wolven die mutualistische relaties hebben met mensen.

Vandaag de dag zijn zelfs de wildste van de wilde dieren niet alleen beïnvloed door vele millennia van door de mens veroorzaakte veranderingen, ze blijven zich ook aanpassen aan ons steeds veranderende gedrag. Wilde dieren maken hun eigen keuzes in wat ze elke dag doen, in die zin zijn ze vrij. Maar hun lichaam en geest evolueren in een wereld die ingrijpend door de mens wordt beïnvloed en al te vaak moeten ze in hun dagelijkse routine navigeren door een wereld die is aangepast om te voldoen aan menselijke behoeften en verlangens.

Olifanten raken hun slagtanden kwijt omdat stropers de *tuskers* doden voordat ze zich kunnen voortplanten.[27] Dieren waar wij intensief op jagen en vissen, krimpen in omvang omdat ze op zo'n manier evolueren dat ze zich eerder kunnen voortplanten.[28] In Alberta hebben natuurbeschemers geprobeerd grizzlyberen te leren weg te blijven van wegen zodat ze niet door auto's worden aangereden, maar de beren waren hen te slim af en vluchten alleen voor witte trucks, want die worden altijd bestuurd door wildbeheerders.

Wat betreft de 'wilde' dieren in onze binnensteden en voorsteden, die hebben zich grondig aan onze wereld aangepast. Dieren die communiceren met geluid, waaronder vogels, kikkers en padden, hebben de toonhoogte van hun stem veranderd, zodat hun gezang of roep ook hoorbaar is boven het lawaai van de stad en het verkeer.[29] Ooievaars in Spanje zijn gestopt met migreren toen ze beseften dat ze gewoon afval op de vuilnisbelt konden eten en hebben het rivierkreeftje geïntroduceerd.[30] Kraaien in het Japanse Sendai wachten tot het stoplicht op rood springt, leggen walnoten voor de banden van stilstaande auto's en pikken het vruchtvlees uit de noten als de auto's eroverheen zijn gereden en de doppen hebben gekraakt.[31] Ratten, duiven, huismussen en andere organismen hebben zich zo goed aan de mens aangepast dat zij daar nu afhankelijk van zijn.

Huismussen zijn bijvoorbeeld volkomen op hun gemak in de mensenwereld, nestelen op parkeerplaatsen en in buitenverlichting. Ze zijn de mens over de hele wereld gevolgd, eten ons gemorste graan, pikken insecten uit de grill van onze auto's en eten onze tuinplanten. Er zijn er ruim 540 miljoen van en ze leven vlak voor onze neus.[32] Net als andere kostgangers zijn huismussen slim en hebben ze een groot aanpassingsvermogen. In Nieuw-Zeeland weten ze om te gaan met automatische schuifdeuren en activeren ze het mechanisme om lunchrooms en cafés binnen te vliegen.[33] Ze hebben zelfs geleerd sigarettenpeuken in hun nesten te verwerken als vorm van ongediertebestrijding, want parasitaire mijten houden niet van nicotine.[34] Klimaatverandering verandert de verscheidenheid, de jaarlijkse cycli en het gedrag van ontelbare diersoorten. In het Verenigd Koninkrijk leggen koolmezen hun eieren twee weken eerder en volgen zo het veranderde schema van de rupsen waar hun jongen zich mee voeden.[35] De rupsen volgen op hun beurt de bloeitijd van bomen. Sommige rupsen in de Verenigde Staten evolueren zelfs om hun eitjes op nieuwe planten te leggen: 'onkruid' van overzee.[36] Deze nieuwe relaties tussen ingevoerde en inheemse soorten vervlechten ecosystemen van over de hele wereld.

Naarmate het klimaat opwarmt, verplaatsen dieren zich verder noordelijk, naar de polen. Uit een onderzoek naar ongewervelde dieren op het Britse vasteland, waaronder bijen, vlinders, sprinkhanen en spinnen, is gebleken dat zij zich gemiddeld bijna twee kilometer per jaar naar het noorden verplaatsen.[37] Ruim de helft van de planten- en dierensoorten in het gematigde deel van Noord-Amerika is in aantal afgenomen aan de warmere kant, of toegenomen aan de koelere kant en soms allebei.[38] Niet alle dieren zijn echter in beweging, of verplaatsen zich op een manier die je zou verwachten. Onderzoekers merken dat soorten zich in hun verplaatsingen beter kunnen aanpassen dan verwacht, wat bemoedigend is.

Wanneer dieren bergopwaarts trekken, zorgt de kegelvorm van de bergen ervoor dat ze in steeds kleinere gebieden worden samengeperst.

Studies laten deze migratie naar boven goed zien. Op een bergkam die bijna driehonderd meter uit het Amazoneregenwoud in Peru oprijst, bijvoorbeeld, deden wetenschappers in 1985 en in 2017 onderzoek naar de vogels.[39]

In de 32 jaar dat ze er niet waren geweest, was de plaatselijke gemiddelde temperatuur gestegen met zo'n 0,42 °C en de vogels waren gemiddeld veertig meter naar boven getrokken. Zes soorten die voorheen alleen op de top werden aangetroffen, waaronder de gekuifde quetzal, de hooglandmotmot en een bepaald soort kortstaartdwergtiran, hadden niks meer te kiezen. Ze werden in 2017 helemaal niet meer gevonden. Dieren hebben de neiging bij hogere temperaturen een kleiner lichaam te ontwikkelen, misschien omdat ze minder vatbaar zijn voor oververhitting door een grotere verhouding tussen oppervlakte en volume. Wetenschappers hebben een populatie van de Zuid-Afrikaanse bergkwikstaart ontdekt die naarmate zijn habitat opwarmt per jaar 0,035 gram gewicht verliest.[40] Ook de Canadese kreeft en de Atlantische kabeljauw zijn gekrompen, doordat de noordwestelijke Atlantische Oceaan is opgewarmd.[41]

Klimaatverandering stimuleert de plantengroei in bepaalde ecosystemen, waardoor er meer voedsel voor dieren komt, maar droogte zorgt in andere gebieden voor dreigende hongersnood en catastrofale bosbranden. In vergelijking met alle andere manieren waarop de mens de aarde beïnvloedt, heeft klimaatverandering een universele impact op al het leven en alle ecosystemen.

Sommigen stellen dat je een locatie geen 'natuur' mag noemen als er sprake is van menselijke invloed. Zo'n puristisch uitgangspunt zou impliceren dat 'natuur' ophoudt zodra de antropogene (door de mens veroorzaakte) klimaatverandering begint. Voor veel mensen is 'natuur' een kwestie van gradatie en je kunt bepaalde locaties meer of minder natuurlijk noemen. Maar zelfs binnen dit concept is geen werkelijke ruimte voor menselijke en niet-menselijke relaties die niet destructief zijn, aangezien de menselijke invloed per definitie de natuurlijkheid doet afnemen. Wat het nog ingewikkelder maakt, is dat niet alle mensen worden beschouwd als afgescheiden van de 'natuur'. Vooral de manier waarop mensen voortdurend het begrip 'wildernis' gebruiken, houdt de mythe in stand dat inheemse volken passief zijn en de landschappen om hen heen niet aanpassen, beheren of beïnvloeden. Tot op de dag van vandaag meten professionele ecologen de 'ecologische integriteit' van Noord-Amerikaanse landschappen door hun huidige staat te vergelijken met de 'natuurlijke mate van variabiliteit' die karakteristiek zou zijn geweest in de drie- of vierhonderd jaar voordat de Europeanen opdoken.

Toch heeft juist het inheemse landbeheer op veel plekken *gezorgd voor* die 'natuurlijke' staat: gecontroleerde branden hielden prairies en graslanden intact, de jacht reguleerde de populaties van prooidieren, door oogsten en herbeplanten veranderden het verspreidingsgebied en de dichtheid van sommige plantensoorten en de landbouw domesticeerde andere.[42] Toen Christoffel Columbus ten tonele verscheen, werd ruim 10 procent van het landareaal van de beide Amerika's intensief bebouwd of gebruikt voor nederzettingen.[43] Toen de kolonisten met deze vormen van beheer werden geconfronteerd begrepen ze die vaak niet, omdat de manier van werken nieuw voor ze was of doordat ze vooringenomen waren ten aanzien van de inheemse bevolking.

Maar op veel plekken signaleerden de kolonisten het landbeheer niet, zelfs niet als het vlak voor hun neus plaatsvond. Door oorlogvoering, slavernij, honger en vooral de snelle en dodelijke verspreiding van de mazelen, pokken, griep en de builenpest die de Europese kolonisten meebrachten naar de inheemse bevolking, is 90 procent van de precolumbiaanse bevolking aan het begin van de zeventiende eeuw gestorven: 56 miljoen mensen, een absolute ramp. En die sterfgevallen vonden plaats nog voordat de witte mensen de Amerika's goed en wel hadden kunnen zien. De gevolgen voor het landschap waren enorm. Bossen overwoekerden akkers en dorpen en de nieuwe bomen sloegen zo veel koolstofdioxide op dat ze het broeikaseffect reduceerden en de temperatuur op aarde met 0,15 °C verlaagden. Op veel plekken werd deze apocalyptische nasleep van de ziektes gecodificeerd als de 'natuurlijke' staat.

Om nog een voorbeeld te geven: toen kapitein George Vancouver in 1792 langs de westkust van Noord-Amerika naar het noorden voer, ontdekte hij meerdere verlaten gemeenschappen, grote open plekken in het bos die begonnen dicht te groeien met 'kleinere struiken en planten'.[44] Op hun reizen vonden hij en zijn mannen botten van mensen 'in groten getale'. Sommigen waren ceremonieel begraven in kano's of, als het om kinderen ging, in manden in de bomen gehangen. Maar veel beenderen lagen verspreid, alsof de mensen zo snel waren gestorven dat ze geen laatste rustplaats hadden kunnen krijgen. De paar overlevenden die ze wel zagen, hadden littekens overgehouden aan de ziekte waar de rest aan was gestorven: pokken. Via de handelsposten verspreidde de ziekte, in 1775 epidemisch geworden, zich vanuit het oosten over het hele land.[45] Ze had de westkust bereikt in 1782, verwoestte hele culturen en verstoorde tegelijkertijd talloze ecologische beheersvormen.

Het inheemse landbeheer afdoen als minimaal en prekoloniale veranderingen in het ecosysteem bestempelen als 'natuurlijk', komt neer op een misplaatst compliment aan inheemse volken die in staat waren hun grondstoffen te benutten zonder ze uit te putten (afgezien dan van die eerste golf uitstervingen in het Pleistoceen). Maar het cliché van de 'maagdelijke wildernis' wordt wereldwijd gebruikt om die volken de rechten op hun eigen land te ontzeggen. Toegepast antropoloog Brenda Guernsey schreef in 2008 over het Tsimshianvolk: 'Door het landschap van de oorspronkelijke bewoners uit te wissen en te vervangen door een gekunstelde notie van "wildernis", kon het landschap fysiek, sociaal en conceptueel worden vrijgemaakt voor de koloniale overheersing van het land.'[46] In Australië namen de Britse kolonisten land in dat actief werd beheerd door de Aboriginals, met als argument dat het niet verbeterd of gecultiveerd was, en dus *terra nullius*: niemandsland.[47] 'Wildernis' is derhalve niet alleen een romantisch ideaalbeeld, het is ook een koloniaal machtsspel.

Over de hele wereld zijn inheemse volken uit hun gebieden verjaagd, die daarna werden herijkt als 'wildernis' waar witte mensen kunnen recreëren en ontspannen. In de Californische Yosemite Valley verjoeg een staatsmilitie in 1851 het volk van de Ahwahneechee, doodde 23 mensen, stak hun huizen en eikelvoorraden in brand, om plaats te maken voor de goudzoekers.[48] In 1864 riep president Abraham Lincoln Yosemite Valley uit tot natuurreservaat, waarmee hij volgens veel mensen een begin maakte met het latere systeem van Nationale Parken.

Slechts vier jaar daarna kwam natuurbeschermer John Muir naar Californië en werd er verliefd op het landschap. Hij was minder gecharmeerd van de inheemse bevolking, die hij leerde kennen toen hij als herder in de High Sierra werkte. Die vond hij 'vies' in vergelijking met de 'reine' wildernis. 'Ze leken geen juiste plaats in het landschap te hebben,' schreef hij. Hij noemde Yosemite 'pure wildheid' en schreef dat 'er geen menselijk stempel op is waar te nemen'. Het zal niet verrassen dat Muir het verdrijven van nog meer inheemse bewoners toejuichte toen Yosemite werd uitgebreid en in 1890 een Nationaal Park werd.

Wat Muir zich niet realiseerde, of zichzelf niet toestond te begrijpen, was dat het landschap waar hij zo vurig van hield, was geschapen door de 'vieze' Indianen op wie hij neerkeek. Zoals etnobotanist M. Kat Anderson schrijft: 'Vol ontzag starend naar de uitgestrekte vergezichten van zijn geliefde Yosemite Valley, of naar de uitgestrekte bedden met gouden en paarse bloemen in de Central Valley, keek Muir naar wat in werkelijkheid de vruchtbare verzamelplaatsen waren van zaden, bollen en planten van de Miwok- en Yokuts-Indianen, open en productief gehouden door eeuwen van zorgvuldig gepland branden, oogsten en zaaien.' [49] Dat deze plekken werden beheerd, was hem blijkbaar totaal ontgaan. Inheemse mensen, schreef hij, 'belasten het landschap nauwelijks meer dan de vogels en eekhoorns'. De inheemse bevolking werd uit Yosemite verdreven. Toen de beheerders van het grasland weg waren, kwamen er bomen en groeide het 'parkachtige' open terrein dicht. In 1927 werd midden in de vallei het Ahwahnee Hotel gebouwd, waar de goedkoopste kamer tegenwoordig 341 dollar per nacht kost. In 1929 keerde de laatste overlevende van de slachtpartij in 1851, To-tu-ya of Schuimend Water, terug naar Yosemite. De ruim tachtigjarige vrouw keek naar de bodem van de vallei en zei: 'Te vuil, te veel struiken.' [50]

Onze opvattingen van 'natuur' en 'wildernis' hinderen helaas ons vermogen om oplossingen te bedenken. Misschien komt het door de botte grondstoffenjacht van hun voorouders dat veel mensen met een voornamelijk Europese achtergrond het moeilijk vinden om zelfs het *idee* van een positieve, wederzijds nuttige relatie met andere soorten te omarmen.

Ze kunnen zich maar twee opties voorstellen: verwoesting van de natuur door de mens of het weghouden van de mens uit de natuur. Om de natuur te redden moeten wij onszelf daaruit verbannen, als moderne Adams en Eva's die vol schaamte het paradijs verlaten dat ze verpest hebben.

Toen Robin Wall Kimmerer aan haar studenten vroeg hoeveel ze wisten over 'positieve interacties tussen mensen en land', moesten de meeste het antwoord schuldig blijven. 'Ze konden zich niet eens voorstellen hoe gunstige betrekkingen tussen hun soort en anderen soorten eruit zouden zien.'[51]

Het verwerpen van de concepten 'natuur' en 'wildernis' betekent niet dat je het idee verwerpt dat bepaalde plekken en bepaalde individuele dieren minder zijn aangetast door de mens en andere méér. Het is zinvol om onderscheid te maken tussen plekken die bewust door mensen voor mensen zijn ingericht en plekken die zijn gevormd door heel veel soorten (waaronder mensen) en *niet* door menselijk gebruik (al kan dat er soms aan hebben bijgedragen). Als ik het begrip 'natuur' kon herijken om het zoiets te laten betekenen, zou ik het zeker doen. Maar als ik de woorden 'natuur' of 'wildernis' uitspreek, zien mensen iets voor zich dat juist is *gedefinieerd* door een afwezigheid van menselijke invloed, en niet door de aanwezigheid van een sterke niet-menselijke invloed. Dus ik hou me vast aan woorden zoals 'onontgonnen' of gewoon 'buitengebied', waar minder puristische connotaties aan kleven. De filosoof Ronald Sandler gebruikt de term 'onbebouwd gebied', wat ook accuraat klinkt.[52]

Veel mensen houden van 'onbebouwd gebied', deels omdat dit minder door de mens is aangetast. Ik geniet ook van de 'spontaniteit en andersheid' van die plekken, zoals Sandler het formuleert.[53] Maar het is mogelijk om van het niet-menselijke te genieten zonder op de mens neer te kijken. We kunnen schoonheid en geluk vinden in de interacties tussen mensen en niet-mensen, van de antieke oogst van veenreukgras, tot koereigers die tractoren volgen om de daardoor opgejaagde sprinkhanen te vangen, en stadsbewoners die de purperzwaluw voor uitsterven behoeden door vogelhuisjes op te hangen.[54]

Op die verstrengelde wereld van wederzijdse bloei doelde ik met *Rambunctious Garden*, de titel van mijn vorige boek. Voor een goed ecologisch beleid moeten we ophouden met een focus op het elimineren of terugdraaien van menselijke invloed, op het teruggaan in de tijd en het in barnsteen willen verankeren van de niet-menselijke wereld. In plaats daarvan moeten wij erkennen in welke mate wij onze huidige wereld hebben beïnvloed en verantwoordelijkheid nemen voor de toekomst ervan. Aangezien wij minstens de helft van het land op aarde actief voor onze eigen doeleinden gebruiken en veel van onze beschermde natuurgebieden actief beheren, leek de metafoor van het tuinieren me gepast. Maar ik schreef dat onze wereldtuin 'weelderig' moet zijn omdat we ruimte moeten laten aan de autonomie van de niet-mensen. We moeten niet proberen elke plant en elk dier op de planeet te reguleren. Dat zou ons niet eens lukken.

Het verwerpen van de mens-natuurdichotomie betekent evenmin dat elk menselijk handelen moet worden veroordeeld, want alles wat wij als dieren doen is 'natuurlijk'. Het gebruik van het woord 'natuurlijk' als synoniem voor 'goed' is hier problematisch, en niet de oplossing. Veel menselijk handelen is slecht voor ons geweest, slecht voor andere soorten, slecht voor van alles. Als collectief hebben wij mensen ruimschoots ons deel opgeëist van de ruimte, het water en andere bestaansmiddelen. Maar dat repareren we niet door onszelf te verbannen van de rest van de soorten op aarde en een muur op te trekken tussen ons en hen. We herstellen dat door de systemen te verbeteren waarmee we ons inkomen verdienen, waarmee we leren – of opnieuw leren – en door een betere en positievere relatie op te bouwen met de soorten waarmee we de aarde delen.

Al denk ik dat 'natuur' en 'wildernis' onhandige begrippen zijn, de manier waarop deze termen doorgaans worden gebruikt impliceert wel twee specifieke noties die de moeite waard zijn om te behouden:

1. De bloei van levende wezens, inclusief hun autonomie
2. Menselijke nederigheid en zelfbeheersing

Liefde voor het 'wilde' is liefde voor het niet-menselijke in al zijn miljoenen vormen, liefde voor de manieren waarop planten en dieren leven, de keuzes die zij maken, de schitterende patronen die ze maken terwijl ze hun miljoenen individuele doelen verwezenlijken. Liefde voor de 'natuur' is liefde voor landschappen die ons eraan herinneren dat we maar één soort zijn tussen miljoenen soorten op deze planeet. Oproepen tot behoud van 'het wilde' in deze zin betekent dat de mensheid twee keer moet nadenken voor zij zich stort in zo'n ingewikkelde materie, vol arrogant zelfvertrouwen, en voor zij grote veranderingen aanbrengt. Het gaat erom dat de menselijke behoeftes en verlangens niet die van andere soorten moeten verstikken. Dat is iets anders dan zeggen dat de mens als een kankergezwel moet worden weggesneden uit elk ecosysteem waar we sporen hebben nagelaten.

Ik denk dat we zonder de bijna religieuze aanbidding van natuur en wildernis zelfs beter en met meer nederigheid in staat zijn om de bloei van autonome levende wezens te bevorderen. Op sommige plekken schatten we de waarde van 'natuurlijkheid' zo hoog in dat we bereid zijn dieren pijn te doen en te doden om die waarde te beschermen. Als uitheemse dieren worden gedood alleen omdat ze ergens 'niet thuishoren' en *niet omdat ze aantoonbare schade toebrengen*, dan hebben we besloten dat het uitwissen van de smetten van mensen belangrijker is dan het leven van de dieren (die, mochten we het vergeten zijn, niet beseffen dat ze op de 'verkeerde' plek zijn). En dat voelt niet erg nederig. Het komt vaak voor dat we dieren pijn doen en doden omdat hun gedrag ons niet bevalt, bijvoorbeeld omdat ze jagen op zeldzame prooien of zeldzame planten eten. Dat is een lastige kwestie, waar we later nog op terugkomen. Maar ik durf gerust te stellen dat als we dieren doden om geen enkele andere reden dan dat hun aanwezigheid op een bepaalde plek niet 'natuurlijk' is, we noch de autonomie van levende wezens respecteren, noch nederigheid en zelfbeheersing aan de dag leggen.

De waarde die mensen hechten aan 'wildheid' en 'natuur' hebben de autonomie van veel individuele dieren beschadigd en beperkt, wat ons terugbrengt bij Thelma en Louise. Wat zou er gebeurd zijn als mensen zich minder zorgen hadden gemaakt over het vervagen van de scheidslijn tussen 'natuur' en 'mensen'? Wat als de eigenaren van de grote schaapshond en de staat Washington gewoon de hond hadden toegestaan de *Call of the Wild* te volgen en een roedel met Thelma en Louise te vormen?

Natuurlijk waren er praktische zorgen die noopten tot interventie in hun leven. Door hun gewenning aan mensen liepen ze het risico te worden neergeschoten of door een auto te worden aangereden, zoals Thelma overkwam. En als de gemengde roedel op schapen was gaan jagen, zou dat een bureaucratische nachtmerrie zijn geworden. Was het een wilde hond die een schaap had gedood, en moest die nu naar het asiel worden gebracht of worden afgemaakt? Of was het een wolf, die we ver moeten houden van alles wat menselijk is om het dier aan zijn wilde rol te herinneren?

Deze zorgen zijn legitiem. Maar wat als de hybride familie leerde afstand van de mens te houden? Ik stel me graag voor hoe ze hun leven leiden in de glooiende bergen van het Colville National Forest, sneeuwstormen trotserend in de jacht op elanden, holen gravend in de lente en elke zomer spelend met hun nieuwe jongen, vrij om hun eigen keuzes te maken, met flaporen en kwispelstaartend, door hun moeder opgevoed in de mores van het wolvenras. Ze zouden misschien niet puur zijn, niet onaangetast door de mensheid, maar wild zouden ze zeker zijn.

5
De leeuw in de achtertuin

Elsa was een prachtige, gespierde leeuwin, met een hoekige kop, grote oren en vlekken op haar buik en poten. Ze was zachtaardig, aanhankelijk en nieuwsgierig, een leeuwin die zowel in de menselijke als in de niet-menselijke wereld leefde. Haar verhaal werd naverteld in *Born Free* uit 1960, vermoedelijk het beste verslag van een positieve interactie tussen mensen en wilde dieren in de twintigste eeuw. Het boek werd geschreven door Joy Adamson en bevat het waargebeurde verhaal over hoe zij en haar man een leeuwin tot vriend en huisdier maakten, en daarna succesvol terugzetten in het wild. In 1966 werd het boek verfilmd.

Joys echtgenoot George Adamson was parkopzichter in Kenia, die de taak had wilde dieren te managen en af en toe gevaarlijke of overlast veroorzakende leeuwen moest doodschieten. De Adamsons waren witte Europeanen en het koloniale systeem waarin zij leefden vormt het onmiskenbare decor van zowel het boek als de film. Op een van zijn expedities nam George drie kleine leeuwenwelpen mee naar huis die hij onbedoeld tot wees had gemaakt door hun moeder dood te schieten. In het boek staat een fantastische foto waarop Joy alle drie de welpen in haar armen houdt, met een stralende uitdrukking op haar gezicht.

Twee van de drie welpen belandden in de dierentuin, maar Joy kon niet scheiden van Elsa, de jongste. De jonge leeuwin woonde als huisdier bij de Adamsons en had daar een fijn bestaan, reed mee op het dak van de Land Rover, verkende het landschap rond het huis, zat olifanten en giraffen achterna, dutte in de middaghitte onder een boom terwijl een van de bedienden van de Adamsons, Nuru, in de Koran las en een oogje in het zeil hield. 's Avonds kwam Nuru terug met een dode geit of een stuk schapenvlees. Joy vertelt dat ze Elsa leerden niet tegen hen op te springen 'met de opvoedkundige hulp van een kleine stok', die zij 'zelden' hoefden te gebruiken, hoewel zij 'hem altijd bij zich droegen als geheugensteuntje'.[1] (De stok komt in de film niet voor.) Maar Elsa leek erg op hen gesteld te zijn en Joy en George behandelden Elsa duidelijk als een individu, niet als een generieke vertegenwoordiger van haar soort.

Ze namen Elsa mee op diverse trips door Kenia, leerden haar zwemmen in de Indische Oceaan en klimmen op de berg Kulal, en de band tussen de mensen en de leeuw werd steeds sterker. 'Het besef dat wij verantwoordelijk waren voor zo'n trots en intelligent dier, dat geen ander levend wezen had om haar grote behoefte aan genegenheid en haar groepsinstinct te vervullen, verdiepte de band tussen ons alleen maar,' schreef Joy. Ze voegde eraan toe dat 'we tot op zekere hoogte haar gevangenen waren', omdat ze de leeuwin niet aan iemand anders konden toevertrouwen.[2]

Tegen de tijd dat ze 27 maanden oud was, bracht Elsa soms een paar nachten buitenshuis door en de Adamsons wisten niet precies wat ze met haar aan moesten tijdens hun aanstaande vakantie overzee, die ze wilden doorbrengen in Europa. Ze besloten te proberen Elsa in het wild terug te zetten. Dat was veel werk. Ze moesten naar een geschikt terrein reizen, ver van alle menselijke bewoning, om Elsa te leren jagen. Ze lieten haar steeds langere perioden alleen en brachten haar in nauw contact met wilde leeuwen om te kijken of ze in een groep zou worden opgenomen. Hun eerste pogingen mislukten en ze probeerden het opnieuw in een ander gebied. Uiteindelijk lukte het. Elsa leerde jagen, begon contact te maken met wilde leeuwen en bracht steeds minder tijd door in hun kamp. Op een dag namen ze afscheid en vertrokken, waarna ze Elsa's nieuwe leefplek nog paar keer kort bezochten. Elsa kreeg later haar eigen welpen, die ze meebracht om aan de pleegouders te laten zien.

Het boek van Joy Adamson werd vertaald in 25 talen en stond 48 weken op de non-fictiebestsellerlijst van *The New York Times*. In het eerste jaar werden er zes miljoen exemplaren van verkocht. Ook de film was een enorm succes. De acteurs die de Adamsons speelden, Virginia McKenna en Bill Travers die ook in het echt een stel waren, raakten zo geïnspireerd door hun rol dat ze allebei dierenactivist werden. Ze richtten een liefdadigheidsinstelling op die de Born Free Foundation heet en campagne voert om een einde te maken aan het houden van wilde dieren in circussen, aan de jacht op trofeeën bij dieren die hiervoor speciaal gefokt worden en aan de illegale handel in wilde dieren. 'Ik denk dat er vóór *Born Free* niet echt naar dieren werd gekeken als individuele wezens,' zei McKenna in 2010 tijdens een interview.[3]

Een van de eerste activiteiten van de Born Free Foundation was het werven van fondsen voor George Adamson om de leeuwen die in de film meespeelden in hun oude leefwijze te herstellen en in het wild terug te zetten. Nog meer leeuwen in gevangenschap belandden na verloop van tijd bij hem en hij runde jarenlang een soort vrije-uitloopreservaat. Toen zijn favoriet 'Boy' een staflid doodde, moest George hem afschieten. 'Ik heb een hoge prijs betaald om te leren dat geen enkele leeuw volledig betrouwbaar is. Maar geldt dat ook niet voor veel mensen?' schreef hij. Op een gegeven moment gingen Joy en George Adamson uit elkaar en beiden zijn later gedood door mensen: Joy in 1980 door Paul Nakware Ekai, een werknemer die haar ervan beschuldigde hem in de voet te hebben geschoten omdat hij zonder toestemming haar terreinwagen had geleend, en George in 1989 door bandieten in de buurt van zijn leeuwenkamp.

Tegenwoordig werft de Born Free Foundation vooral fondsen door het publiek een wild dier te laten 'adopteren'. In plaats van een levende leeuw op je zitbank te laten luieren, ontvang je een 'exclusief adoptiepakket' met daarin een knuffeldier, een verhaal over dieren, een informatievel over de soort, een gepersonaliseerd certificaat en een fraaie foto.[4] Deze benadering haakt in op het menselijke verlangen om een nauwe band met een bepaald wild dier op te bouwen, zonder de grote nadelen die daaraan kleven. Het geld gaat naar een opvangcentrum in Zuid-Afrika voor leeuwen die uit gevangenschap zijn bevrijd en naar natuurbeschermingsprojecten in Kenia.

Het verhaal van *Born Free* is inderdaad bijzonder en inspirerend. Zoals veel anderen vóór mij barstte ik in huilen uit wanneer Elsa aan het eind van de film met drie schattige welpjes in beeld verschijnt. Maar de verwachtingen die het verhaal schept zijn problematisch, want Elsa's verhaal is niet karakteristiek. Integendeel, het is bijzonder onkarakteristiek. Heel, heel erg weinig grote katten die als huisdier zijn gehouden kunnen met succes worden teruggezet in het wild. Zelfs natuurbeschermingsorganisaties met grote budgetten en een wetenschappelijke leiding hebben geworsteld met wat de Adamsons deden. Het valt bijvoorbeeld op dat de Born Free Foundation een opvangcentrum voor leeuwen runt, maar niet probeert de dieren in het wild te rehabiliteren. Vooral leeuwen worden niet gemakkelijk weer wild.

Het is de Adamsons wel gelukt, omdat Elsa in haar jeugd de kans kreeg het ecosysteem te verkennen waarin ze uiteindelijk zou worden losgelaten. Het is hun gelukt omdat ze professionele wildbeheerders waren en er maandenlang keihard voor hebben gewerkt. Elsa's eigen persoonlijkheid, inclusief haar grote nieuwsgierigheid en onbevreesdheid voor het onbekende, heeft waarschijnlijk ook meegeholpen. De Adamsons profiteerden dubbel. Ze hebben als gezin kunnen samenleven met een leeuwin en haar van heel dichtbij leren kennen, maar ze waren ook in de gelegenheid om haar een compleet leven in het wild te bieden. Zo werkt het meestal niet.

Dus toen onderzoeksjournalist Rachel Nuwer in South Carolina een vrouw interviewde die Deborah Pierce heette en in haar achtertuin een volgroeide leeuwin had opgesloten, was ik onaangenaam verrast om te horen dat Pierce haar huisdier 'Elsa' had gedoopt.[5] De onweerlegbare boodschap van *Born Free* is juist dat je maatjes kunt zijn met een groot en prachtig wild dier zonder het permanent schade toe te brengen. Pierce heeft er nu spijt van dat ze de leeuw heeft gekocht, deels vanwege de duizenden dollars die ze kwijt is aan vlees en aan de dierenarts, deels vanwege ruzies over de leeuw die een rol hebben gespeeld bij haar scheiding. Ze betaalt de prijs voor het feit dat ze in de ban raakte van de magie van *Born Free* zonder helemaal te begrijpen waaruit die magie precies bestond. En de leeuw achter het ijzeren hek in haar tuin betaalt ook een prijs.

De boodschap van *Born Free* is dat je een goede band met wilde dieren kunt opbouwen die interactief is en meer inhoudt dan ze domweg met rust te laten. We kunnen wel degelijk een wild dier houden. Het is begrijpelijk dat mensen die echt om wilde dieren geven graag dicht bij hen in de buurt willen zijn, dat ze vrienden of zelfs familie van hen willen worden. En als alle 'wilde' dieren toch al sterk door de mensheid beïnvloed zijn, is er misschien minder reden om strikt afzijdig te blijven. Maar het feit dat we niet geloven in een strakke scheidslijn tussen mensen en alle andere soorten, betekent niet dat elke interactie met dieren ethisch toelaatbaar is. Integendeel, het respecteren van de autonomie van individuele dieren in plaats van ons te focussen op de zuiverheid van hun 'wilde' afstamming, houdt in dat voor een vriendschappelijke band met hen wederzijdse instemming nodig is.

Pierce vertelde Nuwer dat ze de leeuw voor 1500 dollar op internet had gekocht. Ze was opgegroeid op een soort kinderboerderij voor welpjes. Wie in de jaren zeventig of tachtig in de Verenigde Staten woonde, herinnert zich misschien het fenomeen van de dierentuinbaby's. Nuwer schrijft: 'Elk voorjaar toonden borden langs de snelweg en tv-reclames foto's van blauwogige, mauwende pluizenbolletjes die net waren geboren in grote dierentuinen verspreid over het land, een sterke marketingtroef voor families die foto's wilden maken en de nieuwste aanwinsten wilden knuffelen. Dierentuinbaby's waren het belangrijkste verdienmodel voor de branche, en tijgers waren steevast de grootste trekpleister.' Maar de dierentuinen hadden geen plaats voor alle baby's als ze eenmaal volwassen waren. Al die aaibare welpjes werden 'dierentuinoverschotten'. En dierentuinen verkochten ze graag aan particulieren, waardoor het privébezit van grote katten explosief toenam.

Veel mensen die zulke dieren kochten, deden dat vanuit de oprechte overtuiging dat ze op een bepaalde manier hielpen met de instandhouding van de soort. Ook zou geen enkele grote organisatie voor de bescherming van grote katten overwegen om te werken met leeuwen en tijgers met gemengde genen, de zogeheten 'generieken'. Net zoals wildbeheerders wolven en honden liever uit elkaar houden, zo streven zij naar dieren met een zuivere bloedlijn, bijvoorbeeld een puur Siberische tijger of puur

Bengaalse tijger. Zelfs al zou het natuurbeschermingsorganisaties niet zozeer om genetische zuiverheid gaan, dan nog is het uiterst moeilijk om dieren in gevangenschap in het wild terug te zetten, zoals we hebben gezien. De meeste natuurbeschermers zouden veel liever zien dat bestaande wilde populaties kunnen groeien.

Andere kopers van grote welpen, zoals Pierce, hadden vooral bewondering voor hun schoonheid en hun kracht, en namen die 'wilde' pracht graag mee naar huis. Veel dieren kwamen terecht in de handen van ondernemers die ermee fokken en willen profiteren van ons diepgewortelde verlangen het wilde dier aan te raken. Hun 'attractieparken' vormen een grijs gebied tussen dierentuin en privébezit. Zulke ondernemingen noemen zich steeds vaker 'opvangcentrum' of 'safaripark', maar eigenlijk zijn het een soort circussen: mensen betalen om de dieren te zien en aan te raken. Meng onze aangeboren drang om te zorgen voor het kleine en kwetsbare met onze hang naar avontuur en het onbekende, voeg er een scheut verlangen naar positief contact met niet-menselijke dieren aan toe, met een instagramwaardige foto als garnituur, en je hebt een krachtige cocktail.

De welpen van grote katten zijn maar een paar maanden veilig in de omgang, dus fokkers zorgen telkens voor nieuwe aanvoer en spenen de welpen als hun ogen nog dicht zijn, zodat hun moeders opnieuw kunnen paren. Daarna worden de welpen aan het werk gezet als decorstuk en knuffeldier, tot wel tien uur per dag volgens een onderzoek van Sharon Guynup, stagiaire bij het Wilson Center.[6] Als ze daar te groot voor zijn geworden, promoveren sommige exemplaren tot fokdier of tentoonstellingsdier, maar de meeste verdwijnen gewoon en worden waarschijnlijk gedood. Guynup ontdekte dat dergelijke ondernemingen meer dan een miljoen dollar per jaar verdienen. Er leven tegenwoordig naar schatting 3900 tijgers in het wild, ongeveer zevenduizend in 'tijgerfarms' in Azië en bijna tienduizend in gevangenschap in de Verenigde Staten.

Dit is het verdienmodel achter bedrijven zoals het G.W. Exotic Animal Park in Oklahoma, het domein van de 'Tiger King' en onderwerp van de razend populaire documentaireserie op Netflix waarmee zo veel kijkers zich vermaakten tijdens de begindagen van de coronalockdown in 2020.

Joseph Maldonado-Passage, alias Joe Exotic, kocht zijn eerste tijgers van een andere privé-eigenaar die ze in zijn achtertuin hield, samen met een luipaard en een bergleeuw. Toen de serie werd opgenomen, gebruikte Joe de dieren om te fokken en nodigde hij mensen uit om de welpen te aaien. Als hij ooit al een dierenliefhebber was geweest, nu was hij vooral geïnteresseerd in zijn eigen handel en het vooruitzicht de ster te worden van een realityserie. Later werd hij veroordeeld tot 22 jaar gevangenisstraf omdat hij iemand had ingehuurd om Carole Baskin te vermoorden, die een regulier opvangcentrum voor grote katten runt en had geprobeerd zijn dierenpark te laten sluiten, en omdat hij illegaal grote katten had vervoerd en gedood. Duizenden mensen die naar de serie keken beschouwden Joe als een soort volksheld, een homoseksuele boer die toevallig tientallen tijgers bezat. Maar zijn dieren leidden een triest en kort leven om zijn narcistische levensstijl mogelijk te maken. Hij buitte zowel zijn werknemers als zijn dieren meedogenloos uit.

De drang om met wilde dieren samen te leven komt in alle culturen voor.[7] Toen de Europeanen voor het eerst in aanraking kwamen met inheemse Amerikanen, merkten ze op dat die allerlei huisdieren hielden, waaronder 'wasberen, apen, pekari's, tapirs, wolven, beren, eilanden, muizen, ratten, eekhoorns en vogels'. De Aboriginals in Australië hielden lange tijd 'wallaby's, opossums, dingo's, bandicoots en kasuarissen', en inheemse volken in Zuid-Amerika hadden 'agoeti's, paca's, papegaaien, knaagdieren, luiaards en apen'. Over de hele wereld zijn dieren mee naar huis genomen en in leven gehouden om deel van het gezin te worden.

In een invloedrijke tekst uit 1994 van Elizabeth Hirschman probeert orde te scheppen in de vele redenen die mensen ertoe brengen om nietmensen mee naar hun huizen te nemen. Grofweg, zegt ze, zijn huisdieren te verdelen in 'dieren als dingen' en 'dieren als metgezellen'.

In de eerste categorie zitten ook dieren die worden als gehouden als 'versiering', puur vanwege hun schoonheid. Denk aan het aquarium vol kleurrijke vissen of vogels die worden gehouden vanwege hun prachtige verenkleed of hun gezang. Een andere categorie 'dingen' zijn dieren die worden gehouden als statussymbool. In de Golfstaten zetten rijke mannen foto's van zichzelf op Instagram met hun eigen jachtluipaard, illegaal binnengesmokkeld uit een al slinkende populatie in het wild. Gayle Burgess, coördinator voor gedragsverandering bij TRAFFIC, een non-profitorganisatie die strijdt tegen illegale en niet-duurzame handel in wilde dieren en planten, vertelde me dat het bezitten van zangvogels in Indonesië belangrijk is voor je status als man. 'Er bestaat een felle rivaliteit tussen mannen gebaseerd op de schoonheid van vogelgezang,' zegt ze.

Popster Justin Bieber heeft twee savannahkatten die Sushi en Tuna heten. Ze zijn een kruising tussen de serval en de huiskat. En ze hebben hun eigen Instagramaccount. Hiervóór had de zanger een kapucijnaap die OG Mally heette, maar die werd in 2013 door de Duitse autoriteiten in beslag genomen omdat Bieber er niet de juiste papieren voor had en kennelijk is hij nooit teruggegaan om de aap op te halen. 'Mensen vragen altijd weer: waarom nam je een *aap*?' aldus Bieber. 'Als je een aap kunt krijgen, dan néém je toch een aap! Apen zijn te gek.'[8]

Rachel Nuwer, die in haar uitstekende boek *Poached* uit 2018 de internationale handel in wilde dieren beschrijft, zegt dat veel mensen die wilde dieren kopen vooral geïnteresseerd zijn in het prestige dat hoort bij het bezit van dure en moeilijk verkrijgbare luxeartikelen. Op een feestje neushoornpoeder tevoorschijn halen kan je status net zo goed verhogen als een horloge van Patek Philippe of een tas van Birkin. Als er meer wordt gedaan om het stropen tegen te gaan en strengere wetten tegen de illegale handel het moeilijk maken om aan dieren te komen en daardoor aan de producten die daarvan worden gemaakt, worden ze nog waardevoller. Juist omdat wilde dieren steeds zeldzamer worden, zijn ze extravagante symbolen van de rijkdom en macht van hun bezitters.

En dan zijn er dieren die door mensen om hun gezelschap worden gewaardeerd. Hirschman zegt dat daarbinnen veel nuances bestaan, van het huisdier dat wordt beschouwd als een vriend of partner tot het huisdier dat als een soort kind wordt behandeld. Binnen deze algemene 'gezelschapscategorie' onderscheidt Hirschman ook nog een specifiek type. Ze zegt dat sommige dieren 'dienstdoen als een uitbreiding van het ego van de consument'.[9] Dan worden 'de eigenschappen, het gedrag en uiterlijk van het dier gezien als die van de eigenaar zelf, de eigenaar projecteert zijn of haar eigen persoonlijkheid op het dier en internaliseert het dierlijke karakter in hem- of haarzelf'.

Veel exotische huisdieren in de postindustriële westerse landen vallen in deze categorie, op z'n minst voor een deel. Het dier is tegelijk een maatje en een uitbreiding van de persoonlijke stijl. Het feit dat het dier 'wild' is, raakt iets binnen in het baasje, misschien het gevoel zelf ook wild, vrij en sterk te zijn, of graag te *willen* zijn. Toen popmuzikant DJ Khaled in 2016 samen met een leeuw poseerde voor de hoes van zijn album *Major Key*, zei hij dat de leeuw symbool stond voor hemzelf, voor 'de dingen waar ik voor sta, mijn spirituele vibes en mijn overtuigingen. En dat is een bepaalde energie die ik om me heen heb: positiviteit. Maar ook, alsof ik een koning ben. Als je snapt wat ik bedoel.'[10]

Lisa Wathne, die voor de Humane Society onderzoek doet naar wilde dieren in gevangenschap, zegt dat de eigenaren van exotische huisdieren die ze tegenkomt meestal vallen in de categorieën 'statussymbool' en 'gezelschap'. 'Als het om tijgers en beren gaat, heb je vooral te maken met mannen die willen uitstralen dat zij met zo'n gevaarlijk dier weten om te gaan,' vertelde ze me. 'Het is een ego-ding.' Maar anderen zien hun wilde huisdier ook als een lid van het gezin. 'Met primaten ligt het anders,' zegt Wathne. 'Wij hebben het dan over de apenmoeders. Hun apen zijn surrogaatkinderen. Maar als ze eenmaal voorbij de babyfase zijn en pubers worden, kunnen ze ook agressief worden en al te vaak eindigen ze in kleine kooitjes. Het is treurig wat deze dieren overkomt.'

Sommige mensen houden zo veel van dieren of van een bepaalde diersoort dat ze zich niet kunnen beheersen, ook al kennen ze de regels en de risico's. Ze moeten ze gewoon hebben. Het besluit is in een fractie van een seconde genomen als ze iemand hebben gevonden die een dier te koop aanbiedt en ze worden overvallen door het verlangen het te bezitten, of zelfs te 'redden', volgens Gayle Burgess. Stel, je slentert op een warme dag over de markt en ziet een aap in een kooitje zitten, zwak en triest. 'Ergens wil je dat dier redden omdat het last lijkt te hebben van hittestress,' zegt ze. En Nuwer voegt eraan toe: 'Veel mensen houden oprecht van dieren en willen ze graag om zich heen hebben. Het idee dicht bij iets wilds te zijn en daardoor ook weer dichter bij onszelf te komen, is intens. Daarom geven sommige mensen toe aan dat vage verlangen.'

Het populairste huisdier ter wereld is de hond, dus het is niet zo gek dat sommige mensen de wildere versie willen en wolven of wolfhonden als huisdier houden. Op het eerste gezicht lijkt dit minder wreed dan apen babykleertjes aantrekken of grote katten in je achtertuin opsluiten. Tenslotte waren honden ooit wolven, dus het vermogen om een band met de mens te vormen en zich in de mensenwereld goed te voelen zou latent aanwezig moeten zijn in de *Canis lupus*. Als een schaapshond over zijn hek kon springen om 'een maand lang wolf te zijn', misschien kan een wolf dan in omgekeerde richting springen en een gelukkig lid van het mensengezin worden. Kruisingen tussen wolven en honden gaan terug tot de oorsprong van de hond, zeker veertigduizend jaar geleden, want de gedomesticeerde hond stamt af van de wolf.[11] In de loop der tijd zijn honden en wolven elkaar tegengekomen en hebben ze met elkaar gepaard: soms uit zichzelf, zoals Thelma en de herdershond, en soms omdat de mens dat wilde, zoals toen de oude Galliërs hun vrouwtjeshonden aan bomen vastbonden om ze benaderbaar te maken voor de plaatselijke mannetjeswolven.[12] Mensen kruisen nog steeds opzettelijk wolven met honden, en in de Verenigde Staten zijn wolfhonden te koop in staten waar dat legaal is (en ook in de staten waar dat niet legaal is).

Volgens een artikel over de wolfhond als huisdier in *The Bark*, een tijdschrift voor hondenliefhebbers, berust de aantrekkingskracht van de wolfhond op het idee van 'het vriendelijke gezelschap van een hond gecombineerd met de schoonheid en ongetemde natuur van de wolf. Koop een wolfhond, is de gedachte, en leef je Jack London-fantasie uit, ook al woon je niet in Anchorage maar in Akron.'[13] In het stuk wordt de schrijfster geciteerd van een gids over het houden van wolfhonden en zij zegt over haar lezers: 'Ze willen een stukje wildheid bezitten en vaak zeggen ze dat de wolf hun spirituele symbool of totemdier is.' De paradox van het 'bezitten' van een stukje wildheid spreekt zulke mensen blijkbaar aan, of ze zijn zich er niet van bewust.

In de hondenwereld kijken ze afkeurend naar wolfhonden, vooral omdat men vindt dat hun temperament ongeschikt is voor een bestaan als huisdier, wat een nare situatie schept voor zowel dier als eigenaar. Zelfs met een intensieve en doordachte socialisatie kunnen genetisch bepaalde eigenschappen zoals een lage drempel voor de aanmaak van stresshormonen en, misschien, schuwheid en het instinctief mijden van mensen niet worden overwonnen.

Ceiridwen Terrill had net een relatie beëindigd met een agressieve man toen ze een nieuwe relatie begon met Inyo, een wolfhond die ze als pup al had.[14] Waarom een wolfhond? Deels omdat ze het een fijn idee vond om een gevaarlijke beschermer tegen haar gewelddadige ex te hebben. Maar het was meer dan dat. Terrill zag de wolfhond niet alleen als uitbreiding van zichzelf, maar ook als belichaming van wat ze wilde zijn: onbevreesd, woest, vrij.

Inyo was grotendeels wolf en een beetje husky. Ze had een smal lijf, een dikke borstelige staart, een witte snuit en donkere, amberkleurige ogen. (Alle wolven hebben amberkleurige ogen. Als je een 'wolf' met blauwe ogen ziet als huisdier of in een film of in een reclamespot, is het waarschijnlijk een husky.) Ceiridwen was dol op haar, maar hun leven samen was moeilijk, zoals ze uitlegt in haar memoires uit 2011, *Part Wild*. Ze noemt de wolfhond een *Zweiweltenkind*, wat Duits is voor een kind uit twee werelden. Doordat Inyo meer door mensen dan door wolven was opgevoed, zou ze hulpeloos zijn als ze werd teruggezet in de natuur. Maar ze was thuis ook niet gelukkig, krabde voortdurend het linoleum weg en probeerde in de houten vloer te graven, knaagde aan elektrische snoeren en hield de buren wakker met haar gehuil. Ze probeerde telkens (en vaak met succes) te ontsnappen uit haar kennel en tuin, waarschijnlijk gedreven door het biologische instinct om eropuit te trekken, een partner te vinden en een eigen territorium af te bakenen, maar ze kon nergens heen. Ze zwierf door de buurt en kwam in de problemen.

Uiteindelijk begon Inyo andere honden en mensen te bijten. Terrill belde met opvangcentra, op zoek naar een plek waar haar huisdier terechtkon. Op een dag beet Inyo Terrill in haar oor en arm. 'Ik duwde een theedoek tegen mijn bloedende oor en voelde me misselijk,' schrijft ze.[15] De aanval was niet echt Inyo's schuld. Eigenlijk was het de schuld van de mensen die haar hadden gekruist. 'Inyo's geboorte was het resultaat van een vreselijke menselijke fout.' Na nog één keer met haar door de bergen te hebben gelopen, nog één keer met haar in een kreek te hebben gezwommen, ging Terrill met haar naar de dierenarts om haar een spuitje te geven. Inyo, schrijft Terrill, 'heeft me geleerd van wildheid af te blijven en te respecteren'.[16]

De meeste mensen hebben gewoon niet de ruimte, het geld of de kennis die nodig zijn om een wild dier alles te geven wat het gelukkig maakt, ook al houden ze er nog zo veel van. Bij grotere diersoorten is vooral de hoeveelheid ruimte van belang. Grote katten en wolfhonden hebben in een achtertuin heel veel minder ruimte dan hun wilde familieleden. Wilde tijgers onderhouden een territorium tussen de vijf- en zeshonderd vierkante kilometer.[17] Wolvenfamilies trekken door gebieden van wel 3900 vierkante kilometer, afhankelijk van de grootte van de roedel, de prooidichtheid, de felheid van rivaliserende roedels en andere factoren.[18]

Tijgers in gevangenschap staan bekend om hun geijsbeer en onderzoekers hebben ontdekt dat 'de tijd die een dier in gevangenschap besteedt aan het heen en weer lopen kan worden voorspeld aan de hand van de afstanden die de wilde soorten dagelijks afleggen'. Kennelijk worden ze er voortdurend toe gedreven hun territorium te verkennen, te jagen, te bewegen en een bepaald aantal stappen te lopen, alsof ze een Fitbit in hun hersenen hebben.

Exotische huisdieren kunnen gevaarlijk zijn. De Humane Society heeft een lijst opgesteld van ruim twintig mensen die sinds 1990 door grote katten zijn gedood, maar er bestaat geen officiële registratie over wolven en wolfhonden. Door de afwezigheid van betrouwbare gegevens trof mij een artikel dat in 2006 in de *Pittsburgh Post-Gazette* heeft gestaan.[19] Een vijftigjarige vrouw werd dood aangetroffen 'in een rechthoekige omheining in haar achtertuin, waar negen half-wolven, half-honden leefden'. Ze was doodgebloed nadat de hybrides haar hadden aangevallen. In het artikel werden haar buren aangehaald, die zeiden dat ze de honden behandelde 'als kinderen' en eraan toevoegden dat ze had gezegd dat de wolfhonden 'mij onvoorwaardelijke liefde geven'.

Natuurlijk houden veel wolfhonden best van hun baasjes, op hun eigen manier. Maar ik weet ook dat het eigen aan wolven en wolfhonden is om *niet zo veel met ons op te hebben.* In tegenstelling tot honden, die de aanleg hebben om zich aan mensen te hechten en ons voortdurend aankijken, zoekend naar aanwijzingen van wat we willen en hoe we ons voelen, geven wolven en wolfhonden gewoon niet zo veel om mensen en kunnen ze instinctief zelfs bang voor ons zijn.[20]

Wolf Haven International, waar Ione woont sinds ze is gescheiden van de hond waarmee ze een roedel wilde vormen, wordt voornamelijk bevolkt door ex-huisdieren. Directeur Diane Gallegos schat dat 80 procent van de wolfhonden niet ouder dan twee jaar wordt: afgemaakt omdat de eigenaren er niet mee om kunnen gaan en omdat opvangcentra ze niet willen hebben. Gallegos zegt erbij dat veel eigenaren van wolfhonden jonge mannen zijn die een 'machohuisdier' interessant vinden, of vrouwen die wolven beschouwen als hun 'spirituele dier'. (Gallegos citeert hier huisdierbezitters. Leden van inheemse stammen met echte spirituele diertradities hebben laten weten dat zij het kwetsend vinden dat mensen die geen stamleden zijn zulke termen hanteren. Als alternatief hebben sommigen het daarom over 'mijn persoonlijk icoon', 'mijn verwant', 'mijn alter ego' of gewoon 'mijn favoriet'.)

Toen ik bij Wolf Haven vroeg hoeveel wolven en wolfhonden als huisdier worden gehouden, verwezen ze me naar de Humane Society. Dus ik vroeg het aan Lisa Wathne van de Humane Society, die zei dat ik het aan Wolf Haven moest vragen. Toen ik zei dat ik dat al gedaan had, gooide ze haar handen in de lucht. 'Als geen enkele instelling dat bijhoudt en mensen die zulke dieren houden niet verplicht zijn ze te registreren, dan is gewoon niet te zeggen hoeveel er zijn,' zei ze. 'Het is een zooitje.'

Omdat ik deze *Zweiweltenkinder* met eigen ogen wilde zien, besloot ik een bezoek te brengen aan Wolf Haven, en ik nam mijn echtgenoot en twee kleine kinderen mee. We liepen via de openbare route langs de dierverblijven. London was een witte wolf die in de filmindustrie had gewerkt. Hij liep graag de bezoekers achterna. Juno was een grote wolfhond die als huisdier was verkocht als een 'zuivere wolf'. Toen ze eenmaal geslachtrijp was, trok ze de bumper af van een Lexus SUV. 'Ze zijn in een wereld geduwd waar ze niet thuishoren,' zei Gallegos tegen ons. De innerlijke wolf en hond kunnen botsen, wat tot psychologische problemen leidt. De wolf in hen is bang voor mensen, de hond voelt zich tot mensen aangetrokken. De wolf wil zijn eigen gang gaan, de hond is gelukkig in het huis van mensen. 'Je kunt de mentale instabiliteit in hun ogen zien,' zei Gallegos.

Veel van de voormalige huisdieren van Wolf Haven blijven op afstand van mensen en zijn voor hun sociale behoeften gekoppeld aan andere honden. Er wordt nooit met ze gefokt. Tijdens ons gesprek begon een van de dieren te huilen en de andere wolven en wolfhonden begonnen mee te doen. Met al die verblijven om ons heen werden we omringd door een polyfonie van langgerekte treurgeluiden, elke noot dalend aan het eind. Wij zwegen. Mijn kinderen kropen instinctief dichter naar mijn man toe, en hij hurkte neer om zijn armen om hen heen te slaan. Het gehuil om ons heen zwol aan, de rillingen liepen over mijn rug, en stierf toen weg. Later vroeg ik aan mijn vierjarige dochter wat ze dacht toen alle wolven huilden. 'Het leek wel of ik in het wild was,' zei ze. 'Ik voelde me net een wolf.'

De stafleden van Wolf Haven doen hun best om het de hondachtigen naar de zin te maken. Maar ze geven ruimhartig toe dat de dieren hier geen ideaal bestaan leiden. Er is een verschil tussen tevredenheid en echt geluk. In filosofische termen is het begrip 'geluk' bedoeld om te beschrijven wat het betekent om een goed leven te leiden. De meeste dingen die we als 'waardevol' beschouwen, zoals geld of een goede gezondheid, zijn eigenlijk maar hulpmiddelen op weg naar vervulling. Levensvervulling gaat verder dan geluk en gaat over het leiden van een betekenisvol leven. Aristoteles geloofde dat wij tot bloei komen als we onze capaciteiten als mensen benutten. Hij redeneerde dat, aangezien wij het unieke vermogen hebben om rationeel na te denken – dat vond hij tenminste – we ons verstand moeten gebruiken om een deugdzaam leven te leiden, want daarin schuilt voor mensen het geluk. Natuurlijk zegt een filosoof dat geluk bestaat uit goed nadenken!

Maar wat is levensvervulling voor een dier? Is het meer dan geluk? Hoort individuele autonomie voor een dier bij de levensvervulling? Ik heb beweerd dat de autonomie van individuele dieren waardevoller is dan de zuiverheid van hun 'wilde' genen. Als ik gelijk heb, dan is het beheren of in gevangenschap houden van wilde dieren die een autonoom leven zouden kunnen leiden verkeerd, zelfs als ze heel goed verzorgd worden. Voor de meeste wilde 'huisdieren' is het te laat voor volledige autonomie. Als ze in hun jeugd niet hebben geleerd te leven als hun soortgenoten, kunnen ze in het wild niet gelukkig zijn. Een opvangcentrum zoals Wolf Haven is dan hun beste optie. Maar door te weigeren dieren te vangen voor de handel in huisdieren en door niet te fokken met dieren die al in gevangenschap leven, kunnen mensen ervoor zorgen dat opvangcentra op termijn niet meer nodig zijn, wat het einddoel zou moeten zijn van elk integer opvangcentrum.

Hoe kunnen we weten of niet-menselijke dieren zich vervuld voelen? Het is makkelijk genoeg om naar een slapende labrador bij het haardvuur te kijken, zijn worstachtige staart zachtjes kwispelend op het ritme van zijn dromen, en erop te vertrouwen dat het beest op z'n minst tevreden is. Als ik in mijn woonkamer zit en zie hoe een zwerm Amerikaanse roodborstjes zich buiten te goed doet aan wilde appels, dan lijkt het duidelijk dat ze zich kostelijk vermaken. Ze maken een hoop kabaal, zingen en kwetteren en fladderen van tak naar tak. Sommige zitten zo vol dat ze slaperig over de grond waggelen. Maar in hoeverre is de blijdschap die ik in hun gedrag zie, iets uit mijn eigen hoofd dat ik op hun schedeltjes projecteer?

De filosoof Martha C. Nussbaum focust op het 'vermogen' van individuen om zelf te bepalen wat vervulling voor hen betekent.[21] Haar benadering is gericht op rechtvaardigheid en staat dichter bij Regan dan bij Singer. Als *rechten* iedereen toekomen, dan is *rechtvaardigheid* de praktijk die maakt dat iedereen die rechten ook krijgt.

Nussbaum betoogt dat *iedereen* zijn kernvermogens moet kunnen benutten en dat niemand daarin gehinderd mag worden ten behoeve van een groter goed. Voor de mens onderscheidt ze tien kernvermogens, waaronder het hebben van een goede gezondheid, het voelen van emoties en het beheersen van het eigen milieu (een vermogen dat met allerlei dingen te maken kan hebben, van het opeisen van landrechten tot het krijgen van stemrecht). 'Een samenleving die dit niet voor al zijn burgers kan garanderen, op een passend basisniveau, is geen echt rechtvaardige samenleving, hoe rijk die ook mag zijn,' schrijft Nussbaum.[22]

Voor een voelend dier kunnen die kernvermogens iets heel anders betekenen. Dat hangt van het dier af, zegt Nussbaum. Maar ze doet wel een paar suggesties, ontwikkeld met hulp van de wellicht onvolmaakte techniek van de 'sympathische verbeelding'.[23] Eerst stelt ze zich het lot voor van circusdieren, 'geperst in te kleine en vieze kooien, uitgehongerd, bang en mishandeld, die net genoeg verzorging krijgen om ze er de volgende dag in de piste presentabel uit te laten zien'. Daarna stelt ze zich voor wat ze nodig hebben of zouden willen. 'Bij een waardig bestaan zou het volgende moeten horen: voldoende voeding en lichamelijke activiteit, afwezigheid van pijn, vuil en wreedheid, de vrijheid om zich te gedragen op een manier die kenmerkend is voor de soort (in plaats van opgesloten te zitten en, in dit geval, rare en vernederende trucjes te moeten doen), afwezigheid van angst, mogelijkheden om een bevredigende interactie te hebben met soortgenoten of andere dieren, en de gelegenheid om in rust te genieten van licht en lucht.'[24]

Als rechtvaardigheid inhoudt dat we dieren deze componenten van een 'waardig bestaan' gunnen, dan is het verhinderen dat wolven en tijgers de wereld in trekken, een partner ontmoeten, op wilde prooien jagen en die opeten, een territorium vinden en verdedigen, allemaal verkeerd en onrechtvaardig. Door de oorspronkelijke Elsa klaar te maken voor een leven in het wild en te laten terugkeren naar de bush, hebben de Adamsons, tegen een hoge prijs voor zichzelf, het juiste gedaan. Eenmaal vrij was ze in staat te paren, moeder te zijn, te jagen en de leeuwin in zichzelf te cultiveren, hoewel ze zich nooit bij een groep heeft aangesloten. Als ze later bij de klank van een geweerschot op bezoek ging bij de mensen bij wie ze was opgegroeid, deed ze dat uit eigen vrije wil, waarmee ze liet zien dat *zij* de band waardeerde. Aan het eind van haar leven kwam ze naar George's tent en stierf daar, met haar kop in zijn schoot.

Zeggen dat dierenwelzijn waardevol is, betekent niet dat dit het enig waardevolle in de wereld is. Er kunnen gevallen zijn waarbij het beschermen of propageren van andere waardevolle dingen zo belangrijk is, dat het een kleine inbreuk op het geluk van dieren rechtvaardigt. We zullen een aantal van die gevallen bekijken. Maar ik denk niet dat er een overtuigend argument bestaat dat het plezier van het bezitten van een wild huisdier voldoende rechtvaardigt.

Ik beschouw deze misplaatste pogingen om wilde dieren in onze gezinnen op te nemen als een duidelijke drang om een goede band op te bouwen met niet-menselijke dieren. Deze drang is een belangrijk teken dat iets ontbreekt aan hoe er in onze cultuur wordt gedacht over wilde dieren.

Maar een tijger of wolf als huisdier nemen omdat we zo veel van de soort of van hun 'wildheid' houden, is een heel slecht idee. Veel eigenaren van deze dieren denken dat ze liefdevol bezig zijn, maar in hun liefde ontbreekt het element respect dat daar ook bij zou moeten horen. Om het intensieve contact met mensen dat honden leuk vinden op te leggen aan een wolf die niks met ons te maken wil hebben, is wreed. Ik houd vol dat privépersonen geen wilde dieren in huis zouden moeten nemen. Maar hoe zit het met wetenschappelijke instellingen en natuurbeschermingsorganisaties die het publiek willen scholen of soorten willen redden? Elsa keerde terug naar het wild, maar haar zussen Big One en Lustica brachten hun leven door in Diergaarde Blijdorp in Rotterdam. Joy schreef dat ze 'in prima omstandigheden leven'.[25] Ten minste één van hen werd gedekt en kreeg zeven jongen, die vermoedelijk hun hele leven in dierentuinen hebben doorgebracht. Bieden moderne dierentuinen een vorm van gevangenschap waarin dieren kernvermogens kunnen ontplooien en gelukkig zijn?

6
De autocratische menagerie

Rond de kerst van 2019 gaf mijn vader me een paar vrijkaartjes voor de Woodland Park Zoo in Seattle. Ik begon steeds meer bedenkingen tegen dierentuinen te krijgen, dus ik was er al een tijdje niet geweest. Maar ja, dit waren wel vrijkaartjes.

Op zijn website zegt de Woodland Park Zoo dat het als missie heeft 'wilde dieren te redden en iedereen te inspireren om van natuurbescherming een prioriteit in het leven te maken'. Zoals de meeste moderne dierentuinen benadrukken ze het beheeraspect van hun instelling. De Woodland Park Zoo zet zich in voor bedreigde diersoorten, zoals hun Indische neushoorns en hun ongelofelijk schattige en piepkleine Egyptische schildpadden. Maar ze hebben ook veel andere, gewone dieren. Ikzelf was, misschien niet verrassend, vooral geïntrigeerd door de wolven. Er is een 'roedel' witte poolwolven te zien, die eindeloos door hun kleine territorium patrouilleren, op hun hoede voor aanvallen die nooit zullen komen. Op het houten hek rond hun verblijf is een bruin bordje geschroefd: 'Dank u voor het niet naar de wolven huilen.' Terwijl ik het bordje fotografeerde, kwam er een gezin aan lopen. Zodra de kinderen de wolven zagen, begonnen ze te janken. Ik vroeg me af: huilen we om contact te maken met de natuur of om onze macht over deze dieren te tonen? En wat doet dit onophoudelijke, namaakgehuil van mensen met de wolven?

Het bedwingen van wilde dieren, vooral van heel grote herbivoren en angstaanjagende carnivoren, is lange tijd een manier geweest om kracht te tonen. De vangst van gevaarlijke dieren kan begonnen zijn als een voorloper van de rituele gecontroleerde jacht, zoals de leeuwenjacht door de koningen in Mesopotamië die al dateren van 3000 v.Chr., een vorm van machtsvertoon om aan het volk te laten zien dat ze het konden beschermen tegen de gevaren van het wild.[1] De heersers van het oude Egypte legden verzamelingen wilde dieren aan, die ze soms meenamen naar het slagveld. Ramses IX stuurde levende nijlpaarden, apen en krokodillen als een nogal agressief cadeau naar een Assyrische koning.[2] De dieren waren niet alleen symbolen van de macht, maar van de hele niet-menselijke wereld. Door ze te vangen en te bedwingen maakte je dus een statement over wie het voor het zeggen had. Zoals filosoof Stephen R.L. Clark schrijft over de geënsceneerde jachtpartijen in het Colosseum in Rome tijdens het Keizerrijk, 'werden wilde dieren in de "jacht" gedood om op dramatische wijze te laten zien dat mensen, en vooral *Romeinse* mensen, meester zijn van de wereld'.[3]

Later doken er gevangen dieren op in de Tower in Londen. Machtsbeluste mannen van Hendrik III tot Saddam Hoesseins zoon Uday, van drugsbaron Pablo Escobar tot keizer Karel de Grote hebben allemaal geprobeerd hun kracht te tonen door het gevangenhouden van angstaanjagende dieren.

Uit deze opschepperige dierencollecties, deze autocratische menagerieën, is de hedendaagse dierentuin ontstaan, met zijn educatieve bordjes en dure worstenbroodjes. De eerste moderne dierentuin was waarschijnlijk de London Zoo in Regent's Park, die in 1828 werd geopend.[4] Aanvankelijk was hij alleen open voor leden van de Zoological Society of London, maar de klantenkring werd snel uitgebreid. Men bood er iets nieuws en vermakelijks voor de ontluikende victoriaanse middenklasse, die werd getrakteerd op een quasi-educatief uitje met fauna uit de kolonies. Openbare dierentuinen namen in aantal toe en werden monumenten van burgertrots, die het prestige van een stad weerspiegelden zoals een paar gevangen leeuwen ooit de macht van koningen en keizerrijken symboliseerden.

Na de opening van de London Zoo verschenen er in heel Europa soortgelijke dierentuinen. Het waren zogeheten plekken ter lering en vermaak voor de burgerij, die behalve grote en enge dieren ook reptielenverblijven, volières en insectaria omvatten. Levende dieren werden vaak gepresenteerd in een taxonomische orde, waarbij verschillende soorten van dezelfde familie voor vergelijkende studie bij elkaar werden gezet. Qua architectuur lieten de Europese dierentuinen zich inspireren door het exotische van de wilde dieren uit verre landen: er stonden namaak-Egyptische tempels en gebouwen werden versierd met minaretten en pagodes.

In sommige dierentuinen werden leden van inheemse volken uit de kolonies tentoongesteld. In 1875 stelde dierenimporteur Carl Hagenbeck in Hamburg Laplanders in traditionele kleding samen met rendieren tentoon.[5] 'Onze gasten,' schreef Hagenbeck, 'waren onvervalste natuurmensen.'[6] Hij begon tournees langs Europese dierentuinen te organiseren om mensen te showen uit Soedan, Groenland en Sri Lanka. 'Exotische' buitenlanders werden in Europa al eeuwenlang te kijk gezet, maar deze mensen werden geëxposeerd in zoölogische parken, vaak met dieren erbij. Hagenbeck beweerde dat zijn shows wetenschappelijk waren en dat zijn mensen niet optraden, ze bestonden gewoon, in hun natuurlijke staat.

Het beruchtste voorbeeld van mensen in dierentuinen was een man van het Mbutivolk die Ota Benga heette en was ontvoerd uit het Kongobekken, om in 1906 als tot slaaf gemaakte te worden verkocht aan het Zoo's Monkey House in de Bronx.[7] Hij werd na een publieke rel vrijgelaten en verhuisde naar de staat Virginia, waar hij in een tabaksfabriek werkte en in zijn eentje in de bossen jaagde. Maar hij leed onder het intense trauma van wat hem was aangedaan en schoot zichzelf in 1916 door het hart. Dezelfde Carl Hagenbeck die mensen als wilde dieren tentoonstelde, veranderde ook de manier waarop wilde dieren werden getoond. Voor zijn Tierpark, dat opende in 1907, ontwierp hij kooien die er niet uitzagen als kooien: grachten en kunstig geplaatste rotswanden onttrokken de hokken aan het oog van het publiek. Door deze verblijven zo te ontwerpen dat er veel dieren tegelijk konden worden bekeken, zonder hekken of muren die het blikveld van de bezoekers hinderden, creëerde hij een meeslepend panorama waarin de feitelijke gevangenschap werd verdrongen door een decor van natuur. Historicus Nigel Rothfels zegt dat Hagenbecks tentoonstellingen van mensen of dieren voortkwamen uit een en hetzelfde wereldbeeld. 'Bij een bezoek aan Hagenbecks dierententoonstellingen en mensenshows werden bezoekers niet lastiggevallen met harde kritiek op kapitalisme, imperialisme of koloniale uitbuiting, want dit was een geïdealiseerde wereld waarin Europeanen tussen de tentoongestelde dieren en mensen konden lopen en zich comfortabel, veilig en, uiteraard, verlicht konden voelen.'[8]

Hagenbecks model had grote invloed. Steeds vaker werden dieren zo gepresenteerd dat het onaantrekkelijke feit van hun fysieke beperkingen werd weggemoffeld. Dierentuinen verschoven subtiel van de openlijke demonstratie van meesterschap over de beesten naar een narratief van welwillende bescherming. Vanaf daar was het een gemakkelijke sprong naar een focus op de bescherming van diersoorten.

Het dierentuintype van het 'educatieve dagje uit' bleef bestaan tot aan het eind van de twintigste eeuw, toen dierentuinen zichzelf actief begonnen te herijken als een serieuze partij in de natuurbescherming. Hun dieren, zo luidt het nieuwe verhaal, functioneren als reservepopulatie voor bedreigde dieren in het wild, en ook als 'ambassadeurs' van hun soort, die mensen onderwijzen en motiveren om voor de dieren in het wild te zorgen. Deze focus op natuurbescherming is nu verplicht voor instellingen die lid willen worden van de Association of Zoos and Aquariums (AZA), een non-profitverbond van dierentuinen en aquaria in de Verenigde Staten en elf andere landen.[9]

Deze herijking heeft veel bijval gekregen, hoewel de nieuwe 'naturalistische' dierenverblijven het soms moeilijk maken om de dieren nog te zien, tot ergernis van het publiek. Het belang dat de bezoekers hechten aan dierenwelzijn is niet altijd groter dan hun verlangen naar een intieme interactie: aanrakingen, respons, oogcontact. Ik denk ook dat die drang sommige bezoekers ertoe brengt dingen naar de dieren te gooien. Mensen zoeken wanhopig naar contact met andere dieren, zelfs als dat pijn doet.

Theoretici over dierenrechten zoals Tom Regan maken bezwaar tegen dierentuinen in het algemeen. Wanneer we dieren willen respecteren als 'levenssubjecten' en ze niet behandelen als middelen tot een doel, dan is het ondenkbaar dat we van een tijger of olifant verlangen dat ze hun hele leven in een kooi doorbrengen om 'ambassadeur' te zijn voor hun familie in het wild. Het houden van dieren in dierentuinen is alleen te rechtvaardigen als het voor *hun* eigen bestwil is. Regan schetst een hypothetisch geval waarin een dier als het ware in beschermende hechtenis wordt genomen totdat een dreiging van 'menselijke predatie' is weggenomen.[10] Maar zo'n situatie moet tijdelijk zijn en als onwenselijk worden beschouwd. Het *fokken* van niet-bedreigde dieren enkel en alleen voor vertoning moet verboden worden.

Als je een utilitarist zoals Peter Singer bent, hangt het er vooral van af of dieren liever in de dierentuin verblijven of vertrekken, en ook van hoeveel plezier ze hoeveel mensen bezorgen. Sommige individuele dieren leiden in de dierentuin een aangenaam en veilig bestaan. Soorten die weinig ruimte nodig hebben en genoeg hebben aan een habitat en voldoende lekker eten, zouden er misschien zelfs voor tekenen als ze een rationele afweging zouden kunnen maken. Grondeekhoorns bijvoorbeeld komen zelden verder dan 75 meter van hun hol, en alle dieren – van slangen tot coyotes tot haviken – eten ze graag, zodat ze in theorie de voorkeur zouden kunnen geven aan een ruim en groen verblijf met veel voedsel en plaatsen om te graven. Maar mensen gaan niet echt naar de dierentuin om kleine dieren zoals de grondeekhoorn te zien, toch? Ze willen grote en imposante dieren zien, zoals tijgers, leeuwen en ijsberen.

David Hancocks, voormalig directeur van de Woodland Park Zoo, schreef in 2001 dat dierentuinen 'eeuwig in dezelfde spagaat zitten, omdat mensen enerzijds respect voor de natuur voelen en tegelijkertijd de wildheid ervan willen overheersen en onderdrukken. Hierin komen zowel het beste als het slechtste in de mens naar boven.'

De documentaire *Blackfish* uit 2013 leidde tot een debat over de vraag of gevangenschap acceptabel is voor orka's, die én heel groot zijn én complexe cognitieve vaardigheden hebben. *Blackfish* concentreerde zich op de 5400 kilo wegende Tilikum, een kolossaal dier met de kenmerkende ingezakte staartvin van mannelijke orka's in gevangenschap.[11] Nadat hij in 1983 werd gescheiden van zijn familie in de wateren rond IJsland, bracht Tilikum de rest van zijn leven door in veredelde zwembaden en trad hij op voor mensen, intussen 21 kinderen verwekkend die waren voorbestemd voor een gelijksoortig bestaan. Hij was betrokken bij de dood van drie mensen voordat hijzelf overleed in 2017, en hij was niet de enige orka in gevangenschap die mensen aanviel of opzettelijk liet verdrinken.

De film was zo overtuigend als portret van een gevangene die krankzinnig wordt door zijn opsluiting, dat het brede publiek zich nu lijkt te verzetten tegen het houden van orka's in aquaria. SeaWorld zag de bezoekersaantallen instorten en de keten van waterparken wist dat het een probleem had.[12] Het kondigde in 2016 aan te stoppen met het fokken van orka's. Aangezien de Verenigde Staten sinds 1989 geen vergunningen meer hebben afgegeven voor het vangen van wilde orka's, betekent dit dat het bedrijf rond 2050, als de huidige orka's allemaal zijn gestorven, geen dieren meer in gevangenschap heeft. Joel Manby, toenmalig CEO van SeaWorld, overwoog de parken te laten overschakelen op het werken met dieren die in het wild gewond of verweesd zijn geraakt. 'We zullen ons meer gaan richten op reddingsoperaties, zodat duizenden gestrande zeezoogdieren zoals dolfijnen en zeeleeuwen die niet meer in het wild kunnen leven, toch een eigen plek hebben,' zei hij in een verklaring.[13]

SeaWorld verdient nog steeds geld met de twintig orka's die ze over hebben. Tegenwoordig kun je 'op een inspirerende nieuwe manier in contact komen met de krachtigste roofvis uit de oceaan' in de 'Ontmoet een orka-show' in de SeaWorld van Orlando: de show is in de entreeprijs van 54 dollar inbegrepen.[14] Hun website meldt tenslotte: 'Orka's zijn de perfecte ambassadeurs van de oceaan.'

Maar als het Whale Sanctuary Project zijn zin krijgt, zullen de orka's van SeaWorld, en de drieduizend andere walvissen en dolfijnen die wereldwijd in gevangenschap leven, de rest van hun bestaan niet in bassins hoeven door te brengen. In 2020 heeft de non-profitorganisatie een locatie geselecteerd in Port Hilford, Nova Scotia, waar zij een baai of inham in de oceaan willen afbakenen voor walvisachtigen die niet zelfstandig in het wild kunnen leven.

Terwijl het gemiddelde orkabassin van het SeaWorld-type ongeveer driehonderd vierkante meter groot is, zou het afgebakende stuk oceaan minstens 260.000 vierkante meter beslaan.[15] Maar het project behelst meer dan alleen het ophangen van netten. De organisatie wil vergunningen aanvragen om zeezoogdieren op de locatie te mogen huisvesten en gaat fondsen werven voor het financieren van een 'opvangcentrum met fulltime veterinaire diensten, vriezers voor de vis die de walvissen eten, kantoren voor de onderzoekers en andere werknemers, beveiligingspersoneel, en van alles wat achter de schermen moet worden geregeld voor de watervoorziening, elektra en logistiek'. Ze schatten de kosten op 'twaalf tot vijftien miljoen dollar voor het realiseren van het opvangcentrum, en nog eens twee miljoen dollar per jaar voor de verzorging van zes tot acht walvissen'. Ter vergelijking: in 2019 bedroegen de inkomsten van SeaWorld 1,4 miljard dollar.[16]

Olifanten zijn de grootste landzoogdieren en staan bekend om hun intelligentie, vooral hun emotionele intelligentie. Het ligt voor de hand dat bezorgdheid over dieren in gevangenschap begint met deze majesteitelijke dieren. De Woodland Park Zoo had al olifanten sinds de jaren twintig van de vorige eeuw, toen de schoolkinderen van Seattle hun spaargeld schonken als bijdrage aan de aankoop van Cleopatra, een Aziatisch olifantje dat onderdeel was de theateract 'Singer's Midgets'.[17]

Door de jaren heen heeft de Woodland Park Zoo een stuk of tien olifanten gehad, waaronder Tusko,[18] die werd gered van een zeer slechte behandeling in een rondreizend circus, en Elmer de Veilige Olifant (eigenlijk een vrouwtje) die kinderen moest leren alleen de straat over te steken bij zebrapaden en op zeventienjarige leeftijd stierf aan een ontstoken slagtand.[19] Maar het einde van het olifantentijdperk werd ingeluid in 2012, met het artikel 'Glamour Beasts: The Dark Side of Elephant Captivity' van Michael J. Berens in *The Seattle Times*.[20]

Het stuk draaide om Chai, een Aziatische olifant die in 1980 als zuigeling door Thai Airways cadeau werd gedaan aan de stad Seattle om te vieren dat ze hun eerste, aldaar gebouwde Boeing 747 hadden aangekocht. De directeur van de dierentuin, David Hancocks, vond dat olifanten eigenlijk niet in dierentuin thuishoorden. Hij was al verantwoordelijk voor Bamboo, die in 1967 als kalf was gevangen in Thailand, en voor

Watoto die in 1971 als baby uit Kenia was gehaald. Hancocks wilde het cadeau weigeren, maar daar stak de burgermeester een stokje voor.[21] Omdat Hancocks bang was dat de olifanten zich, weggestopt in hun 'schuur', 'een tochtig, lekkend, niet-geïsoleerd gebouw' zouden vervelen terwijl ze in het wild tot wel tachtig kilometer per dag lopen, gaf hij de verzorgers opdracht met de olifanten door de dierentuin en door het Woodland Park daarbuiten te lopen.[22] 'Ik weet nog dat we ons op een zomerse middag zorgen maakten omdat we Bamboo en haar verzorger al een tijd niet gezien hadden,' herinnerde Hancock zich in *The Seattle Times*.[23] 'We vonden ze liggend op een zonnige open plek, bij Aurora Avenue North, allebei diep in slaap, de verzorger comfortabel leunend tegen haar buik.'

Toen Hancocks minder ruimte kreeg voor een nieuw olifantenverblijf dan hij wilde, nam hij gefrustreerd ontslag. Later was hij zeer kritisch op de behandeling die de olifanten kregen. Onder zijn vervanger werden ze 's nachts aan de ketting gelegd en fysiek 'gedisciplineerd'. Het was afgelopen met de wandelingen.

In de jaren negentig besloot de dierentuin via kunstmatige inseminatie Chai te bevruchten. Tot wel tien keer per maand werd ze aan de ketting gelegd en kreeg ze een buis vol sperma in haar lichaam geduwd. Het werkte niet. Daarna stuurden ze haar naar de Dickerson Park Zoo in Missouri om te paren met een olifantenstier, ook al wisten ze dat de olifanten daar een herpesvirus hadden waarmee Chai en een mogelijke baby besmet zouden kunnen raken. Ze besloten dat de kans op een babyolifant het risico waard was.

Nog in Missouri werd Chai vastgeketend en 'gedisciplineerd' met de steel van een bijl of met een olifantenstok, een lange stok met een haak aan het eind.[24] De dierentuin moest zelfs een boete betalen aan het Amerikaanse ministerie van Landbouw wegens overtreding van de Wet op het dierenwelzijn, omdat ze Chai 'een trauma, stress, lichamelijk letsel en onnodig leed' hadden bezorgd. De andere olifanten vochten met Chai. De opzichters gaven haar valium en azaperon om haar rustig en handelbaar te houden. Ook al verloor Chai in Missouri 650 kilo aan lichaamsgewicht, ze keerde zwanger naar Seattle terug. In de dierentuin stonden ze te juichen. Haar baby Hansa kwam ter wereld in het jaar 2000, woog 235 pond en zag er inderdaad schattig uit.[25]

Voor de dierentuin was de kleine Hansa een enorme trekpleister. Ze was net niet groot genoeg om tot de tepels van Chai te reiken, dus er werd een zoogplatform voor haar gebouwd. Ze stond erom bekend dat ze graag met enorme rubberen ballen speelde, bijna dartel voor een olifant. In haar eerste levensjaar kwamen 1,2 miljoen mensen naar haar kijken.[26] Volgens een linkse krant uit Seattle, *The Stranger*, hadden werknemers van de dierentuin haar de bijnaam 'Melkkoe' gegeven.[27] Ze werd getraind om te komen als haar naam werd geroepen, om te keren, een rondje te maken, haar slurf omhoog te doen en haar poten op te tillen voor inspectie. Volgens David Hancocks werd ze daarvoor met een stok geslagen toen ze nog maar een paar maanden oud was.[28] Later, met achttien maanden, werd Hansa geslagen om haar te leren geen modder te eten.[29]

De dierentuin was vooral zo blij met haar omdat de landelijke autoriteiten in 2003 de invoer van wilde olifanten naar de Verenigde Staten hard gingen aanpakken. Zonder die invoer begon het aantal olifanten in het land af te nemen. Dierentuinolifanten stierven jong en sneller dan er werd voortgeplant. Intussen begon het publiek zich af te vragen of het wel zo'n goed idee was om te fokken met olifanten in gevangenschap. Michael Berens schreef dat de AZA in 2005 een vergadering belegde om het olifantenprobleem te bespreken. De verzamelde directeuren van dierentuinen met olifanten besloten een bedrijf voor crisismanagement in te schakelen om hen te helpen in de strijd tegen dierenactivisten die zij 'extremisten' noemden. En de groep besloot ook weer olifanten te gaan fokken.

In datzelfde jaar werd Hansa vijf. Ze kreeg cupcakes, gemaakt van maïsmeel, wortelen, druiven, rozijnen en bamboebladeren, met een glazuur van pompoen.[30] Ze woog nu 3900 pond, maar werd nog steeds gezoogd. Olifanten in het wild ontwikkelen zich langzaam en leven net zo lang als mensen. De hoofdopzichter van de dierentuin zei tegen *The Seattle Times*: 'Wij hopen dat ze hier blijft en zich hier voortplant en dat haar baby's ook hier zullen blijven.' De Woodland Park Zoo bleef Chai kunstmatig insemineren in de hoop op nog meer baby's. In totaal zouden ze het ruim honderd keer proberen, zonder resultaat.

En toen, in 2007, stierf de kleine Hansa aan herpes. De dierentuin maakte haar overlijden bekend tijdens een persconferentie. Meerdere werknemers moesten huilen.[31] 'Hansa was een symbool van hoop en een echte ambassadeur van haar soort,' zei voorzitter Deborah Jensen van de Woodland Park Zoo. 'Ze heeft ons in onze levens diep geraakt en heeft velen van ons geïnspireerd om olifanten en andere dieren te helpen.'[32] Hansa's lichaam bleef enige tijd in het olifantenverblijf, dat gesloten was, zodat de andere olifanten om haar konden rouwen.[33]

Ter ere van Hansa doneerde de Woodland Park Zoo 8500 dollar aan een opvangcentrum voor olifanten in Borneo, een gift die in een artikel dat was geschreven door een lid van de raad van bestuur van de dierentuin, werd aangeprezen als bewijs dat 'iedere keer dat u een olifant in een erkende dierentuin bezoekt, een deel van uw entreegeld ten goede komt aan het behoud van de olifant'.[34] De directeur natuurbescherming van Woodland Park Zoo vloog naar Borneo om de cheque persoonlijk te overhandigen.[35] Gezien het feit dat de dierentuin dat jaar 6,5 miljoen dollar verdiende aan de kaartverkoop en parkeergelden, ging het om een behoorlijk laag bedrag.[36]

Nadat het onderzoek in *The Seattle Times* was gepubliceerd, reageerden twee leden van de raad van bestuur van de dierentuin met een opiniestuk waarin ze betoogden dat het fokken van olifanten onderdeel was van het beheer in het wild.[37] 'Wij hebben kennis vergaard over de voortplanting, de communicatie en het gedrag van olifanten die we bij wilde populaties nooit hadden kunnen opdoen.' Ze verdedigden hun zorg voor Watoto, Chai en Bamboo. En natuurlijk kwamen ze weer met het argument dat de olifanten de ambassadeurs van hun soort waren en schreven dat 'het zien, horen en ruiken van olifanten een heel persoonlijke, emotionele band kan scheppen die mensen ertoe inspireert om olifanten in het wild te helpen'.

Een onafhankelijk rapport over het welzijn van de drie olifanten uit 2013 oordeelde dat ze lichamelijk gezond waren maar geestelijk onderprikkeld, zoals bleek uit hun repetitieve geschommel en geijsbeer. In het rapport werd aangeraden om de betonnen vloer van hun schuur te vervangen door een zandvloer, om de druk op hun poten en voetzolen te verminderen. Toen, in 2014, zakte de 45-jarige Watoto in elkaar. Volgens een medisch verslag waren haar poten zwaar aangetast door artritis.[38] 'Mijn klinische inschatting is dat ze door de zieke gewrichten niet meer rechtop kon blijven staan,' zei Darin Collins, een dierenarts van de dierentuin. 'Als zwaargebouwde dieren gaan liggen kunnen ze niet goed ademen doordat het lichaamsgewicht hun longinhoud verkleint, zodat er minder bloed stroomt naar de vitale organen en zenuwen, wat leidt tot verlamming van de ledematen.' Ze kon gewoon niet meer overeind komen en was stervende, dus ze hebben haar uit haar lijden verlost.

Martin Ramirez, verantwoordelijk voor de zoogdieren van de dierentuin, haastte zich het publiek eraan te herinneren waarom olifanten in gevangenschap oké zijn: 'We zijn onze gemeenschap heel dankbaar voor alle steun, nu we rouwen om het verlies van Watoto.[39] Wij zullen haar koninklijke aanwezigheid missen en hopen dat de mensen haar, als voorvechtster voor haar familieleden in het wild, niet vergeten.'

Enkele inwoners van Seattle begonnen te eisen dat de olifanten van de dierentuin naar een opvangcentrum zouden worden gebracht, zoals de Elephant Sanctuary in Tennessee of naar de Performing Animal Welfare Society (PAWS) in San Andreas, Californië, plekken die zijn ingericht voor hun welzijn en niet om er te worden geïnsemineerd of tentoongesteld. Gepensioneerde olifanten uit dierentuinen kunnen bij PAWS een modderbad nemen of in het meer zwemmen. Bij de Elephant Sanctuary worden geen rondleidingen aangeboden, maar ze hebben wel een paar webcams hangen. Klikkend op de camerabeelden en zoekend naar de olifanten, stuitte ik op een scène waar ik kippenvel van kreeg. Eén camera is heel, heel hoog opgehangen en is gericht op een enorm grasveld, omzoomd door bomen. Schaduwen van wolken glijden over het gras. Ergens heel ver in de verte kon ik nog twee kleine grijze vormen ontdekken: olifanten met voldoende ruimte om op volle snelheid rond te rennen, als ze zouden willen.

In Seattle demonstreerden activisten en zij zetten beelden online van Chai terwijl ze ijsbeert en schommelt, en met een doffe blik in de ogen voortdurend haar grijze massa heen en weer, en heen en weer beweegt. Maar de Woodland Park Zoo stuitte op verzet van de AZA, de organisatie waarvan het zijn vergunning krijgt. AZA was fel gekant tegen olifantenopvangcentra omdat die olifanten uit het fokprogramma halen. Toen dierentuinen in het hele land hun oudere olifanten naar opvangcentra stuurden om met pensioen te gaan, dreigde AZA hun vergunning in te trekken en voegde soms ook de daad bij het woord. (Inmiddels is AZA van mening veranderd over olifantenopvangcentra. De organisatie gaf in 2017 zelfs een vergunning aan de Elephant Sanctuary in Tennessee.)

Gevangen tussen hoogoplopende sentimenten bij het publiek en AZA, koos de dierentuin er in 2015 voor om de olifanten te verplaatsen naar de Oklahoma City Zoo. Na de verhuizing begon Chai weer gewicht te verliezen, net als eerder in de Dickerson Park Zoo, en uiteindelijk zou ze duizend pond lichter worden. In de dierentuin van Oklahoma Zoo had ze geleerd voor publiek op te treden en tijdens een van die optredens viel Bamboo haar aan, waardoor ze tegen een hek viel.

Op 30 januari 2016 werd Chai dood in haar kooi gevonden. De doodsoorzaak was ernstig vetverlies en bloedvergiftiging. *The Seattle Times* vond documenten die aantonen dat de olifant in de weken voordat ze stierf twee keer tevergeefs had geprobeerd overeind te komen en haar lijf tegen de muur had geschaafd, waardoor wonden waren ontstaan waardoor misschien een bacterie is binnengekomen.[40] Maar het kunnen ook haar tanden zijn geweest, die misschien chronisch waren ontstoken. 'Helaas kunnen ze het ons niet vertellen als ze zich niet goed voelen. We moeten het doen met wat we zelf ontdekken,' zei dierenarts dr. Jennifer D'Agostino van de Oklahoma City Zoo tegen de krant.

Voordat Chai stierf, heeft ze in Oklahoma waarschijnlijk met haar herpesvirus de vierjarige olifant Malee besmet, die aan de infectie overleed.

Vandaag de dag leven er in de Verenigde Staten nog zo'n driehonderd olifanten in dierentuinen met een AZA-vergunning.[41] Maar de jacht op nieuwe olifanten gaat door. In 2016 hebben drie dierentuinen – de Sedgwick County Zoo in Wichita, Kansas, de Dallas Zoo in Texas en de Henry Doorly Zoo and Aquarium in Omaha, Nebraska – zeventien olifanten geïmporteerd uit een privéjachtgebied in het Koninkrijk Eswatini (vroeger bekend als Swaziland).[42] Het reservaat beweerde dat het geen ruimte voor de olifanten had en dat ze gedood moesten worden als er geen tehuis voor ze werden gevonden. De dierentuinen 'doneerden' 450.000 dollar voor de dieren. Uit een onderzoek van *The New York Times*-verslaggever Charles Siebert bleek echter dat er ruim voldoende plek was voor de olifanten. Tot dusverre is Warren, een van de ingevoerde olifanten, op acht- of negenjarige leeftijd overleden toen hij onder narcose was en hij werd geopereerd aan een gebarsten slagtand.

In 2019 heeft de Convention on International Trade in Endangered Species of Wild Fauna and Flora (CITES) de regels aangescherpt voor de handel in levende Afrikaanse olifanten.[43] Uitvoer uit hun eigen leefgebieden is nu alleen nog toegestaan in 'uitzonderlijke gevallen, wanneer de bescherming van de Afrikaanse olifant ermee gediend is'. Het valt te bezien hoe dit voorbehoud geïnterpreteerd gaat worden door de betrokken autoriteiten.

De ervaringen van Chai, Hansa en Warren zijn zeker geen uitzonderingen. Uit het onderzoek van Berens blijkt dat olifanten die in Amerika in gevangenschap leven over het algemeen eerder sterven en een veel zwaarder leven hebben dan hun soortgenoten in het wild. Hun kindersterftecijfer bedraagt 40 procent en is drie keer zo hoog als in het wild. Ze lijden aan 'ziekten die te maken met de omstandigheden van hun gevangenschap, van chronische voetproblemen door het staan op een te harde ondergrond tot spier- en skeletaandoeningen door niet te kunnen bewegen en dagen- tot wekenlang opgesloten of vastgeketend te zijn'. De helft van de gevangen olifanten sterft voor hun 23e levensjaar, terwijl olifanten in het wild doorgaans zeventig jaar of ouder worden.

Dierentuinen zijn geen goede woonplek voor olifanten. Bassins zijn geen goede woonplek voor walvisachtigen. Maar hoe zit het met de rest van de menagerie? Ik denk dat steeds meer mensen zich gaan verzetten tegen het houden van dieren die normaal gesproken in grote territoria leven, zoals tijgers en beren, en dieren die complexe cognitieve vaardigheden hebben, zoals apen. En ik vraag me af of de publieke opinie daar een grens trekt. Het groeiend aantal ontdekkingen over dierlijke intelligentie geeft aan dat heel veel soorten emoties voelen, intelligent zijn en hun gedrag vooraf kunnen plannen. Voor dieren met zulke capaciteiten is het des te zwaarder om in een dierentuin opgesloten te zijn. Als dieren routinematig plannen maken en actie ondernemen in de wereld, betekent opsluiting dat ze niet vrij kunnen handelen. En zonder vrijheid komt niemand tot bloei.

Ik vroeg aan Dan Ashe, voorzitter en CEO van AZA, of zijn organisatie was voorbereid op de tanende acceptatie bij het publiek ten aanzien van dieren in gevangenschap. Hij antwoordde dat die acceptatie volgens hem niet tanende was. AZA houdt elk kwartaal enquêtes, zei hij, en 'de mensen die sterk gekant zijn tegen dierentuinen en gevangenschap' vertegenwoordigen ongeveer 8 tot 10 procent van de bevolking en die verhouding is in de loop der tijd niet veranderd. Olifanten, gaf hij toe, horen bij 'de dieren die een zwaardere last dragen in de ogen van het publiek', maar nieuwe AZA-normen garandeerden volgens hem een steeds betere zorg voor dierentuinolifanten. Er worden weliswaar nog steeds olifantenhaken gebruikt om ze te trainen, maar AZA kondigde in 2019 aan dat de aangesloten dierentuinen ze in 2023 moet hebben 'uitgefaseerd'.[44] 'Hoe meer we leren over de zorg voor olifanten, hoe beter het gaat.'

Veel dieren laten merken dat ze zich in gevangenschap niet goed voelen. Als ze opgesloten zijn gaan ze ijsberen, haren uittrekken en krijgen ze allerlei tics. Onderzoekers verdelen het afwijkende gedrag van gevangen dieren in twee categorieën: impulsief/compulsief gedrag, zoals 'coprofagie [het eten van uitwerpselen], melk opgeven, zichzelf bijten en verminken, overdreven agressie en infanticide' en stereotypie oftewel het maken van eindeloos herhaalde bewegingen.[45] Olifanten schudden de hele tijd hun kop op en neer. Chimpansees trekken hun eigen haar uit. Giraffen steken voortdurend hun tong uit. Beren en katachtigen ijsberen. Zeker 80 procent van de carnivoren,[46] 64 procent van de chimpansees[47] en 85 procent van de olifanten in dierentuinen vertoont dwangmatig gedrag of een vorm van stereotypie.[48]

In veel dierentuinen krijgt ten minste een deel van de dieren prozac en andere psychoactieve medicatie toegediend. De Toledo Zoo heeft bijvoorbeeld aan zebra's en gnoes het antipsychotische middel haloperidol gegeven om ze rustig te houden en houdt een orang-oetan aan de prozac.[49] Toen hun gorilla Johari al haar haren begon uit te trekken en begon te vechten met het mannetje Kwisha bij wie ze geplaatst was, kreeg ook zij prozac. Het middel hield haar handelbaar. In plaats van het grote mannetje weg te jagen, zoals ze eerder deed, stond ze hem toe met haar te paren en tot vreugde van de dierverzorgers kreeg ze een baby, Dara. Intussen raakte het mannetje Kwisha zo van streek als een andere gorilla werd 'verdoofd voor een behandeling of operatie', aldus *The Toledo Blade*, dat zij hem valium gingen geven voordat ze een kooigenoot verdoofden.

Andere dieren doen hun best om te ontsnappen. In *Fear of the Animal Planet* beschrijft Jason Hribal tientallen dieren die pogingen ondernamen om circussen en dierentuinen te ontvluchten. Er komen in zijn boek veel olifanten voor, deels omdat ze zo groot zijn en hun ontsnappingspogingen vaak de krant halen. Een opmerkelijk aantal circusolifanten ging ervandoor of keerde zich tegen mishandelende dompteurs, waar niet alleen uit blijkt dat ze mensen uit elkaar kunnen houden, maar ook dat ze hun vijandigheid bewaren voor de personen die hen kwaad hebben gedaan. Olifanten vergeten nooit iets, wordt gezegd. Een Aziatische olifant die Mary heette was in 1916 na een circusoptreden door haar dompteur op de kop geslagen. Ze tilde hem op en gooide hem tegen een muur. Toen ging ze op zijn hoofd staan en doodde hem. Voor straf werd Mary voor een publiek van drieduizend man opgehangen. Black Diamond nam in 1929 deel aan een parade in Corsicana, Texas, toen ze in het publiek een oud-dompteur zag die wreed tegen haar was geweest. Ze trok haar kettingen los en ging achter de man aan, wierp hem op de grond, brak zijn arm en doodde de vrouw die bij hem was. Tijdens een voorstelling in 1992, met een moeder en haar kinderen op haar rug, brak Janet uit de piste om mensen die haar pijn hadden gedaan op te zoeken en te vertrappen. Debbie en Frieda ontsnapten samen, tot tweemaal toe, in 1995. Kamba liep in 1999 weg van de Texas State Fair en moest aan een vrachtwagen worden vastgeketend om terug naar gevangenschap te worden gesleept. Tonya ontsnapte vier keer. In 1994 kwam Tyke in opstand tegen haar dompteur, doodde hem, ontsnapte uit een circus in Honolulu en werd op straat doodgeschoten. Onderzoek wees uit dat de 'eigenaren' van

Tyke haar mishandelden en verwaarloosden. Tykes collega-olifanten werden weggehaald en naar opvangcentra gebracht.

Ook olifanten in dierentuinen zijn op zoek gegaan naar vrijheid, en naar wraak. Jumbo, een enorme Afrikaanse olifantenstier die in 1865 in de London Zoo belandde, gooide zich tegen de deuren van zijn kooi als hij in *musth* was, de bronst, en de testosteron door zijn lichaam joeg. Hij kon alleen worden gekalmeerd met een flinke hoeveelheid bier. In de jaren tien van de vorige eeuw ontsnapte Babe regelmatig uit de Toledo Zoo en liep dan door de buurt waar hij de bloemen opat. Hij had ook een verzorger gespietst, waarna de dierentuin zijn slagtanden afzaagde. In 1983 ontsnapte een olifant die Misty heet uit een dierentuin in Irvine, Californië en doodde er een van de verzorgers. In 1993 ontsnapte Tillie uit de Lowry Park Zoo in Tampa, Florida en doodde een maand later een verzorger. In 1997 ontsnapten Cally en Tonya uit een dierentuin in Maine. De twee gingen elk een andere kant op. Toen Cally uren later werd teruggevonden nam ze net een modderbad in het bos, een genoegen dat haar in het dierenverblijf werd ontzegd. In 2002 verpletterde Moja haar opzichter in de Pittsburgh Zoo en ging ervandoor met haar driejarige dochter Victoria. Ze werden al snel weer gevangen. Door hun omvang is het voor olifanten moeilijk om een vluchtpoging vol te houden. Hribal geeft nog veel meer voorbeelden van olifanten in dierentuinen die hun verzorgers verwondden of doodden en vond bewijzen dat dierentuinen zulke incidenten vaak bagatelliseren of verzwijgen.

Maar olifanten zijn niet de enige soort die zich van een bestaan in de dierentuin probeert te bevrijden. Bij de tijger Tatiana in de San Francisco Zoo knapte er iets op een dag in 2007, toen een groepje tienerjongens haar stond te pesten. Op een of andere manier kwam ze over de 3,5 meter hoge muur rond het verblijf van driehonderd vierkante meter, viel een van de tieners aan en doodde hem. De anderen renden weg en ze ging erachteraan, zonder acht te slaan op de andere mensen op haar pad. Toen ze de tieners in het café te pakken kreeg verscheurde ze er nog twee, waarna ze door de politie werd doodgeschoten. Onderzoekers vonden stokken en dennenappels in haar verblijf, waarschijnlijk gegooid door de drie jongens. Het geval van Tatiana is niet uniek. Ook andere tijgers en luipaarden zijn ontsnapt en hebben hun verzorgers en treiteraars aangevallen.

Primaten zijn ontsnappingskunstenaars. Alphie, een Japanse makaak, ontsnapte in 1987 uit de Pittsburgh Zoo toen de wind een grote tak zijn verblijf in woei. Alphie gebruikte deze brug om de vrijheid te kiezen en werd pas zes maanden later gevangen, in Ohio. Sommige apen die uit dierentuinen ontsnapten zijn nooit meer gevangen.

De gorilla Little Joe ontsnapte twee keer uit de Franklin Park Zoo in Boston. Uit de Los Angeles Zoo wist een gorilla die Evelyn heet zeven keer te ontsnappen. Het is bekend dat apen sloten open kunnen krijgen en dat ze hun verzorgers goed in de gaten houden, voor het geval iemand een keer vergeet de deur af te sluiten. Een orang-oetan in de Omaha Zoo verstopte ijzerdraad in haar bek waarmee ze een slot kon openen. De gorilla Togo in de Toledo Zoo gebruikte zijn formidabele kracht om de spijlen van zijn kooi te verbuigen. Toen de dierentuin het hekwerk verving door dik glas, begon hij systematisch de kit rondom weg te peuteren. In de jaren tachtig wist een groep orang-oetans herhaaldelijk te ontsnappen uit de San Diego Zoo. Bij één ontsnapping werkten ze samen. Een van hen hield de stok van een dweil vast terwijl haar zus naar boven klom. Een andere keer leerde een van hen, Kumang, stokjes te gebruiken om de stroomdraad rond haar verblijf te aarden. Zo kon ze over de draad klimmen zonder een schok te krijgen. Orang-oetans in Fresno waren weken bezig met het ontwarren van een nylon net zodat ze erdoorheen konden glippen, maar ze werkten nooit aan hun klus als er verzorgers in de buurt waren.

Het is onmogelijk om deze verhalen te lezen zonder de conclusie te trekken dat deze dieren *weg wilden*. Hribal heeft tientallen ontsnappingen en aanvallen bestudeerd en ontdekte dat dierentuinen daarbij een nogal standaard pr-verhaal afdraaien. Om te beginnen verklaren ze dat dergelijke gebeurtenissen 'zeldzaam' zijn, daarna ontkennen ze dat het dier bewust of met opzet heeft gehandeld heeft en dat het alleen zijn 'instinct' heeft gebruikt. Hribal verwerpt dat. Deze dieren, zegt hij, zijn goed getraind door hun verzorgers, soms met hapjes en soms met olifantenhaken, stroomstoten of andere negatieve prikkels. Ze weten wat ze geacht worden te doen en dat het breken van de regels inhoudt dat ze geen hapjes krijgen, of erger. Toch gaan ze ervandoor. Ze ontsnappen bewust, zegt Hribal. 'Ze hebben een voorstelling van wat vrijheid is en verlangen ernaar.'[50]

In ten minste één geval heeft het dier ons rechtstreeks verteld dat hij weg wilde. Nim Chimpsky was een chimpansee die bij wijze van experiment bij mensen thuis werd opgevoed als een mensenkind. Hij had gebarentaal geleerd. Maar toen hij tien jaar oud was, zat hij alleen in een kooi in een Texaans opvangcentrum. Toen hij bezoek kreeg van een wetenschapper met wie hij had samengewerkt, maakte hij meteen de tekens voor 'Bob', 'weg' en 'sleutel'.[51]

Niet alle dierentuindieren proberen te ontsnappen. Vele zijn schijnbaar tevreden. Maar ook al lijkt hun leven aangenaam, kort is het wel.

In 2014 schoot de dierentuin van Kopenhagen de giraffe Marius dood. Het is goed mogelijk dat het publiek dit helemaal niet zou hebben gemerkt omdat dierentuinen geregeld 'boventallige' dieren euthanaseren, ware het niet dat de Denen een internationaal schandaal verwekten door in het openbaar sectie op Marius te verrichten voor educatieve doeleinden en de stoffelijke resten aan de leeuwen voerden. Bengt Holst, wetenschappelijk directeur van de Kopenhaagse dierentuin, zei tegen *The New Yorker*: 'Het is prima om aan dieren gehecht te raken, dat geldt voor onze verzorgers ook. Maar je moet wel realistisch blijven. Het is hier geen sprookje waar van alles geboren wordt, maar nooit doodgaat.'[52]

Marius was boventallig in die zin dat de meeste dierentuinen maar één mannetje houden voor een kudde giraffes in gevangenschap. Anders zouden de mannetjes, met de vrouwtjes om zich heen, met elkaar gaan vechten. Op het moment dat hij geboren werd, waren er in de Europese dierentuinen domweg te veel mannelijke giraffen. Aangezien de genen van Marius niet nodig waren om mee te fokken, was er geen plek meer voor hem.

(Een overschot aan mannetjes is een probleem bij veel soorten, vanwege de mannelijke agressie. Bij olifanten moeten de stieren van elkaar worden gescheiden, wat heel kostbaar kan zijn voor dierentuinen omdat hun verblijven zo groot zijn. Maar omdat zelfs mannetjes belangrijk zijn voor het fokprogramma, wordt er toch geprobeerd ruimte voor ze te scheppen. Daarom werd in 2013 in Florida het National Elephant Center geopend, al ging het drie jaar later alweer dicht nadat er drie olifanten in de bloei van hun leven waren gestorven.)[53]

In plaats van anticonceptiemiddelen te geven aan geslachtsrijpe giraffes laten de Europese dierentuinen hen paren, want anticonceptie kan hun vruchtbaarheid schaden en van paren worden dieren tevreden. Daarna wordt het boventallige nageslacht geruimd. De European Association of Zoos and Aquaria (EAZA) doodt tussen de drie- en vijfduizend dieren per jaar. Tijdens de coronapandemie maakte Tierpark Neumünster in Noord-Duitsland koeltjes bekend dat het plannen had om de inkomstenderving te compenseren door bepaalde dieren aan andere dieren te voeren, zodat de voedselketen in hun dierentuin wordt samengedrukt als een accordeon, en in het slechtste geval zou alleen hun ijsbeer Vitus overblijven.

Het valt niet mee om informatie te krijgen over hoeveel boventallige dieren er in het netwerk van AZA zitten en wat er met ze gebeurt. Kennelijk laat AZA wel boventallige dieren doden, maar grote zoogdieren worden niet vaak geruimd. 'Wij hanteren bij AZA heel strikte regels voor de ruiming van dieren,' zegt voorzitter en CEO Dan Ashe. 'Er is ruimte voor euthanasie op dieren, maar de bij ons aangesloten instellingen maken daar zelden gebruik van.' Meestal, zei hij, gebruiken ze voorbehoedmiddelen om de geboorte van boventallige baby's te voorkomen, en mochten ze er toch zijn, dan worden ze ondergebracht in andere, al dan niet bij AZA aangesloten instellingen. 'We hebben een samenwerkingsverband waarbinnen we de kwaliteit van hun dierverzorging kunnen controleren. We sturen geen dieren naar plekken waar we niet achter staan,' zei Ashe. Je zou denken dat boventallige dieren in het wild moeten worden vrijgelaten, maar de meeste in gevangenschap gefokte dieren redden het zonder intensieve begeleiding niet in de complexe en gevaarlijke wereld buiten de dierentuin.

Dierentuinen die zijn aangesloten bij EAZA of AZA hebben stamboeken en genetische kaarten, en fokken zorgvuldig alsof hun dieren elk moment vrijgelaten moeten kunnen worden in een wilde habitat, als een Noach die de poorten van zijn Ark openzwaait. Bij de meeste soorten ligt dat echter niet voor de hand. Wanneer de populaties in dierentuinen echt worden gehouden als reservedieren, die uiteindelijk moeten worden vrijgelaten, waarom zijn ze dan over de wereld verspreid? Waarom zitten alle leeuwen en giraffen dan niet in Afrikaanse dierentuinen en alle ijsberen in Arctische? Niettemin proberen de bewakers van de stamboeken de genetische diversiteit hoog te houden en zijn ze tegen het mengen van ondersoorten en tegen hybridisatie in het algemeen. Het gaat hier tenslotte om gerespecteerde, op natuurbescherming gerichte instellingen. Maar die bevrijdingsdag wil maar niet aanbreken.

Er zijn een paar uitzonderingen. De Arabische oryx is in het wild uitgestorven en is daarna geherintroduceerd via dierentuinpopulaties. Aan het fokprogramma van de Californische condor, waar we in het volgende hoofdstuk nader aandacht aan besteden, werd meegedaan door dierentuinen. AZA zegt dat zijn leden deelnemen aan 'meer dan veertig herintroductieprogramma's voor bedreigde soorten die zijn geregistreerd binnen de US Endangered Species Act'.[54] Niettemin zal het overgrote deel van de dieren in dierentuinen – achthonderdduizend dieren van zesduizend soorten in alleen al de dierentuinen van AZA – sterven in gevangenschap, hetzij geruimd als boventallig, of overlijdend van ouderdom na levenslang tentoongesteld te zijn.[55] Veelzeggend is dat van alle peer-reviewed onderzoeksartikelen die afkomstig zijn van door AZA erkende dierentuinen en aquaria, maar 7 procent over de bescherming van soorten gaat.[56] Het grootste deel van alle research gaat over de biologie van de dieren en hun veterinaire verzorging.

Ashe suggereerde dat de lessen die we leren van het houden en fokken van dieren in gevangenschap, kunnen worden gezien als een vorm van natuurbeschermingsonderzoek. Hoewel de bescherming van populaties in het wild ieders eerste keus zou zijn, kan er een tijd komen dat de enige optie nog is om met dieren in gevangenschap te fokken. En dus moeten we volgens hem weten hoe je dat doet. 'Als je niet de mensen hebt die weten hoe ze ze moeten verzorgen, hoe je succesvol moet fokken, en hoe je ze moet houden in een omgeving waar wordt voldaan aan hun sociale en psychologische behoeften, dan gaat je dat niet lukken.'

Het ministerie van Defensie, zo argumenteerde hij, gaat niet pas aan zijn gevechtsbereidheid werken nadat de oorlog is verklaard. Ze staan al eerder paraat. 'Wij voeren een oorlog om de biologische diversiteit te behouden,' zei hij. 'Wij moeten beslissen welke capaciteit we nodig hebben om die oorlog te winnen, en die opbouwen. En het fijne voor dieren zoals olifanten en grote apen en ijsberen is dat wij beschikken over een bedrijfstak die zich daarvoor inzet en die de publieke zaak op belangrijke manieren dient.' Dat rechtvaardigt, voor Ashe, het houden van zeldzame of bedreigde wilde soorten. Maar het houden van gewone wilde dieren, zolang ze goed worden verzorgd, stoort hem ook niet.

'Ik heb er geen moeite mee dat we dieren houden om ze tentoon te stellen,' zei Ashe tegen mij. 'Mensen gaan ervan uit dat alleen omdat een dier grote afstanden kan afleggen, het dat ook per se wil doen. Dat lopen, dat voortbewegen is doelgericht: ze zijn op zoek naar water, naar voedsel, naar veiligheid, naar een partner om mee te paren.' Als ze alles wat nodig is om zich heen hebben, stelt hij, kunnen ze tevreden zijn met een kleiner territorium. En het is waar dat de territoriumgrootte van een dier zoals de wolf in grote mate afhangt van de prooidichtheid en van andere wolven. Maar dan is er nog dat ijsberen, dat heen en weer bewegen. Ik wees erop dat we aan dieren niet kunnen vragen of ze gelukkig zijn met de grootte van hun verblijf. 'Dat is waar,' zei hij. 'In gevangenschap is die keuzevrijheid afgenomen. Dat valt niet te ontkennen.' Ashe heeft geen bezwaar tegen gevangenschap als zodanig, zolang de omstandigheden voor de dieren maar goed zijn en dieren gezond en tevreden zijn. Zijn rechtvaardiging was verrassend filosofisch. Uiteindelijk, zegt hij, is niemand van ons vrij. 'In bepaald opzicht hebben wij allemaal te maken met sociale, ethische, religieuze en andere beperkingen in ons leven en in onze activiteiten.'

Wat Ashe wil dat bezoekers ervaren als ze naar de dieren kijken is een 'gevoel van empathie met het individuele dier, en ook met de wilde populaties van dat dier'. In 2011 introduceerde de Woodland Park Zoo wolven in het nieuwe verblijf 'Northern Trail', vier vrouwtjes van een jaar oud uit de New York State Zoo. Dierentuinen hoeven voor bescherming van de soort geen wolven te fokken. Hoewel veel mensen denken dat ze bedreigd worden omdat ze in het westen van Amerika lang afwezig waren, gaat het over het algemeen goed met ze. In Alaska, Canada en Rusland leven honderdduizenden wolven. De International Union for Conservation of Nature (IUCN), een non-gouvernementele organisatie die een invloedrijke Rode Lijst van bedreigde diersoorten bijhoudt, categoriseert ze als 'minst zorgwekkend'. Dus wie dat argument gebruikt, speelt de welbekende ambassadeurskaart. 'De wolven zijn ambassadeurs van de soortbescherming en belichamen het complexe en breekbare verhaal van de terugkeer van de wolf naar de staat Washington en de uitdagingen waar hun bedreigde familie in het wild mee te maken heeft,' schreef de dierentuin in een blog over de introductie van de nieuwe dieren.[57] Hoe vier spierwitte poolwolven – geen kleur die je normaal gesproken in de staat Washington ziet – die zijn gepropt in een piepklein verblijf in Seattle al die dingen moeten 'belichamen', bleef een beetje vaag. 'Gezien de toegenomen politieke druk en het groeiende aantal conflictsituaties tussen wolven en mensen in het noordwesten en de noordelijke Rockies, is het belangrijk voor mensen van alle leeftijden om in contact te komen met wolven in de dierentuin en te leren over de uitdagingen waar deze roofdieren in het wild voor staan, over ongegronde angsten en over hun bijdrage aan ons ecosysteem.' Het argument dat hier gemaakt wordt, is dat je door het zien van levende, echte wolven, waar je misschien tien seconden bij staat te huilen voordat je naar het volgende dier loopt, meer geneigd zult zijn om de herintroductie van wolven in het Amerikaanse westen te steunen.

Ik twijfel er niet aan dat er mensen zijn die door bezoeken aan de dierentuin een passie voor een bepaalde diersoort hebben ontwikkeld, of voor wilde dieren in het algemeen. Ik heb zelf zulke verhalen gehoord en gelezen.

In de National Zoo in Washington D.C., vroeger bekend als het Smithsonian's National Zoo & Conservation Biology Institute, hoorde ik ooit twee schoolkinderen die voor het eerst olifanten zagen, opbiechten dat ze altijd hadden gedacht dat dit mythische dieren waren, zoals eenhoorns. Vijftien jaar later zie ik nog de blijdschap en het ontzag op hun gezichten.

Het zou leuk zijn als deze kinderen, die nu in de twintig zijn, ergens voor een natuurbeschermingsorganisatie werken. Maar er is geen onweerlegbaar bewijs dat door dierentuinen de mensen meer belang hechten aan natuurbescherming of dat die hen aanzetten tot actie. Tenslotte bezoeken tweehonderd miljoen mensen ieder jaar een dierentuin en toch gaat de biodiversiteit nog steeds achteruit.[58]

Researchers hebben bezoekers van de dierentuinen in Cleveland, de Bronx, Prospect Park en Central Park gevraagd naar de mate van hun bezorgdheid over het milieu en naar wat ze dachten over de dieren.[59] Degenen die zeiden 'een gevoel van verbondenheid met de dieren in de dierentuin' te voelen, scoorden hoger op bezorgdheid over het milieu, evenals abonneehouders van de dierentuin in vergelijking met incidentele bezoekers. Aan de andere kant, schreven de onderzoekers, 'waren er geen significante verschillen in de antwoorden op de enquête vóór het bezoek aan een dierentuin in vergelijking met de antwoorden die werden gegeven na afloop van het bezoek'. Het team concludeerde dat 'dierentuinervaringen kunnen bijdragen aan de ontwikkeling van een milieubewustzijn onder abonneehouders', maar dat dierentuinen 'door de bezoekers in de eerste plaats worden gewaardeerd als vorm van recreatie: een plek om te ontspannen, andere mensen te zien en de saamhorigheid van het gezin te bevorderen'.

In een studie uit 2008 onder 206 dierentuinbezoekers door hetzelfde team zei 42 procent dat de 'doelstelling' van de dierentuin is 'bezoekers iets bij te brengen over dieren en hun bescherming', 66 procent zei *vooral* gekomen te zijn 'als een uitje met vrienden of familie', en maar 12 procent ging erheen 'om over dieren te leren'.[60]

Hetzelfde onderzoeksteam heeft ook honderden gesprekken afgeluisterd van bezoekers aan de Bronx Zoo, de Brookfield Zoo bij Chicago en de Cleveland Metroparks Zoo. Ze ontdekten dat maar 27 procent van de mensen de moeite nam om de bordjes bij de dierverblijven te lezen. Er waren ruim zesduizend verbale commentaren van bezoekers opgenomen, en de meeste zijn variaties op: 'Hé, moet je dat zien!' Mensen die naar de apen keken, hadden het erover hoeveel ze op mensen lijken. De onderzoekers schreven: 'Niemand in alle verzamelde commentaren heeft iets gezegd dat ons aanleiding geeft om te geloven dat hij van plan was op te komen voor de bescherming van het dier of van plan was zijn eigen gedrag te veranderen.'

Ik interviewde ecopsycholoog John Fraser, die aan bovengenoemde onderzoeken heeft meegewerkt, en zei tegen hem dat ik uit de resultaten opmaakte dat dierentuinen niet veel invloed hebben. Daar was hij het niet mee eens. Eén enkel bezoek aan een dierentuin zal er niet voor zorgen dat iemand 'plotseling tot inzicht komt, zijn auto verkoopt en alleen nog maar noten eet die uit de boom zijn gevallen'. Maar herhaaldelijk bezoek en vooral herinneringen aan de dierentuin die zijn blijven hangen, kunnen iemand wel op een subtiele manier veranderen. 'Natuurbescherming is een waardesysteem,' zei hij. 'Waarden en ethiek kun je mensen niet in één klap bijbrengen.' Het is uiterst lastig om te achterhalen wat het effect van meervoudig dierentuinbezoek in de kindertijd op latere leeftijd is, of om te bewijzen dat het een rol speelt bij iemand die om wilde natuur en het milieu geeft, laat staan dat je een gemiddeld effect zou kunnen berekenen. Ik zou graag een studie zien die iets concludeert als: 'Tien dierentuinbezoeken maakt een persoon 10 procent zorgzamer voor het milieu.' Fraser zei dat dat nooit zou lukken.

Zijn jarenlange ervaring in het onderzoeken van dierentuinen hebben hem ervan overtuigd dat ze de morele belangstelling van mensen voor de niet-menselijke wereld wel degelijk vergroten. Dat effect is echter niet altijd bewust zo bedoeld. Hij stelde voor dat ik zijn proefschrift zou lezen, waarvoor hij actieve ecologen heeft geïnterviewd over hun vroege dierentuinervaringen.[61] Veel van de geïnterviewden, terugkijkend op dierentuinbezoeken halverwege de twintigste eeuw, wisten nog dat ze zich op een bepaald moment realiseerden dat een dierentuin *niet* goed voor dieren is en dat dieren misschien helemaal niet in de dierentuin thuishoren. 'Dierentuindieren waren vooral belangrijk voor de ontwikkeling van het milieubewustzijn als ze werden gezien als individuele persoonlijkheden of werden erkend als bewuste wezens die op een individuele manier reageren op negatieve omstandigheden in een dierentuin,' schreef hij. 'Het lijkt erop dat sommige ecologen in hun ontwikkeling werden gestimuleerd door negatieve ervaringen met een ontoereikende dierenzorg, terwijl positieve ervaringen niet hebben geleid tot een transformatief leerproces.'

Mensen gaan niet naar de dierentuin om iets te leren over de crisis in biodiversiteit of over wat ze kunnen doen om te helpen. Ze willen gewoon even het huis uit, een frisse neus halen met de kinderen en interessante dieren zien. Ze gaan om dezelfde reden naar de dierentuin als de mensen in 1828: om vermaakt te worden.

Ergens is het wel geruststellend dat mensen nog steeds het huis uit gaan en geld betalen om dieren in het echt te zien, in het tijdperk van het computerspel *Animal Crossing*, de computeranimatie van *The Lion King* en gelikte natuurdocumentaires met commentaar van David Attenborough. Het betekent dat mensen nog steeds van echte dieren houden en dat het zien van dieren in het echt meer een oerkriebel blijft opwekken dan bij film of virtuele media het geval is. Maar dat speciale gevoel wordt nog beter, sterker en gedenkwaardiger als mensen echte dieren *buiten* de dierentuin zien, in hun eigen habitat.

Ik heb in mijn leven tientallen grote en woeste dieren gezien, tijgers, nijlpaarden, emoes en olifanten, en ik bewaar aan die ervaringen een paar bijzondere herinneringen. In 2006 zag ik nijlpaarden in de National Zoo van Washington D.C. complete bananenkammen eten of het pepermuntjes waren. Maar de meeste herinneringen zijn een vage mix van vachten, ijsjes en een toenemend gevoel van ongemak over het leven van de dieren die ik zag. Daarentegen bewaar ik haarscherpe herinneringen aan een das die een weg overstak in het oosten van Oregon, aan een coyote met een eend in zijn bek in een wildreservaat of aan het spotten van kraanvogels in een maïsveld. Ook de muskusrat die onder het ijs zwom in een gracht bij mijn huis en even naar adem hapte in een luchtbel onder het ijsoppervlak herinner ik me nog levendig, of dat ik naar de pelikanen keek die een paar meter boven het moerasland zweefden waar ik met de kano doorheen voer. Dit zijn niet de sensationele, moet-je-gezien-hebben-dieren die dierentuinen op hun T-shirts zetten. Deze ontmoetingen waren onverwacht, magisch, een gelukkig toeval. Het is elke keer weer opwindend om een glimp op te vangen van een dier dat je bijna nooit ziet. Maar ik vond het ook interessant wat ze aan het doen waren, wat ze verkozen te doen. De das besloot de straat over te steken, de coyote eiste die eend op als avondmaal, de muskusrat had uitgevonden hoe hij tijdens de vorst gezellig en veilig onder het ijs kon blijven. Ik keek naar dieren die hun eigen leven leiden, niet naar dieren wier leven eruit bestond mij kijkplezier te verschaffen. Dit waren echte ontmoetingen. 'Ontmoet een orka' in SeaWorld is dat niet, want de orka's hebben er niet voor gekozen om daar te zijn.

Wat als dierentuinen zouden stoppen met het fokken van al hun dieren, uitgezonderd misschien bedreigde exemplaren die een reële kans hebben om in het wild te worden teruggezet? Wat als ze alle dieren die een groot leefgebied nodig hebben of veel vrijheid om met soortgenoten te socialiseren, naar reservaten zouden sturen? Zonder apen, olifanten, katachtigen en andere grote en slimme dieren, zouden ze de verblijven van de andere dieren kunnen uitbreiden, en zich concentreren op hun levensgeluk totdat ze een natuurlijke dood sterven. Uiteindelijk zouden er alleen nog een paar restanten van de oude dierentuinen te zien zijn, een paar dieren in actieve fokprogramma's voor bescherming van de soort, en misschien een paar geredde dieren.

Zulke 'dierentuinen' zouden zelfs kunnen opgaan in opvangcentra, instellingen die wilde dieren opvangen die niet in het wild kunnen leven omdat ze gewond zijn of hun hele leven in gevangenschap hebben doorgebracht. Bestaande opvangcentra zoals Wolf Haven laten ook bezoekers toe, maar niet alle dieren zijn er te bezichtigen, alleen dieren die dat leuk vinden. De situatie is dan echt gericht op de dieren, niet op de mensen. Deze opvangdierentuinen kunnen plaatsen worden waar de dieren niet leven om bekeken te worden, maar om te leven. Het bekeken worden is incidenteel.

Zo'n transformatie zou ruimte vrijmaken. Wat kunnen deze instellingen daarmee doen behalve het vergroten van de verblijven? Als liefhebber van botanische tuinen stel ik nederig voor dat, als de gevangen dieren oud zijn geworden, sterven en niet meer worden vervangen, deze biodiversiteitminnende instellingen steeds meer ruimte wijden aan de prachtige wereld der planten. Als een tuin goed wordt aangelegd en beheerd, kan hij aantrekkelijk zijn voor een 'leuk dagje uit', een bron van informatie voor de 27 procent van de mensen die de bordjes wel lezen, en een trots bezit van de gemeenschap. Ik heb onvergetelijke dagen doorgebracht in botanische tuinen zoals de Fairchild Tropical Botanic Garden in Coral Gables, Florida, de Missouri Botanical Garden, de New York Botanical Garden en het Minnesota Landscape Arboretum, waar ik totaal werd gegrepen door de schoonheid van het tuinontwerp en het oneindige wonder van de evolutie, en dat zonder onbehagen of schuldgevoel. Als er ergens te veel van is, kun je gewoon een plantenveiling houden.

Het zal niet eenvoudig zijn om de besturen en directies van dierentuinen zover te krijgen dat ze inkrimpen of hun instellingen transformeren tot botanische tuin. Er moet een bepaalde traagheid die bij deze instellingen hoort overwonnen worden. En dan is er nog het psychologische aspect. Veel mensen die dierentuinen leiden of er werken, doen dat uit oprechte liefde voor de dieren. In veel moderne dierentuinen zijn de dieren goed verzorgd, gezond en waarschijnlijk zijn veel soorten er ook best tevreden. De verzorgers in dierentuinen zijn geen boosdoeners. Het zijn vriendelijke mensen, plichtsgetrouw en ondergedompeld in de cultuur van de dierentuin waarin zij aan de goede kant staan. Dit was een van de opvallendste lessen van *Blackfish*. De 'trainers' die met de orka's in gevangenschap werkten, bleven in SeaWorld omdat zij een zorgplicht voelden tegenover de dieren. Ze dachten bij zichzelf: 'Als ik vertrek, wie gaat er dan voor Tilikum zorgen?' Ik denk niet dat het fokken van dieren voor een leven in dierentuinen verdedigbaar is binnen welk ethisch kader ook. Het schaadt de rechten van veel dieren om zichzelf te kunnen zijn en hun capaciteiten te ontplooien. Het ontbreekt aan mededogen. Het is de verkeerde soort 'zorg'. Zelfs het utilitaristische argument schiet tekort, omdat er zo weinig 'goeds' voortkomt uit het tentoonstellen van de dieren. Mijn hang naar een 'leuk dagje uit' rechtvaardigt niet dat er generaties lang dieren in gevangenschap worden gehouden.

Ik schreef dat mijn oma Jean Beck vaak met mijn broers en mij naar de Woodland Park Zoo ging, in de jaren tachtig. Ze had een abonnement. Ik kan me herinneren dat we vanuit ons huis met haar naar de dierentuin liepen, terwijl ik de handgreep van mijn broertjes kinderwagen vasthield en we onder het bladerdak van grote, oude esdoorns door de drukke 50th Street liepen. Ik herinner me de zoetheid van het rode suikerwater op de bodem van het schaafijs dat ze voor ons kocht. En ik weet nog dat ik olifanten zag, al weet ik hun namen niet meer en kon ik ze toen nog niet als individuen zien. Toen ik dit hoofdstuk schreef, sprak ik met mijn moeder over die tijd. Tot mijn verbazing vertelde ze dat mijn oma, die in 2015 op 92-jarige leeftijd overleed, met ons naar de dierentuin ging omdat wij dat leuk vonden, terwijl zij er zelf een hekel aan had en er al tientallen jaren niet was geweest, totdat wij als kinderen vroegen of ze ons wilde meenemen.

Mijn oma woonde in de jaren twintig en dertig op een paar straten lopen van de dierentuin. In die tijd stonden er nog geen hekken omheen, en de toegang was gratis. Dus van school naar huis liep ze er vaak doorheen. Op een koude, regenachtige dag, van de Lincoln High School op weg naar huis, kwam ze langs een paar gekooide apen, die er ellendig uitzagen. Volgens mijn moeder zei oma toen tegen zichzelf: 'Nu is het genoeg.' En ze is nooit meer door de dierentuin naar huis gelopen.

7
De waardigheid van de condor

Wilde huisdieren en dierentuindieren zijn de gevangenen van ons verlangen om een goede band te hebben met niet-menselijke dieren. Maar juist onze macht over hen maakt het onmogelijk om met wederzijds respect een goede relatie op te bouwen. Hun gevangenschap is niet te rechtvaardigen, omdat die alleen dient om *ons* verlangen te bevredigen. Er zijn echter nog andere redenen om onze niet-menselijke verwanten te vangen en zich met hun leven te bemoeien. Vaak duiken mensen, zoals conserveringsbiologen of wildbeheerders, op in het leven van individuele dieren om de diversiteit van het leven op aarde te beschermen. Ik ben ervan overtuigd dat het beschermen van biodiversiteit een waardig streven is. Maar ik begin me ook af te vragen of er grenzen zijn aan wat we moeten doen om onze doelen te bereiken.

Laten we beginnen met het in gevangenschap fokken van zeldzame dieren voor herintroductie in het wild. In bepaald opzicht lijken de fokprogramma's enigszins op die van dierentuinen. De faciliteiten zijn ook vaak in dierentuinen ondergebracht. Maar met deze programma's worden geen dieren gefokt opdat mensen ze kunnen bekijken, met de bijgedachte dat hun nageslacht in het ergste geval dienst kan doen als noodreserve voor wilde populaties. Hier wordt er juist naar gestreefd de dieren zo snel mogelijk terug te zetten in het landschap, liefst voordat ze aan hun gevangenschap beginnen te wennen. En toch, net als in dierentuinen zijn de fokprogramma's niet bedoeld *ten gunste van* de individuele dieren die erbij betrokken zijn. Het gaat om hun soort. Het verschil is subtiel, maar ook de sleutel tot deze ethische puzzel. Rechtvaardigt het redden van de soort het beperken van de autonomie van het individu?

Hun vleugels zijn stoffig zwart, met een witte streep aan de onderkant, de slagpennen tekenen zich een voor een af tegen een hardblauwe hemel. Hun kale, koraalkleurige koppen hebben een serene, waakzame uitdrukking boven een elegante, pluizig gevederde kraag. Ze zweven alsof ze over het ijs glijden. Californische condors, fantastisch grote en wilde vogels met een spanwijdte van bijna drie meter, vlogen ooit boven het grootste deel van Noord-Amerika. Tijdens het uitsterven in het Pleistoceen en het verdwijnen van 's werelds megafauna (en van hun megaskeletten) zijn zeven andere soorten gieren gesneuveld.[1] Gelukkig waren er in die tijd nog aangespoelde walvissen en zeeleeuwen waar de Californische condor zijn snavel in kon zetten.

Tegen de tijd dat de Europeanen in Noord-Amerika arriveerden, was het leefgebied van de soort al kleiner geworden. Het strekte zich uit van de kust van de Stille Oceaan tot aan het Cascadegebergte en de Sierra Nevada in het oosten, en werd begrensd door Brits Columbia in het noorden en Baja California in Mexico in het zuiden. De inheemse volken in de kustgebieden hadden veel ontzag voor de condor en er zijn geschriften en voorwerpen bewaard gebleven die getuigen van zijn plaats in het spirituele leven van de Ohlone, Miwok, Maidu, Mono, Chumash, Yokuts en de Luiseño.[2] Het volk van de Yurok, woonachtig in het kustbos van sequoia's en langs de rivier de Klamath in wat nu Noord-Californië heet, noemen de Californische condor *prey-go-neesh*.[3] Ze gebruiken zijn veren voor de World Renewal-ceremonie, waarbij zij de wereld opnieuw in evenwicht brengen door te vasten en te bidden. Maar halverwege de twintigste eeuw zweefde er geen *prey-go-neesh* meer boven het land van de Yurok. Zijn leefgebied was ingekrompen tot de San Joaquin Valley in Californië en de regio daaromheen.[4] De vogels stierven door allerlei oorzaken, ook door de mens, direct of indirect. Jagers schoten de vogels gewoon af, maar ze werden ook vergiftigd door het eten van de karkassen van roofdieren zoals beren, wolven en ander 'ongedierte' dat door mensen was afgemaakt met strychnine en andere gifstoffen.[5] Een ander probleem dat tientallen jaren onontdekt is gebleven, was het loodhagel dat de Europese kolonisten voor hun geweren gebruikten. Dit bevatte een dodelijk gif voor de vogels, die bezweken door het eten van karkassen vol lood.

De rol van het lood in de neergang van de vogel was niet meteen duidelijk en jarenlang hadden de beschermde gebieden die waren ingericht als zijn habitat - droog en ruig terrein, met voldoende rotsen om op te nestelen - weinig effect. Condors krijgen elke twee jaar maar ongeveer één kuiken, en ze stierven sneller dan dat ze zich voortplantten. Aan het eind van de jaren zeventig begonnen groeperingen zoals de American Ornithologists' Union en de National Audubon Society te pleiten voor fokprogramma's in gevangenschap voor deze vogelsoort.

Maar in 1981 publiceerde de milieubeweging Friends of the Earth een boek onder de titel *The Condor Question: Captive or Forever Free?*, waarin ze stelling namen tegen het fokken in gevangenschap. Prominente natuurbeschermers zoals Anne en Paul Ehrlich, schrijvers van de bestseller *The Population Bomb* uit 1968 waarin ze een noodlottige golf van wereldwijde voedseltekorten voorspelden die er nooit gekomen is, waren tegen het project. De Ehrlichs vonden de 'ruimtetijdperktechnologie' die de soort moest 'redden' een 'schande' en voorzagen dat 'het uitsterven van de Californische condor hierdoor zal worden *versneld*'.[6] De auteurs van *The Condor Question* hadden een aantal praktische bezwaren tegen het plan, maar hun zorgen waren vooral van filosofische aard. Een condor die opgroeit in een kooi is niet alleen minder waardevol dan een wilde condor, vonden zij. Het is helemaal geen condor. 'Een wilde condor is veel meer dan veren, vlees en genen,' schreef condorkenner Carl Koford.[7] 'Een vogel die in een kooi is opgegroeid zal nooit méér zijn dan een gedeeltelijke replica van een wilde condor [...] Een condor in een kooi is niet inspirerend, meelijwekkend en lelijk voor iedereen die hem ooit boven de bergen heeft zien zweven.' David Brower, de oprichter van Friends of the Earth, schreef dat condors rechten hebben, inclusief 'het recht op hun eigen waardigheid' en op 'de vrije hemel'.[8]

De meeste schrijvers van het boek waren optimistisch en vertrouwden erop dat de vogel kon worden gered zonder fokprogramma. Maar andere deskundigen vreesden dat de vogel verloren zou kunnen gaan. Zoals de bekende ornitholoog Richard Stallcup zei: 'Moeten wij de gedoemde koningen van de lucht lastigvallen en vernederen met elektronische gadgets, opsluiten in dozen en eisen dat zij zich voortplanten? Of kunnen we gewoon zeggen, "Ja, el condor, we hebben het lang geleden verknald, het spijt ons. Vlieg weg, blijf zo lang mogelijk daarboven, en sterf dan met de waardigheid die we van je gewend zijn."'[9]

Toen de geschatte populatie in het wild onder de dertig zakte, besloot een consortium van overheidsinstanties en private partijen in actie te komen, ongeacht de waardigheid van de vogels. Zij vingen hun eerste nestjong in 1982. In 1986 spande de National Audubon Society, die kennelijk van gedachten was veranderd over het plan om in gevangenschap te gaan fokken, een kort geding aan om het herstelteam te verbieden vogels uit het wild te halen.[10] In de maand december kwamen er zo'n zestig mensen naar de Los Angeles Zoo om te protesteren tegen het voornemen om de laatste wilde vogels te vangen. Sommige demonstranten hadden zich uitgedost met snavels en enorme vleugels.

Het kort geding en de demonstraties konden het vangen van de vogels niet tegenhouden en in 1987 had het herstelteam alle overgebleven Californische condors gevangen, op één na. De laatste vrije vogel, 'Adult Condor 9' of 'AC-9', had gezien hoe een soortgenoot met een schietnet werd gepakt en was op zijn hoede. Uiteindelijk werd hij gevangen op Eerste Paasdag 1987. Op een korrelige filmopname van dat moment zie je de enorme vogel op de grond neerstrijken, waarna hij wordt overdekt door een net dat uit de grond springt, samen met wat eruitziet als een zwerm raven. Een man met een bivakmuts komt uit een schuttersput, sprint naar hem toe en legt zijn hand op de spartelende vogel alsof hij hem wil kalmeren. Dan laden ze de vogel in een hondenbench en stoppen hem achter in hun truck.

Het oorspronkelijke plan was om AC-9 naar de Los Angeles Zoo te brengen, maar demonstranten hadden zichzelf aan de ingang vastgeketend, dus hij ging in plaats daarvan naar de San Diego Zoo, om later alsnog naar Los Angeles te worden gebracht. Zoals een artikel in *Sports*

Illustrated het indertijd beschreef, was AC-9 beland in 'een wetenschappelijk schemergebied van gecomputeriseerd genenonderzoek, kunstmoeders en gedragsmodificatie'.[11] En dat was dat, de complete soort zat in een paar dierentuinen, slechts dertien mannetjes en veertien vrouwtjes.

Brower klaagde tegen een interviewer dat 'de condor was uitgeroeid om hem te redden'.[12] Hij beschuldigde dierentuinen ervan dat ze de vogels wilden tentoonstellen, wat in San Diego en Los Angeles ontkend werd. Ter verdediging van degenen die tegen het vangen van de condors waren, moet worden gezegd dat er nog veel vragen waren. Zou het vangen zo traumatiserend zijn dat veel van de kostbare vogels zouden wegkwijnen? Konden de vogels zich in gevangenschap voortplanten? En zo ja, kon hun nageslacht dan in volières de vaardigheden leren die ze nodig hadden om in het wild te overleven?

De gevangen vogels werden ontluisd met een bestrijdingsmiddel, wat zorgde voor het uitsterven van de Californische condorluis, *Colpocephalum californianus*.[13] Ze werden twee aan twee naar diverse volières gestuurd. De vogels konden niet langer kiezen waar ze wilden wonen of met wie ze wilden paren. Hun partners werden gekozen op basis van genetische variatie, om inteelt te voorkomen. Hun eerste legsel werd weggehaald opdat ze twee keer in een seizoen zouden broeden, en de eerste generatie nakomelingen werd grootgebracht door biologen met condorpoppen op hun handen.

Vinden condors gevangenschap erg? Een verrassende informatiebron is een verslag uit 1910, geschreven in de wat archaïsche taal van na de eeuwwisseling, door de natuurbeschermer William Lovell Finley uit Oregon, die vermoedt dat het opgesloten zijn voor de grote vogels een negatieve ervaring zou kunnen zijn.[14] 'Ofschoon de Californische condor in wilde staat vermoedelijke lange tijd leeft, overleeft de vogel in gevangenschap doorgaans niet vele jaren, noch heeft hij de helderheid van kleur die de wilde soort wel bezit,' schreef Finley. De auteur vertelt verder dat hijzelf een condor heeft gehouden, uit pure nieuwsgierigheid. Er werd een nestjong ontvoerd en meegenomen naar Portland, Oregon. 'We plaatsten General, zoals we hem noemden, in een verblijf van twaalf bij vijftien voet dat we onder de bomen hadden gebouwd. We gaven hem de stobbe van een oude appelboom om op te zitten, maar de oervrijheid van zijn ras bleef in hem hangen, want hij hield niet van het idee opgesloten te zijn.' Gelukkig nam Finley hem elke dag mee naar buiten om 'te baden in de kreek en zichzelf in de zon te warmen'. Blijkbaar wist General wanneer hij werd uitgelaten. 'Indien hij niet op de vaste tijd werd bevrijd, werd hij rusteloos en trok al gauw onze aandacht door omhoog te klimmen en zijn snavel door het hek te steken. Zodra ik dit opendeed, kwam hij naar buiten, maar stopte altijd even buiten de poort en keek dan om zich heen. Hij deed niets zonder overleg. Met een paar sprongetjes ging hij de halve tuin door, klapperend met zijn grote vleugels. Daarna maakte hij een echte dans, alsof hij zijn vrijheid vierde.'

Finley vond General zowel intelligent als aanhankelijk en hield duidelijk van hem. 'Men zou denken dat een persoon weinig warmte voor een gier kan voelen. Toch is er niets laags of woests in de aard van de condor. [...] Wij voerden hem vanaf het begin uit de hand kleine stukjes rauw vlees, en hij legde een even levendige intelligentie aan de dag als ieder ander huisdier dat we ooit hadden. Hij hield ervan geaaid en vertroeteld te worden. Hij knabbelde graag aan mijn hand, stak zijn snavel in mijn mouw en beet in de knopen van mijn jas, en was zachtaardiger dan welke kat of hond ook.'

Mike Clark, een dierenverzorger in de Los Angeles Zoo, kreeg een soortgelijke band met AC-9. Clark begon in 1989 met hem te werken en raakte zeer gehecht aan de vogel, die hij omschreef als 'heel stevig en compact. Ik zei altijd dat hij eruitzag als een footballspeler.' Wat ik wilde weten was of AC-9 in psychologische zin leed onder de gevangenschap. Probeerde hij te ontsnappen? Smachtte hij naar de open hemel? Volgens Clark gebruiken alle condors hun scherpe verstand eerst om uit te vinden hoe ze uit hun verblijf kunnen ontsnappen, maar lijken ze hun nieuwe behuizing uiteindelijk te accepteren. In de vele jaren dat hij hem kende, herinnert Clark zich, leek AC-9 tevreden in zijn 'vliegkooi', een kooi van rastergaas tegen een ravijnmuur van dertig meter lang en twaalf meter breed. (Groot genoeg om in te vliegen, in tegenstelling tot de veel kleinere kooi van General.) 'AC-9 was een heel gelukkige vogel,' zei Clark. Hij vertelde dat het vrij eenvoudig is om te bepalen of vogels zich goed voelen als je een tijdje met ze doorbrengt. 'Je kunt het zien aan de uitdrukking op hun gezicht, aan de manier waarop ze zonnebaden, de manier waarop ze gaan liggen en zich ontspannen of een bad nemen of elkaar verzorgen.' Blije vogels spelen ook vaker. Elk verblijf heeft een zitstok op een weegschaal, zodat de verzorgers op de wijzerplaat kunnen gluren om het gewicht te controleren van elke vogel die erop gaat zitten. De wijzernaald zit aan een kleine veer, wat het een leuk speeltje voor AC-9 maakte. 'Hij stuiterde en sprong op en neer, en pikte naar de bewegende wijzernaald,' zei Clark. 'Echt speels.'

Alle fokprogramma's worstelen met het feit dat gevangenschap al snel de eigenschap naar boven brengt om gevangenschap te kunnen verdragen. Individuele dieren die zich verzetten tegen hun opsluiting of tegen de omstandigheden waarin ze worden gehouden, gaan dood of kunnen zich niet voortplanten. Dieren die er wel tegen kunnen, krijgen baby's die hun vermogen om gevangenschap te verdragen met hen delen. Om die tolerantie te voorkomen, staan biologen altijd te trappelen om de gevangen dieren weer naar buiten te krijgen. De condors deden het beter in hun kooien dan iedereen had verwacht, maar hun menselijke verzorgers wilden ze toch graag naar hun ecosysteem laten terugkeren.

De eerste condors werden vrijgelaten in 1992, maar na hun tijd binnen werden ze aangetrokken door menselijke bebouwing en meerdere vogels stierven doordat ze tegen stroomdraden vlogen. De resterende vogels werden opnieuw gevangen. Biologen besloten dat de vogels eerst moest worden geleerd weg te blijven van mensen en gebouwen voordat er nieuwe pogingen konden worden ondernomen. De vogels mochten oefenen met namaakelektriciteitspalen die hun een lichte elektrische schok gaf, maar sterk genoeg om ze in de toekomst te willen mijden. Ten slotte werden ze weer vrijgelaten.

Sinds maart 2020 zijn er ongeveer tweehonderd vrije condors in Californië, negentig in Arizona en Utah, 39 in Baja California, Mexico, en 181 vogels leven nog in gevangenschap.[15] Je kunt het condorpaar Siwon en Sola met hun zoon Tiyep volgen via een webcam die is opgehangen in de California Condor Breeding Facility in het San Diego Zoo Safari Park. Voor slechts 58 dollar kunnen betalende gasten van de San Diego Zoo ook condors in echt zien. De website van de dierentuin belooft dat er 'condors van dichtbij zijn te zien die geen deel uitmaken van ons fokprogramma in de afdelingen Condor Ridge en Elephant Odyssey van de dierentuin'. Condors zijn ook te zien in de 'Condors uit Colombia'-tentoonstelling in de Oregon Zoo in Portland, en in de Santa Barbara Zoo. Ik denk dat David Brower in ieder geval in één opzicht gelijk had.

De condors die zijn vrijgelaten in het 'wild' neigen er nog steeds toe in de buurt van mensen te blijven. Ze worden standaard gevaccineerd tegen het westnijlvirus. Als er kuikens in het nest zitten, worden ze een keer per maand bezocht om zeker te weten dat hun ouders ze geen plastic afval voeren. Is dat wel het geval, dan worden de jongen weggehaald voor een snelle operatie om het plastic te verwijderen. Elke condor krijgt een 'stamboeknummer', dat duidelijk zichtbaar op een vleugelplaatje staat. 'Als je een condor in het wild ziet vliegen, zoek dan naar het nummer dat op zijn vleugelplaatje is gedrukt,' adviseert de website van de Fish and Wildlife Service.[16] Veel vogels dragen zenders en krijgen aanvullende voeding om ze weg te houden bij karkassen waar loodhagel in kan zitten. Ieder jaar worden tientallen condors gevangen om ze te testen op loodvergiftiging. Wie ziek is wordt behandeld, maar helaas sterven er toch veel aan het giftige lood. Het duurde tot juli 2019 voordat hagelpatronen met lood helemaal werd verboden in Californië, na zo'n 76 geregistreerde overleden condors sinds 1992.[17]

'Als ze niet regelmatig zouden worden vergiftigd, konden we de plaatjes en de zenders verwijderen en dan waren we er klaar mee,' zei Clark. 'Het is de enige reden waarom er een fokprogramma nodig was en waarom zo'n programma nog bestaat.' Zelfs na het verbod worden er nog vergiftigde vogels gevonden. Op dezelfde dag in juni 2020 dat ik opbelde om Clark te spreken, werd er een vrouwtjescondor binnengebracht die behandeld moest worden. 'Ze was in de herfst net vrijgelaten en woog toen twintig pond, nu weegt ze twaalf pond, heeft loodvergiftiging en er is een kans van 90 procent dat ze doodgaat,' zei Clark. 'Ze sterven bijna net zo snel als wij ze kunnen vrijlaten.'

Er zijn maar een paar mensen nodig die het loodverbod aan hun laars lappen om de vogels in gevaar te brengen. 'We hadden een situatie in de

Grand Canyon waar ze een karkas aan het beschieten waren met een jachtgeweer,' zei Clark. 'Ze schoten gewoon voor de lol. We verloren tien vogels door dat ene incident.'

Omdat het sterftecijfer in het wild hoger is dan het geboortecijfer in het wild, wordt de populatie op peil gehouden door het periodiek uitzetten van vogels die in gevangenschap zijn opgegroeid. De soort kan zichzelf in het wild niet in stand houden, maar staat ook niet meer op het punt van uitsterven. Het Yurok Tribe Wildlife Program en de Fish and Wildlife Service maakten plannen voor de herintroductie van *prey-go-neesh* in het territorium van de Yurok in 2021. 'Hij brengt onze gebeden naar de hemel omdat hij het dier in onze regio is dat het hoogst vliegt,' zei Tiana Williams-Claussen, Yurok-bioloog en stamlid tegen de *Medford Mail Tribune*.[18] 'Dat is nogal wat.'

Zo'n vrijlating zou kunnen betekenen dat condors weer over de Rogue River Valley vliegen, net over de bergen van waar ik woon in Zuid-Oregon. We hadden ooit condors, hier in het stroomgebied van de Klamath. Het is een spannende gedachte om ze straks terug te kunnen zien.

AC-9 is in 2002 vrijgelaten in het Hopper Mountain National Wildlife Refuge, als een volwassen vogel die het grootste deel van zijn leven in gevangenschap had doorgebracht. Clark noemde het een 'bitterzoet' moment. Hij en zijn collega's zouden graag zien dat de vogel zijn kennis van het wild zou overbrengen op een jongere generatie, maar ze wisten ook dat de buitenwereld vol risico's zat. Hij keerde terug naar zijn oorspronkelijke leefgebied, vond een vrouwtje en bouwde een nest op precies dezelfde plek die hij gebruikt had in de jaren tachtig. Al zijn bewegingen werden gemonitord, maar hij was vrij.

Op 30 juni 2016 stopte zijn zender met het doorsturen van gegevens. Zijn laatst bekende verblijfplaats was 'een afgelegen kloof in de Sespe Wilderness,' volgens de Fish and Wildlife Service. Clark vermoedt dat AC-9 een karkas heeft gegeten dat met lood was besmet, ziek is geworden, naar zijn nest is teruggekeerd en daar is gestorven, uit het nest is gevallen en toen door een ander dier als aas opgegeten. Het personeel van het Hopper Mountain-reservaat bracht hem een eerbetoon en schreef dat hij 'zou worden herinnerd om zijn grote bijdrage aan het herstel van de

Californische condor, eerst als een van de 22 overlevenden en daarna als een productieve vader in gevangenschap, die van 1991 tot 2001 vijftien kuikens verwekte'.[19]

Adult Condor-9 heeft niet alleen bijgedragen aan het herstel van de Californische condor, hij heeft zich er ook voor opgeofferd. Hij gaf zijn eerste vrouwtje op, zijn territorium en zijn vrijheid, samen met zijn bevoegdheid zijn eigen toekomstige partners en zijn dagelijkse bezigheden te kiezen. Aan de andere kant was hij als jonge vogel waarschijnlijk aan loodvergiftiging gestorven als de natuurbeschermers hem in 1987 niet met dat net hadden gevangen. 'Als je zo veel met lood besmette vogels hebt behandeld zoals ik, en je ziet ze wegkwijnen en sterven, dan garandeer ik je dat ze liever gevangen zouden zijn,' zei Clark. 'Want het is ellendig daarbuiten.' In dit geval heeft het fokprogramma vermoedelijk zowel de individuele vogels als de soort gered.

In 1981 las ecofilosoof John Farnsworth *The Condor Question* en hij was er 'volledig door overtuigd'. Farnsworth, nu hoogleraar aan de Santa Clara University, herlas het boek ruim dertig jaar later en bracht toen een bezoek aan het California Condor Field Station in Baja California, Mexico. De vogels waren niet bepaald wild, vond hij. Ze kregen van mensen loodvrij vlees te eten en droegen zenders die informatie doorgaven over hun locatie. Niettemin vond Farnsworth de vogels 'prachtig' om te zien, 'statig, met een onverwachte waardigheid en in alle opzichten magnifiek'. Hij beschreef de hoorbare plof als ze neerstreken en de intelligente nieuwsgierigheid waarmee ze de wereld verkennen.

Achteraf gezien, zegt Farnsworth, bleek dat het vangen, het monitoren en de bemoeizucht waartegen de auteurs van *The Condor Question* zo veel bezwaar hadden gemaakt, essentieel was om de centrale rol van het lood in de neergang van de vogel te ontdekken. Het fokken in gevangenschap heeft de soort vrijwel zeker van uitsterving gered. De voorspelde problemen van in gevangenschap opgegroeide dieren bleven uit, het waren hoogstens struikelblokken, geen blokkades.

'De vogels die ik observeerde in Sierra San Pedro Martir waren geen halfbakken namaakcondors, ze waren geen slap aftreksel van wat ze horen te zijn.[20] Ja, ze zijn afhankelijk van biologen en ze moeten worden gemonitord, beschermd en misschien ook in de toekomst worden vertroeteld. Maar ze vormen samen een levendige gemeenschap die al doende leert hoe ze wilde dieren moeten worden, en ze leren elkaar hoe condors zich horen te gedragen.'

Het ziet ernaar uit dat al die zorgen over waardigheid en wildheid vooral zorgen van de mens zijn, niet zozeer van de condor. 'Zoals de meeste vogels lijken ze zich niet druk te maken over existentiële zaken als uitsterven,' schrijft Farnsworth, 'maar zijn ze vooral bezig met de meer praktische dingen als eten en broeden.'

Condors zijn niet de enige soort die in beschermende bewaring zijn genomen. Mensen hebben buitengewone projecten opgezet om tientallen diersoorten te redden, van spectaculair gekleurde tropische kikkers tot ieders favoriete knuffeldier: de pandabeer. Omdat er nog maar een paar duizend exemplaren in het wild leefden, zijn honderden panda's in gevangenschap aangespoord tot paringsgedrag, aangestaard door dierentuinbezoekers en - ter illustratie van de verregaande ambivalentie waarmee we in hun leven ingrijpen - verzorgd door mensen in pandapakken, geparfumeerd met pandapis, opdat de beren niet aan mensen gewend raken.

Voordat ze aan fokken in gevangenschap denken, proberen natuurbeschermers eerst andere, minder intensieve methodes. Om te beginnen zijn dat de bescherming van de habitat, het beperken van bedreigingen van de soort, of misschien het overplaatsen naar een betere of veiliger habitat. Fokken in gevangenschap is een dure noodmaatregel die alleen wordt toegepast als het ernaar uitziet dat een soort zal uitsterven als hij niet wordt geholpen. Om kans van slagen te hebben, moeten fokprogramma's niet alleen de dieren huisvesten en laten paren, maar ook zorgen voor een geschikte habitat waarin de soort kan worden geherintroduceerd, waarbij oplossingen moeten worden gezocht voor problemen zoals stropers, gifstoffen in het milieu of het invoeren van uitheemse roofdieren. Alleen als een wilde populatie zichzelf in stand kan houden, kan het project echt een succes worden genoemd. Het condorproject worstelt nog met de tweede helft van de opdracht, maar andere projecten zijn erin geslaagd populaties uit te zetten die ook echt in het wild gedijen.

Slechtvalken en Arabische oryxen zijn terug en planten zich nu zelf voort, nadat ze een handje zijn geholpen door de mens.

Soms moeten natuurbeschermers op de rand van de afgrond balanceren om een soort voor uitsterving te behoeden. In de jaren zestig leefden er nog zo'n 2300 noordelijke witte neushoorns in het wild.[21] Vandaag de dag, vooral doordat stropers uit zijn op de hoorns, zijn er nog maar twee noordelijke witte neushoorns over, en het zijn allebei vrouwtjes. Velen zullen zich nog een pakkende foto van Ami Vitale herinneren, waarop Joseph Wachira, medewerker van de Ol Pejeta Conservancy in Kenia, poseert met Sudan, de laatste mannelijke noordelijke witte neushoorn. Op de foto legt Wachira zijn hand teder op het grote dier en drukt hij zijn voorhoofd tegen dat van Sudan terwijl de neushoorn sterft. Je zou denken dat dit het einde voor deze ondersoort betekende, maar nee.

Wetenschappers van het San Diego Zoo Institute for Conservation Research, dat onder leiding staat van geneticus Oliver Ryder, hebben een vriezer vol cellen van de noordelijke witte neushoorn, inclusief cellen van Sudan, en ze hebben een manier gevonden om die cellen zover te krijgen dat ze in sperma veranderen. In het voorjaar van 2019 heb ik het instituut bezocht en kreeg ik de cellen onder een microscoop te zien, kronkelend met hun staartjes en al. Het is de bedoeling om deze spermacellen te insemineren in de overgebleven vrouwtjes, of in vrouwtjes van de verwante zuidelijke witte neushoorn, waarvan de San Diego Zoo een kleine fokpopulatie heeft. 'Het is een tijd van stevig ingrijpen,' zei Ryder tegen mij.

Ik vroeg hem waarin de noordelijke en zuidelijke witte neushoorn van elkaar verschillen. Hun 'oorspronkelijke' leefgebieden liggen honderden kilometers uit elkaar, maar voor een leek zijn de soorten moeilijk te onderscheiden. Hij zei dat ze pas vijftien- tot dertigduizend jaar geleden elk hun eigen weg waren gegaan. Ik was stomverbaasd. Dat is niets in geologische tijd. Was het echt nodig om deze genetische lijnen gescheiden te houden? Zelfs als het team van Ryder erin slaagt een nieuwe noordelijke witte neushoorn te scheppen, hebben ze maar een heel kleine genenpool. Maar voor Ryder gaat het om het principe. 'We kunnen ervoor kiezen het uitsterven van de noordelijke witte neushoorn te voorkomen, of we laten het gebeuren,' zei hij. 'Gaan we hem de rug toekeren en zeggen: "Nee, het is te moeilijk?". Dit is mijn manier om iets terug te doen. Als wij kunnen uitvinden hoe we de noordelijke witte neushoorn kunnen redden, zal ik een beter gevoel hebben over wat wij met de planeet hebben gedaan.'

Fokken in gevangenschap is in zeker opzicht behoorlijk gewaagd, brutaal bijna. Om een groot aantal individuen te creëren die uiteindelijk kunnen worden vrijgelaten, moeten we meerdere generaties van opgesloten individuen in leven houden, gezond houden en, bij voorkeur, mogelijkheden geven voor een zinvol en gelukkig bestaan, vergelijkbaar met de 'generatieschepen' in sciencefiction die kolonisten meenemen op eeuwenlange reizen naar nieuwe planeten. We moeten al die dingen doen zonder dat we rechtstreeks met ze kunnen communiceren, zonder dat we hun toestemming kunnen vragen, zonder echt te weten hoe het voor hen voelt. Het is een oefening in totale overheersing als onderdeel van een groter cultureel streven om uitsterving tegen te gaan, wat ontegenzeggelijk een poging is om de menselijke dominantie op aarde te herzien of te verkleinen. Het is de minst nederige manier om de nederigheid van de mensheid te vergroten. Maar soms werkt het.

Het is opmerkelijk dat de condor, waarvoor wij zo ons best doen om hem te redden, een aaseter is, een handlanger en een symbool van de dood. De condor maakt deel uit van een dierengilde dat de doden helpt een bijdrage te leveren aan de cyclus van het leven, die de energie van het dode terugbrengt in het levende. Die rol is ze ook bijna fataal geworden. Als mensen af willen van 'ongedierte' vergiftigen ze het, met als gevolg dat de condors sterven door het eten van karkassen vol strychnine. Als mensen willen jagen, schieten ze met hagel en het dodelijke lood dat daarin zit hoopt zich op in de ingewanden die condors eten. Met andere woorden, mensen zijn zo goed in doodmaken dat de dood die zij veroorzaken *twee* ketens in het voedselweb uitschakelt, en misschien wel meer. Wie weet welke kevers of vliegen zijn omgekomen na het eten van het karkas van een vergiftigde condor? Naast het fokken in gevangenschap richt het herstel van de condor zich tegenwoordig op het terugdringen van al dat doden, zodat jagers of boeren slechts één keten in het voedselweb elimineren.

Als je vandaag de dag in bepaalde gedeelten van het Amerikaanse westen sterft, ergens in het open land, heb je misschien het geluk om te worden opgegeten door de grootste vogel in Noord-Amerika, waardoor de energie in je lijf wordt gebruikt als brandstof om die schitterende lange zwarte vleugels door een wolkenloze woestijnhemel te laten zweven. Door de vogels te vangen en weg te slepen van de rand van het uitsterven, hebben we die mogelijkheid weten te bewaren, wat ecologen droog de *functie* van de soort noemen. En door de uitsterving te voorkomen van de *Gymnogyps californianus*, hebben we bijgedragen aan het behoud van *biodiversiteit*, nog zo'n droge term voor iets magisch.

In 1985 werd een nieuw wetenschappelijk gebied aangeboord, net toen het debat over het vangen van de laatste wilde condors hoog opliep. Conserveringsbiologie verschilde van de moederdiscipline, de ecologie, die alleen probeert de mechanismes van de levende wereld te beschrijven. Zoals de term al aangeeft, heeft de conserveringsbiologie een duidelijk doel: soorten conserveren.[22] Morele waarden vormen er de grondslag van. Een van de oprichters van deze discipline, Michael Soulé, definieerde de precieze doelstelling van de conserveringsbiologie als 'de bescherming en continuïteit van complete gemeenschappen en ecosystemen'. Hij onderscheidt verschillende 'normatieve postulaten', 'waardeverklaringen die de basis vormen van een ethisch gepaste houding ten opzichte van andere levensvormen'. De volledige lijst van postulaten is als volgt:

- Diversiteit van organismes is goed;
- Ecologische complexiteit is goed;
- Evolutie is goed;
- Biodiversiteit heeft een intrinsieke waarde.

Hedendaagse conserveringsbiologen bestuderen daarom niet alleen wat er gebeurt, ze geven ook aanbevelingen voor wat er gedaan zou moeten worden en hanteren daarbij vaak de objectief klinkende taal van de wetenschap. Een wetenschappelijk artikel in het tijdschrift *Conservation Biology* uit 2001 stelde bijvoorbeeld: 'Om levensvatbare wilde condorpopulaties te realiseren, moeten de primaire levensbedreigingen sterk worden verminderd.'[23] Dit klinkt als een wetenschappelijke verklaring, en dat is het ook. Maar er zit ook de impliciete bewering in dat we moeten streven naar een levensvatbare wilde populatie van condors. Deze bewering berust op de postulaten die Soulé in 1985 definieerde. Ik durf te wedden dat weinigen het daarmee oneens zullen zijn, bij gelijkblijvende omstandigheden.

Maar die 'omstandigheden' blijven niet altijd gelijk. Er zijn kosten verbonden aan het realiseren van een wilde condorpopulatie: kosten in de vorm van overheidsfinanciering die ook aan andere milieu- of sociale projecten had kunnen worden besteed, en kosten voor de condors zelf. Elk natuurbeschermingsproject heeft zijn eigen prijs. Sommige van de projecten waar we in latere hoofdstukken naar zullen kijken, hebben een zeer hoge prijs in termen van dierenwelzijn. We kunnen onmogelijk weten of AC-9 echt heeft geleden onder de vijftien jaar gevangenschap, en zo ja, hoe erg. (En het is ook onmogelijk om te weten of het feit dat hij werd gevangen hem heeft behoed voor een veel vroegere dood door loodvergiftiging.) Maar de mensheid heeft hem onmiskenbaar gebruikt als een middel om zijn soort te redden. Of je vindt dat het doel de middelen heiligt in deze en andere gevallen van het fokken in gevangenschap, hangt af van je waarden. Maar het is moeilijk zulke beslissingen te nemen als we niet eerst duidelijk maken waaruit die waarden bestaan.

8
Zijn soorten waardevol?

Velen van ons zijn er diep van overtuigd dat het verkeerd is om het uitsterven van een soort te veroorzaken. Ik ook. Ik voel heel sterk dat de diversiteit van levens waardevol is en beschermd moet worden, en dat besef maakt deel uit van mijn identiteit. Het zit in mijn bloed. Zelfs het stellen van de vraag of soorten waardevol zijn, voelt heel ongemakkelijk, een beetje ketters. Maar op deze zoektocht gebruik ik de instrumenten van de filosofie om uit te vinden wat de mens behoort te doen in relatie tot wilde dieren. Dus ik moet in staat zijn om helder en overtuigend te beargumenteren dat het pijn doen, doden of inperken van de autonomie van bewuste wezens om de soort te redden moreel gerechtvaardigd is.

Het is niet eenvoudig om de waarde van individuele dieren af te wegen tegen die van de soort. 'Soort' is een abstract begrip, een wetenschappelijke term die een verzameling van individuele wezens aanduidt, op één enkel moment in de tijd, die bepaalde kenmerken met elkaar gemeen hebben. De verzameling zelf heeft geen bewustzijn, kan niet lijden of genieten, en leeft niet. Waarom hechten we er dan waarde aan?

Een eerste benadering van deze vraag zou kunnen zijn dat de morele waarde van soorten als zodanig gewoon een rekensom is, waarbij de waarde van de soort *Gymnogyps californianus* domweg bestaat uit de waarde van alle levende Californische condors bij elkaar opgeteld. Maar dat kan niet kloppen, want dan zouden bedreigde soorten met nog maar een paar levende exemplaren *minder* waardevol zijn dan een heel gangbare soort met miljoenen leden. Volgens die redenering zou *Rattus rattus* oneindig veel meer waarde hebben dan *Gymnogyps californianus* omdat er op de wereld miljarden zwarte ratten zijn en nog maar zo'n vijfhonderd condors.

Ik denk dat de rekensom eerder andersom werkt voor mensen die natuurbescherming belangrijk vinden. Het is bijna alsof elke soort een vaststaande waarde heeft, die verdeeld wordt over alle individuen. Stel dat er vier miljard zwarte ratten op aarde zijn. Laten we de waarde van elke soort op een willekeurige 100.000 punten zetten. Volgens deze rekensom zou elke rat slechts 0,000025 punten per exemplaar waard zijn en elke condor 200 punten. En die waardering komt overeen met hoe we ze behandelen. De rat wordt veracht, gemeden, lukraak gedood, terwijl de condor wordt gekoesterd, overstelpt met zorg en geld.

Dit soort mentale rekenkunde stuit denkers over dierenrechten zoals Tom Regan tegen de borst. 'De inherente waarde en rechten van individuen groeien of krimpen niet naarmate er meer of minder dieren tot een bepaalde soort behoren. Bevers zijn niet waardevoller dan bizons omdat er meer van zijn,' schrijft hij.[1]

Martha C. Nussbaum zegt dat ze niet gelooft dat het verlies van een soort beter te rechtvaardigen zou zijn 'wanneer de soort uitsterft op zo'n manier dat het welzijn van individuele wezens er niet door wordt geschaad'.[2] Ze voegt eraan toe dat 'hij in elk geval esthetische betekenis, wetenschappelijk betekenis of een ander soort ethische betekenis kan hebben'. Maar meestal, zegt ze, is het menselijk gedrag dat een soort tot uitsterving drijft - het veranderen van hun leefomgeving, dat erop gejaagd wordt, enzovoort - ook schadelijk voor individuele dieren. En dus moet dat gedrag worden gestopt.

Er zijn genoeg filosofen die denken dat soorten en de ecosystemen waarin ze leven, waarde hebben omwille van zichzelf. Het deelgebied dat zich met deze vraag bezighoudt staat bekend als de milieu-ethiek. In zekere zin is het postuum in het leven geroepen door een man genaamd Aldo Leopold.

Leopold werd geboren in 1887 en bracht een groot deel van zijn loopbaan door met wildbeheer. Hij kreeg vaak de taak roofdieren zoals wolven te doden, die werden beschouwd als ongedierte. In zijn essay 'Thinking Like a Mountain' legde hij uit dat de rol van de wolf eruit bestaat dat hij de hertenpopulatie binnen de perken houdt, om overbegrazing van de omgeving te voorkomen.[3] Hij vertelde dat hij tot inzicht begon te komen over zijn verhouding tot de wolf toen hij er een had neergeschoten en van dichtbij 'een sterk groen licht in haar ogen zag doven'. 'Ik was toen nog jong en schietgraag,' schreef hij. 'Omdat minder wolven meer herten betekent, dacht ik dat helemaal geen wolven een jagersparadijs zou opleveren.' Maar hij ontdekte dat een wolfloos landschap zo sterk wordt overbegraasd dat al het eetbare groen 'was ontbladerd tot schofthoogte'. Als al het voedsel eenmaal weg was, zouden de vele herten niets meer te eten hebben. 'Ten slotte,' schreef hij, 'liggen de botten van de uitgehongerde hertenkudde, dood door eigen toedoen, te verbleken tussen de takken van de dode salie, of vermolmen onder de hoog opschietende jeneverbes.'

Over deze ecologische kijk op planten en dieren schreef hij later in zijn leven in zijn rustieke 'schuur' in het midden van Wisconsin. Hij was niet opgeleid als filosoof, maar wees wel de weg naar een nieuwe manier om over ethiek na te denken in zijn beroemde essay 'The Land Ethic' uit 1949.[4] Leopold begon zijn betoog met de opmerking dat eerder in de geschiedenis van de mensheid ethiek alleen gold voor mensen in de eigen familie of groep, en niet voor vreemdelingen of slaven. 'Toen de goddelijke Odysseus terugkeerde van de oorlog in Troje, hing hij aan één touw twaalf slavinnen uit zijn huishouden op, die hij verdacht van wangedrag tijdens zijn afwezigheid,' schreef Leopold. Deze daad werd niet gezien als verkeerd. De meisjes waren 'bezit', geen objecten van morele zorg. Maar sindsdien zijn we veranderd.

Homo sapiens is een sociale soort. De biologische evolutie heeft ons begiftigd met een fundamentele samenwerkingsdrang. Een volstrekt egoïstische 'oorlog van allen tegen allen' - onze 'natuurlijke staat' werd door de filosoof Thomas Hobbes omschreven als 'eenzaam, arm, vies, wreed en kort' - heeft nooit bestaan.[5] Toen de culturele evolutie voortbouwde op wat de biologie ons al had geschonken, begon de cirkel van morele betrokkenheid steeds grotere groepen mensen te raken. Tegenwoordig is iedereen het er wel over eens, in elk geval theoretisch, dat alle mensenlevens even waardevol zijn. Leopold riep ertoe op om onze opvatting over wie of wat deel uitmaakt van onze 'gemeenschap' en daarom moreel waardevol is, uit te breiden, zodat ook dieren, planten en het land erbij gaan horen. Dat was een radicale gedachte in de westerse wereld van de jaren veertig.

Als leden van onze gemeenschap, argumenteerde Leopold, hebben planten, dieren en de grond 'recht op bestaanszekerheid en, in ieder geval op bepaalde plekken, op bestaanszekerheid in hun natuurlijke staat'. We moeten zangvogels niet beschermen omdat ze de insecten eten die onze gewassen bedreigen, zei hij, maar omdat 'vogels moeten kunnen voortbestaan als een biotisch recht, ongeacht de aan- of afwezigheid van economisch voordeel voor onszelf'.

Zijn essay vond pas weerklank in de jaren zeventig, toen de cultuur er blijkbaar klaar voor was. Tientallen jaren na de dood van Leopold speelde het niet alleen een rol in het debat rond het opkomende gebied van de milieu-ethiek, maar werd het zelfs een soort heilige tekst, vooral vanwege het principe dat 'iets goed is als het bijdraagt aan de integriteit, stabiliteit en schoonheid van de biotische gemeenschap. En iets is verkeerd als het daar niet aan bijdraagt.'

De herontdekking van Leopold vond plaats in de tijd dat vervuiling, intensief gebruik van pesticiden en boskap duidelijke gevolgen begonnen te krijgen. Vervuilde rivieren stonden in brand. In sommige steden was de smog zo dik dat je amper de overkant van de straat kon zien. Het boek *Silent Spring* van Rachel Carson uit 1962 beschreef de effecten van chemische bestrijdingsmiddelen op vogels en andere wilde soorten. De politieke reactie op deze ontwikkelingen bestond in Amerika uit een groot aantal nieuwe wetten waaronder de Clean Air Act, de Clean Water Act en de Endangered Species Act. Die wetten gingen allemaal uit van het basisidee dat mensen recht hebben op schoon water en schone lucht, maar ook dat 'de natuur' en wilde soorten recht hebben op bescherming. Ook elders in de wereld werden zulke wetten aangenomen. In 1972 werd het VN-Milieuprogramma opgezet, dat bijna wereldwijd antwoorden op deze problematiek hoopte te vinden.

De filosofische respons kreeg rond diezelfde tijd vorm, toen denkers argumenten gingen verzamelen *waarom* 'de natuur' en wilde soorten het waard zijn om beschermd te worden. Wetenschappers begonnen de dominante westerse opvattingen over 'de natuur' te bekritiseren, waarbij ze de ondoordachte exploitatie en het strikte dualisme tussen 'mens' en 'natuur' als problematisch aanduidden. Een invloedrijk artikel uit 1967 stelde dat die notie was geworteld in het joods-christelijke idee dat God de mensheid heerschappij had gegeven over alle andere soorten.[6]

Tot die tijd richtten traditionele ethische theorieën zich vooral op de mens als het centrum van de morele wereld. Een nieuwe generatie van milieu-ethici begreep dat deze antropocentrische denkwijze geen geschikt model voor het milieu bood. Natuurlijk, je kon zeggen dat het verkeerd was om een bos te kappen omdat mensen er graag in wandelden en kampeerden, maar mensen houden ook van huizen die van hout zijn gemaakt en ze lezen boeken die zijn gemaakt van houtpulp. En hoe zit het met plekken en soorten die weinig tot geen menselijke fans hebben? Moeten zompige moerassen en onopvallende insecten niet dezelfde aanspraak op bescherming hebben als de Grand Canyon en de Bengaalse tijger? Misschien had Leopold gelijk. Misschien kan 'grond' bestaansrecht hebben, misschien zijn 'biotische gemeenschappen' waardevol omwille van zichzelf, ongeacht waarvoor de mens ze gebruikt.

Filosofen maken onderscheid tussen 'instrumentele waarden' en 'eindwaarden'.[7] Iets heeft instrumentele waarde als iemand het kan gebruiken om er iets anders mee te krijgen. Geld is waardevol omdat je het kunt gebruiken om er eten, onderdak en zorg mee te kopen. We hebben het vaak over de instrumentele waarde van andere soorten in termen van 'natuurlijke hulpbronnen' zoals hout, dieren om op te jagen of te vissen en bestuivingsdiensten die worden geleverd door rondvliegende insecten. Daarbij valt op dat soorten niet nuttig voor de mens hoeven te zijn om instrumenteel waardevol te zijn. Elzen kunnen waardevol zijn voor de mens als brandhout of als bescherming tegen de wind. Ze kunnen voor de bever ook waardevol zijn als voedsel. In beide gevallen kunnen we zeggen dat elzen instrumenteel waardevol zijn.

Maar velen van ons voelen in ons hart dat soorten planten, dieren en paddenstoelen ook waardevol zijn als er geen mensen (of bevers, of andere bewuste wezens) in de buurt zijn. Deze soorten hebben een eigen waarde, omwille van zichzelf. Dit is de 'intrinsieke' of 'eindwaarde'.

Als denkers over dierenrechten zeggen dat je een bewust wezen niet kunt gebruiken als middel om een doel te bereiken, wordt daarmee bedoeld dat bewuste wezens een eindwaarde hebben. Het bewuste zelf is waardevol in zichzelf, en vanuit zichzelf. De vraag hier is echter of *een soort* eindwaarde heeft.

Er is binnen de categorie van de eindwaarden nog een belangrijk onderscheid te maken, namelijk tussen objectieve en subjectieve waarde. Zeggen dat iets objectief waardevol is, is gewoon zeggen dat het waardevol *is*. De waarde ervan is een vaststaand feit over de wereld. Zelfs als er geen mensen of niet-mensen in de buurt zijn die het ding waarderen, is het nog steeds waardevol. Zoals filosoof Ronald Sandler zegt: 'Objectieve waarde wordt ontdekt door waardetoekenners, maar wordt niet door hen gecreëerd.'[8] In 1973 heeft een filosoof genaamd Richard Routley, die later zijn naam veranderde in Richard Sylvan, een gedachte-experiment voorgesteld. Stel je voor dat de laatste mens op aarde alles doodt dat leeft, alle planten en dieren.[9] De dieren worden pijnloos gedood. Heeft deze persoon iets verkeerds gedaan? Voor velen is de gedachte dat de laatste mens op aarde al het leven op de planeet doodt voordat hij of zij sterft niet alleen verkeerd, het is ook diep triest en zelfs walgelijk, ook al is er geen bewust wezen meer om over het verlies te rouwen. Dit gedachte-experiment geeft aan dat soorten en ecosystemen objectief waardevol zijn.

Zeggen dat iets *subjectief* waardevol is, betekent dat het waardevol is *omdat* iemand er waarde aan toekent. Maar we hebben het hier over eindwaarden, weet u nog, dus het gaat deze waardetoekenners niet om het nut. Zij waarderen het om wat het is. Zoals Sandler zegt: 'Er kan waarde worden toegekend aan wat de entiteit vertegenwoordigt, aan wat die belichaamt, aan wat die uitdrukt of aan de schoonheid ervan. Maar in ieder geval wordt waarde toegekend om niet-instrumentele redenen, niet om wat de entiteit kan opleveren.'[10] Het is het waarderen dat waarde creëert. Als de waardetoekenners weggaan, verliest de entiteit zijn waarde.

Dus, resumerend, als je van de soort *Oncorhynchus tshawytscha* (chinookzalm) houdt omdat je hem graag eet, waardeer je hem instrumenteel. Als je hem waardeert om culturele of religieuze redenen, zoals veel volken langs de noordwestkust, of als je waardering hebt voor de schoonheid van hun zilverrode ruggen in het heldere water van een rivier waar zalmen zwemmen, of voor het verhaal van hun terugkeer uit de Stille Oceaan om kuit te schieten, dan ken je er een subjectieve eindwaarde aan toe. Maar als alle mensen en alle beren en alle andere soorten die waarde hechten aan de zalm plotsklaps zouden verdwijnen, en de soort *Oncorhynchus tshawytscha* zou nog altijd waardevol zijn, *los van alle individuele vissen waaruit de soort bestaat*, dan heeft die een objectieve eindwaarde.

Toen ik over al deze waardenuances las, kon ik me aanvankelijk vooral vinden in de 'subjectieve eindwaarde'. Het drukte de bijna mystieke waarde uit die de niet-menselijke wereld voor mij in zich draagt, maar definieert ook een duidelijke en verdedigbare plek voor die waarde, in de harten (of, beter gezegd, de hersenen) van mensen. Maar er is een overtuigend argument tegen dit idee, een argument dat Richard Routley al in 1973 naar voren bracht. Wat als mensen niet-menselijke soorten niet waarderen op een manier die *ik* de juiste vind? Wat als andere mensen gewoon niet geven om de niet-menselijke wereld? 'Of de blauwe vinvis overleeft, zou niet moeten afhangen van wat mensen erover weten of van wat ze op televisie zien,' schreef hij.[11]

Mensen kennen voortdurend waarde toe aan de verkeerde dingen. Racisten houden van hun eigen ras en niet van mensen met een ander ras. Zij hebben ongelijk. Sommige mensen houden meer van de winsten uit olie en gas dan van koraalriffen. Ik vind dat ook zij ongelijk hebben. Niet iedereen houdt van dezelfde dingen, of in dezelfde mate. Veel mensen vinden grote stukken van de natuur te warm, te koud, een beetje eng of gewoon stomvervelend. De ideeën van mensen over wat waardevol is, kunnen gebaseerd zijn op misverstanden of foute informatie. En, zoals Sandler benadrukt, de waarden van mensen zijn vaak inconsistent: 'Iemand kan verontwaardigd zijn over het afmaken van ongewenste dieren, maar wel bij elke maaltijd genieten van een stukje spek.'[12] Is het wel een goed idee om een ethisch systeem te bouwen op de veranderlijke, grillige en ondoordachte oordelen van de mens?

'Om deze redenen,' schrijft Sandler, 'denken veel milieu-ethici dat dingen als bescherming van het wild, bescherming van soorten en compassie voor dieren pas volledig zijn gerechtvaardigd wanneer deze entiteiten – ecologische systemen, soorten en dieren – objectieve waarde hebben of waarde die ook bestaat buiten iemands daadwerkelijke evaluerende houding.' Met andere woorden, veel ethici willen dat deze entiteiten een objectieve eindwaarde hebben omdat dat de beste manier is om ze te beschermen. Ze willen dat deze waarde net zo universeel wordt erkend als die van mensenlevens.

Ik deel die wens. Maar ik ben er minder zeker van dat milieu-ethici kunnen bewijzen dat soorten en ecosystemen een objectieve eindwaarde kunnen hebben. Laten we ons eerst eens in de soorten verdiepen. Individuele dieren kunnen pijn en blijdschap voelen, dingen kunnen mee- of tegenzitten. Niemand beweert dat een soort pijn of blijdschap kan voelen, aangezien het een categorie is en geen organisme met een zelfbewustzijn. Maar anderen zeggen dat de dingen beter of slechter *kunnen* gaan voor soorten. En dat klinkt in eerste instantie redelijk. Wanneer de populatie van een soort afneemt en afstevent op uitsterving, ziet het er voor de soort slecht uit, zelfs als ieder individu daarbinnen na een rijk en vervuld leven pijnloos sterft van ouderdom.

Maar Sandler wijst op een fout in deze vergelijking van soort en individu. Een individueel levend wezen, bewust of niet, probeert in leven te blijven en zich voort te planten. Je kunt twisten over het woord 'proberen' als het om planten gaat, maar met het oog op wat we weten over hoe ze als reactie op insectenaanvallen giftige chemicaliën vrijlaten in hun bladeren, hoe ze naar het licht toe groeien, hoe ze altijd op hun omgeving reageren op een manier die leven, groei en voortplanting bevordert, dan denk ik dat het wel toepasselijk is. Planten hebben doelen. Dus als ze groot en hoog worden en hun bladerdak wijd uitspreiden om het zonlicht op te vangen en vervolgens veel zaden verspreiden, kunnen we zeggen dat het goed met ze gaat. Als ze sterven door een schorskeverplaag, kunnen we zeggen dat het ze tegenzit.

Maar soorten zijn niet doelgericht op die manier. Ze proberen niet in leven te blijven of te gedijen. Het lijkt misschien alsof ze dat wel doen, omdat we willen dat ze in leven blijven en omdat elk individu dat deel uitmaakt van de soort probeert te overleven, maar de soort zelf onderneemt geen enkele actie om zijn eigen uitsterving te voorkomen. En de reden waarom zij dat niet doet, terwijl zelfs niet bewust levende individuen dat wel doen, is dat de evolutie niet de 'sterkste' soort 'selecteert'. Het selecteert de sterkste individuen.

De individuele levende wezens die er nu zijn, danken dat aan het feit dat hun voorouders hebben overleefd en zich hebben voortgeplant. En daarmee hebben alle individuen vele manieren geërfd om te overleven en zich voort te planten. Hun doelgerichte aard is een product van de brute kracht van de evolutie. Individuen die niet proberen in leven te blijven en zich voort te planten, krijgen geen kinderen. Degenen die dat wel doen, geven hun 'proberende' genen door. Soms wordt selectie toegepast op hecht georganiseerde groepen zoals mierenkolonies, waarbij de hele kolonie overleeft of sterft. Maar 'soorten zijn te diffuus en hun individuele leden te ongecoördineerd en te onafhankelijk van elkaar om een eenheid te kunnen vormen waarop selectie kan worden toegepast,' zegt Sandler.[13] Soorten proberen niet. Ze hebben geen doelen. En als ze geen doelen hebben, kunnen ze ook niet worden geholpen of tegengewerkt.

Er is nog een argument waarom soorten een objectieve eindwaarde kunnen hebben, een argument dat is ingebracht door milieufilosoof Holmes Rolston III. In zijn visie vloeit de waarde van een soort voort uit het lange evolutionaire proces dat de soort heeft doen ontstaan, en uit het potentieel dat die in zich draagt om zich in de toekomst verder te ontwikkelen. Het uitsterven van een soort is het 'afsluiten van een verhaal van vele millennia, waarbij geen toekomstige mogelijkheden overblijven'.[14] Ik ben het ermee eens dat dit een tragedie is, in zoverre dat ik liever niet zie dat het verhaal van de soort wordt afgesloten en van de toekomst wordt afgesneden. Maar komt de onrechtvaardigheid voort uit het feit dat ik, Rolston en talloze anderen dat niet leuk vinden, wat een subjectieve eindwaarde zou zijn? Of is het objectief slecht?

Rolston zegt, zonder aarzeling, dat het objectief slecht is wanneer mensen uitsterving veroorzaken. Hij stelt dat dit een waarheid over het universum is. Sandler zegt dat een evolutionair proces niet per se waardevol is alleen omdat het al zo lang bestaat. Hij geeft toe dat veel mensen voelen dat biodiversiteit door millennia van evolutie waardevol is, maar dat bewijst alleen dat mensen van biodiversiteit houden. 'In dit soort gevallen,' schrijft hij, 'is de afwezigheid van redenen om wel te geloven een krachtig bewijs om niet te geloven.'[15]

Ik heb sterk de neiging mij aan te sluiten bij team-Rolston III en gewoon te zeggen dat het wel fout moet zijn als miljoenen jaren evolutie in een oogwenk worden weggevaagd. Maar ik heb mijn twijfels. Evolutie is niet een 'goed' proces. Het wordt niet aangestuurd door intelligentie, liefde of iets anders. Het is volstrekt amoreel. Alle individuen verschillen van elkaar. Sommige krijgen kinderen en andere niet. Kinderen erven eigenschappen van hun ouders, die erin geslaagd zijn zich voort te planten. Herhaal dat miljoenen jaren en je hebt tien miljard soorten. Je hebt de Californische condor en de esp en de bever en de olifant en de tijger en de akikiki en akekee. Ik *geniet* van al die levensvormen, maar het proces dat ze gemaakt heeft is niet goed. Het draait alleen om tijd en seks en dood en mutatie en toeval.

Soorten krijgen veel aandacht in de natuurbescherming, maar zij zijn niet de enige manier om naar 'biodiversiteit' te kijken. Veel beschermers zijn soortgericht en handelen alsof elke erkende soort even waardevol is. Maar er zijn er ook die de waarde van een soort rangschikken op basis van het genetisch onderscheid ten opzichte van andere levensvormen. Het programma EDGE *of Existence* identificeert en geeft voorrang aan soorten die *Evolutionarily Distinct and Globally Endangered* zijn, wat de afkorting EDGE oplevert. Hun filosofie is dat soorten die weinig of geen nauwe genetische banden met andere soorten hebben, waardevoller zijn. Deze soorten zijn gedurende een lange periode onafhankelijk geëvolueerd, en daarmee 'vertegenwoordigen ze een grotere hoeveelheid unieke evolutie'. Veel van hun genen zijn exclusief en niet te vinden bij andere soorten op aarde. Hierbij worden soorten echt beschouwd als containers van genen en is behoud van de diversiteit van genen het doel. In plaats van de gebruikelijke tijgers, panda's en condors, richten ze zich op dieren zoals de agouta van het eiland Hispaniola, een klein dier met een lange neus dat 'een van de laatste vertegenwoordigers is van een oude lijn van spitsmuisachtige zoogdieren die 76 miljoen jaar geleden samenleefden met dinosauriërs', en zoals de groottandzaagvis, een tropische verwant van de haai met een neus als een kettingzaag.

De benadering van EDGE neemt het idee serieus dat 'biodiversiteit' meer is dan gewoon het optellen van het aantal soorten op een bepaalde plek. Als natuurbeschermers het over biodiversiteit hebben, wordt het negen van de tien keer gebruikt als steno voor het 'aantal soorten', maar in lesboeken en ander educatief materiaal wordt het concept meestal iets ruimer gepresenteerd. Het American Museum of Natural History definieert biodiversiteit als 'de verscheidenheid van het leven op aarde op alle niveaus, van genen tot ecosystemen', en het 'omvat de evolutionaire, ecologische en culturele processen die het leven ondersteunen'.[16] (Deze specifieke definitie is breder dan gebruikelijk omdat hij ook 'culturele processen' noemt, een welkome suggestie dat ook mensen binnen dit concept passen.)

Dergelijke bredere definities geven aan dat 'veel bestaande soorten' niet genoeg is. We willen geen 'biodiversiteit' die alleen op een temperatuur van -62 °C in de vriezer houdbaar is of alleen met individuen die in gevangenschap leven. We willen concreet een groot aantal genen in een overvloed aan individuen, en we willen dieren in ecosystemen, die op hun karakteristieke manieren met elkaar samenleven. Dat is wat de natuurbeschermer of de buitenmens echt gelukkig maakt. Maar waarom eigenlijk? Wat is er zo geweldig aan een hoop rotsen en water en aarde en planten en dieren en schimmels, die allemaal leven en sterven en eten en gegeten worden en zingen en paren en zich voortplanten en met elkaar wedijveren en elkaar helpen en via die interacties evolueren?

Net als soorten kunnen ecosystemen instrumenteel worden gewaardeerd vanwege de 'diensten' die ze de mensheid leveren. Ecosystemen produceren de zuurstof die we inademen, filteren het water dat we drinken, vormen levende schilden tussen orkanen en menselijke gemeenschappen, bieden onderdak aan de planten en dieren die wij nodig hebben voor voedsel, vezels, medicijnen en meer. Bossen, bergen en stranden bieden ons ruimte om te recreëren en te ontspannen, wat ook een instrumentele waarde heeft. En natuurlijk hebben ecosystemen een overvloed aan subjectieve eindwaarden. Mensen zijn dol op wouden, woestijnen, moerassen en koraalriffen. Er is iets in de *interactie* tussen individuen dat opgeteld groter lijkt dan de som van de delen. En velen beweren dat ecosystemen, net als soorten, ook een objectieve eindwaarde hebben. Dat is in essentie waar Leopold voor pleitte.

Leopold gebruikte in zijn waardedefinitie termen als 'integriteit' en 'stabiliteit' (en ook schoonheid), om aan te geven dat ecosystemen niet werkelijk veranderen zolang mensen ze niet veranderen. Dat is een zinvol uitgangspunt in een wereld waar enkele van de grootste bedreigingen voor de niet-menselijke wereld de vorm aannemen van bulldozers, asfalteermachines en kettingzagen, een wereld waar mensen complexe ecosystemen fysiek ontmantelen om er kostbare stoffen uit te halen, of om ze te transformeren in iets anders. Maar zoals we zagen in het vierde hoofdstuk is de 'integriteit van het ecosysteem' die natuurbeschermers willen bewaren, gebaseerd op één moment in de menselijke geschiedenis, vaak het moment van kolonisering. Het gaat dan om een bevroren moment in de lange ontwikkeling van een bepaalde plek. Maar ook zonder menselijk ingrijpen zijn ecosystemen in wezen niet stabiel of onveranderlijk.

Als het klimaat verandert, of we het nou hebben over ijstijden van duizenden jaren terug of over antropogene klimaatverandering nu, reageren diersoorten onder meer door zich in het landschap te verplaatsen. Ecosystemen bewegen niet als eenheden, terwijl elke soort in de loop van duizenden jaren een eigen traject volgde, evolueerde en van leefgebied veranderde, soms voor enige tijd een ecosysteem met andere soorten deelde, en daarna weer zijn eigen weg ging. Zoals de ecoloog Henry Gleason al in 1926 zei: 'Elke plantensoort is een wet op zichzelf.' Geen enkel ecosysteem, gedefinieerd door zijn plantensamenstelling, is ouder dan ongeveer twaalfduizend jaar.[17] En elk ecosysteem varieert in ruimte binnen zijn geografische grenzen.

Dus ecosystemen lijken niet echt op organismen. Ze vormen geen geheel. Er is interactie tussen hun onderdelen, maar die interacties zijn niet blijvend. Als twee soorten vele duizenden jaren interageren, kunnen ze zich zo specifiek aan elkaar aanpassen dat we die relatie een 'co-evolutie' noemen. Een klassiek voorbeeld is de *Xanthopan morganii praedicta*, ook wel Darwins haviksmot genoemd. In 1862 bestudeerde Charles Darwin de prachtige Ster van Bethlehem-orchidee uit Madagaskar, die een zeer lange buis heeft met de nectar en het stuifmeel onderin. Darwin voorspelde dat een mot met een slurf van dezelfde extravagante lengte zou worden gevonden, en 41 jaar later werd inderdaad een flinke bruine mot ontdekt met een dertig centimeter lange slurf.[18]

Zulke relaties komen wereldwijd voor tussen roofdieren en hun prooien, tussen bestuivers en de planten die ze bestuiven, tussen parasieten en hun gastheren, en nog veel meer. Ze zijn het resultaat van langdurige verbindingen tussen soorten, en dus zul je er minder van tegenkomen in ecosystemen die van recente datum zijn. Dit gebrek aan verreikende co-evoluties in snel veranderende ecosystemen is een argument dat sommige conserveringsbiologen gebruiken om aan te geven waarom de 'integriteit' van ecosystemen belangrijk is. Co-evolutie is onmiskenbaar cool, dus ik begrijp hun manier van denken. Aan de andere kant kunnen voortdurend nieuwe co-evolutionaire relaties worden gevormd en dat gebeurt dan ook. Geef de nieuwere ecosystemen wat tijd en uiteindelijk zullen er soortgelijke indrukwekkende co-evolutionaire relaties ontstaan. Helaas duurt dat wel wat langer dan een mensenleven.

Een van mijn favoriete studies uit de laatste jaren houdt zich bezig met de introductie van de Amerikaanse vogelkers in Europa.[19] Menno Schilthuizen en zijn collega's van het Naturalis Biodiversity Center in Leiden keken naar bladeren van de vogelkers in herbariumcollecties die honderdzeventig jaar terug gaan. Aanvankelijk waren al die bladeren vrijwel intact. Europese insecten die bladeren eten hadden nog niet veel ervaring met deze boomsoort, werden er niet door aangetrokken en deinsden terug voor de afweerstoffen die de boom aanmaakte. Maar in de loop der jaren werden de bladeren steeds rafeliger, doordat de Europese insecten zich aan de nieuwe voedselbron hadden aangepast en eraan knabbelden.

De vogelkers verspreidde zich snel en zijn bladeren vormden een grote energiereserve. Op z'n minst een paar soorten zouden zich aanpassen om hiervan te profiteren. Uiteindelijk werd er aan de bladeren van deze boom net zo veel geknaagd als aan die van de inheemse vogelkers.

Dit proces verklaart mede waarom je van die *boom-bust*-patronen ziet bij veel ingevoerde soorten. In het begin weet niemand in de nieuwe omgeving hoe zo'n soort gegeten moet worden, en dus kan die ongehinderd voortwoekeren, vaak tot grote bezorgdheid van mensen die zien hoe de soort zich verspreidt en zich afvragen hoe dominant de soort wordt als hij zich in dat duizelingwekkende tempo blijft vermenigvuldigen. Maar hoe meer hij zich verspreidt, hoe belangrijker hij wordt als potentiële voedselbron, wat de prikkel voor andere soorten vergroot om te leren hoe je hem moet eten. Als dat eenmaal gebeurt, zal het de vermenigvuldigingssnelheid sterk afremmen. En dan moet ook de nieuwe soort zich aanpassen. Schilthuizen ontdekte dat de Amerikaanse vogelkers zijn afweerstoffen heeft aangepast om zich beter te kunnen verdedigen tegen Europese, plantenetende insecten. Als andere soorten zich aanpassen om hem als voedingsbron te gebruiken, en als hij zich weer dáároan aanpast, raakt hij verweven in het voedselweb en wordt hij genaturaliseerd tot het punt dat hij geen dreigend monster meer is. Zo kunnen goedbedoelde pogingen om een nieuwe soort als de vogelkers uit te roeien of te beheersen per ongeluk het tegenovergestelde effect hebben: door de boom te onderdrukken, vertragen ze het proces van naturalisatie en vertragen ze ook het vormen van die heerlijke co-evolutionaire relaties. In de loop der jaren kan de Europese vogelkers zich inderdaad afsplitsen van zijn ouders uit Noord-Amerika en een hele nieuwe soort worden, waardoor hij de biodiversiteit vergroot!

De ecoloog Chris D. Thomas van de University of York in het Verenigd Koninkrijk verwacht dat ingevoerde soorten zich zullen aanpassen door zich uiteindelijk tot nieuwe soorten te ontwikkelen, en dat deze nieuwe soorten een belangrijke bron voor een nieuwe biodiversiteit zullen vormen. 'Kom over een miljoen jaar terug en dan zien we misschien miljoenen nieuwe soorten die hun bestaan aan de mens te danken hebben.'[20]

Ecosystemen kunnen in een behoorlijk tempo veranderen, bekeken vanuit geologisch perspectief, maar zonder menselijk ingrijpen zijn de veranderingen vaak te langzaam om door ons te kunnen worden waargenomen. Wij leven per persoon hooguit een eeuw. Vandaar dat conserveringsbiologen erkennen dat ecosystemen in theorie weliswaar veranderen, maar dat ze die in de praktijk behandelen alsof ze statisch zijn. 'Ecologisch herstel' werd in de jaren negentig gedefinieerd als 'het proces waarbij een gebied opzettelijk wordt veranderd om een specifiek, inheems en historisch ecosysteem tot stand te brengen. Het doel van dit proces is de structuur, functie, diversiteit en dynamiek van het gespecificeerde ecosysteem na te bootsen.'[21]

Naarmate dit werkgebied rijpte en zich aanpaste, vooral omdat het rekening moest houden met klimaatverandering, kwam de historische staat van een biosysteem bij het definiëren van de hersteldoelstellingen steeds openlijker ter discussie te staan, wat volgens mij goed is.[22] Proberen de 'integriteit' van de historische situatie te bewaken kan tot perverse resultaten leiden, zeker als we moeten ingrijpen om de tijd terug te draaien terwijl de evolutie intussen gewoon voortgaat. We kunnen te maken krijgen met processen - van hybridisatie van verwante soorten tot migraties in het leefgebied tot het ontstaan van nieuwe ecologische relaties - die complexe, veerkrachtige biosystemen creëren die geschikt zijn voor een veranderende wereld. Ingrijpen lijkt dan op een gebrek aan nederigheid.

Milieu-ethiek is niet eenvoudig. Hoelang ik hierop ook gestudeerd heb, ik weet nog steeds niet of ik tot een eindconclusie kan komen over wat waardevol is. Condor A-9 had eindwaarde als een bewust wezen, zoals alle levende vogels. Daar kan ik in meegaan. *Gymnogyps californianus* is waardevol als soort voor mensen, die hem majesteitelijk vinden en inspirerend en fascinerend (en zich niet schuldig en slecht willen voelen als hij uitsterft). Mensen waarderen ook de soort als bijdrage aan de biodiversiteit. Als een soort uitsterft, wordt de biodiversiteit erdoor verkleind, en een verdere evolutionaire ontwikkeling wordt stopgezet.

Het ecosysteem waarin de condor leeft is voor mensen waardevoller als de condor zelf aanwezig is, omdat er dan meer soorten zijn en meer interacties tussen die soorten.

Sommigen vinden dat het ecosysteem waardevoller is met de condor erin omdat de condor er in het verleden ook was. En ik denk dat waarde toekennen aan een vroegere staat van een ecosysteem prima is, zolang we maar erkennen dat deze voorkeur inherent cultureel is, en niet wetenschappelijk. Het belang dat de Yurokstam bijvoorbeeld hecht aan de terugkeer van *prey-go-neesh* is zuiver cultureel en heeft niks te maken met een quasiwetenschappelijk streven naar 'ecosysteem-integriteit'. Yellowstone op zo'n manier beheren dat het eruitziet als in 1872 omdat veel Amerikanen dat willen, is ook acceptabel zolang we maar eerlijk blijven over het feit dat dit jaartal alleen historische betekenis heeft en geen ecologische.

Er zijn allerlei dwingende redenen te geven waarom het herstel van de condor belangrijk is voor mensen. Maar kan ik met overtuiging zeggen dat de *Gymnogyps californianus* als soort, los van de individuele vogels waaruit hij bestaat, een objectieve eindwaarde heeft? Ben ik het ermee eens dat 'biotische diversiteit een intrinsieke waarde heeft'?

Ik weet het niet.

Eerlijk gezegd vind ik het al eng om die zin op te schrijven. Ik zou mijn hoofd het liefst in een beek vol smeltwater steken en mijn twijfels wegspoelen. Maar dat gaat niet. Op een manier die ik rationeel niet kan verklaren vind ik dat de diversiteit van het leven en de complexiteit van ecosystemen belangrijk is, zelfs als er niemand is om er belang aan te hechten. Er zit iets kostbaars in wat wij 'de natuur' noemen, in de stroom van energie, in de overlevingsdrang, in de manier waarop een lupineblad een perfecte regendruppel vasthoudt. Maar ik kan geen ultieme argumenten aanvoeren dat dit terecht is. Ik kan het alleen maar hartstochtelijk beweren, zoals Rolston III.

Resumerend: ik geloof niet in de kostbaarheid van stabiele, gesloten eenheden, of het nu om soorten gaat, of om ecosystemen, die zo hard zijn als edelstenen. Soorten en ecosystemen moeten niet in de tijd worden bevroren om te voorkomen dat ze veranderen of vermengd raken. Dat zou ze steeds kwetsbaarder maken en doen verdwijnen. Ik houd van de manier waarop ze ons verrassen met eigen oplossingen voor klimaatverandering en andere problemen. Ik waardeer die dynamiek, die onvoorspelbare complexiteit, die vreemde schoonheid. Maar ik kan niet bewijzen dat dit een objectieve eindwaarde heeft. Misschien is nederigheid hier ook op zijn plek, nederigheid over wat we weten en wat we kunnen bewijzen.

Dat we geen zekerheid hebben over de objectieve eindwaarde van soorten of ecosystemen, betekent niet dat we niet moeten proberen het uitsterven ervan te voorkomen. De waarde die een soort als *Gymnogyps californianus* voor mensen heeft, is immens. Het rechtvaardigt zeker de tientallen miljoenen die we hebben uitgegeven om ze te redden. En ik ben geneigd te zeggen dat dit ook het lijden en het verlies aan autonomie van de gevangen vogels rechtvaardigt, vooral omdat het niveau van lijden in dit geval relatief laag lijkt, lager dan wat ze te wachten stond in een 'wilde' omgeving vol loden kogels.

In het algemeen gezegd is de gecombineerde instrumentele en subjectieve eindwaarde van een soort groot, en rechtvaardigt die de enorme inspanningen om de soort in stand te houden. Maar wanneer je hun objectieve eindwaarde niet afdoende kunt bewijzen, wordt het lastig als het redden van een soort betekent dat kwetsbare dieren schade wordt berokkend of aanzienlijk lijden wordt toegebracht. Want dan kunnen we niet zeggen dat we die schade veroorzaken om iets te bewaren dat van eeuwige en universele waarde is. Het enige wat we met zekerheid kunnen zeggen, is dat we het voor onszelf doen.

9
IJsberen voeren

Van al de dingen die mensen doen om wilde dieren te helpen, is het voeren van vogels waarschijnlijk het meest verbreid. Van de Amerikanen geeft 40 procent wilde vogels te eten en in het Verenigd Koninkrijk gaat het zelfs om een imposante 75 procent.[1] Wij geven vogels natuurlijk te eten opdat ze dichterbij komen en even stilzitten, zodat we ze kunnen bekijken, maar ook uit zorgzaamheid, vooral in de winter, als we het vage idee hebben dat ze koud en hongerig zijn. Het voeren van vogels kan hun overlevingskansen vergroten en ook het aantal kuikens dat uitvliegt.[2] En in een wereld waar ze te kampen hebben met onze ramen, onze windturbines en onze vraatzuchtige huiskatten, kun je dat voeren beschouwen als compensatie voor alle dingen waarmee we hun overlevingskansen hebben verkleind.

Aan de andere kant kunnen voederhuisjes drukke plekken worden waar ziektes worden overgedragen. Als de vogels dicht op elkaar zitten, kunnen parasieten zich verspreiden. En het voeren kan in zekere zin de 'natuurlijkheid' verminderen, afhankelijk van hoe je de term definieert. Sommige zwartkoppen hebben de winterse trek naar het zuiden opgegeven vanwege de beschikbaarheid van voederplaatsen. Zwartkoppen die gestopt zijn met migreren zijn eigenlijk een heel nieuwe soort geworden, ten opzichte van hun verwanten die nog wel jaarlijks naar het zuiden trekken. De thuisblijvende vogels ontwikkelen langere snavels, die meer geschikt zijn voor de zaden in de voederhuisjes dan voor het fruit waarin de migrerende vogels zich in specialiseren.[3]

Het voeren van vogels wordt meestal gezien als iets onschuldigs of zelfs iets goeds voor wilde vogels, maar het voeren van zoogdieren wordt vaak afgekeurd. Mensen die buiten maïs neerleggen voor de herten of kattenvoer voor de wasberen, krijgen te horen dat ze de dieren laten wennen aan de mensenwereld, een habituatie die dodelijke gevolgen kan hebben, hetzij door auto-ongelukken, of door het gebruik van geweld als hun aanwezigheid in de menselijke sfeer wordt ervaren als een gevaar voor mensen en hun huishoudens. In Klamath Falls, waar ik woon, heeft iemand aan de rand van de stad de herten gevoerd. De herten werden in deze wijk zo talrijk dat ze een poema aantrokken. De poema werd gedood door wildbeheerders van de overheid, toen duidelijk werd dat hij zich er permanent had gevestigd. In dat geval heeft de liefde voor herten van één man het leven gekost aan een grote kat.

Mijn gezin en ik waren een keer op reis en logeerden een paar nachten in Colorado, in het huis van een vriendin die de stad uit was. Het bleek dat de buren een vos hadden gevoerd die de gewoonte had om de nabijgelegen achtertuinen te bezoeken en daar soms in de schaduw op het terras ging liggen. De vos liet zich door niemand aaien, maar mijn vriendin zei dat de vos soms aan de voet van haar echtgenoot kwam snuffelen als hij zich heel stil hield. Deze vos leek belangstelling voor ons te hebben en maakte aanstalten om ons te benaderen. Ik was er toen zo streng in getraind om 'wilde dieren wild te houden' dat ik mijn gezin dwong snel naar binnen te gaan toen het vuurkleurige dier dichterbij kwam. Mijn driejarige dochter bleef bij de glazen deur naar het terras staan, instinctief tot de vos aangetrokken, met wie ze dolgraag had willen praten en vriendschap sluiten, die ze had willen aanraken.

We willen graag contact maken met wilde dieren, maar dat loopt vaak niet goed voor ze af, zelfs als ze zelf ook contact zoeken. En orka die Luna heette, of Tsux'iit voor de inheemse Mowachaht/Muchalaht, was twee jaar oud toen hij op een of andere manier van zijn familie werd gescheiden. In 2001 werd hij in zijn eentje aangetroffen in Nootka Sound, in Brits-Columbia, roepend naar zijn verwanten zonder antwoord te krijgen. Daarom begon hij boten en steigers op te zoeken, waar de mensen konden zien dat hij eenzaam was. Dus ze maakten contact met hem. 'Hoe kun je niet zo'n walvis aanraken als hij naar je toe komt?' [4] vroeg Paul Laviolette, een houthakker uit Gold River, die door Luna was benaderd. 'Het was een schitterend gevoel om zo met dat dier te communiceren.' In een documentaire over Luna herinneren talloze mensen zich dat ze haar in de ogen hebben gekeken en een intense band met haar voelden. 'Het lijkt vaak of er een muur is tussen ons mensen en wilde dieren, opgetrokken uit angst en respect,' zei filmmaker Michael Parfit. 'Luna brak die muur af.' Maar alle boten hadden een schroef en bij elke ontmoeting liep zij het risico gewond te raken. In 2006 kwam Luna te dicht bij de schroef van een sleepboot, en stierf.

We maken dus regels tegen het voeren van het wild, aanraken van het wild en vrienden worden met het wild. Maar kan er een morele verplichting zijn om dieren te voeren als ze door onze schuld zijn uitgehongerd? Nadat extreme bosbranden die gerelateerd zijn aan klimaatverandering in 2019 en 2020 door delen van Australië raasden, zeiden deskundigen dat het wel goed was om water te geven aan koala's, voskoesoes en andere dakloos geworden wilde dieren. Maar eten geven voelde als een stap te ver. 'Aanvullende voeding wordt niet aangeraden tenzij habitat en voedselbronnen volledig zijn verwoest, en is alleen geschikt als een tijdelijke noodmaatregel totdat de natuurlijke hulpbronnen zich hebben hersteld,' schreven de biologen.[5] 'Maar laat het over aan deskundigen en overheidsinstanties, die in extreme gevallen zorgen voor speciaal ontwikkeld, wettig toegestaan en qua voedingswaarde geschikt voedsel.'

Na een bosbrand in Californië waren de medewerkers van het Santa Monica Mountains National Recreation Area nog strenger. 'Wilt u dieren helpen na de brand? Benader ze niet & laat alstublieft GEEN WATER OF VOER ACHTER, omdat dit kan leiden tot gewenning & en andere onbedoelde gevolgen,' twitterden ze. 'Dieren in het wild kunnen zich goed redden. Het is tegen de wet om de dieren te verstoren of te voeren op terrein van de National Park Service!' [6]

IJsberen zijn hét symbool geworden van de gevolgen van klimaatverandering voor de niet-menselijke wereld. In 2017 zette *National Geographic* een filmpje online van een uitgehongerde ijsbeer, zijn lange lichaam uitgemergeld en zijn vacht vlekkerig. Het tijdschrift schatte dat het filmpje 2,5 miljard keer is bekeken.[7] Sommige kijkers waren boos dat de filmers niet hadden ingegrepen om de beer te redden. 'Dat kwam natuurlijk wel in mijn hoofd op,' zei fotograaf Paul Nicklen.[8] 'Maar ik loop nu eenmaal niet rond met een verdoofgeweer of vierhonderd pond zeehondenvlees.'

De IUCN (International Union for Conservation of Nature) kwalificeert de ijsbeer als 'kwetsbaar'. Omdat de beren zeehonden eten, waar ze alleen op kunnen jagen als er een dikke laag ijs op de Noordelijke IJszee ligt, 'vormt klimaatopwarming de belangrijkste bedreiging op de lange termijn voor het voortbestaan' van de soort.[9] Een studie naar negen vrouwtjesijsberen, uitgerust met videocamera's om hun gedrag vast te leggen over een periode van tien dagen in het voorjaar, wijst uit dat ze elke tien tot twaalf dagen één volwassen ringelrob, drie jongvolwassen ringelrobben of negentien pasgeboren jongen van ringelrobben moeten eten om niet te vermageren en van honger om te komen.[10] De beren scharrelen aangespoelde walvissen en dode zeehonden op, en besluipen af en toe een prooi, maar ze jagen vooral door te zitten wachten bij een van de luchtgaten die de zeehonden in het ijs maken. Als een zeehond tevoorschijn komt, slaan ze hem met hun machtige poten de schedel in. Maar het zeeijs slinkt met zo'n 14 procent per tien jaar, met dank aan de steeds dikker wordende deken van koolstofdioxide en andere broeikasgassen die wij mensen in onze gedeelde atmosfeer pompen, en het winterijs gaat niet meer zo lang mee als voorheen.[11]

Zoals altijd is de volledige waarheid een stuk ingewikkelder dan deze simpele samenvatting. Deskundigen verdelen de ijsberen in negentien populaties, die elk hun eigen verhaal hebben. Sommige daarvan, zoals de populaties uit de noordelijke en zuidelijke Beaufortzee, worden door IUCN-specialisten gecategoriseerd als waarschijnlijk teruglopend, vanwege de krimp van hun voornaamste jachtgebied in de komende jaren. Maar 72 Inuvialuit-oudsten, die de ijsberen goed kennen omdat de Inuvialuit er al sinds mensenheugenis op jagen, waren het er in een rapport uit 2015 over eens dat 'de algemene gezondheid van de ijsberen en hun aantal in de omgeving van de Beaufortzee tamelijk stabiel blijft.[12] [...] Maar er lijken wel minder echt grote beren te zijn dan halverwege de jaren negentig en de beren zijn ook minder dik.'[13] Sommige ijsberen zullen hun gedrag aanpassen aan het verlies van zeeijs. In ieder geval gaan nu al meer ijsberen op zoek naar voedsel in en rond menselijke gemeenschappen. Ze verzamelen zich bij vuilnisbelten en jagers vinden steeds vaker plastic in hun maag.

In andere subpopulaties lopen de aantallen echter juist op. En veel van de negentien populaties worden beschouwd als *data deficient*, wat betekent dat onderzoekers door een gebrek aan gegevens niet weten of ze afnemen, stabiel zijn of toenemen. De IUCN schat dat er wereldwijd zo'n 26.000 ijsberen zijn, in Noorwegen, Alaska, Groenland, Rusland en Canada, en dat aantal is al enige decennia gelijk.[14] Dus loopt de ijsbeer gevaar of niet? Deskundigen zijn het erover eens dat de ijsbeer niet direct met uitsterving wordt bedreigd, maar de voorspelde afname van het zeeijs kan ervoor zorgen dat het aantal beren in 2050 met 30 procent is gedaald.[15]

Deze statistiek lijkt misschien troostrijk: ijsberen blijven bestaan! Maar achter die 30 procent afname zit een realiteit van uitgehongerde beren, stervende welpen, stress en verdriet en angst voor duizenden beren. Clare Palmer, die als filosoof is verbonden aan de Texas A&M University in College Station, gebruikt de ijsbeer als casestudie om na te denken over het helpen van wilde dieren.[16] Moeten we beren voeren waarvan de kerngebieden, als gevolg van de opwarming van de aarde, kampen met een aanzienlijk verlies van zeeijs? Palmer geeft toe dat het voeren van wilde ijsberen ingaat tegen de overtuiging van veel mensen dat wilde dieren met rust moeten worden gelaten. Palmer noemt dit gevoel de 'laisser-faire-intuïtie'.[17] Als iemand zijn paarden verwaarloost, waardoor ze ziek worden en hongerlijden, eisen wij vol walging dat zo iemand gestraft wordt. Maar als wilde herten tijdens een strenge winter ziek worden of verhongeren, voelen de meesten van ons geen noodzaak tot ingrijpen. Zoals mijn tienjarige dochter zegt: 'Dat gaat ons niet aan.'

De laisser-faire-intuïtie spreekt velen van ons aan. We hebben het over ‘de natuur zijn gang laten gaan’ en ‘geen menselijke sporen achterlaten’. Een grens trekken tussen onszelf en wilde dieren en die grens niet overschrijden, is correct, netjes en klinkt haalbaar.

Palmer denkt dat die intuïtie een kern van waarheid bevat. We hebben andere verplichtingen tegenover onze huisdieren en boerderijdieren dan tegenover wilde dieren. De mensheid heeft de gedomesticeerde dieren mede gevormd en daarom hebben we meer verantwoordelijkheid voor hun welzijn. Wilde dieren zijn niet door ons gevormd, of tenminste niet bewust op die manier. Maar wanneer mensen wilde dieren schade berokkenen, bijvoorbeeld door de bossen waar ze wonen te kappen om er huizen te bouwen, dan schept dit nieuwe verplichtingen jegens die dieren, volgens Palmer.

Zoals we hebben gezien is onze verwevenheid met wilde dieren een stuk lastiger dan hij voor onze verre voorouders was. Door de klimaatverandering, onze verregaande transformatie van planetaire ecosystemen en andere ingrijpende invloed, hebben wij de levensloop van vele wilde dieren bijna net zo sterk bepaald als de levensloop van onze boerderijdieren of huisdieren. Zoals dierenwelzijnexpert Lotta Berg van de Zweedse universiteit voor Landbouwwetenschappen in Skara tegen me zei: ‘Ze zeggen dat we ze met rust moeten laten, maar dat is geen vrijblijvende keuze. Niet ingrijpen is ook een besluit over dierenwelzijn.’

Ten aanzien van de ijsbeer stelt Palmer dat mensen moreel verantwoordelijk zijn voor de gevolgen van klimaatverandering. Ze geeft toe dat ‘nog ter discussie staat hoe deze morele verantwoordelijkheid op welke termijn en in welke mate precies moet worden verdeeld over menselijke naties, bevolkingen en individuen, zoals ook moet worden bepaald wie verantwoordelijk is voor welke actie.’ ‘Maar globaal gesproken,’ zegt ze, ‘hebben mensen de klimaatverandering veroorzaakt en hebben ze daarom een collectieve verantwoordelijkheid tegenover degenen die daardoor schade ondervinden.’

Het idee van collectieve verantwoordelijkheid staat centraal in veel discussies over milieubescherming. Vaak is de specifieke groep mensen die een bepaald probleem hebben veroorzaakt diffuus, onbekend of dood. Buiten de gevallen waarin bepaalde overheden of bedrijven grote milieuschade hebben berokkend, is het meestal niet haalbaar om de juiste daders op te sporen en te dwingen de schade te herstellen. In sommige gevallen, zoals bij de achteruitgang van walvissen, is de meeste schade een generatie terug of nog langer geleden aangericht. Weinig mensen die nu nog leven, hebben met eigen hand een walvis gedood. Maar velen van ons voelen dat 'wij' ergens de verantwoordelijkheid hebben om de walvissen die er nu nog zijn, te beschermen en te koesteren.

Collectieve verantwoordelijk kan verraderlijk zijn. Een manier om de problemen te omzeilen is de focus te verleggen van wie de schade veroorzaakt naar wie nu van de schade profiteert. Zeggen dat 'mensen' klimaatverandering veroorzaken is min of meer correct, want maar heel weinig mensen veroorzaken in hun leven geen broeikasgasuitstoot, hoewel er veel zijn die minder moleculen koolstofdioxide bijdragen dan ik, als modaal verdienende Amerikaan. Maar het lijkt me obsceen om te stellen dat een arm rijstverbouwend gezin in Bangladesh dat een tractor met dieselmotor gebruikt deels verantwoordelijk is voor klimaatverandering en dus iets goed heeft te maken, terwijl door klimaatverandering veroorzaakte overstromingen hun oogst in het veld verwoesten. Maar als we degenen verantwoordelijk houden die *profiteren* van de klimaatverandering, kunnen we het boerengezin met rust laten. In plaats daarvan gaat de grootste portie verantwoordelijkheid naar mensen zoals de directeuren van fossiele-brandstofbedrijven (of naar de bedrijven zelf, in hun juridische hoedanigheid als zogenaamde rechtspersonen), die grote winsten maken met de verkoop van het spul dat de broeikasuitstoot veroorzaakt. Kleinere, maar niet te verwaarlozen porties verantwoordelijkheid gaan naar gezinnen zoals het mijne, die op allerlei manieren hebben geprofiteerd van goedkope energie, onder meer voor hun vakantiereizen of voor een bescheiden pensioen dat komt uit aandelenfondsen die geld verdienen aan de producenten van fossiele brandstoffen.

Zij die voor uitstoot zorgen omdat ze gevangenzitten in een sociaaleconomisch systeem dat is gebouwd op fossiele brandstoffen, maar die niet *profiteren* van klimaatverandering, zijn volgens deze interpretatie van verantwoordelijkheid geen daders maar slachtoffers. Dus in een scenario waarbij wordt gekeken of 'wij' kostbare actie moeten ondernemen om opwarming van de aarde tegen te houden of om te keren, denk ik dat 'wij' moet worden gedefinieerd als de groep mensen die profijt heeft van klimaatverandering.

Laten we terugkeren naar het argument van Palmer. Wat denkt zij dat 'wij' moeten doen met de beren? Ten eerste moeten we ophouden met het verhitten van de aarde, om nog meer schade te voorkomen. Maar dat lost het probleem met het zeeijs niet meteen op. Zelfs als we ons gedrag verbeteren en *morgen* de uitstoot stoppen, zit er nog wat opwarming in het systeem gebakken en het duurt lange tijd voor de trend kan worden gekeerd. Palmer zegt dat er in de tussentijd goede redenen zijn om de ijsberen niet zomaar te laten verhongeren. Haar favoriete reden is dat dit onrechtvaardig zou zijn tegenover de beren. IJsberen zijn bewuste wezens die schade ondervinden van klimaatverandering en er op geen enkele manier van hebben kunnen profiteren. Glenn Kellow, de CEO van Peabody Energy, 's werelds grootste particuliere kolenmaatschappij, nam in 2019 bijna acht miljoen dollar mee naar huis, en dat er ijsberen sterven van de honger is daarvan deels het gevolg. Zelfs een kind kan je vertellen dat dat onredelijk is.[18]

Je kunt het argument van de rechtvaardigheid ook formuleren in termen van rechten. Als iedereen, zoals we hiervoor lazen, aanspraak mag maken op rechten, dan is rechtvaardigheid de praktijk om ervoor te zorgen dat iedereen die ook krijgt. De rechten die hier geschonden worden, zijn de rechten van ijsberen op toegang tot voedsel, op gezondheid en op leven. En Palmer zegt dat, ook al houd je niet van het rechtvaardigheidsargument, er nog steeds goede redenen zijn om de beren te helpen, gebaseerd op utilitaristische overwegingen over lijden of het verlangen niet te verhongeren.

Maar hoe je er ook over denkt, het feit dat er goede redenen zijn om te helpen betekent nog niet dat er geen goede redenen zijn om *niet* te helpen. Sommige zijn heel praktisch. Hoe en wat moeten we de beren voeren? Voederstations zouden ver van menselijke gemeenschappen moeten worden geplaatst, omdat de beren anders een gevaarlijke overlast kunnen vormen. En moeten wij zorgen voor een vaste aanvoer van zeehondenvlees? Want als dat zo is, moeten we zeehondenjagers in dienst nemen en... maar wacht eens even. Zeehonden zijn toch ook bewuste wezens?

Dit roept een probleem op dat veel groter is dan alleen dit specifieke geval: door roofdieren te helpen hun behoeften te bevredigen, genot te ervaren of hun aangeboren vermogens te ontplooien, hoe je het maar wilt noemen, lijkt het noodzakelijk om ze toe te staan of zelfs te helpen andere bewuste wezens te doden. Toen ijsberen en andere roofdieren nog gewoon dieren waren die hun ding doen, was dit nog niet onze zorg. Maar nu zo veel roofdieren te lijden hebben onder de jacht, klimaatverandering, verlies van habitat en andere factoren waarvoor we collectieve verantwoordelijkheid dragen, wordt onze verantwoordelijkheid om voor hen te zorgen groter. Voor roofdieren zorgen betekent echter dat we het mogelijk voor hen maken om te jagen, te doden en te eten. Zo was het voor het alom geprezen fokprogramma in gevangenschap dat de zwartvoetbunzing heeft gered, bijvoorbeeld nodig dat natuurbeschermers duizenden prairiehonden, goudhamsters en andere kleine zoogdieren doodden om hen te voeden. Dat is inderdaad een moreel dilemma.

In het geval van de ijsbeer, zegt Palmer, kun je dit probleem omzeilen. IJsberen zouden ook gevoerd kunnen worden met bijproducten van slachthuizen, het vet en beendermeel dat mensen niet eten en gewoonlijk wordt gebruikt voor huisdiervoer en kunstmest. Als mensen vlees blijven eten, zegt ze, dan is het gebruik van vleesafval ethisch minder problematisch dan het doden van zeehonden om de beren te voeren. Ze bedenkt zo een pragmatische omweg die het ethische probleem van de vleesindustrie zelf nog niet oplost. Je zou je een oplossing kunnen voorstellen waarbij plantaardige voedingsstoffen worden ontwikkeld die voor beren zowel lekker als voedzaam zijn. Maar los daarvan zal het probleem van de predatie telkens weer de kop opsteken.

Palmer voegt eraan toe dat de beren die wij redden van de hongerdood zich tijdens de ijsvrije periode kunnen herstellen, om gewoon weer een stel zeehonden op te eten zodra er weer ijs is. Zijn wij dan schuldig aan de dood van die zeehonden? Utilitaristen zullen willen weten hoe het leed van de hongerige ijsberen moet worden afgewogen tegen het leed van de zeehonden die ze later opeten. Als elke beer meer dan één zeehond doodt en opeet, dan opperen zij misschien dat het pijnloos afmaken van de beren ethisch gezien beter zou zijn. Moraalfilosofen zouden kunnen aanvoeren dat het bijvoeren het aantal beren juist op peil heeft gehouden in plaats van te laten instorten, zodat het predatiegevaar voor de zeehonden gelijk is gebleven en wij hun dus geen onrecht hebben aangedaan.

Maar ecologie is uiterst complex. Het is met ons huidige kennisniveau vrijwel onmogelijk om de indirecte effecten van het lokaal uitsterven van ijsberen te beschrijven in relatie tot het leed en genot van alle bewuste wezens in hun voormalige invloedsfeer.

Je zou ook als bezwaar kunnen aanvoeren dat het voeren van de beren 'onnatuurlijk' is. Zoals ik al eerder heb gezegd, beschouw ik 'natuurlijkheid' op zich niet als iets waardevols. Maar de autonomie van individuen wel. Dus ik deel de zorg dat het voedselprogramma 'berengedrag op zo'n manier kan veranderen dat het hun welzijn in een later stadium schaadt door een verminderde doelgerichtheid of een toename van hun lijden, mochten de beren door het bijvoeren niet meer in staat zijn of geen zin hebben om zelf te jagen', zoals Palmer zegt. Je zou je kunnen voorstellen dat er gedurende steeds langere periodes wordt bijgevoed, totdat de wildbeheerders op een dag beseffen dat ze de beren het hele jaar aan het voeren zijn, en dat er nu honderden of misschien wel duizenden kolossale carnivoren zijn die voor hun dagelijkse portie van 12.325 calorieën van hen afhankelijk zijn.[19] Zulke beren kunnen hun jongen misschien niet meer leren hoe ze moeten jagen, zodat ze opgroeien als hopeloos ongeschikte roofdieren, en het zou zelfs kunnen dat de evolutie ten slotte een hoge dichtheid van ijsberen selecteert die gedijen op varkensvet.

Zo'n afhankelijkheid zal de beren op zich misschien niet deren, maar wij kunnen niet weten hoe een onvervuld verlangen naar de jacht of naar het in eenzaamheid grote afstanden afleggen voor een ijsbeer voelt. Het zou ze hoe dan ook kwetsbaar maken. Als ons hypothetische Project IJsbeer geen subsidie meer zou krijgen en er was opeens geen varkensvet meer of Vega IJsbeer Voer, dan zouden die toekomstige beren een groot probleem hebben.

Maar stel dat zo'n voedselprogramma wel degelijk zou zijn gefinancierd en eeuwig zou doorlopen, dan doet de gedachte dat beren het hele jaar door gevoerd worden een beetje denken aan wat de schrijvers van *The Condor Question* bedoelden. Het zou de waardigheid van de beren aantasten.

Eén manier om na te denken over onze relaties met wilde dieren is hun gemeenschappen te beschouwen als soevereine naties, zeggen de filosofen Sue Donaldson en Will Kymlicka, verbonden aan de Queen's University in Ontario.[20] 'Dit betekent dat als mensen hun territorium bezoeken, ze dit niet doen in de rol van rentmeesters en beheerders, maar als bezoekers van een buitenland,' schrijven ze.[21] 'Een soevereine gemeenschap heeft zowel het recht om vrij te zijn van kolonisering, bezetting en uitbuiting, als van paternalistische bemoeienis van buitenaf.' Vanuit deze optiek betekent een permanente afhankelijkheid van mensen zoiets alsof een gemeenschap van ijsberen wordt overgenomen door een ander land. Je zou er zelfs een soort kolonisatie in kunnen zien.

Wilde dieren gedijen in gemeenschappen die bestaan uit hun eigen en andere soorten. Wanneer mensen hun grondgebied willen ontwikkelen, zeggen ze vaak dat dat 'leeg' is of 'ongebruikt'. Donaldson en Kymlicka citeren milieudeskundige Jennifer Wolch die zegt dat de doctrine van het 'terra nullius' expliciet door kolonisten is gebruikt om de landrechten van inheemse volken te negeren. Donaldson en Kymlicka zeggen dat het respecteren van de soevereiniteit van wilde dieren echter niet betekent dat je je nooit in hun territorium mag begeven, of je niet met hun zaken mag bemoeien. 'Dieren zijn geëvolueerd om in deze omstandigheden te overleven en zijn competent genoeg om hiermee om te gaan,' schrijven ze.[22] Maar hoewel 'respect voor hun soevereiniteit [...] verbiedt dat wij systematisch ingrijpen in hun predatie of natuurlijke voedingscycli', zou een doordachte vorm van hulp die 'een gemeenschap in staat stelt zich te herstellen' ethisch aanvaardbaar kunnen zijn.[23] Interventies zoals het helpen van dieren die lijden onder vervuiling of klimaatverandering of zelfs een dodelijk virus, zouden lijken op 'buitenlandse hulp' aan naties die zijn getroffen door een grote ramp. Dus als er zorgvuldig mee wordt omgegaan, zou een voedselprogramma aanvaardbaar kunnen zijn. Per slot van rekening heb je niet veel aan soevereiniteit als je dood bent.

Freya Mathews, filosoof aan de La Trobe University van Melbourne in Australië, zegt dat 'als er geen mogelijkheid is om de habitat te herstellen, we wilde dieren de kans zouden moeten geven om zich aan te passen aan een door mensen beïnvloede omgeving en hen zelf te laten kiezen', een keuze die zij 'de ultieme uitoefening van wilde soevereiniteit' noemt.[24] Dus voor Mathews is het in orde om ijsberen voedsel aan te bieden wanneer hun jachtgronden smelten. Als ze het aannemen, kan dat het begin zijn van een eeuwig of op zijn minst langdurig verbond tussen onze soorten.

Natievorming is een overtuigende metafoor, een manier om de laisser-faire-intuïtie te begrijpen zelfs als je, zoals ik, niet overtuigd bent van de waarde van 'wildheid', opgevat als 'afwezigheid van menselijke invloed'. Zelfs Tom Regan heeft het over wilde dieren als 'andere naties'. Soevereiniteit gaat over fysieke autonomie, niet over genetische of ecologische zuiverheid.

Behalve compassie voor leden van dierennaties zijn er nog andere redenen om uitgehongerde ijsberen te helpen. Palmer schrijft dat 'een poollandschap *met* ijsberen kan worden beschouwd als natuurlijker dan een poollandschap zonder'. Maar gezien alles wat we weten over het woord 'natuurlijk', denk ik dat het nuttiger is om te zeggen dat een poollandschap met ijsberen *aantrekkelijker is voor mensen* dan een poollandschap zonder. De liefde van mensen voor ijsberen zou in deze discussie moeten meetellen. De Inuvialuit willen op ze jagen en naar ze kijken. Talloze mensen willen ze zien in hun eigen arctische habitat, of misschien willen ze ze eigenlijk niet zien, maar gewoon weten dat ze daar ergens rondlopen, ivoorwit tegen hagelwit, de lange nekken uitgestrekt en gevolgd door hun welpen. Ik denk dat zo'n soort subjectieve eindwaarde ook moet worden meegewogen.

Ik ben het met Palmer eens dat onze enorme invloed op de nu levende, niet-menselijke dieren een toegenomen verantwoordelijkheid met zich meebrengt. Wij hebben als collectief de wereld waarin al deze bewuste wezens wonen gemaakt en we hebben op zijn minst een plicht jegens hen. Wat die plicht inhoudt, blijft een vraag. Hoe brengen we onze grotere verantwoordelijkheid tegenover de niet-menselijke wereld in evenwicht met het respecteren van de autonomie of soevereiniteit van niet-mensen, terwijl we tegelijk proberen nederig te zijn? Als we te weinig doen, blijft het een onrechtvaardige wereld waarin niet-mensen lijden, maar als we te veel doen zijn we arrogant en dominant. En dit is wat mij het meest verontrust: wat als er geen gulden middenweg is?

'Helaas moeten we in deze situatie kiezen uit twee kwaden,' concludeert Palmer. Ze besluit dat er meer informatie nodig is over de effecten van het bijvoeren en stelt een voedseltest voor, als zo'n voedseltest ten minste acceptabel is voor de inheemse gemeenschappen in het gebied.

Dat laatste punt is belangrijk. We hebben ter sprake gebracht dat mensen wellicht verplichtingen hebben tegenover individuele dieren die zijn geraakt door klimaatverandering, en dat het niet meer dan rechtvaardig is om ze te helpen. Uiteraard kunnen mensen ook verplichtingen hebben tegenover individuele *mensen* die zijn geraakt door klimaatverandering, want de inheemse bevolking van het arctische en subarctische gebied wordt geconfronteerd met grote en snelle veranderingen in hun ecosystemen, die hun economische en culturele veiligheid bedreigen. De *climate justice*-beweging maakt zich nadrukkelijk sterk om de zorgen over klimaatverandering weg te halen bij alleen koraalriffen of ijsberen, om te focussen op de talloze mensen die erdoor geschaad zijn of geschaad gaan worden. Bij het doordenken van complexe problemen inzake milieu- en dierenwelzijn moeten we altijd rekening houden met de mensen die erbij betrokken zijn, en er zijn bijna *altijd* mensen bij deze zaken betrokken. Mensen zijn vrijwel overal te vinden en verdienen ook rechtvaardigheid en verzorging.

Het voeren van wilde ijsberen lijkt een grote stap, alsof we een onzichtbare grens overschrijden tussen de wereld van de mens en die van de wilde dieren. Maar het zou passen in een lange lijst van andere acties die wij ondernemen om voor wilde soorten te zorgen. Zulk ingrijpen is zo gewoon geworden dat er zelfs een naam is voor de betrokken dieren:

'beschermingsafhankelijke soorten'. In een recent verschenen boek wordt dit verschijnsel als volgt gedefinieerd: 'Een soort is beschermingsafhankelijk wanneer het blootstaat aan blijvende bedreigingen en vraagt om langdurig beheer om uitsterving te voorkomen of om de populatie op peil te houden.'[25] Dit zijn soorten die we niet zomaar met rust kunnen laten, als we willen dat ze blijven leven. Bij deze soorten is ingrijpen noodzakelijk, in elk geval voor een bepaalde duur. Een studie uit 2010 naar de 1136 soorten die vallen onder de Endangered Species Act in de Verenigde Staten wees uit dat 84 procent langdurig beheer nodig heeft.[26]

Condors, zelfs condors 'in het wild', vereisen constante en kostbare aandacht om te voorkomen dat ze weer wegzakken. Andere beschermingsafhankelijke soorten worden behandeld wegens ziektes. Weer andere worden beschermd door hun predatoren te ruimen. En sommige worden bijgevoerd.

De *Nectophrynoides asperginis* is een heel klein kikkertje uit de familie padden, dat leeft in de nevels die opstijgen uit de Kihansiwatervallen in Tanzania.[27] Toen er een dam werd gebouwd die ervoor zorgde dat de watervallen niet langer de nevels veroorzaakten die de padden vochtig hielden, hebben conserveringsbiologen er een sproei-installatie aangebracht.

De habitat van de vlindersoort *Speyeria zerene hippolyta*, of Oregon *silverspot*, bestaat uit grasland langs de kust.[28] Omdat dat niet meer door branden of elanden open werd gehouden, wordt het nu gemaaid en incidenteel in brand gestoken, en er worden elk jaar viooltjes geplant waarmee de vlinder zich kan voeden. Ook worden enkele vlinders in gevangenschap opgekweekt en eens per jaar vrijgelaten, een programma dat deels wordt gefinancierd met de verkoop van Pelican Brewing's Silverspot IPA.

Grévyzebra's, of *loiborkoram* in de taal van de Samburu, zijn de grootste wilde dieren binnen de paardenfamilie.[29] Er zijn er nog maar tweeduizend van over in Kenia en Ethiopië. Door overbegrazing en droogte zijn hun voedselgronden droog en dor geworden, dus natuurbeschermers leggen er in de droogste jaren duizenden balen hooi neer. De zuidelijke witte neushoorn wordt voortdurend beschermd tegen stropers en wordt van wildpark naar wildpark verplaatst om inteelt te voorkomen.[30] Dit zijn maar een paar voorbeelden uit vele.

Als we er eenmaal aan gewend zijn geraakt om in te grijpen, is het soms moeilijk om te weten wanneer terughoudendheid beter is. In bepaalde gebieden trekken grizzlyberen door de klimaatverandering naar het noorden terwijl tegelijkertijd de ijsberen aan land komen, waardoor deze familieleden bij elkaar in de buurt komen.[31] De twee soorten zien er heel anders uit en leiden heel verschillende levens, maar ze zijn eigenlijk nauw verwant. Hun genetische stamboom is pas vijfhonderdduizend jaar geleden gesplitst.[32] Nu ze op elkaar stuiten, duikt er soms een hybride beer op. En doordat ijsberen en grizzlyberen genetisch zo op elkaar lijken, zijn deze hybrides vruchtbaar. Hier worden onze culturele ideeën over de zuiverheid van soorten en stabiele ecosystemen opnieuw op de proef gesteld doordat de eindeloos dynamische, niet-menselijke wereld zich aanpast aan onze invloed.

Moet hier iets tegen gedaan worden? Moet de oprukkende *Ursus arctos* worden afgeschoten, ook al is hij een 'klimaatvluchteling', omdat hij een bedreiging vormt voor de zuiverheid van de soort *Ursus maritimus*? Moeten we de beren gewoon laten paren als ze dat willen en hun soevereiniteit respecteren? Maakt het uit als hun hybride nakomelingen evolutionair gezien minder sterk zijn dan hun ouders?

Er is een amfibisch geval dat ons misschien kan helpen. De bedreigde salamander *Ambystoma californiense* is een lid van de familie molsalamanders en komt uit Salinas Valley in Californië. Deze soort heeft gepaard met geelgeblokte tijgersalamander die zestig jaar terug is uitgezet als lokaas voor het vissen op baars. De twee salamandersoorten hebben zich zo'n vijftig miljoen jaar geleden afgesplitst van een gemeenschappelijke voorouder, maar konden nog steeds succesvol paren. Onderzoekers beschouwden de tijgersalamander aanvankelijk als een bedreiging en presenteerden hem ook als zodanig toen de Californische molsalamander in 2004 op de lijst van bedreigde diersoorten werd gezet. Wetenschappers ontdekten echter dat de hybride soorten een grotere overlevingskans hebben dan de 'zuivere' soorten.[33] Of je hiernaar kijkt als een tragisch voorbeeld van genetische vervuiling, of als een succesverhaal over genetisch voordeel, zo schreven de wetenschappers, hangt af van je mening over 'het nut van genetische zuiverheid als een natuurbeschermingsdoel'.

Stel dat de beste manier om de ijsbeer te redden niet het bijvoeren is, maar het toegang verschaffen tot de genenpool van zijn meer flexibele en aardse verwant? Wat zou meer voor ons betekenen, een zuivere witte ijsbeer die we eten geven of een grijsbruine noordelijke beer die onafhankelijk van ons kan voortbestaan?

Ik denk dat zowel het toestaan van hybridisatie als het voeren van ijsberen ethisch aanvaardbaar kan zijn, als het goed gedaan wordt. Een essentieel criterium bij het voedselprogramma is de toestemming en betrokkenheid van de Inuvialuit en, bij andere soorten, van andere inheemse groepen die vanouds een relatie met de beer hebben. Ik zou me met zo'n voedselprogramma ook meer op mijn gemak voelen als het tijdelijk is en bedoeld om de ijsberenpopulatie 'weer op eigen poten te zetten', zoals Donaldson en Kymlicka zeggen. Maar gezien mijn neiging om over natuurbeschermingsproblemen te denken in termijnen van millennia, kan 'tijdelijk' wel duizend jaar duren.

Door het lezen van Palmers onderzoek stelde ik mij een dag in de toekomst voor, lang na onze dood, waarin klimaatverandering niet alleen is stopgezet maar zelfs met succes is teruggedraaid. Er is weer zee-ijs en er kan goed op zeehonden worden gejaagd. Nadat de ijsberen generaties lang volledig afhankelijk zijn geweest van voederstations, hebben wetenschappers enkele populaties opnieuw geleerd te jagen, een beetje zoals de Adamsons deden met Elsa. De ijsberen maken steeds minder gebruik van de aanvullende voeding en ten slotte wordt het voedselprogramma beëindigd. De mensen hebben er een goed gevoel bij. Ze hebben deze beren door een benauwde tijd geloodst. Hun hulp is nu niet meer nodig.

Er wordt een afscheidsceremonie georganiseerd. Medewerkers van Project IJsbeer zingen gehuld in dikke parka's een paar liedjes voor de laatste paar beren, die ze namen hebben gegeven en waarvan ze zijn gaan houden als individuen. Plaatselijke bewoners draven op met hun kinderen, er is taart en punch. Het personeel brengt nog een laatste bord eten voor de beren, met een geperfectioneerde plantaardige voedingsstof. Dan openen ze de poort en jagen ze de beren voorzichtig naar buiten. Terwijl de beren weglopen, lange schaduwen werpend op het ijs, vegen de mensen hun bevroren tranen weg, pakken hun spullen in en gaan naar huis.

10

De punt van de pijl

Het doden van een dier is geen kleinigheid. Om van een denkend iets, een dromend iets, een 'subject-van-een-leven' zoals Tom Regan het noemt, een hoeveelheid vlees en vacht te maken is een daad van veel gewicht. Maar het is ook doodgewoon. We jagen al duizenden jaren. De geschiedenis van de jagende mens zien we terug in grotschilderingen en in onze botten, die gevonden zijn tussen die van de dieren die we gedood hebben, met de zichtbare sporen van ons slagersgereedschap.

Een paar jaar geleden ging ik op een drukkende dag in november jagen op apen in het Manú National Park in Peru, een gigantisch stuk beschermd regenwoud en een van de meest biodiverse plekken op aarde. We ging rond kwart over zes 's ochtends op pad, na een ontbijt van vis en visbouillon. Elias Machipango Shuverireni, die was gewapend met een boog van palmhout en pijlen met scherpe punten van bamboe, zou het daadwerkelijke schieten op zich nemen.[1] Ik moest al mijn energie en concentratie gebruiken om hem bij te houden en niet uit te glijden in de modder, te struikelen over de wortels van een vijg of een liaan in mijn gezicht te krijgen.

Manú National Park is gecreëerd in 1973 en wordt relatief weinig bezocht door mensen van elders. Het is niet makkelijk om er te komen, de meest gebruikte route omvat een tien uur durende autorit door de Andes, over een angstaanjagende weg, gevolgd door vijf uur in een gemotoriseerde kano over de rivier Alto Madre de Dios naar de monding van de rivier Manú. Vanaf daar gaat het nog twee tot vijf dagen (afhankelijk van het waterpeil) per gemotoriseerde kano naar Machipango's nederzetting in Sarigemini.

Machipango behoort tot een inheemse stam die de Matsigenka heet, waarvan een kleine duizend leden in het reservaat wonen, voornamelijk op de oevers van de Manú en de zijrivieren. Zij wonen in een gedeelte dat niet toegankelijk is voor toeristen. Alle inheemse bewoners hebben het recht planten en dieren voor eigen gebruik te oogsten, maar ze mogen die niet verkopen zonder speciale toestemming, en ze mogen niet jagen met geweren. Machipango en zijn familie verbouwen maniok, katoen en andere gewassen op een kleine open plek aan de Yomibatorivier, waar een paar gebouwen met alleen een dak van palmbladeren staan. De familie vist en verzamelt fruit en geneeskrachtige planten. En ze jagen, vooral op spinapen en wolapen, het favoriete voedsel van de Matsigenka.

Zo is het lange tijd geweest, maar de Matsigenka nemen in aantal toe, wat sommige biologen die veel van het reservaat houden zorgen baart. Stel dat de bevolking blijft groeien? Wat als ze geweren gaan gebruiken? Kan de apenpopulatie dat overleven? En hoe zal het regenwoud veranderen zonder deze apensoorten, die de zaden van de fruitbomen verspreiden terwijl ze al snoepend door de jungle trekken?

Manú National Park wordt doorkruist door tapirs, omkranst door zwermen rode ara's, dooraderd met slangen. Tweeënnegentig soorten vleermuizen schieten door de nachtelijke hemel. Overal zijn vlinders: kobaltblauwe en tomaatrode pages, reusachtige blauwe morpho's en kleine glasvleugelvlinders. En op elk verticaal en horizontaal stukje zitten mieren: bladsnijdersmieren als een optocht van groene zeilbootjes, stekende kogelmieren die als leeuwen over de grond sluipen. 's Avonds schittert het gebladerte naast het pad in je hoofdlamp door een soort sterretjes van elfenstof: de glinsterende ogen van honderdduizenden insecten.

Machipango heeft zwart krullend haar en een indringende blik. Op de dag dat we gingen jagen droeg hij een groen voetbalshirt, een korte broek en sandalen die waren gemaakt van oude autobanden. In gezelschap van zijn schoonzoon Martin, zijn dochter Thalia en zijn tienerkleindochter

Maria staken we zijn veld over en drongen we het oerwoud binnen. Martin was net als Machipango gewapend met pijl en boog. Thalia droeg een handgeweven doek om daarin planten mee terug te dragen. Glenn Shepard, een antropoloog die al meer dan dertig jaar tussen de Matsigenka woont en werkt, was er ook bij. Hij is misschien wel de enige nog levende persoon die de taal van de Matsigenka naar het Engels kan vertalen. Ik was heel blij dat ik hem had kunnen overhalen mee te gaan. We liepen weg van de rivier, over het veld van de familie, en stapten de jungle in.

John Terborgh, een ecoloog van de Duke University in North Carolina die zich tientallen jaren met Manú heeft beziggehouden, hoopt dat de Matsigenka het reservaat zullen verlaten, op vrijwillige basis uiteraard, omwille van het wild en ook voor hun eigen economisch belang. 'Vind je dat permanente nederzettingen thuishoren in natuurreservaten?' vroeg ik toen ik hem interviewde in Cocha Cashu, zijn veldstation in Manú. 'Nee. Wat dat betreft ben ik een voorstander van het Amerikaanse model. Zou je willen dat er dorpen en boerderijen zijn in Yellowstone Park of in de Smoky Mountains?'

Maar bij het beeld dat de Matsigenka zelf hebben van Manú horen ook Matsigenka. Terwijl Terborgh en andere westerse biologen uit een cultuur afkomstig zijn die de mens scheidt van de 'natuur', zowel filosofisch als in het natuurbeschermingsbeleid, zien de Matsigenka wat men 'natuur' noemt als onderdeel van een vermenselijkte sociale orde. Zij jagen op apen, jaguars jagen op mensen. Essentiële planten en dieren hebben een geest en een wil, net als mensen, en daartussen bestaat geen harde grens. Veel van hun verhalen spelen zich af in een tijd dat de dieren allemaal 'mensen' waren. Veel dieren zijn zelfs nog mensen. Slangen zijn de pijlen van onzichtbare jagers, die op mensen jagen, want zij zien er voor de onzichtbare mensen op hun beurt als prooidieren uit.[2]

En zolang de Matsigenka geen vuurwapens gebruiken, zegt Shepard, doet hun jacht ook niet veel schade. Hij en zijn collega's hebben aan 99 jagers gevraagd bij te houden hoeveel dieren ze hebben gedood, hoeveel er zijn ontkomen en hoelang ze hebben rondgetrokken om ze te vinden. Ze ontdekten dat de Matsigenka op vijf diersoorten zo intensief jagen dat het in de loop der tijd gevolgen zou kunnen hebben voor hun populaties:

spinapen en wolapen, witlippekari's en twee vogelsoorten, de mesbekpauwies and Spix' sjakohoen. Maar geen van deze soorten nam in aantal af. Ze ontdekten ook dat zelfs als de Matsigenkabevolking in de komende vijftig jaar snel zou groeien, niet meer dan 10 procent van de spinapen in het reservaat zou verdwijnen, tenzij de jagers vuurwapens zouden gebruiken. Met geweren kunnen ze op een paar dagen lopen van hun dorpen in korte tijd alle apen in het woud neerhalen. De Matsigenka begrijpen dat. Ze hebben de treurige, lege natuurparken waar mensen jagen met geweren gezien of erover horen vertellen, en ze weten dat een kortstondige piek in de aanvoer van vlees zou worden gevolgd door een langdurig gebrek aan prooien. Dit inzicht kan verklaren waarom zij het wapenverbod respecteren terwijl er nauwelijks op wordt gehandhaafd. Shepard denkt dat vuurwapens ook een einde zouden maken aan veel van de rituelen rondom de jacht en dat is misschien nog een reden waarom zij geen vuurwapens gebruiken.

Na vijf minuten lopen hoorden we het roepen van stoffige springaapjes, maar ons gezelschap liep door. Alleen pre-tieners schieten op springapen, bij wijze van oefening. Weer vijf minuten later hoorden we een troep kapucijnapen. Machipango bleef even staan, tilde zelfs zijn boog op, maar liet ze gaan. Het was hem om de spinapen en wolapen te doen. We maakten een toer langs fruitbomen, zoekend naar tekenen dat onze prooien zich er tegoed hadden gedaan, en binnen een kwartier zagen we de sporen. Maar de apen zelf waren ongrijpbaar, en we liepen verder. Na ongeveer een uur zei Thalia dat ze spinapen hoorde, *osheto* in het Matsigenka. Haar gezicht gloeide van opwinding toen ze met gedempte stem hun verblijfplaats beschreef. De jacht was begonnen.

Met pijl en boog op apen jagen is razend moeilijk. De dieren zitten in de dichtbegroeide, ingewikkelde boomtoppen tot wel dertig meter boven de grond, en springen met grote snelheid van tak tot tak. De jager moet bijna recht naar boven schieten, naar een grillig bewegend doel. Zelfs het jagen op dieren op de grond, zoals everzwijnachtige pekari's of dikke tapirs langs de rivier, kan in het oerwoud heel lastig zijn. Daarom hebben de Matsigenka een uitgebreide reeks medische rituelen om hun jachtvermogens te verhogen.

Om goed op de jacht te zijn voorbereid, legde Shepard uit, moet je *ayahuasca* nemen, een psychoactieve combinatie van twee oerwoudplanten die een krachtige drank oplevert. Van het medicijn moeten de jagers overgeven, zodat ze worden gereinigd van schadelijke, spirituele invloeden. Het opent ook een communicatiekanaal tussen de jager en de geesten die het wild beheersen en bezitten, en die je om hulp kunt vragen. De volgende ochtend zijn ze gezuiverd en klaar om op pad te gaan. Extra steun kan worden verkregen door het vocht van bepaalde bosplanten in de ogen te druppelen, of door het kauwen op een bepaalde grassoort, *piri-piri* genoemd. Maar succes is nooit gegarandeerd.

We volgden Thalia's sporen naar een troep spinapen: donkere vormen met lange ledematen die zich snel en hoog boven ons voortbewogen. Machipango maakte vaart. Ik moest mijn best doen om hem bij te houden en voelde me, zoals zo vaak in Manú, onhandig en incompetent. Het is moeilijk om te kijken waar je loopt en tegelijk de dieren hoog boven je hoofd in de gaten te houden. Machipango haalde een vrouwtjesaap in, richtte en schoot een pijl af. Hij miste en de apen gingen ervandoor. Als hij een geweer had gehad, was de aap nu dood geweest.

Na vijf uur jagen tuurden Machipango en zijn familie nog altijd in de boomtoppen, op zoek naar apen. Je zo intens moeten concentreren in een visueel complexe omgeving is uitputtend. Alles zag eruit als een aap: een dode bromelia in de holte van een boom, de schaduw van een tak, een vogel die opvloog. Mijn geest was zo druk bezig met het zoeken naar apen, dat ik helemaal geen ruimte had om me af te vragen of ik wel wilde dat we er een zouden vinden. En lichamelijk was ik ook moe. Ik rekende uit dat we een hele troep apen zouden moeten doden en opeten om alle verbrande calorieën goed te maken. Maar natuurlijk gaat het jagen niet alleen over calorieën, maar heeft het ook een culturele en sociale functie. De jacht voorziet in specifieke voedingsstoffen, het vlees levert de jager sociale status, iets waardevols om te schenken of te verhandelen en, niet te vergeten, het ruwe materiaal voor jachtverhalen.

Over een bergrug trekkend vonden we een geheimzinnig en viezig voorwerp, een bergje groene bladeren doordrenkt met een donkere vloeistof en overdekt met vliegen. Martin, de schoonzoon van Elias, legde uit dat jaguars bladeren eten en uitbraken om zichzelf daarmee te reinigen, 'net als wij, om betere jagers te worden'. Er vlakbij wees Machipango op een plek die nat was van jaguarurine. Shepard fluisterde opgewonden in het Engels: 'Dat is verse pis.'

Machipango zei dat de jaguar ons waarschijnlijk gezien had toen we er een half uur eerder langs waren gelopen. Terwijl hij dat zei klonk er in het oerwoud opeens een doordringend, opgewonden gekrijs: de speciaal voor jaguars voorbehouden alarmroep van een onzichtbare troep wolapen op een paar meter afstand van de bergrug.

Die roep betekende dat er een jaguar in de buurt was. De jagers verstarden. Ik voelde een stoot adrenaline van mijn voeten naar mijn kruin schieten. Vol afgrijzen begreep ik dat de kansen van deze dag gekeerd waren. Urenlang had ik lopen zoeken naar warmbloedige dieren om te doden en op te eten. Nu zat een ander dier hoogstwaarschijnlijk naar mij te kijken als een warmbloedig dier dat hij of zij eventueel kon doden en opeten. Het vlees rond mijn sidderende botten was voedsel geworden.

Machipango ging kalm op een boomstronk zitten en stak zijn hand in een tas van boomschors. Hij haalde er een paar piri-piriwortels uit en begon erop te kauwen. Shepard heeft dit gewas vrij gedetailleerd bestudeerd en ontdekte dat de soorten die worden geteeld voor medicinaal gebruik vol zitten met psychoactieve schimmels van moederkoren. Hij heeft het ooit zelf toegediend gekregen vanwege zware hoofdpijn, en kwam erachter dat de stof hem een urenlange hyperconcentratie gaf. 'Jungle Ritalin', noemt hij het. Toen hij voldoende onder invloed was kwam Machipango overeind, met de pijlen in zijn hand, en stortte zich in de dichte vegetatie richting de kreten van de wolapen. Hij wilde een wolaap neerhalen en liefst ook de jaguar. Je kon hem beter doden dan afschrikken, zo dicht bij huis. Jaguars doden kinderen.

De rest van ons wachtte af en sloop toen zo zacht mogelijk over het pad achter Machipango aan. Even later ging de hemel open. Regen schoot uit de lucht met de kracht van een hogedrukspuit. Het lawaai van onze bewegingen werd volledig overstemd door de kakofonie van regendruppels die op miljoenen glimmende bladeren kletterden, terwijl we wegholden van de onbeschermde bergrug en schuilden onder het dikkere bladerdak om daar op de terugkeer van Machipango te wachten. Hij verscheen een paar minuten later, breed grijnzend, volledig overvallen door het plotselinge noodweer. Later zou hij met de nodige zelfspot terugkomen op het verloop van de jacht, bij een kom masato en pittig cassavebier.

De jacht was een mislukking. Als Elias kleine kinderen had gehad, zou dat gebrek aan succes hebben betekend dat de baby's in zijn gezin veilig waren. Na het jagen is de eerste prioriteit van de Matsigenkajager aan zijn vrouw laten weten welke diersoort hij gedood heeft. Zij zal dan een geneeskrachtig bad vullen met geurige kruiden en grassen die specifiek bij die diersoort horen en daarin de kleine kinderen wassen, die het risico lopen ziek gemaakt of gedood te worden door de wraakzuchtige geesten van de prooi. De Matsigenka wonen in een woud waar zij maar één van de vele soorten zijn die aan eten proberen te komen, en zij zijn niet de enigen met spirituele kracht.

Terug in zijn huis kon Machipango zijn vrouw geen apenvlees geven. Maar bij het vuur zat een babyspinaap zich te warmen. De Matsigenka vinden het leuk om dieren uit het bos tot huisdier te temmen. Als ze erin slagen een spinaap te doden, gaat het vaak om een vrouwtje dat door haar jong niet snel genoeg kon vluchten en soms nemen ze het verweesde dier dan mee naar huis. Huisaapjes worden vaak aan de riem gehouden, gevoerd, geaaid en vertroeteld. Maar eenmaal volwassen worden ze doorgaans losgelaten en teruggezet in het bos waar ze vandaan komen. Als een Matsigenkajager later tijdens de jacht zijn vroegere huisdier zou tegenkomen en herkennen, wordt het gespaard. Maar zijn kinderen en kleinkinderen zouden er minder goed vanaf komen.

De gewoonte om gezelschapsdieren te houden zorgt er dus voor dat de gebieden in de buurt van de dorpen worden herbevolkt met prooidieren, hoewel niemand dit, desgevraagd, als motivatie opgaf. Ze zeiden wat elke katten- of hondeneigenaar zou zeggen: dat ze het leuk vonden om voor een ander schepsel te zorgen. De huisdieren waren gezelschap. De voornaamste verzorgers van de huisdieren waren vrouwen die uit de overgang waren en aan een nieuw leven begonnen zonder eigen baby's en kinderen om voor te zorgen.

Deze babyaap was net als de rest van ons tot op de huid doordrenkt.

Ik probeerde hem wat banaan te voeren, maar hij keek me sceptisch aan. We gingen met z'n allen bij het vuur zitten. De rook steeg op boven de papaja's en gleed over de rivier weg naar het bos.

Terborgh en Matsigenka houden er fundamenteel andere ideeën op na over hoe de ideale Manú eruitziet. Terwijl Terborgh geniet van apen die 'allang gewend zijn aan de weldadige aanwezigheid van mensen' in de nabijheid van Cocha Cashu, vertelt Shepard over een tocht ver buiten het dorp samen met wat Matsigenkavrienden: toen ze een paar apen tegenkwamen die helemaal niet bang leken, voelden de Matsigenka zich ongemakkelijk door het 'onnatuurlijke' gedrag van de apen. In hun ogen is de mens voor de aap een roofdier en dus is het normaal als apen bang zijn voor mensen.

Manú heeft een ingewikkelde en vaak bloedige geschiedenis.[3] Ten tijde van de Inca's leefden in de regio van Manú mensen die de Arawaka-, Pano-, Harakmbut- en Tacanatalen spreken. Hun voordeel was dat het voor buitenstaanders ontzettend moeilijk was om in het Amazoneregenwoud door te dringen. Ook dankzij hun vaardigheden als krijgers slaagden ze erin zich te verzetten tegen pogingen van de Inca's hun gebied te veroveren. De koloniserende Spanjaarden deden het niet veel beter. Maar wat mensen niet voor elkaar kregen, lukte de virussen en bacteriën wel. Halverwege de zeventiende eeuw gingen er golven van ziektes die de Europeanen hadden meegenomen door het Amazonegebied en doodden ontelbare mensen, waarna er een 'wildernis' overbleef die witte mensen konden bewonderen.

Aan het eind van de negentiende eeuw leefden alle Matsigenka, die een Arawakaanse taal spraken, op grote hoogte bij de bovenloop van de rivieren Madre de Dios en Urubamba. De rivieroevers van Manú werden bewoond door andere volken, waaronder de Yine (ook bekend als de Piro, eigenlijk een neerbuigende naam die 'katvis' betekent) en de Toyeri. Maar aan het eind van de negentiende eeuw veranderde alles. De automobiel was net uitgevonden en het rubber voor de banden werd verkocht tegen woekerprijzen. 'Rubberbarons' lijfden inheemse volken uit het Amazonegebied in om de rubberbomen in hun wouden af te tappen. Ze huurden gidsen van de ene stam om leden van een andere stam op te sporen, zodat die tot slaaf gemaakt konden worden. De mannen moesten werken tot ze er dood bij neervielen, terwijl hun vrouwen werden verkracht en vermoord. Te midden van deze razernij van geweld en hebzucht liet rubberbaron Carlos Fermín Fitzcarrald tweehonderd rubbertappers en duizend inheemse arbeiders een rivierboot over een landengte duwen die de bovenloop van de Mishagua-rivier scheidde van de Manú-rivier, om een enorm nieuw gebied voor de rubberwinning te ontginnen. Eenmaal aan de overkant probeerde Fitzcarrald de bewoners van de Manú-oevers te onderwerpen en tot slaaf te maken. Langs de rivier was het toen zo dichtbevolkt dat een plaatselijke stam hem de Hakwei noemde: de Rivier van de Huizen. De strijd leidde tot slachtoffers aan beide kanten, maar de inheemse bewoners leden de grootste verliezen. Honderden mensen stierven. Er werd verteld dat de Manú-rivier rood zag van het bloed.

De Braziliaanse ontdekker Euclides da Cunha, die getuige was van de 'Rubber-boom' in Peru, schreef erover: 'De vreemde witte veroveraars legden haastige bezoeken af om een slachting aan te richten onder zowel mensen als bomen, bleven net lang genoeg om beiden volledig uit te roeien, voordat ze op zoek gingen naar andere streken waar ze dezelfde chaos zouden ontketenen, langstrekkend als een verwoestende golf en de wildernis nog wilder, nog wanordelijker achterlatend.' [4]

De rubberhausse stortte aan het begin van de twintigste eeuw in. Fitzcarrald verdronk bij een bootongeluk. De Toyeri werden vrijwel volledig uitgemoord. De Yine, van wie sommigen voor Fitzcarrald hadden gewerkt, verhuisden ten slotte naar steden zoals Boca Manú en Diamante aan de rivier Alto Madre de Dios. De Matsigenka namen de oevers van de rivier Manú in bezit via een langzame migratie die begon met de eerste zendingsscholen in de jaren zestig en voortduurt tot de dag van vandaag, omdat mensen van de bovenloop afdalen op zoek naar gereedschappen, drinkwater en onderwijs. De politieke geografie van Manú is dus niet oeroud en heeft zich ook niet in isolement gevormd. Integendeel, zij is tot ontwikkeling gekomen met behulp van de moderne, geglobaliseerde economie, waarin technologische innovatie en de vraag van de consument in één deel van de wereld, de levens van degenen die dicht bij de waardevolste grondstoffen wonen, ingrijpend veranderen en vaak schaden. Onze 'wildernissen' zijn gewoon gebieden waar kolonialisten de bomen hebben gespaard.

Vandaag de dag leven enkele honderden Matsigenka in kleine gemeenschappen in Manú. Steden die langs de grootste rivieren liggen, zoals Tayakome, hebben scholen, medische posten en gemeentelijke satelliettelefoons. Mensen komen er om te jagen, elkaar te spreken en hun eigen voedsel te verbouwen, maar ze spelen ook Peruaanse popliedjes op bluetoothspeakers, dragen versleten Crocs en T-shirts met opschriften als 'Palm Beach', terwijl ze hun traditionele kledij bewaren voor speciale gebeurtenissen. Deze dorpen kampten enige tijd met gezondheidsproblemen: de mensen van het Matsigenkavolk migreerden vroeger regelmatig en leefden in kleinere groepen, zodat ze weinig werden blootgesteld aan ingevoerde besmettelijke ziekten. Toen ze zich blijvend in dorpen vestigden, begonnen de mensen ziek te worden. Hierin kwam onlangs verbetering toen de liefdadigheidsinstelling Rainforest Flow een waterwinningssysteem op zwaartekracht aanlegde dat het beekwater door een filter van zand en kiezelstenen laat lopen en via een pijpleiding schoon water levert aan bijna elk huishouden.

Degenen die langs de steile bovenloop van de grote rivieren wonen, zijn veel meer geïsoleerd. Zij dragen nog steeds handgeweven kleding, *kushmas* genaamd, en moeten het stellen zonder geld, metaal of eigennamen.

Shepard zei tegen mij: 'Er zijn geen demografische leemtes in het Amazonegebied.' Dat wil zeggen, als alle mensen die in het Manúreservaat wonen zouden vertrekken, hetzij onder dwang, hetzij vanwege een opleiding of kans op werk, zouden er in hun plaats weer anderen binnenkomen: misschien illegale houthakkers of mijnwerkers, maar beslist mensen die een zwaarder beslag leggen op het bos dan de huidige bewoners, die van de jungle houden zoals die is. Met de Matsigenka als de feitelijke bewakers, beschermt het reservaat planten en dieren die buiten zijn grenzen zwaar onder druk staan, zoals de wolapen, schildpaddeneieren en de cedro, een prachtige maar kostbare boom die uit het woud verdwenen leek te zijn zodra ik buiten de grenzen van het reservaat stapte.

Gezien de geschiedenis van Manú lijkt het idee om de Matsigenka te verplaatsen, of hun recht om te jagen te beperken terwijl ze dit zo duurzaam doen, wreed en belachelijk. Gewoon weer een nieuwe manier die de kolonisten hebben bedacht om de inheemse Amazonebewoners te treiteren en te straffen. Terwijl zij nou net de mensen zijn die de apen beschermen tegen binnendringers met geweren.

Een paar dagen nadat we bijna het avondmaal van een jaguar waren geweest, interviewde ik Mauro Metaki, een hartelijke onderwijzer uit het dorp Tayakome die was opgeleid door de missionarissen. We zaten op de open benedenverdieping van zijn huis en roken de geurige grassen rondom. Hij vertelde me hoeveel hij ervan hield te kijken naar de oropendolavogels die in zijn palmboom zitten en naar de doodshoofdaapjes die zijn bananen komen opeten. Aan de overkant van de rivier hoort hij het melancholieke geluid van de brulapen. Hij was blij om door mij te worden geïnterviewd, voegde hij eraan toe. Hij wil dat de mensen weten dat hier Matsigenka wonen. 'Je hebt het natuurreservaat,' zei hij, 'maar je hebt ook de mensen die er wonen, er precies middenin.'

Metaki heeft de Matsigenka-gemeenschappen langs de rivier aangespoord zich te verzetten tegen de aanleg van nieuwe wegen en geen werk aan te nemen in de mijnbouw, houtwinning en landbouw buiten het reservaat, waar ze vaak worden uitgebuit. Een Matsigenkaman uit Yomibato vertelde me dat hij buiten het reservaat paranoten verzamelde voor 'een witte man die John heet' en het equivalent van 115 dollar voor drie maanden werk verdiende.

Metaki wil juist dat hier handelsscholen worden gesticht, in het reservaat zelf, zodat de mensen dicht bij elkaar en bij de rivier kunnen blijven. 'We wonen hier,' zei hij. 'Natuurlijk jagen en vissen we, maar we hebben niet veel nodig om onze gezinnen te voeden. Wij weten hoe we voor het bos moeten zorgen.'

In de wereld van de Matsigenka's is het doden van dieren geen punt van discussie, maar een onmisbaar onderdeel van hun levensonderhoud. Ze doden om te eten en ook om hun kinderen te beschermen. En toch zien ze zichzelf niet als meesters of overheersers van andere dieren. Ze zien zichzelf gewoon als mensen in een jungle vol andersoortige mensen, en hun bereidheid om apen zowel op te eten als uit te nodigen samen met hen rond het vuur te zitten, tekent hoe ingewikkeld en veranderlijk hun relatie is.

Inheemse volken zijn niet allemaal hetzelfde en het is absurd te denken dat er maar één inheemse jachtcultuur bestaat. Toch duikt één thema telkens weer op: de notie van de jacht als een wederkerige praktijk. Antropoloog Paul Nadasdy, die onderzoek doet naar de First Nationvolken in de arctische en subarctische gebieden, heeft het over een 'wederkerige uitwisseling tussen jagers en andere-dan-menselijke personen'. 'In hun visie zijn vissen en landdieren andere-dan-menselijke personen die zichzelf aan de jagers geven in ruil voor bepaalde rituelen die de jagers moeten uitvoeren. Deze rituelen variëren per noordelijke regio, en ook per dier, maar omvatten meestal het in acht nemen van voedseltaboes, ceremoniële feesten, voorgeschreven methoden voor het verwijderen van dierlijke resten, alsmede geboden tegen overbejaging en het kwaadspreken over of spelen met dieren.' In zulke samenlevingen wordt de jacht niet beschouwd 'als een gewelddadig proces waarbij jagers met macht de levens van dieren nemen', vervolgt hij, 'maar eerder als een maatschappelijke langetermijnrelatie tussen diermensen en de mensen die op hen jagen'.[5]

'De jacht was niet alleen een demonstratie van menselijke moed, maar ook een gelegenheid om de wederkerige relatie tussen mens en dier te erkennen,' schrijft Virginia DeJohn Anderson over de jagers van de Powhatan in de vroege zeventiende eeuw in wat nu Virginia is.[6] Na een geslaagde expeditie dankten de jagers de geesten die hen in staat hadden gesteld succesvol te zijn. Het doden van een prooi hing niet alleen af van hun vaardigheid of uithoudingsvermogen, maar ook van succesvolle 'onderhandelingen met de spirituele beschermers van de prooidieren'.[7] Deze relaties werden opgevat als 'wederzijdse steun', niet als overheersing of uitbuiting.[8]

Sommige Mayajagers op het schiereiland Yucatan in het zuidoosten van Mexico vragen aan de Heren der Dieren formele toestemming om op dieren te jagen, middels een ritueel dat *Loojil Ts'oon* heet.[9] De jagers bereiden voor de god Sip een speciale soep met het vlees van wild en van hanen. Zoals de priester die zo'n ritueel uitvoert aan onderzoekers uitlegde: 'De haan wordt geofferd aan de Heren der Dieren. Als ruilmiddel. Je ruilt de haan voor de wilde dieren.' De volgende dag neemt de jager de kaken van dertien gedode herten of pekari's mee terug naar het bos, zodat ze herboren kunnen worden.

Als de jagers er niet in slagen dit ritueel bij elk dertiende gedode dier te voltrekken, kunnen zij worden gewaarschuwd dat zij 'in het rood' staan bij de geesten. Zij kunnen giftige slangen tegenkomen, struikelen en vallen, stenen naar zich geslingerd krijgen door kleine bosgeesten, *aluxo'ob* genaamd, of ziek worden. Uiteindelijk kan Sip aan hen verschijnen in de vorm van een hert om ervoor te waarschuwen dat ze met vuur spelen.

Robin Wall Kimmerer heeft het over 'het eervol oogsten' van zowel planten als dierlijke personen in het hedendaagse denken van de inheemse volken in Noord-Amerika. 'Het doden van een *wie* vereist iets anders dan het doden van een *het*,' schrijft ze.[10] 'Als je niet-menselijke personen als verwanten beschouwt, dan gelden andere voorschriften dan vangstbeperkingen en wettelijke jachtseizoenen.' De belangrijkste wetten bij het eervol jagen zijn: neem alleen wat je nodig hebt, vraag toestemming, accepteer nee als antwoord, en neem de levens met dankbaarheid.

Hoe vraag je aan een hert of een vis toestemming om hem te doden en op te eten? Robin Wall Kimmerer citeert een jager die een hert alleen neerschiet als het om een perfect schot gaat. Door stil te blijven staan in het open veld, de flank naar hem toe gekeerd, geeft het hert hem toestemming. 'Ik weet dat hij het gaat worden en hij weet dat ook,' zegt de jager. 'Er wordt een soort sein gegeven.' Of je in de spirituele kant van zo'n soortoverschrijdende relatie gelooft of niet, door alleen dieren te vangen die zichzelf lijken aan te bieden, verklein je de kans dat dieren wel gewond raken maar niet sterven, wat langdurig lijden bij het vluchtende dier veroorzaakt.

Opvallend aan deze verslagen van de inheemse jacht is dat de jagers hun prooi aantoonbaar met meer respect behandelen dan de gemiddelde 'dierenliefhebber' zou doen. Zij zien de hazen, apen en herten niet als lieftallige, schattige, onschuldige wezens die koste wat kost beschermd moeten worden, maar als mensen, als gelijken. Hun relatie met hen is niet paternalistisch, maar ook niet antagonistisch. Hun relaties zijn wederkerig. Voor het genomen leven wordt iets teruggegeven, met een voorgeschreven ritueel, met uren van intense inspanning, of simpelweg met een diepgevoelde dankbaarheid.

De meeste niet-inheemse mensen in het Westen halen hun vlees in een supermarkt, bij de slager of bij de boer. Maar er zijn er ook die rijk genoeg zijn om hun vlees te kopen in een bakje van piepschuim en er toch voor kiezen om gewapend de bossen en velden in te trekken. Waarom? Veel mensen die bezwaar maken tegen de voedselindustrie omdat die wreed is voor dieren, vinden dat jagen een meer ethische manier is om aan vlees te komen. In ecosystemen waar toppredatoren zoals wolven niet meer voorkomen, kan het jagen door mensen het aantal prooidieren reguleren om overbegrazing van hun leefgebied en verhongering te voorkomen. In sommige voorsteden is de hertenpopulatie zo groot dat er teams van scherpschutters worden ingeschakeld om dieren te ruimen. Maar dan wordt het vlees vaak 'verspild' door het weg te gooien (hoewel sommige organismen het uiteindelijk wel zullen opeten, al zijn dat vooral insecten en bacteriën).Ik ken veel 'ecojagers' die doden om populaties van herten en wilde zwijnen te beheersen en ook om hun eigen gezin te voeden. De stichter van de conserveringsbiologie, Michael Soulé, vertelde me dat hij één eland per jaar zou willen schieten. Als het seizoen bijna voorbij zou zijn en hij had zijn eland nog niet geschoten, zou hij nerveus worden. Mijn eigen schoonvader rijdt in een Prius met de kentekenplaat ECO-HUNTR. Mijn eerste echte date met mijn echtgenoot vond plaats in 2003, toen hij gestoofd hertenvlees met gedroogde kersen voor me klaarmaakte. Het was heerlijk. Nadat ik het op had, vertelde hij dat zijn vader het hert dood langs de kant van de weg had gevonden, uit zijn auto was gesprongen en snel en vakkundig het lendestuk had verwijderd. Toen ik niet verontwaardigd keek, begreep ik dat ik voor een soort test was geslaagd. Ik heb in de jaren daarna heel wat aangereden wild gegeten.

Mijn eerste jachtervaring deed ik op rond 1999 toen ik studeerde en op herten ging jagen samen met een groot en progressief gezin uit Texas.

Mijn mening over deze gewoonte was indertijd tamelijk standaard voor de linkse, milieubewuste stadsbewoner: ik vond het een barbaarse liefhebberij voor kerels die moeten bewijzen hoe macho ze zijn. Maar door echt mee te gaan jagen, leerde ik een paar interessante dingen. Ten eerste hoort bij een bepaald soort jacht dat je in stilte moet afwachten, zonder te bewegen, gedurende lange tijd. In al de jaren dat ik had getrokken en gekampeerd, had ik nooit zo veel tijd doorgebracht met gewoon zitten en observeren als toen, vanuit een uitkijkpost in Texas met een geladen geweer op mijn schoot. Na enkele uren kwam ik een soort zen-achtige trance, en ik merkte dat de focus op het zoeken naar herten alle andere gedachten volledig wegvaagde.

Ik heb die dag geen hert geschoten, in tegenstelling tot andere leden van mijn gezelschap. Ik heb nog nooit een dier gedood tijdens de jacht, maar ik was het wel van plan, en ik heb *op* een paar eenden geschoten die ten slotte werden neergehaald door mijn meer ervaren broers en schoonzussen.

Jagen is interessant voor kinderen. Toen mijn neefje een konijn had geschoten, verdrongen al zijn neefjes en nichtjes zich rond het dode lichaam van het dier. Ze wilden het allemaal aanraken, bekijken en het verhaal van hun oudere neef aanhoren. De stemming was plechtig maar geconcentreerd. Er zat iets van een evolutionaire oerreactie in.

Het moment deed me denken aan de salalstruiken bij het huis van mijn moeder in Seattle. Toen mijn dochter twee jaar oud was en mijn zoon nog een baby, lieten mijn moeder ik aan mijn dochter zien dat je salalbessen kunt eten. De bolletjes zijn zwart en glanzend als lakleer. De smaak is wat vlak, maar aangenaam. Ik was stomverbaasd dat we een heel kalenderjaar later terug waren in het huis van mijn moeder en zag dat mijn dochter haar peuterbroertje leerde de bessen te eten. Bepaalde oeroude hersenfuncties hadden de kennis van de salalbessen bewaard met een kracht die er door millennia van honger in was gekerfd. En een dierlijk instinct dreef haar ertoe deze kennis door te geven aan haar broertje. Foerageren en jagen zijn heel oude vormen van menselijk gedrag.

Ik heb eend gegeten, fazant, kariboe, eland, hert, kalkoen, forel en zalm, stuk voor stuk gedood door iemand die ik ken. Deze dieren leidden tot het moment van hun snelle dood een nagenoeg autonoom bestaan. Is dat niet beter dan het eten van een dier dat in gevangenschap is gefokt om te worden opgegeten? En in plaats van het doden uit te besteden aan onderbetaald, uitgebuit slachthuispersoneel, hebben mijn vrienden en familie het zelf gedaan, wat toch veel verantwoordelijker lijkt.

Je vlees in huis halen buiten de voedselindustrie om is ook beter voor het milieu. Wilde dieren worden niet gevoerd met tonnen graan waarvoor buitensporig veel water, land en kunstmest op basis van fossiele brandstoffen nodig zijn. Ze worden niet bij elkaar gepropt in de 'intensieve veehouderij' die giftige en stinkende poelen met mest produceert.

Het tegenargument is natuurlijk dat je helemaal geen vlees hoeft te eten, afkomstig uit de bio-industrie of geschoten in het bos. Dat klopt. Ik heb groot respect voor vegetariërs. Voor jezelf besluiten geen vlees meer te eten is een manier om iedere dag milieubewust te leven en aan dierenwelzijn te denken. En ik ben heel blij met de toename van plantaardige producten ter vervanging van de hamburgers, kaas, melk en andere vaste ingrediënten van het westerse dieet. Om vele redenen, waaronder dierenwelzijn en de ecologische voetafdruk van rundvlees, varkensvlees en kip, kan het een verantwoorde beslissing zijn minder of helemaal geen vlees te eten.

Zelfs veganistisch voedsel heeft echter invloed op niet-menselijke dieren, omdat de landbouw ruimte inneemt die ooit de habitat was van wilde dieren, terwijl dieren zoals insecten en knaagdieren op de boerderij en door de hele voedselketen heen worden bestreden. En natuurlijk betekent het eten van planten dat je levende organismes doodt die, ook al hebben ze geen bewustzijn zoals wij, overduidelijk op hun omgeving reageren en eigen doelen nastreven. Het is onmogelijk om je helemaal te onttrekken aan een ecologisch bestaan.

Er is ook een verschil tussen zelf besluiten vegetariër te worden en te eisen dat iedereen dat doet. Er zijn heel veel mensen, vooral inheemse groepen, voor wie het jagen en eten van vlees een wezenlijk deel uitmaakt van hun culturele identiteit.

Filosofe Val Plumwood is zich bewust van de culturele betekenis van de jacht en van onze rol in de voedselketen, en daarom wijst ze universeel veganisme af als 'agressief etnocentrisch, een ontkenning van alternatieve en inheemse voedselpraktijken en -inzichten, waarbij de universele adoptie wordt geëist van een westerse, urbane opvatting van veganisme waarin de menselijke predatie feitelijk wordt weggezet als een nieuwe versie van de erfzonde'.[11] Ze betoogt dat het weigeren om op dieren te jagen of op te eten ons zelfs kan vervreemden van de andere soorten op aarde.

Plumwoods benadering van het verantwoord omgaan met onze ecologische rol is gedeeltelijk geïnspireerd door het feit dat zij in 1985 werd aangevallen door een zeekrokodil, toen ze in haar eentje aan het kanoën was in het Kakadu National Park in Australië.[12] De krokodil zwom naar haar toe en ramde meerdere keren haar kano. 'Ik peddelde als een bezetene, maar ik kreeg klap na klap,' schrijft ze over het voorval. 'Er gebeurde iets ongehoords: mijn kano werd aangevallen! Voor de eerste keer besefte ik dat ikzelf de prooi was.' Plumwood wilde proberen in een boom te klimmen om aan de aanval te ontkomen. 'Op dat moment dook de krokodil naast de kano op en zijn prachtige, goudgevlekte ogen keken recht in die van mij.' Ze sprong omhoog, de krokodil schoot haar achterna. 'Ik kreeg een vaag, onvoorstelbaar visioen van grote getande kaken die uit het water barstten. Die namen mijn benen in een gloeiend hete klem en ik werd het verstikkende natte donker in getrokken.'

De krokodil begon aan een 'doodsrol', een techniek waarbij hij zijwaarts rolt om de prooi zo krachtig te verdraaien dat die niet alleen het bewustzijn verliest, maar ook in stukken gescheurd wordt. Plumwood beschreef het als 'een in wezen onbeschrijflijke ervaring van totale horror [...] een draaikolk van kolkende zwartheid die een eeuwigheid leek te duren, onverdraaglijk'. De krokodil slingerde haar twee keer rond. Ze wist los te komen, maar hij greep haar opnieuw met zijn massieve kaken en rolde haar nog een keer om. Weer brak ze los en dit keer lukte het om naar de oever te kruipen. Zwaargewond slaagde ze erin bijna drie kilometer te lopen, en ten slotte kroop ze naar de rand van het moeras waar ze werd gered. In 2008 schreef ze dat ze sinds die dag 'begreep dat ons wereldbeeld een ontkenning is van een van de meeste basale feiten van het dierlijke bestaan op de planeet Aarde: dat wij voedsel zijn en dat we door te sterven anderen voeden [...] De heersende opvatting van de menselijke identiteit plaatst de mens buiten en boven de voedselketen, zonder deelname aan het banket in de keten van wederkerigheid.'[13]

Hoe kan predatie 'wederkerig' zijn als één partij het loodje legt? Jachtrituelen zoals het terugbrengen van de kaken van de prooi naar het bos lijken in spirituele zin iets goed te maken, maar wat als je niet gelooft in de Heren der Dieren? Plumwood zegt dat je voor die wederkerigheid tussen beide partijen niet naar het moment van sterven moet kijken. Maar voor zover ze allebei deel hebben uitgemaakt van 'systemen van aanbod en uitwisseling die alle leven voeden', hebben beide partijen in bredere zin geprofiteerd.[14] Als een muis door een havik wordt gedood lijdt hij en sterft, maar daarvóór werd hij gevoed door de vette zaden die aan planten groeien, planten die hun lichaam opbouwen met de stikstof die de havik uitademt, met voedingsstoffen die door zijn uitwerpselen, eierschalen en de karkassen van dode haviken aan de bodem worden toegevoegd. Iedereen profiteert van deze cycli.

De dood is beangstigend. Het is niet verwonderlijk dat we vol afgrijzen terugdeinzen voor het idee dat mensen ook voedsel zijn voor andere soorten. Maar vroeger of later wordt iedereen opgegeten: planten, herten, wolven, mensen. Ten slotte eindigen we allemaal als voer.

Mensen die een hekel hebben aan de jacht, zien die als een vorm van overheersing en kunnen zich niet voorstellen dat het doden en opeten van een dier niet betekent dat je het dier gebruikt als een middel tot een doel. Maar zoals we in Manú hebben gezien, is er een alternatief. Je kunt je prooi ook behandelen als een machtig wezen waar je mee moet onderhandelen. Je kunt er een wederkerige relatie mee hebben, in plaats van een dominante.

Plumwood kijkt wel met een schuin oog naar de witte, bevoorrechte mensen voor wie het jagen pure recreatie is. Wat zou ze van mij vinden, op bezoek bij familie op Whidbey Island in de staat Washington, samen met mijn schoonzus en haar gezin betrapt aan een tafel met een portie gegrilde zalm? Ik kan het haar niet vragen want ze is in 2008 overleden en maakt nu deel uit, zoals zij het uitdrukte, van het banket. Maar ik denk dat ze zou willen weten of mijn familie de vis met respect en dankbaarheid heeft gedood, en of ze zeker weten dat ze er niks van verspillen. Ze zou willen weten wat ik vind van de herintroductie van grizzlyberen in de staat Washington, omdat het omarmen van ecologisch herstel betekent dat je ook bereid moet zijn de wereld te delen met degenen die ons als prooi zien.

Hoewel ik nooit zo'n intense ontmoeting met een roofdier heb gehad als Plumwood, heb ik op die bergrug in het Amazonegebied wel een kort maar kristalhelder moment beleefd waarin ik besefte dat mijn lichaam voedsel kon zijn. Ik weet nog dat ik dankbaar was dat de wolapen rondom ons hun jaguaralarm lieten horen en ons hadden 'gewaarschuwd'. Gezien het feit dat we op deze apen aan het jagen waren, lijkt het idee dat we aan 'dezelfde kant' stonden misschien absurd, maar in dat korte ogenblijk was mijn positie in het regenwoud veranderd van potentieel roofdier in potentiële prooi. Ik was niet langer Emma Marris, de schrijvende ecoloog die wordt gedefinieerd door haar geestelijke activiteit en de zinnen die ze in de loop der jaren aaneen heeft geregen. Ik was een lichaam dat voedsel kon zijn, een pakketje energie in een oerwoud vol hongerige blikken.

11

Bloedvergieten voor biodiversiteit

Karl Campbell is een Australiër van middelbare leeftijd en een gemiddelde lengte, met een vijf dagen oude baard en een indringende blik.[1] Hij lijkt altijd gespannen, boos zelfs, als hij niks omhanden heeft. Hij kan alleen ontspannen lachen als zijn lichaam in beweging is, bij voorkeur om iets te repareren, te bouwen of te doden.

Campbell woont op de Galapagoseilanden, het hele jaar door.[2] Ver buiten de kust van Ecuador heeft deze archipel een nagenoeg zuivere geologie en biologie, zonder plaatselijke goden, zonder legenden, zonder een menselijke geschiedenis vóór 1535 en zonder permanente bewoners vóór 1805. Menselijke aanpassingen van het land zijn nog zo vers dat ze ongedaan gemaakt kunnen worden zonder werk en geld, en zonder doden. De meeste originele soorten zijn bewaard gebleven, van zeeleguanen die het zoute snot uit hun neusgaten spuiten tot zwevende albatrossen met vleugels van drie meter breed, de zee afspiedend met ogen die glazen als zwarte parels.

Dit is waar Charles Darwin de eerste vermoedens kreeg van wat later zijn evolutietheorie zou worden. De minieme verschillen in soorten die hij waarnam van eiland tot eiland, brachten hem op het idee dat ze misschien allemaal afstamden van een gemeenschappelijke voorouder. Nu komen er zwermen toeristen om die soorten te bekijken, om eer te betonen aan Darwins grote ontdekking, om de 'natuur' in ruwe vorm te beleven.

Ik vloog naar het vliegveld op het eiland Baltra en begaf me naar de drukste stad van de archipel: het bruisende, met snuisterijen bezaaide Puerto Ayora op het eiland Santa Cruz. De volgende dag nam ik de veerboot naar Floreana, een vulkanisch eiland van 173 vierkante kilometer met een menselijke bevolking van maar honderd personen, van wie de meesten werkzaam zijn in de landbouw en daarnaast in het toerisme werken. Campbell, die voor een organisatie werkt die Island Conservation heet, haalde me op bij de aanlegsteiger waar zeeleeuwen lagen te luieren en robijnrode zeeleguanen ongeïnteresseerd mijn kant uit keken. Campbell wilde me enkele schildpadden laten zien die verderop in een reservaat leven. We sprongen in een pick-uptruck die als een soort toeristenshuttle fungeert, en reden de helling op van de centrale vulkaan van het eiland.

Campbell is extreem gedreven. Hij hecht aan efficiëntie en logica. Hij heeft uitgerekend wat er moet worden gedaan om uitstervingen tegen te gaan. De ongeveer 465.000 eilanden van deze wereld vertegenwoordigen slechts 5,3 procent van alle landmassa, maar 75 procent van de vogels, zoogdieren, amfibieën en reptielen die sinds 1500 zijn uitgestorven behoren tot soorten die op eilanden voorkomen.[3] Hoe kan dat? Op eilanden evolueren dieren in unieke richtingen, vooral als er weinig tot geen zoogdieren zijn waar ze zich zorgen om moeten maken. Vogels kunnen hun vermogen om te vliegen en het instinct om te vluchten kwijtraken. Eilanddieren hoeven niet zo veel energie te stoppen in de strijd om te overleven. Op eilanden gelden andere regels.

In de afgelopen eeuwen hebben de mensen de regels echter veranderd. Ten eerste hebben we zelf veel eilandsoorten laten verdwijnen. Je slaat gemakkelijk door als je prooi je tijdens de jacht gewoon zit aan te staren. Op die manier zijn we de reuzenalk kwijtgeraakt, een majestueuze, zwart-witte, niet-vliegende vogel die op rotseilanden in de Atlantische Oceaan leefde, en de beroemde dodo die alleen op het eiland Mauritius voorkwam. Zo zijn we ook de falklandwolf, de Caribische monniksrob en negen soorten van de Nieuw-Zeelandse moa's kwijtgeraakt, loopvogels met lange nekken waarvan ik de beenderen heb gezien in een museum voor natuurlijke historie. En zo raakten de Galapagoseilanden de galapagos-reuzenschildpad kwijt, waarvan het laatste exemplaar rond 1850 in de soep verdween.

Ten tweede hebben we eilanden minder ontoegankelijk gemaakt door er zeehavens en luchthavens aan te leggen, ze te bezoeken, er weg te gaan en weer terug te komen. Net zoals we door plaattektoniek van elkaar gescheiden continenten hebben verbonden via onze geglobaliseerde handel en handelsnetwerken, zodat Pangea in praktische zin is herenigd, zo hebben we archipels dichter naar elkaar toe getrokken, en dichter naar het vasteland.[4] In de 21e eeuw is bijna niets meer echt ver weg. En waar wij gaan, gaan onze huisdieren, onze gewassen, onze veestapels, onze medicijnen, onze cultuurvolgers en onze kleptoparasieten mee, de hele menselijke entourage. Eilanddieren zijn vaak net zo weerloos tegenover slimme, flexibele killers zoals katten, vossen, ratten en slangen als tegenover ons.

De vredige reptielen in het Asilo de la Paz, het opvangcentrum 'Vredeshaven', zijn strikt genomen niet inheems op deze plek. Het zijn gepensioneerde huisdieren die samen met hun nakomelingen van andere eilanden zijn meegebracht, als surrogaat voor wat niet meer bestaat. De galapagosschildpadden van het eiland Floreana hadden een 'zadelrugschild', met vooraan een hoge boog die hen in staat stelde hun nek ver uit te steken om te knabbelen aan de cactusvijgen die een meter boven de grond hingen. De meeste schildpadden die ik nu zie hebben de klassieke koepelvorm, omdat hun voorouders voorkwamen op eilanden met vegetatie die dichter bij de grond groeide. Campbell en ik keken toe hoe ze van de ijsbergsla aten alsof ze alle tijd van de wereld hadden, maar waarom zou je je ook haasten als je ruim een eeuw leeft? Met hun knobbelige ledematen en wat gemelijke gelaatsuitdrukking zijn ze uiterst charmant, maar ze zitten wel opgesloten en kunnen zich niet vrij bewegen.

Er bestaat enige hoop dat de reuzenschildpad in aanmerking komt voor 'herverwildering'. Dat klinkt misschien bizar, omdat ik net heb gezegd dat hij is uitgestorven. En dat is het ook. Maar in 1994 vond een biologische expeditie zadelrugschildpadden op de afgelegen vulkaan Wolf op het eiland Isabela, ruim honderdzestig kilometer van waar ik nu sta.[5] Later konden wetenschappers vaststellen dat deze individuele dieren hybrides waren, een mengeling van verschillende eilandsoorten met wat genen van de reuzenschildpad. Blijkbaar stamde deze populatie af van een reservoir voor levend vlees dat in de negentiende eeuw door walvisvaarders of boekaniers was aangelegd. De zeelui haalden schildpadden weg van de eilanden en stalden ze op de Wolfvulkaan als noodrantsoen. In 2015 werden 32 schildpadden met duidelijk herkenbare zadelschilden gevangen en per vliegtuig teruggebracht naar Puerto Ayora. Het plan is om ze zorgvuldig te fokken, de genen van Floreana te versterken en ze uiteindelijk naar dat eiland terug te brengen.

Maar voordat ze kunnen worden vrijgelaten om hun trage leven in de tropische zon te slijten, moet Floreana ecologisch worden aangepast. Ratten eten de eieren en jongen van de galapagosschildpad. En op Floreana wemelt het van de ratten. Campbell wil daar graag verandering in brengen.

Omdat de veranderingen op de Galapagoseilanden nog zo vers zijn, zien natuurbeschermers een gerede kans om met stevig ingrijpen uitstervingen te voorkomen en om ten minste in één ecosysteem het goede te doen. Tegelijkertijd kampt de archipel met de karakteristieke natuurbeschermingsproblemen die eilanden eigen is, zoals ingevoerde roofdieren en kwetsbare inheemse soorten die soms vastbesloten lijken om te verdwijnen. Campbells benadering van de eilandproblematiek is steevast: dood de indringers, onttakel de nieuwe ecologische dynamiek en probeer uitsterving koste wat het kost te voorkomen. Tegenwoordig gaat natuurbescherming op eilanden niet zonder doden. Ik wilde weten of het voorkomen van deze uitstervingen altijd dat bloedvergieten waard was.

Toen de mensen voor het eerst naar de Galapagoseilanden kwamen, namen ze lastdieren mee, dieren om op te eten en ook slimme en vraatzuchtige ratten, verborgen in het ruim van hun schepen. De dieren van Galapagos hadden net als de soorten op andere eilanden tijdens de evolutie hun verdediging laten varen en konden gewoon niet tegen deze dominante nieuwkomers op. Zelfs als de dieren die door mensen waren meegenomen de inheemse fauna niet opaten, zorgden ze wel op andere manieren voor schade. Vrij lopende geiten aten zo veel planten op dat volgens een schatting 60 procent van de 194 inheemse soorten op de Galapagoseilanden met uitsterven werd bedreigd, om nog maar te zwijgen van de reuzenschildpadden die zonder planten om te eten een hongerdood stierven.

Ratten hebben op het eiland Santa Cruz al de complete populatie gedood van een muizensoort die ironisch genoeg *Nesoryzomys indefessus* heet, oftewel de Onvermoeibare Galapagosmuis. In 2005 bleek één enkele kat elke maand zeven exemplaren op te eten van de bedreigde galapagospinguïn op hun broedplaats op het eiland Isabela, een tempo dat de kolonie niet zou hebben overleefd als onderzoekers de kat niet hadden gedood.[6] Ratten, katten en honden hebben de floreanaspotlijster, een chocoladebruine vogel met een parmantige staart, verbannen naar twee piepkleine eilandjes voor de kust.

Dit patroon is niet uniek voor de Galapagoseilanden. Uitheemse soorten zijn betrokken bij 62 procent van het uitsterven van amfibieën, reptielen, vogels en zoogdieren (hoewel er bij veel soorten meerdere oorzaken waren).[7] Wat opvalt is dat in de gevallen waarbij 'vreemde soorten' werden genoemd als katalysator van het uitsterven, maar liefst 86 procent van de verloren soorten *eiland-endemisch* zijn: ze komen alleen voor op eilanden.

Het is belangrijk om op te merken dat ingevoerde soorten veel minder vaak uitstervingen veroorzaken op het vasteland, omdat inheemse soorten daar de tijd en ruimte hebben om zich aan te passen aan de nieuwe soorten. Nieuwkomers kunnen wel zorgen voor een afname van de *talrijkheid*, dat wil zeggen de omvang van de populatie van een inheemse soort. Volgens een onderzoek doden vrijlopende huiskatten in de Verenigde Staten bijvoorbeeld ieder jaar 4 miljard vogels en 22,3 miljard zoogdieren.[8] Maar tot dusverre hebben katten in continentaal Noord-Amerika nog geen uitstervingen veroorzaakt. Daarentegen hebben katten op eilanden, zelfs eilanden zo groot als Australië, tientallen soorten doen verdwijnen. Katten hebben een rol gespeeld bij 63 uitstervingen, en in alle gevallen waren die Australisch of eiland-endemisch.[9] Sterker nog, alle soorten die sinds 1500 zijn uitgeroeid door uitheemse roofdieren waren hetzij Australisch, hetzij eiland-endemisch.

Voor mij betekent dit dat we op een nauwkeuriger manier moeten gaan denken over 'invasieve soorten'. In plaats van het paradigma waarbij we alle 'vreemde' soorten beschouwen als kwaadaardige indringers die bedreigend kunnen zijn voor de ecologische integriteit tenzij het tegendeel wordt bewezen, moeten we misschien naar eilandsoorten kijken als specifiek kwetsbaar voor nieuw aangekomen soorten.

Het algemene concept van het 'oorspronkelijke' brengt inderdaad fundamentele problemen met zich mee. Het past precies in het bevroren-in-de-tijd-idee van de 'ecosysteem-integriteit' dat, zoals we hebben gezien, volzit met conceptuele tekortkomingen. Ecologen zijn tientallen jaren bezig geweest 'oorspronkelijke leefgebieden' aan soorten toe te kennen, meestal gebaseerd op waar ze zich bevonden toen ze werden opgemerkt door de eerste witte wetenschapper die aantekeningen kwam maken. Deze leefgebieden zijn gemarkeerd op een willekeurig tijdstip, ergens in de lange evolutionaire en geografische reis van een bepaalde afstammingslijn.

De voorouders van de Virginiaanse opossum evolueerden bijvoorbeeld in Zuid-Amerika en kwamen naar Noord-Amerika toen de continenten ongeveer achthonderdduizend jaar geleden aan elkaar werden gevoegd. Sindsdien zijn ze langzaam naar het noorden gekropen.[10] In de zeventiende eeuw hadden ze Ohio bereikt en in de jaren twintig van de vorige eeuw het zuiden van Michigan. Tegenwoordig vind je ze zelfs in het zuidoosten van Ontario in Canada. Deze recente uitbreiding van het leefgebied is nog versterkt door de klimaatverandering en menselijke aanpassingen van het landschap, maar de opossums doen dit zonder fysiek door mensen te zijn verplaatst. Dus welk deel van de Amerika's moet je aanwijzen als hun 'oorspronkelijke' leefgebied?

Op het noordelijk halfrond hebben vele soorten hun leefgebied telkens weer verplaatst, doordat gletsjers in de loop van duizenden jaren zijn gegroeid en weer gekrompen. Elke afzonderlijke soort die nu voorkomt in Canada is daar nog geen twintigduizend jaar geleden gearriveerd, want voor die tijd was het hele land bedekt met een dikke laag gletsjerijs.[11] Hetzelfde geldt voor een groot deel van Noord-Europa. Naarmate het klimaat warmer werd begonnen soorten noordwaarts te trekken, hoewel er ook bij waren die naar het oosten, westen of zelfs zuiden trokken, en ze deden dat allemaal in hun eigen tempo. De alpensneeuwhoen kwam vroeger voor in Midden-Europa en de Groenlandse halsbandlemming leefde ooit in wat nu de Verenigde Staten zijn.[12]

Wanneer mensen soorten verplaatsen wordt de nieuwe omgeving nooit tot het 'oorspronkelijke' leefgebied gerekend, vanwege de foute gedachte dat mensen geen deel uitmaken van de natuur. Dit zorgt voor verwarring als die verplaatsingen zo lang geleden hebben plaatsgevonden dat het onmogelijk is om de menselijke invloed nog te achterhalen. De Kukui is een boom die lekkere vette zaden voortbrengt die eetbaar zijn, de kemirinoten, die je kunt verbranden voor warmte of licht, of waarvan je vochtinbrengende crème kunt maken. De boom was zo nuttig voor de mens dat hij helemaal naar de tropen van Zuidoost-Azië en Oceanië is verplaatst. Niemand weet waar hij 'oorspronkelijk' voorkwam. Hij is nu de officiële staatsboom van Hawaï.

De kamelenfamilie evolueerde in Noord-Amerika en verspreidde zich toen. De voorouder van *Camelus dromedarius* kwam terecht in het Midden-Oosten en Noord-Afrika, waar hij ongeveer tweeduizend jaar geleden werd gedomesticeerd.[13] Daarna stierf de wilde dromedaris uit. Tegenwoordig lopen nakomelingen van de getemde dromedarissen die in de negentiende eeuw door kolonisten als werkdieren naar Australië werden meegenomen, vrij rond in de Outback.[14] Ze worden gezien als 'invasief'. Scherpschutters van de overheid ruimen ze geregeld vanuit helikopters.

Klimaatverandering zorgt ervoor dat soorten over de hele planeet worden verplaatst, al zullen ze zelden oceanen oversteken zonder hulp van de mens. Maar nu de flora en fauna steeds verder richting de Noordpool trekken, wordt het idee dat alles in zijn oorspronkelijke leefgebied *zou moeten* blijven steeds onhoudbaarder. In Noord-Amerika trekken bevers naar de Arctische toendra en veranderen daar de waterlopen in het landschap volledig.[15]

In april 2020 publiceerde een ecoloog genaamd Mark C. Urban een artikel in het tijdschrift *Nature Climate Change* onder de titel 'Climate-Tracking Species Are Not Invasive', waarin hij probeerde onderscheid te maken tussen soorten die uit zichzelf migreren in reactie op stijgende temperaturen en soorten die door mensen worden verplaatst. 'Dezelfde klimaatvolgende soorten die een plaatselijke gemeenschap binnenkomen en verstoren, kunnen in hun oorspronkelijke leefgebied worden bedreigd. Het voorkómen van verplaatsingen van soorten en ecosystemen ten behoeve van lokale, historische patronen is waarschijnlijk niet alleen zinloos, maar kan ook leiden tot het verval van leefgebieden of het uitsterven van soorten op grotere schaal. [...] Tijdens deze klimaatverandering moeten we de natuur levend zien te houden, ook als het om andere locaties gaat.'

Ik denk dat Urban zelfs nog verder had kunnen gaan. Er zijn genoeg soorten die door de mens zijn verplaatst, zoals de dromedaris, die in hun 'oorspronkelijke' leefgebied worden bedreigd of zelfs uitsterven. Verdienen zij het niet ook om in leven te worden gehouden?

Het idee van 'stabiele' ecosystemen en van de mens als een kracht die de 'natuurlijkheid' alleen maar kan verwoesten, komen samen in de oorlog tegen 'invasieve' soorten. Eerlijk gezegd heb ik een hekel aan die term. Er gaat de suggestie van uit dat de nieuw aangekomen organismes opduiken met nadrukkelijk kwade bedoelingen. Het moet nog maar eens gezegd worden: de zogenaamd 'invasieve' soorten weten niet dat ze op de 'verkeerde' plek zijn. Ze proberen geen schade te berokkenen. Ze proberen gewoon te leven. Als hun bestaan in de nieuwe omgeving zorgt voor ongewenste effecten, kan dat een goede reden zijn om te proberen ze daar weg te krijgen of zelfs te doden. Maar ze vertonen geen moreel verwijtbaar gedrag. Wanneer een dier gevangen en gedood wordt enkel en alleen omdat het op een bepaalde plek oorspronkelijk niet voorkomt, terwijl het door zijn aanwezigheid geen echte problemen veroorzaakt, leidt onze neiging om de 'integriteit van het ecosysteem' te beschermen of de plek 'natuurlijk' te houden, alleen maar tot moreel dubieuze beslissingen.

Dus de plekken waar met grote waarschijnlijkheid zal worden gepleit voor het doden van niet-inheemse soorten zijn eilanden, vanwege de bijzondere kwetsbaarheid van de soorten die er leven en ook vanwege hun afgeslotenheid: een ingevoerd roofdier kan ze allemaal doden voordat ze zich hebben kunnen aanpassen. In dit soort eilanduitroeiingen is Campbell gespecialiseerd. Het is naargeestig werk om de catastrofe van een onomkeerbare uitsterving met een bloedbad te voorkomen. Hij doodt geiten, ratten en andere door de mens geïntroduceerde dieren die een bedreiging vormen voor zeldzame eilandbewoners, maar zijn gereedschappen - vallen, precisiegeweren en vergif - zijn wreed, slechts op kleine schaal inzetbaar en vaak willekeurig. Om bijvoorbeeld ratten uit een ecosysteem te verdrijven, verspreiden natuurbeschermers meestal vergif dat vele soorten kan doden.

Over de hele wereld doden natuurbeschermers routinematig en in toenemende aantallen vrijlopende dieren om bedreigde soorten te beschermen. Een bijzonder ingrijpende operatie werd uitgevoerd om zeldzame vogels te redden op het eiland South Georgia in de zuidelijke Atlantische Oceaan.[16] Natuurbeschermers dropten 300 kubieke ton vergiftigd lokaas op het Sub-Antarctische eiland om de ratten te verdelgen. De operatie kostte 13 miljoen dollar en werd in 2018 als geslaagd bestempeld. De vogels beginnen zich nu te herstellen en de populatie van de Zuid-Georgische pieper, een gespikkelde zangvogel, neemt razendsnel in omvang toe nu de ratten weg zijn.

Sommige natuurbeschermers zijn niet alleen bereid om dieren te doden om soorten te redden. Ze zijn zelfs bereid om daar andere dieren voor op te offeren. Neem de zogeheten *death row dingo's* van het eiland Pelorus.[17] In 2016 werden op dit Australische eiland meerdere dingo's losgelaten om de ingevoerde geiten te doden, die naar verluidt de inheemse planten aan flarden aten. Maar de biologen die dit project hadden opgezet wilden ook geen dingo's op het eiland, dus het plan was om alle exemplaren neer te schieten zodra ze de geiten hadden gedood. Op dingo's jagen kan echter lastig zijn, dus in dit geval gebruikten de biologen een list uit het scenario van John Carpenters *Escape from New York* uit 1981: de dingo's werden geïmplanteerd met capsules die de gifstof 1080 bevatten en geleidelijk oplossen, waarna de dieren sterven.

De conserveringsbiologie heeft vanaf het eerste begin expliciet uitgesproken dat zij zich richt op populaties en niet op individuen. In zijn befaamde artikel uit 1985 waarin hij de kernwaarden formuleert van de conserveringsbiologie, verwerpt Michael Soulé de toevoeging van een 'normatief postulaat' ten aanzien van individuen. 'Het lijkt misschien logisch om de aversie van het antropogene uitsterven van populaties uit te breiden naar het lijden en de vroegtijdige dood van individuen, omdat populaties immers uit individuen bestaan,' schrijft hij. 'Ik denk echter niet dat deze stap noodzakelijk of wenselijk is voor de conserveringsbiologie.[18] Hoewel het ziek zijn en lijden van dieren onaangenaam en soms betreurenswaardig is, menen biologen dat conservering gaat over het beschermen van de integriteit en continuïteit van natuurlijke processen, niet van het welzijn van individuen.'

Er zijn geen sluitende cijfers over hoeveel dieren jaarlijks door conserveringsbiologen worden gedood, maar het gaat vrijwel zeker om enorme aantallen. Australië ruimde alleen al 211.560 katten in twaalf maanden tijd, in het jaar 2015-2016, een tamelijk representatief dodental.[19] In 2015 roeiden natuurbeschermers ook edelherten uit op de Fiordlandeilanden in Nieuw-Zeeland, ratten en muizen op South Georgia bij Antarctica, konijnen en muizen op Madeira bij Portugal, een zangvogel genaamd de madagaskarwever en de treurspreeuw op de Seychellen, de Polynesische rat van de Tongatapu-archipel in Oceanië, muildierherten van de Channeleilanden bij Californië, schapen op de Kergueleneilanden in de Indische Oceaan, ratten en katten op de Tuamotus- en Gambierseilanden in Frans-Polynesië, en ratten op het eiland Kelp van de Falklandeilanden.[20] Sinds 2015 is de omvang van deze uitroeiingen alleen maar toegenomen. Vandaag de dag gaat het vermoedelijk om miljoenen dieren per jaar.

Het lijkt absurd om te debatteren over de vraag of het doden van bewuste dieren slecht is, maar er bestaat daadwerkelijk filosofische onenigheid tussen degenen die het snel en pijnloos doden van bepaalde dieren zien als moreel neutraal, tegenover hen die dat niet vinden. Zoals we hebben gezien hoort Peter Singer in het eerste kamp. Het gaat Singer erom dat bewuste dieren hun verlangens kunnen bevredigen. Sommige van hen, zegt hij, begrijpen niet werkelijk dat ze een individu zijn met een verleden en een toekomst, ze maken geen plannen voor de dag van morgen. Daarom, zegt hij, 'kan een wezen dat zichzelf niet als een entiteit met een toekomst kan zien geen verlangen hebben naar zijn eigen toekomstige bestaan'.[21] Het is niet slecht om ze snel en vaardig te doden.

Anderen betogen dat zelfs als dieren niet bewust verlangen naar een bestaan in de toekomst, het doden van een rat of een kat betekent dat je ze berooft van jaren van levensgeluk die ze wel hadden ervaren als je ze niet zou hebben gedood.[22] Deze focus op verloren levensgeluk houdt ook in dat niet elk sterven gelijk is. De vroegtijdige dood van olifanten in dierentuinen vinden wij voor een deel ook triest en misschien onrechtvaardig omdat deze langlevende dieren worden beroofd van vele levensjaren. Dus de dood van langlevende dieren of van jongen dieren die 'nog een heel leven voor zich hebben' kan erger zijn dan de dood van kortlevende dieren of dieren die toch al het eind van hun leven naderen. De muizen en ratten die zo vaak worden opgeofferd voor de bescherming van andere soorten, hebben een kort leven in vergelijking met de reuzenschildpadden en grote zeevogels die ze eten. Ratten leven een jaar of twee, misschien zeven op z'n hoogst, maar albatrossen worden zeker zeventig jaar en reuzenschildpadden vieren geregeld hun honderdste verjaardag, en een enkeling haalt zelfs bijna de tweehonderd.

Pijn en lijden zijn ethisch gezien makkelijker te veroordelen dan de dood. Algemeen gesproken zijn ze slecht voor ieder bewust wezen. In bepaalde gevallen vindt het doden voor natuurbeschermingsdoelen, met goedgeplaatste vallen of uitgevoerd door een ervaren schutter, vrijwel direct en pijnloos plaats. Maar in veel gevallen ook niet.

Op het eiland Floreana wordt de verdelging van ratten uitgevoerd met een tapijtbombardement van vergiftigde graankorrels: er wordt uit helikopters ongeveer driehonderd ton gedropt, genoeg om elke rat op het eiland te doden. Het vergif dat Campbell gebruikt heet brodifacoum.[23] Het is een zogeheten *anticoagulans*, wat betekent dat het bloed van de rat niet meer kan stollen. De ratten krijgen inwendige bloedingen in hun organen en bloeden soms uit hun ogen, neus, mond en andere lichaamsopeningen, in een doodstrijd die zes dagen aanhoudt. Bij laboratoriumproeven gingen ratten die het gif aten verkrampen, hielden op met bewegen en begonnen uitwendig te bloeden. Sommige raakten volledig verlamd. Het duurde bijna een week voordat ze stierven. Tijdens de ongeveer laatste elf uur voor hun dood 'bleven ze bij bewustzijn maar zonder te bewegen [...] afgezien van een enkele stuiptrekking op de grond'. Het zal geen verbazing wekken dat dit type gif steevast wordt gekwalificeerd als de bestrijdingsmethode die het meeste leed veroorzaakt, maar het werkt wel. Dat komt deels doordat de rat zich niet meteen slecht voelt na het eten van het lokaas. Het duurt uren of zelfs dagen voordat de bloedingen beginnen. Dus deze slimme zoogdieren associëren de smakelijke graankorrels niet met ziekte, wat ze vaak wel doen bij een sneller werkend vergif. Het langzame sterven is een eigenschap van het gif, geen fabricagefout.

Toen Campbell klein was, liep op de Australische televisie een programma dat *Wombat* heette, naar een inheems Australisch dier dat er een beetje uitziet als een harige poef met een teddyberengezicht. Er was een aflevering gewijd aan het fokken van zeldzame vogels in gevangenschap. De zevenjarige Campbell was gefascineerd. Hij begon thuis ook te oefenen met het fokken van vogels: kwartels, duiven, papegaaien, vinken. Het sprak hem aan dat dit een actieve manier kon zijn om bedreigde soorten te helpen.

Hoewel zijn ouders 'vermoedelijk de middelen hadden' om zijn opleiding te betalen – Campbell zegt dat hij er nooit naar gevraagd heeft – wilde hij van niemand afhankelijk zijn, dus om zijn studie te financieren meldde hij zich aan bij de Australische reservisten. Slechts twaalf dagen nadat hij zijn middelbareschooldiploma ontving, pakte hij de bus om aan een training als rekruut te beginnen. Daar leerde hij schieten en auto's repareren. Na een jaar lang als soldaat te hebben gediend, begon hij aan een studie in wildbeheer. Om rond te komen, ging hij in de bouw werken. Tijdens zijn studie nam hij enige tijd vrij om te herstellen van een elleboogblessure die hij volgens hemzelf had opgelopen door een combinatie van rotsklimmen, rugby en het verwisselen van vrachtwagenbanden. Daarna ging hij een maand naar Malawi om stropers te arresteren 'en mijn hoofd leeg te maken'.

Linda Cayot, voormalig coördinator van het Project Isabela dat drie Galapagoseilanden van de geiten wil bevrijden, herinnert zich dat ze

Campbell eind jaren negentig ophaalde voor een stage bij de organisatie, waar hij opviel als een 'ruige machosoldaat'. Campbell had bij de reservisten vuurwapens leren gebruiken en kon voertuigen repareren. Hij was heel geschikt voor het soort werk dat op de eilanden gedaan moest worden: toen hij een keer zijn duim openhaalde, werd die door een vriend in het veld gehecht. Een andere keer kwam hij terug van een bezoek aan de Wolfvulkaan waarbij zijn voeten waren ontveld. Hij wilde het er niet eens over hebben.

Voor Project Isabela schoot Campbell op geiten met semiautomatische .223-kaliber AR-15 geweren, meestal vanuit helikopters, soms te voet met honden. Maar hij zag al snel de onvolmaaktheid van deze methode in. Je kreeg de laatste paar geiten net niet te pakken en die konden zich snel vermenigvuldigen en de eilandpopulaties herstellen. Hij bedacht een strategie voor het stimuleren van seksuele ontvankelijkheid bij de vrouwtjes om andere geiten uit hun schuilplaats te lokken, zodat ze konden worden afgeschoten. De daaruit resulterende 'Mata-Harigeiten' waren een groot succes, maakten Campbell beroemd in de wereld van de natuurbescherming en bezorgden hem een doctorstitel aan de University of Queensland.

In 2006 ging Campbell voor Island Conservation werken en nam hij zijn vaardigheden mee naar de Galapagoseilanden. Hij heeft geholpen met het wegwerken van verwilderde katten op het eiland San Nicolas bij Californië, van konijnen op het eiland Choros in Chili en van resusapen op het eiland Desecheo bij Puerto Rico. Campbell heeft zijn ware roeping gevonden. Hij zei tegen mij dat hij zich had gerealiseerd dat het fokken van bedreigde diersoorten niet veel verschilt van het verzamelen van antiek, tenzij er een gerede kans bestaat dat de dieren op een dag in het wild worden teruggezet, als de grootste bedreigingen althans zijn opgelost. 'Al die tijd dat ik vogels aan het fokken was, had ik beter kunnen besteden aan het afmaken van ongedierte,' zegt hij.

Campbell concentreert zich nu op de ratten en katten op Floreana en wilde ze in 2021 volledig hebben uitgeroeid. Als de katten en ratten eenmaal weg zijn, kan de floreanaspotlijster van de twee kleine eilandjes voor de kust worden teruggebracht naar het eiland waaraan hij zijn naam dankt. Het verwijderen van de katten en ratten maakt ook de weg vrij voor de terugkeer van zadelrugschildpadden met op z'n minst een gezonde dosis reuzenschildpadden-DNA. Ook andere bedreigde soorten zullen er wel bij varen: de galapagosstormvogel, waarvan 60 procent op Floreana broedt, en twintig soorten endemische landslakken.

Het grootste probleem voor Campbell is dat het brodifacoumvergif ook boerderijdieren en sommige inheemse soorten doodt. Hij kan het dus niet lukraak over het eiland verstrooien. Alles wat mensen graag levend willen houden moet binnenshuis blijven, van het eiland worden weggehaald of op een andere manier worden beschermd tegen de regen des doods. Campbell moet dus rekening houden met iedere boerderij en ieder huishouden.

Op de ochtend na ons bezoek aan de schildpadden, sprongen Campbell en ik in de gedeukte Toyota Land Cruiser van een lokale boer en zetten koers naar het hoogland van Floreana. Ratten zijn ook bij de boeren niet populair en Campbell wees naar wat maïskolven die waren aangevreten door de scherpe tanden van de knaagdieren. Campbell schat dat de boeren hier wel 40 procent van hun gewassen kwijtraken aan knaagdieren.[24] Boer Claudio Cruz, een glimlachende man van middelbare leeftijd met een leesbril op zijn hoofd geschoven, liet me het giftige lokaas zien dat hij als parelkettingen om zijn gewassen bindt. Zelfs met al dat gif blijven de ratten zich in zijn cassaves graven, zegt hij, en hollen ze vanbinnen uit. 'Een Floreana zonder ratten zou geweldig zijn,' zei Cruz in het Spaans.

Op de dag van mijn bezoek liet Cruz zijn land zien aan Campbell en twee boeren van een ander Galapagoseiland, San Cristóbal. Ze heetten allebei José en kwamen kalveren kopen. Nadat hij ons een ingenieus en zelfontworpen composteersysteem had getoond, riep Cruz zijn vee binnen. Na een paar minuten roepen verschenen de runderen uit het bananenbos, bruin met wit, de een na de ander. Ze werden begeleid door witte koereigers, een soort die er op eigen kracht in is geslaagd de wereld te veroveren, met het vee meereizend van continent naar continent, een stille vogelversie van onszelf. Terwijl het vee door het gras sjokte, zette een in paniek geraakte rat het op een lopen en vloog onder de vrachtwagen van Cruz.

Na de kalveren bekeken te hebben, bleef het gezelschap staan bij een sinaasappelboom vol vruchten, een van de Josés klom erin en gooide de sinaasappels naar beneden naar Campbell, die ze in een juten zak deed. Er vlakbij had Cruz een paar felrode zeecontainers op blokken gezet: eentje was een cadeau van Island Conservation, de ander had hij zelf gekocht. Hier beschermt hij zijn veevoer als het vergif neerdaalt.

Island Conservation zal ook hokken en stallen bouwen voor de kippen, varkens en paarden van het eiland. Er zullen 'verklikkervarkens' worden gekocht die buiten de stallen leven en met tussenpozen worden geslacht, zodat hun levers op de aanwezigheid van het vergif kunnen worden getest. De andere varkens mogen pas naar buiten als de levers van de verklikkervarkens schoon zijn. Dit kan wel drie jaar duren. Ouders moeten goed op hun kleine kinderen letten, zodat ze geen graankorrels van de grond oppakken. Talloze inheemse dieren, waaronder vinken en velduilen, zullen worden gevangen en belanden in volières zowel op als buiten het eiland. Deze volières zijn inmiddels gebouwd en huisvesten bij wijze van proef al enkele vinken. Campbell verwacht dat het tien jaar zal duren, 6 miljoen dollar en 35 zeecontainers vol giftig graan gaat kosten om Floreana van de ratten te bevrijden. 'Om de knaagdieren uit te roeien moet je elke habitat behandelen,' zei Campbell. 'Je kunt geen stuk overslaan. Het mislukt als je niet de volle 100 procent aanpakt.'

Naderhand zal het eiland elk binnenkomend schip zorgvuldig inspecteren om te voorkomen dat er nieuwe ratten aan land komen. Het langetermijnsucces van het project hangt af van de vraag of de Ecuadoriaanse overheid de intensieve biocontrole tot in lengte van dagen zal volhouden. Er is al een biocontrolepost. Toen ik aankwam, moest ik erlangs en ik keek toe hoe twee jonge mannen vluchtig mijn koffer doorzochten.

Ecologie is ingewikkeld, zelfs op kleine eilanden, en de dingen gaan niet altijd volgens plan. In 2012 hielp Campbell bijvoorbeeld met het vangen van zo'n zestig galapagosbuizerds op het eiland Pinzón, een steile vulkanische rotsklomp in de Galapagosarchipel, zodat ze niet ziek zouden worden door het eten van de ratten die Campbell ging vergiftigen om de 'kleine en heel zachte' schildpadjes te redden die net uit het ei waren gekomen. Maar toen de zeldzame roofvogels een paar weken later terug in het wild werden gelaten, vielen ze dood uit de lucht. Het bleek dat het vergif nog aanwezig was in de lavahagedissen, dieren die de buizerds eten en die hen zo vergiftigden. 'Ik kreeg van zo ongeveer iedereen op mijn flikker,' zegt Campbell. Er broedt nu nog maar een tiental van deze vogels. Maar Campbell wees erop dat de babyschildpadden voortkomen uit de oude schildpadden die er leven, en dat zij de eerste zijn in meer dan honderdvijftig jaar die overleven. Als een klein percentage van de inheemse dieren doodgaat vindt hij dat prima, want dat is altijd nog beter dan dat honderd procent uitsterft.

Project Isabela wordt breed gezien als een succes. Toen de geiten eenmaal weg waren konden de bedreigde scalesiabomen er weer groeien, maar op het eiland Santiago kwamen ook de enorme, Doornroosjeachtige en niet-inheemse bramenstruiken terug. Uitheemse soorten verwijderen betekent niet altijd dat een eiland zich op magische wijze herstelt, vooral als andere ingevoerde soorten zich er ook thuis zijn gaan voelen. Hoewel het project veel lof kreeg, zijn er ook mensen die vinden dat de organisatie een miljoen extra had moeten begroten om de bramenstruiken weg te halen.

'Dat is voortschrijdend inzicht,' zei Campbell over Santiago, schouderophalend. 'Het is onrealistisch om een systeem vijfhonderd jaar terug te willen zetten.' Voor Campbell is tijdreizen niet het doel, wel het stoppen van uitsterving.

Misschien komt het door zijn minachting voor comfort dat Campbell zo goed gedijt in het ruige vulkaanlandschap van de Galapagoseilanden, met zijn vreemde en schitterende natuur. Hij is getrouwd met een Ecuadoriaanse sieradenontwerpster en ze hebben een dochter. Maar Campbell is gefrustreerd over de trage vorderingen in zijn werk. Er zijn nog duizenden andere eilanden en veel daarvan verkeren in een ecologische crisis. 'We zien nog maar het topje van de ijsberg,' zei hij. 'Ik zal deze klus nooit van mijn leven afkrijgen.'

Maar de aard van zijn werkzaamheden kan wel veranderen. Terwijl de meeste mensen onverschillig staan tegenover het doden van ratten en muizen, zijn velen huiverig om dat op zo'n pijnlijke manier te doen. En de acceptatie van het doden van knaagdieren is hoe dan ook aan het afnemen. Onlangs ondertekenden 25.000 Parijzenaars een petitie om een einde te maken aan de 'genocide' van ratten in de lichtstad.[25] Bovendien heeft de aanpak van massale uitroeiing met vergif zijn logistieke grenzen, en als die er al zijn op een eiland met slechts honderd inwoners, lijkt dit geen geschikte methode voor grotere en dichter bevolkte eilanden.

Campbell en Island Conservation houden zich bezig met ingevoerde soorten op eilanden. Maar soms wordt er ook op het vasteland gedood omwille van de natuurbescherming, en de soorten die worden gedood komen niet altijd van overzee. Zeeleeuwen langs de Amerikaanse westkust die de bedreigde zalmen eten, worden gevangen en krijgen dodelijke injecties toegediend. Om bedreigde kuddes kariboes te redden, heeft de regering van Alberta in Canada vanuit helikopters meer dan duizend wolven neergeschoten.[26]

Om enkele zeldzame zangvogels te beschermen, doden natuurbeschermers de bruinkopkoevogel. De koevogel is een nestparasiet: hij legt zijn eieren in de nesten van andere vogels en gaat er dan vandoor, waarna hij die truc herhaalt en tot wel 35 eieren in diverse geleende nesten legt. Wanneer de kuikens van de koevogel worden geboren, meestal eerder dan de biologische kuikens van de nestbouwers, worden ze snel groot en domineren de echte jongen van de vogelouders, en duwen ze soms zelfs het nest uit. Koevogels hebben deze truc ontwikkeld toen ze enorme kuddes bizons over de prairies volgden en zich voedden met de voedingsstoffen in hun mest.[27] Toen er vanaf 1870 systematisch op deze kuddes werd gejaagd als onderdeel van een onofficiële militaire campagne tegen de inheemse volken op het continent, richtten de koevogels zich op het gedomesticeerde vee en waaierden uit naar alle plekken waar vee te vinden was, en dat was vrijwel overal.[28] Nu vangen en doden natuurbeheerders al veertig jaar koevogels om de Kirtlands zanger in de dennenbossen van Michigan te beschermen.

In de Verenigde Staten wordt de gestreepte bosuil bejaagd als hij westwaarts trekt omdat hij concurreert om broedplaatsen met de bedreigde gevlekte bosuil. In dit geval wordt een vogelsoort neergeschoten die zo nauw verwant is met de gevlekte bosuil dat hij daarmee kan paren en vruchtbare nakomelingen kan krijgen.[29] En dat hybride nageslacht is misschien wel beter aangepast aan de huidige omstandigheden in het aan de Stille Oceaan grenzende noordwestelijke gedeelte van Noord-Amerika. Gevlekte bosuilen hebben oerbos als habitat nodig, eten minder soorten prooidieren, zijn schuwer en minder agressief. Gestreepte bosuilen kunnen op meer plekken leven, eten meer soorten prooi en verdedigen hun territorium beter.[30] Of je de interactie tussen deze twee verwanten beschouwt als een 'invasie' van vreemde uilen die het genoom van de gevlekte bosuil zullen 'bezoedelen' en daarmee deze soort doen uitsterven, of dat je hybridisatie ziet als het scheppen van een flexibele diversiteit in een snel veranderende omgeving, hangt af van je eigen waarden. Ondertussen hebben federale ambtenaren al 3135 uilen afgeschoten.[31]

Het geval van de gestreepte bosuil brengt een ongemakkelijk feit naar boven: veel mensen vinden dat soorten een finale eindwaarde hebben, maar de grenzen tussen soorten kunnen vaag zijn omdat de term 'soort' zelf verschillende betekenissen kan hebben. Sommigen hanteren het 'biologische soortconcept', dat zegt dat twee individuen tot dezelfde soort behoren als ze kunnen paren en vruchtbare nakomelingen kunnen voortbrengen. Anderen kiezen voor een ecologische benadering en brengen organismes samen in een categorie als ze zich binnen een bepaalde omgeving op dezelfde manier gedragen. Sommigen kijken naar de lichamelijke kenmerken van een organisme, zijn kleuren, vormen en aantal vlekken. En er zijn er ook die het genoom simpelweg in een computer voeren en soorten bepalen op basis van hun genetische verwantschap. Er is niet één correct antwoord op de vraag hoe je een soort definieert, omdat dit afhangt van welke vragen je daarover stelt. Eigenlijk is 'soort' meer een menselijk concept dan een biologische realiteit.

Als je vraagt of de Californische condor en de floreanaspotlijster verschillende soorten zijn, zullen bovenstaande definities zeggen van wel. Maar of de spotlijsters van diverse Galapagoseilanden beschouwd moeten worden als afzonderlijke soorten of alleen als ondersoorten, maakt deel uit van een wetenschappelijk debat dat al dateert uit de tijd van Darwin.

De zaken worden gecompliceerd door het feit dat veel afstammelingen die op een bepaald punt uiteen zijn gegaan, elkaar later weer tegenkomen en dan met elkaar kruisen. Van planten is al generaties lang bekend dat ze de neiging hebben om 'natuurlijk' te kruisen. Hybridisatie bij dieren is lange tijd beschouwd als iets zeldzaams. Als biologen op hybrides stuitten, was de eerste gedachte vaak dat mensen de soorten hadden gemengd en hybridisatie werd automatisch gezien als een bedreiging van de soortintegriteit.[32] Van hybride dieren werd ook algemeen gedacht dat ze minder 'sterk' waren en dus de overleving van de soort in gevaar konden brengen. Maar uit recent onderzoek blijkt dat hybrides heel gewoon zijn. Zo'n 10 tot 30 procent van de meercellige dier- en plantensoorten hybridiseert regelmatig, zeggen evolutiebiologen.[33] Ook in het dierenrijk komen verwante soorten elkaar vaak weer tegen nadat ze duizenden jaren van elkaar gescheiden zijn geweest en kruisen dan. Hun nakomelingen zijn niet altijd minder sterk. Sterker, de instroom van genen op het juiste moment kan de conditie verbeteren en uitsterving *voorkomen*, wat het geval leek te zijn toen de Californische tijgersalamander een dosis nieuwe genen kreeg van de geelgeblokte tijgersalamander. Het kunnen putten uit een nieuwe voorraad genetische diversiteit, kan een geslacht helpen zich aan te passen aan veranderende omstandigheden. Dit is ook gebeurd in de stamboom van de galapagosspotlijster. De spotlijster van het eiland Genovesa lijkt een zustersoort te zijn van de spotlijsters van Española en San Cristóbal, maar met een paar extra genen die hij heeft opgepikt toen hij paarde met spotlijsters van Isabela en de eilanden daaromheen.[34]

Een van de manieren om te bepalen of dierlijke kruisingen in termen van biodiversiteit 'goed' of 'slecht' zijn, is onderzoeken of deze organismen veerkrachtiger zijn en het wellicht beter volhouden in het voortschrijdende proces van ecologische verandering dat de mens in gang heeft gezet. Een andere manier is onderzoeken of de individuele kruisingen zelf meer of minder goed in staat zullen zijn om een volwaardig leven te leiden. Elk geval is anders en zonder laconiek over te willen komen, ben ik geneigd te denken dat als twee populaties hybrides voortbrengen die sterker zijn, de twee ouderpopulaties waarschijnlijk toch al nauw verwant waren en daarom staat hun vermenging niet erg hoog op mijn lijst van ecologische problemen waar we ons zorgen om moeten maken.

Ik kan er met andere woorden mee leven als de oerbossen vol zitten met 'gekruiste uilen', want dat is beter dan helemaal geen uilen.

Wij zijn zelf ook hybrides.[35] In de afgelopen miljoen jaar hebben veel van onze voorouders gepaard met minstens twee andere soorten: de Neanderthaler en de Denisovamens. Degenen van ons met een Oceanische of Aziatische afkomst zijn tot wel 7 procent Denisovaans. Degenen met een vooral niet-Afrikaanse afkomst zijn tussen de 1 en 4 procent Neanderthaler, en ongeveer 20 procent van het totale Neanderthalgenoom zwemt ergens rond in de menselijke genenpool. Sommige van deze genen bepalen de eigenschappen van huid en haar, en het lijkt erop dat deze kruisingen de *Homo sapiens* hebben geholpen zich aan te passen aan de nieuwe klimaten en landschappen die zij tijdens hun migratie vanuit Afrika naar het noorden tegenkwamen. Genen van de andere soorten kunnen ons ook hebben beschermd tegen nieuwe ziektes.

Bovendien zitten in de meeste cellen van dieren, planten en schimmels mitochondriën, door membranen omsloten elementen die afgebroken suikers omzetten in adenosinetrifosfaat (ATP), die energie door ons lichaam transporteert als brandstof voor alles wat we doen. Mitochondriën waren ooit autonome, vrij levende bacteriën, totdat ze werden geabsorbeerd door onze heel verre voorouders en zich vestigden in onze cellen. Nog altijd hebben mitochondriën hun eigen DNA, dat zich onderscheidt van de rest van de chromosomen. Als wij ons voortplanten, planten de mitochondriën zich parallel voort. Dus zelfs individuele organismes kunnen een amalgaam zijn van ten minste twee soorten die als een eenheid werken. (Zo is ook korstmos eigenlijk een samenwerkingsverband tussen een alg of cyanobacterie en een schimmel die als één organisme optreden.)

Bovendien herbergen dierlijke lichamen bacteriën, schimmels, protozoën en virussen, die aanzienlijk meer cellen bevatten dan de microben die wij zelf meedragen. Veel van deze organismes zijn symbiotisch. Wij bieden hun een leefomgeving en voeding, en zij helpen ons voedsel verteren, infecties bestrijden en meer. Een dier zonder enige microbe is een ziek dier. Niet alleen de scheidslijnen tussen soorten zijn vaag, ook die tussen individuen.

Recentelijk deden microbiologen onderzoek naar de *horizontale genoverdracht* (HGT) van microben, waarbij genen van de ene soort rechtstreeks overstappen op het genoom van een andere soort. Dit komt vooral voor bij bacteriën en archaea, maar het is bekend dat planten er ook mee in de weer zijn geweest. Varens hebben op een of andere manier een gen gekopieerd van een mosachtige soort hoornblad dat hen in staat stelt lichtbronnen te ontdekken in de diepe schaduw, zodat ze kunnen overleven in de donkere en vochtige omgeving waar nu zo veel varens groeien.[36] Ook dieren hebben genen overgenomen van andere soorten. Een studie uit 2015 maakte gebruik van de opmars van *genoomsequentiebepaling* om te zoeken naar bacteriële genen in het DNA van tien primaten, twaalf vliegen en vier aaltjes, en bij alle werden genen aangetroffen die waarschijnlijk waren overgenomen van bacteriën. De onderzoekers concludeerden: 'In plaats van een zeldzame gebeurtenis te zijn, heeft HGT bijgedragen aan de evolutie van vele, zo niet alle dieren en dit proces gaat in de meeste afstammingslijnen gewoon door. We zijn tussen de tientallen en honderden vreemde genen tegengekomen in alle dieren die we hebben onderzocht, ook in mensen.'

Alles bij elkaar tonen de samengestelde organismes, horizontale genoverdracht en hybridisatie een evolutie die niet zozeer werkt als een zich vertakkende boom met de perfecte, onveranderlijke vrucht aan het eind van elke tak, maar eerder als een mycelium, een netwerk van schimmeldraden, met genen die zowel zijwaarts tussen afstammingslijnen bewegen, als 'verticaal' van ouders naar nakomelingen gaan. Soorten drijven uit elkaar, komen dan weer samen en lopen ook vaak dood. Het lijkt minder op een boom dan op de complexe netwerken die je in de bosgrond vindt, een dichte verstrengeling van schimmels en wortels en bacteriën die zich splitsen, weer samenkomen en in elkaar groeien. En de soorten die we nu zien zijn geen eindproducten. Integendeel, we bevinden ons ergens in het midden van een verhaal dat miljarden jaren duurt. Als we in de verleiding zijn om te voorkomen dat de afstamming van soorten verandert of dat soorten kruisen, moeten we ons afvragen of we hiermee de biodiversiteit behouden of juist tegenwerken.

Nadat we de boerderij op Floreana hadden bezocht, gingen Campbell en ik naar het strand bij mijn hotel, met wit zand dat wordt omzoomd door zwarte vulkanische rotsen die zijn bespikkeld met rode Sally Lightfoot-krabben. In het water staken zeeschildpadden hun koppen boven de golven uit. De opuntia-cactus stak scherp af tegen de onbewolkte lucht. Ik zag het paradijs. Campbell zag problemen. Hij wees naar een bijna onzichtbaar kuiltje in het zand, met ongeveer de doorsnee van een grote munt. Het was de pootafdruk van een kat, op minder dan een meter afstand van het onbeschermde en laaggelegen nest van een bedreigde galapagosstormvogel. Campbell en zijn team waren al bezig met een campagne om de katten te steriliseren. 'Ik ken alle huisdieren op dit eiland bij naam,' zei Campbell met een grimmige vastberadenheid. 'Er is nog één vruchtbare kat over.'

Campbell had nog wat werk te doen, dus ik besloot te gaan snorkelen, ook al was het water behoorlijk koud. De meeste toeristen in de Galapagosarchipel komen hier met cruises, en aangezien die er nu niet waren, had ik het hele strand voor mijzelf. Het water was een beetje troebel en ik wist dat het dus rijk was aan voedingsstoffen. Ik zag de zeeschildpadden genoeglijk eten. Een jonge zeeleeuw kwam gedag zeggen. Ik bleef terughoudend en probeerde afstand te bewaren, als een goede toerist, maar hij of zij wilde daar niets van weten. De zeeleeuw draaide in het water speelse rondjes om me heen en keek me recht in het gezicht. Ik voelde zijn zachte, gladde lichaam tegen mijn buik en mijn rug. Het was spannend, maar ik voelde me ook schuldig dat ik het dier zo dichtbij had 'laten' komen, hoewel ik in het water zo onhandig ben dat ik me eigenlijk alleen zo stil mogelijk probeerde te houden. Ik dacht bij mezelf: 'Je zou niet zo vriendelijk zijn als je wist wat voor monsters wij mensen kunnen zijn', het bekende misantrope milieuverhaal dat ik als kind zo vaak had gehoord. Mensen zijn zelf het virus, enzovoort.

Ik zwom terug naar de kust en zat, in gedachten verzonken en rillerig, boven op de overblijfselen van miljoenen gebroken en verweerde stekels van zee-egels. Hier op Floreana proberen mensen de schade te herstellen die ze hebben aangericht, door het eiland te herbevolken met de soorten (of ondersoorten) die ontbreken. Hun bedoelingen zijn goed. Sommigen van hen worden gemotiveerd door de gedachte dat de invloed van de mens uit ecosystemen moet worden gesneden alsof het een gezwel is, maar Campbell leek gewoon te handelen vanuit een impuls om uitsterving tegen te gaan en de diversiteit van het leven te behouden. En als alles gaat zoals gepland, zullen alle ratten tegelijk bezwijken aan het vergif, zodat er in de toekomst niet meer verdelgd hoeft te worden. Het doden zal stoppen. Claudio Cruz hoeft geen fortuin meer uit te geven aan vergif om zijn cassave te redden. Ratten zullen niet meer ieder jaar langs de rand van zijn akkers sterven. Babyschildpadden zullen uit het ei komen en oud worden. Lang nadat ik er zelf niet meer ben, zullen ze zonder haast over dit eiland wandelen en knabbelen aan de vruchten van de opuntia-cactus. Misschien is het toch allemaal de moeite waard geweest.

12

De vriendelijke toutouwai

Toen ik op bezoek was bij Campbell zat hij nog in de voorbereidingsfase van de uitroeiing op Floreana. Ik wilde zien hoe het doden in de praktijk werkte en dus ging ik naar een ander eiland in de Stille Oceaan dat worstelt met zijn eigen roofdieren: Aotearoa, ook bekend als Nieuw-Zeeland. Campbell had me verteld dat Kiwi's experts zijn in het doden van niet-inheemse roofdieren.

Zo'n vijf miljoen jaar geleden brak Aotearoa af van het megacontinent dat Gondwanaland heette, nog voor het tijdperk van de zoogdieren, en het is sindsdien geïsoleerd gebleven.[1] Voordat de mens arriveerde leefden er helemaal geen viervoetige zoogdieren, alleen wat vleermuizen, zeehonden en zeeleeuwen, dieren die de eilanden op eigen kracht konden bereiken. Veel ecologische functies die zoogdieren op andere plekken vervullen, werden hier door vogels vervuld. De moa, een vijfhonderd pond wegende loopvogel, was zoiets als een hert of gazelle, grazend en rondstruinend. Ze werden niet bejaagd door wolven of leeuwen, maar door enorme buizerds en arenden. Haasts arend had een spanwijdte van tweeënhalve meter en klauwen die zo groot waren dat hij een mensenhoofd moeiteloos zou kunnen vastpakken. De functies die knaagdieren elders hebben, werden hier vervuld door gigantische, niet-vliegende krekels die *weta* heetten en soms de afmeting van volwassen muizen hadden. (*Weta Digital*, het special-effectsbedrijf dat mede is opgericht door Peter

Jackson, beroemd van *Lord of the Rings*, is genoemd naar deze indrukwekkende beesten.)

Aotearoa was de laatste grote landmassa op aarde die ontdekt werd door mensen, die een kleine duizend jaar geleden vanaf de Society-eilanden arriveerden met een vloot van zeewaardige kano's.[2] Deze mensen, die bekend werden als de Maori, brachten dieren met zich mee, onder meer honden en de *kiore*, ook bekend als de Polynesische rat. De kiore was zeker geen verstekeling, want de Maori namen hem met opzet mee. Ze lieten de ratten vrij rondlopen in het bos en vingen ze in de winter als ze op hun vetst waren. Ze konden worden geconserveerd door ze in hun eigen vet te verpakken, als een soort gekonfijte rat. De Maori maakten mantels van hun mooie, zachte vacht.

De komst van de mens leidde tot enkele uitstervingen. Mensen roeiden de enorme moa uit en watervogels zoals de ral, die werden bejaagd als voedsel. De Haasts arend verdween, uitgehongerd toen de moa als prooi verdween. Kiore eten landslakken, weta, hagedissen en bodembroedende vogels zoals stormvogels en aalscholvers, dus ook zij kunnen enkele uitstervingen hebben veroorzaakt.

Toen de Europeanen in de achttiende eeuw arriveerden, introduceerden zij nog meer nieuwe dieren. Sommige soorten werden meegenomen om bejaagd te worden, waaronder het Europees konijn, de Europese haas, diverse soorten wallaby en een allegaartje van herten uit de hele wereld. Andere kwamen er als boerderijdieren: varkens, paarden, runderen en vooral schapen. De hermelijn, de fret en de egel waren meegebracht om ongedierte te eten, maar aten ook inheemse vogels en insecten. Katten kwamen mee als huisdier. Koeskoezen werden vanuit Australië ingevoerd vanwege hun onmiskenbaar weelderige vacht en gedijden op een dieet van inheemse Nieuw-Zeelandse planten en af en toe een insect of vogelei. En er waren ook een paar ongewenste meelifters: bruine en zwarte ratten, en huismuizen. Toen er katten en ratten en fretten opdoken in dit land met al zijn loopvogels, met onbewaakte nesten vol eieren op de grond, en met dieren die zich tegen vliegende roofdieren beschermden door zich stil te houden, was het één groot feestmaal.

Volgens de rode lijst van de IUCN zijn er sinds de komst van de Europeanen ongeveer 27 soorten in Nieuw-Zeeland uitgestorven. Hiervan zijn er zeker vijftien, volgens mijn eigen telling, ten prooi gevallen aan ingevoerde diersoorten. De eerste was *Hoplodactylus delcourti*, een enorme gekko van 37 centimeter lang, de staart niet meegerekend, waarvan het enige bekende en opgezette exemplaar in de jaren tachtig werd gevonden in een Frans museum, dat het waarschijnlijk heeft verworven tussen 1833 en 1869.[3] Ook al bestaat er maar één exemplaar, toch hebben deskundigen een vermoeden waardoor het dier is uitgestorven. De lijst van de IUCN meldt: 'De oorzaken van het klaarblijkelijke uitsterven van deze soort is niet bekend, maar als het inderdaad voorkwam op het Nieuw-Zeelandse Noordereiland zullen de verwoesting van het oerbos dat volgde op de Europese kolonisering, en de introductie van predaterende zoogdieren zoals katten, zwarte ratten en wilde varkens, beslissende factoren geweest kunnen zijn.'[4]

De meest recente uitsterving vond plaats in 1972, toen de laatste bodembroedende *matuhituhi* of struikwinterkoning stierf bij een mislukt fokproject in semigevangenschap op het eiland Kaimohu.

Eerlijk gezegd was ik verrast dat er sinds de komst van de Europeanen naar Aotearoa 'slechts' vijftien soorten zijn uitgestorven door de invoering van roofdieren. Maar het werkelijke aantal is waarschijnlijk veel hoger. Veel soorten kunnen zijn verdwenen zonder sporen achter te laten. De IUCN heeft meer dan honderdvijftig Nieuw-Zeelandse soorten aangemerkt als op zijn minst gedeeltelijk bedreigd door 'invasieve en andere problematische soorten, genen & ziekten'. Hieronder vallen charismatische soorten als de kakapo, een niet-vliegende groene papegaai met een rare charme, en vijf soorten kiwi's, de vleugelloze donsballetjes met dunne snavels die het nationale symbool zijn geworden. Veel dieren uit deze groep houden alleen nog stand op een paar eilandjes zonder ingevoerde roofdieren. Ze zijn functioneel uitgestorven op het 'vasteland' van het Noorder- en Zuidereiland, die samen Aotearoa vormen.

Aangezien er al 53 vogelsoorten zijn verdwenen sinds de komst van de mens, willen de Nieuw-Zeelanders niet dat er nog meer bedreigde soorten verdwijnen, en ze zijn bereid vuile handen te maken om dat te voorkomen.[5] *Predator Free 2050* is een ambitieus overheidsprogramma om alle ratten, fretten en buidelratten in het land te doden. (Het zal u zijn opgevallen dat men zich richt op slechts enkele soorten. Wilde katten vormen ook een bedreiging voor veel inheemse soorten, maar omdat 41 procent van de Nieuw-Zeelanders een huiskat heeft, moet de wilde kat met heel andere middelen bestreden worden.[6] Varkens brengen veel schade toe aan inheemse planten door ze te ontwortelen, maar er is een grote groep varkensjagers die niet willen dat ze verdwijnen.)

Als de roofdieren eenmaal zijn uitgeroeid, moet een rigoureuze bioveiligheid ervoor zorgen dat de ongewenste zoogdieren niet kunnen terugkeren. Die strenge bewaking zal waarschijnlijk duizenden jaren moeten worden volgehouden, terwijl knaagdieren zoals ratten moeilijk zijn te onderscheppen. Ik vroeg aan James Russell, als ecoloog verbonden aan de University of Auckland en voorstander van Predator Free 2050, hoeveel vertrouwen hij erin had dat de mens ook over duizend jaar nog op zijn hoede zal zijn voor predaterende zoogdieren. Hij antwoordde: 'Ik heb werkelijk geen idee, ik kan alleen maar mijn best doen om wat mij nu de beste handelwijze lijkt te realiseren, en hopen dat anderen na mij mijn waarden delen.'

Milieubewuste burgers uit heel Nieuw-Zeeland hebben zich achter de strijd van Predator Free geschaard. Schoolkinderen leren vallen te zetten. Lokale groeperingen, inheemse *iwi* (de Maoriversie van de 'stam') en andere clubs jagen op roofdieren en zetten foto's van hun trofeeën op Facebook. Overheidswebsites geven adviezen aan gezinnen die in hun achtertuin een val willen zetten. Een van die sites opent met een filmpje van een opgewekte presentator die een stijve, dode rat vasthoudt en zegt: 'Dat zag je niet aankomen, hè?!'[7]

Er is een geval bekend waarbij een school een buidelrattenjacht organiseerde ten behoeve van een inzamelingsactie.[8] Wie in drie nachten het grootste gewicht aan buidelratten doodde, won. Op een andere school werden de karkassen van buidelratten die tijdens de jacht werden gedood, verkleed als bruid en als zonaanbidder, en een gevilde buidelrat kreeg een boksbroek en bokshandschoenen aan.[9] 'Als je vanuit de auto een buidelrat ziet lopen is het de regel om hem aan te rijden in plaats van af te remmen om hem te ontwijken,' adviseert de reisgids *New Zealand Pocket Guide*.[10]

Het ministerie voor Natuurbescherming (Department of Conservation) dropt regelmatig groene bolletjes lokaas met een gifstof die *1080* heet boven grote stukken bos om ratten en buidelratten te doden. De natuurbeschermingsorganisatie Forest & Bird vertelt op zijn website waarom het gif wordt gebruikt: 'Eén luchtoperatie kan meer dan 95 procent van de buidelratten en bijna 100 procent van de ratten in het beoogde gebied doden, al kan het aantal ratten na één of twee jaar weer toenemen.[11] Zonder grootschalige predatie door ratten kunnen vogels en andere inheemse soorten hiervan echter profiteren met een of twee goede broedseizoenen. De stof 1080 doodt ook de meeste fretten nadat ze van de vergiftigde ratten hebben gegeten.' Met andere woorden, zonder een realistisch vooruitzicht om de buidelratten en ratten op korte termijn volledig uit te kunnen roeien, nemen natuurbeschermers hun toevlucht tot een eindeloze cyclus van doden.

Ontwikkeld uit een stof die in Australische planten zit om te voorkomen dat zoogdieren ze opeten, wordt 1080 beschouwd als meer humaan dan brodifacoum, voornamelijk omdat het de dieren sneller doodt, binnen uren in plaats van dagen of weken, en het leed dat ze veroorzaken wordt gekwalificeerd als hooguit 'ernstig' in plaats van 'extreem'.[12] Maar laten we wel zijn: het is geen fijne manier om dood te gaan. Bij een laboratoriumexperiment voerden onderzoekers wortels waaraan 1080 was toegevoegd aan acht buidelratten. Ze hadden ergens tussen de vier en achttien uur nodig om te sterven. Na ongeveer drie uur raakten ze hun lichamelijke coördinatie kwijt en vertoonden symptomen als 'ingevallen, glazige ogen en hangende oren'. Ze kokhalsden en braakten en 'lagen het grootste deel van de tijd tot aan hun dood te stuiptrekken en te trillen. Vijf van hen kregen liggend op de grond toevallen.' De *Royal New Zealand Society for the Prevention of Cruelty to Animals* zegt dat 'deze stoffen een zo intens en langdurig lijden bij de dieren veroorzaken dat wij vinden dat de toepassing niet te rechtvaardigen is'.[13]

Wetenschappers van het Toi Ohomai Institute of Technology in Rotorua zoeken naar mogelijkheden om drones te gebruiken voor het droppen van 1080 om buidelratten te doden. Met drones zou het makkelijker zijn om het vergif te distribueren als er geen zichtbare sporen zijn. Ook kunnen ze ongediertebestrijders beschermen tegen de emotionele impact van het doden, zegt droneresearcher Craig Morley. 'Je doet dit werk omdat je de vogels en planten wilt beschermen, maar je doodt wel andere dieren,' zei hij tegen mij. 'Het is pijnlijk als je dat voor het eerst doet. Het is geen pretje.' De drones maken het minder pijnlijk. 'Iemand heeft het vergeleken met oorlog,' zegt Morley. 'Vroeger kon je de vijand nog zien. Nu druk je gewoon op een knop en vuur je een raket af. Je raakt een beetje los van de realiteit dat je daarginds iets of iemand hebt gedood.'

Morley ziet deze emotionele afstandelijkheid als iets goeds, omdat hij vindt dat het doden volkomen terecht is. 'We raken ieder jaar zo'n 26 miljoen inheemse vogels kwijt. Eén van de vogelsoorten staat op het punt uit te sterven. We moeten hier echt vaart mee maken. Anders wordt het heel stil in Nieuw-Zeeland. En dat is triest.'

Kiwi's houden van dieren. In februari 2020 werd een vrouw uit Pukekohe die niet goed had gezorgd voor haar kleurdwergkonijn Lambo veroordeeld tot negentig uur taakstraf, een tienjarig verbod op het nemen van nieuwe huisdieren en een boete van 521,40 Nieuw-Zeelandse dollar.[14] En toch had de overheid twee jaar daarvoor op een half uur rijden naar het oosten het vergif 1080 gedropt op 22.000 hectare bos in en rond het Hunua Ranges Regional Park, waarbij ontelbare aantallen ratten en buidelratten werden gedood die net zo goed in staat waren pijn en genot te ervaren.[15] Hun dood werd gerechtvaardigd omdat de noordelijke kokako moest worden beschermd, een grijze vogel met een zwart masker, een waggelend loopje en een treurige zang.[16] Er zijn ongeveer veertienhonderd broedparen van de noordelijke kokako, terwijl dat er in 2008 nog maar achthonderd waren.[17] Het bloedbad onder hun predatoren kan ze misschien nog redden.

Nadat ik in het land was aangekomen, kreeg ik de eerste symptomen te zien van de nationale obsessie met het doden van ingevoerde soorten. In een museumwinkel in Auckland vond ik een prentenboek voor kinderen met de titel *It's my egg (and you can't have it)*, dat bleek te gaan over hoe leuk het is om vallen te zetten en fretten te doden omdat ze kiwi-eieren eten. Er stond een heel boosaardig kijkende fret in, en op een dubbele pagina was in bloedrode letters het woord 'PLATSLAAN' geschreven.

Ik zette koers naar het eiland Kapiti (de volledige naam in het Maori is *Ko te Waewae Kapiti o Tara Raua ko Rangitane*), dat op ongeveer een uur reizen ten noorden van de stad Wellington ligt.[18] Het eiland bevindt zich op de grens van Maoriterritorium en was in het begin van de negentiende eeuw een strategische militaire locatie. Later werd het gebruikt door walvisvaarders om er ingewanden te verwerken en daarna kwamen er Europese boeren. In 1897 kocht de regering van Nieuw-Zeeland een groot deel van het eiland ten behoeve van de natuurbescherming, en van 1890 tot na 1910 werden de eerste loopvogels ernaartoe gebracht om ze te behoeden voor uitsterving. Er werd ook al vroeg begonnen met het wegwerken van ingevoerde dieren. In 1928 werden tweeduizend wilde geiten geschoten. Daarna waren katten, herten, schapen, runderen, varkens en honden aan de beurt. De buidelratten werden pas aangepakt in de jaren tachtig, toen natuurbeschermers zes jaar nodig hadden om er 22.500 te doden met het vergif 1080, en met vallen en honden. Ongeveer vijftigduizend Polynesische en bruine ratten werden in de jaren negentig vanuit de lucht bestookt met brodifacoum. In 1996 was het eiland eindelijk klaar voor de reclameslogan van het nationale bureau voor toerisme, die in 1999 werd gelanceerd en nog steeds in gebruik is: '100% Pure New Zealand'.

Kapiti is ongeveer tien kilometer lang en anderhalve kilometer breed, en een veerboot brengt er per dag maximaal honderdzestig toeristen naartoe om zeldzame soorten te zien zoals de geelbandhoningeter of *hihi*, een drukke zangvogel, en de *weka*, een loopvogel die naaktslakken en larven besluipt als een mini-Tyrannosaurus. Na een korte overtocht kreeg mijn scheepslading toeristen een inleidend praatje van een gids die Rochelle heette en ons de geschiedenis van het eiland vertelde. Blijkbaar heeft iemand in 2010 één enkele fret op Kapiti waargenomen, wat leidde tot een massale zoektocht naar het dier en zijn soortgenoten. 'Het heeft een miljoen dollar gekost om hem te vangen,' vertelde de gids. 'Niemand weet hoe hij hier gekomen is.'

Na deze briefing mochten we op eigen houtje rondkijken. Ik klom naar het midden van het eiland en betrad het dichte en klamme bos. De flora op het eiland was een mix van tropisch ogende soorten, zoals de elegante, hooggroeiende nikaupalm, en planten uit gematigde gebieden zoals de zilvervaren. Maar dat zegt meer over mijn botanische conditionering. Ik bleef staan en sloot mijn ogen om naar de fauna te luisteren. Het bos galmde van de vogelzang. Noordelijke zadelruggen kwetterden in paren hun eigen naam in het Maori: 'Tīeke, tīeke, tīeke.' Ook hoorde ik klokachtige klanken. Ik opende mijn ogen en zag waar het geluid vandaan kwam, een blauwbruine vogel met een opvallende witte bef, de *toei*.

Verder langs het pad kwam ik een serie voederhuisjes voor de *hihi* tegen. Er zijn nog zo'n drieduizend van deze vogels over, maar op het vasteland zijn ze uitgestorven, waarschijnlijk door een combinatie van ratten en houtkap.[19] Aanvankelijk vlogen de vogels te snel om ze te kunnen zien. Ze zoemden heen en weer tussen de bomen en de voederhuisjes, met de snelheid en doelgerichtheid van bijen. Ik ging ergens zitten en luisterde naar het drukke snorren van hun vleugels. Toen er eindelijk eentje een halve seconde stilhield, ontwaarde ik een bolle zangvogel met een zwarte kop en een witte vlek rond de ogen, een beetje zoals een orka.

Op de weg terug naar beneden schoot een limoengroene Nieuw-Zeelandse parkiet of kakariki langs het pad, met zijn vleugels in de zweefstand. Hij leek zich absoluut geen zorgen te maken over mijn aanwezigheid. De vogels waren hier duidelijk de baas, de mensen zijn niet meer dan hun dienaren en aanbidders. Ik zag een bruin, doosachtig ding naast het pad staan. Het was een rattenval met giftig lokaas. Met boten vol toeristen die elke dag aanmeren, moeten de beheerders van Kapiti altijd waakzaam blijven.

Eenmaal uit het bos belandde ik in een vochtige weide waar een weka statig rondstapte, dik, bruin en vleugelloos. Ik zag een van de natuurbeheerders en vroeg hem naar de vogels. Hij vertelde me dat ze waren geïntroduceerd in 1896, toen de mensen zich nog niet zo bezighielden met het uit elkaar houden van ondersoorten, dus deze vogels zijn een mengeling van de noordelijke en de zuidelijke weka. In een ecologisch herstelplan voor het eiland Kapiti uit 2016 wordt de stand van de weka's op het eiland aangegeven als: 'N.v.t. wegens gemengde herkomst'.[20] Men wist niet dat ze in het verleden ook al op Kapiti voorkwamen. En, voegde hij eraan toe, ze kunnen een beetje lastig zijn omdat ze andere bedreigde soorten eten. Deze weka's werden gehouden achter hekken op één deel van het eiland om te voorkomen dat ze eieren en kuikens opeten van een nabijgelegen kolonie grauwe pijlstormvogels. (Een van de weinige voordelen van het beschermen van loopvogels is dat je ze met hekken kunt tegenhouden.) Uiteindelijk, voegde hij eraan toe, had de weka geleerd hoe hij de dichtgeritste tassen vol boterhammen van de toeristen open moest krijgen. Toch zijn er geen plannen om de weka te verwijderen. 'Ze doen het niet goed op het vasteland,' zei hij.

Als je je in de details verdiept, merk je dat op een eiland als Kapiti niet zozeer naar het verleden wordt gekeken, maar dat men juist een glimp van een mogelijke toekomst biedt: diersoorten die op nieuwe plekken belanden, hybrides die in elk geval voorlopig worden geaccepteerd, en mensen die sobere beheermethoden zoals hekken gebruiken om veel soorten in een klein gebied naast elkaar te laten bestaan. Met Kapiti als voorbeeld is het goede nieuws dat mensen zich in zo'n levendig natuurgebied zowel geïnspireerd als prettig bijkomstig kunnen voelen. Het zou voor ons allemaal goed zijn om af en toe door een kakariki te worden genegeerd.

Daarna bezocht ik Zealandia, een natuurgebied van 225 hectare nabij de stad Wellington waaruit de ingevoerde roofdieren zijn verwijderd met vallen en vergif, en dat wordt beschermd door enthousiaste Kiwi's en een zeer gedegen hekwerk om niet-inheemse predatoren buiten te houden. Als je door de poort gaat voelt het een beetje alsof je in een gevangenis belandt, maar eenmaal binnen is het prachtig. Ik zag grauwe en schitterende tuatara's of brughagedissen, oeroude reptielen met stekels op hun rug. Buiten de omheining eten ratten hun eieren en jongen op. Ik zag een zuidereiland-takahe, een zeer stevige loopvogel die ooit voorkwam op het andere grote eiland van Nieuw-Zeeland. (Het Noordereiland, waar Wellington ligt, raakte zijn takahe kwijt in 1894.)[21] Hij is diepblauw, met een tomaatkleurige snavel die doorloopt naar zijn voorhoofd. Ik heb tevergeefs geprobeerd er een goede foto van te maken. Er zijn op de wereld nog geen driehonderd van deze vogels.

Ik stapte bijna op een klein, grootogig vogeltje dat op grappige lange poten over het pad slenterde. Het was een toutouwai, ook bekend als de zuidereilandvliegenvanger. Net als de roodborstjes in andere landen, is deze vogel niet alleen onverschrokken, maar lijkt hij ook actief geïnteresseerd in mensen, waarschijnlijk vanwege de insecten die wij opwoelen. Mijn gids Danielle Shanahan, directeur van het *Centre for People and Nature* van Zealandia, liet me een trucje zien. Ze trapte wat zand omhoog en deed toen een stap terug. De toutouwai keek ons even aan, overwoog de risico's, en liep toen naar de omgewoelde grond om naar insecten te zoeken. Ik was meteen verkocht. 'Dit is mijn nieuwe lievelingsvogel,' zei ik.

Op weg naar de uitgang namen we een kijkje in de souvenirwinkel van Zealandia, waar ze werpkussens verkopen met afbeeldingen van uitheemse dieren waarover een grote rode X is geborduurd: het doden van soorten als interieurdecoratie.

Ik vroeg Shanahan naar dat stigmatiseren van ingevoerde dieren. Maakt zij zich er weleens zorgen over dat dit uitmondt in het toekennen van kwaadaardige motieven aan dieren die gewoon hun leven leiden en totaal niet beseffen dat zij 'indringers' zijn?

'Als je niet oppast wordt het inderdaad zoiets als rommel opruimen,' gaf ze toe. Daarom formuleert ze het ecologisch herstel van Nieuw-Zeeland liever als 'het verrijken van de natuur' dan als 'roofdiervrij maken'.

Elfduizend schoolkinderen komen ieder jaar naar Zealandia om te leren over de ecologische geschiedenis van hun land.[22] En de inheemse dieren in het gebied doen het zo goed dat ze zich beginnen te verspreiden over de omgeving van het park. Ik zag een toei, die opvallende vogel met wit dons bij zijn keel, naar hartenlust zingen op de parkeerplaats buiten het hek.

Dit 'verspreidingseffect' zou beperkt blijven zonder het werk van vrijwilligers die ook buiten de omheining vallen en gif aanbrengen tegen ratten en andere roofdieren in het beboste gebied. Een van die vrijwilligersorganisaties noemt zich de *Polhill Protectors* en bestaat uit 65 mensen die als strenge milities patrouilleren door een stedelijke groenstrook van 75 hectare. Amateur-militant en 'levenslange vogelfanaat' Paul Ward leidde me rond langs de vallen. Het was ermee begonnen dat Ward ging hardlopen in dit wat sjofele bosgebied. Maar op een dag in 2006, halverwege zijn parcours, zag hij een enorme roestbruine kaka-papegaai in een boom zitten. 'Die had ik toen alleen op de eilanden voor de kust gezien,' zei hij nadat we zijn auto hadden geparkeerd en tussen de bomen liepen. 'Ik stond gewoon paf.'

Deze heuvels bestaan niet bepaald uit ongerepte wildernis. Een flink deel van de planten hier zijn ingevoerd, maar ze zijn groen en geven schaduw, en de vogels lijken het hier vol te houden zolang mensen het aantal roofdieren klein houden. 'Het is echt cool om deze vogels weer in een levend milieu te zien,' zei Ward.

We bleven staan bij de eerste val, een langwerpige houten kist met een ingang ter grootte van een rat aan een van de kanten, en voorzien van het logo van de Polhill Protectors: een Maori-vogelmens met gestrekte vleugels. Het dodelijke mechanisme zat aan de binnenkant. Ward haalde een 8 mm steeksleutel uit zijn zak en schroefde behendig het uiteinde van de val los. Hij was leeg. 'De rat gaat op het plankje staan en sterft meteen.' Hij voegde eraan toe dat de vallen zijn goedgekeurd door de *National Animal Welfare Committee*.

Wards volgende project heeft de naam *Capital Kiwi* gekregen en wil een veilige omgeving scheppen voor de iconische loopvogels in Wellington, met het opzetten van het grootste particuliere netwerk van fretvallen in Nieuw-Zeeland. Sinds 2020 beheren ze 4443 vallen op 23.455 hectare grond.

Ward is zelf geen Maori, maar zegt dat hij is geïnspireerd door het Maoriconcept *kaitiakitanga*. Het betekent 'voogdijschap' en houdt in dat individuen of groepen zorg moeten dragen voor specifieke *taonga* of 'schatten', bepaalde soorten, plekken, voorwerpen of verhalen waar de mensen een speciale band mee hebben. 'Het zetten van vallen hoort bij het burgerschap,' zei Ward. Kennelijk heeft zijn gemeenschap waardering voor wat hij doet, want in 2018 werd Ward benoemd tot Wellingtonian van het Jaar in de categorie milieu.

We bekeken nog een aantal vallen, die allemaal leeg waren. Het kan zijn dat de ratten wijzer zijn geworden of dat de Protectors ze zo hard hebben geraakt dat er geen dieren meer over waren om te doden. Toen we uit het bos kwamen en naar de auto van Ward terugliepen, zag ik een voetbalmuur in een sportveld staan waarop verschillende karikaturen van inheemse en uitheemse dieren waren geschilderd. Op elk dier was een cijfer aangebracht. Het idee is, legde Ward uit, dat je met de bal de indringers probeert te raken. Maar als je mist en een inheems dier raakt, kost dat punten. Ik vroeg hem of dit spel niet wat agressief was. 'Die dieren slachten de inheemse soorten af,' zei Ward. 'Je hebt de keuze om niks te doen en de inheemse taonga kwijt te raken, of wel iets te doen en ze in onze omgeving te houden.'

Ecoloog Chris Thomas zegt dat de inheemse soorten van Aotearoa voor de bewoners duidelijk culturele schatten zijn, maar ook dat het in stand houden van bepaalde soorten, vooral van loopvogels zoals de takahe en de kiwi, een eindeloze strijd kan zijn.[23] Deze soorten zijn geëvolueerd om te overleven op afgezonderde eilanden, zonder veel zoogdieren of grondroofdieren, maar dankzij de mens bestaat Aotearoa niet meer uit geïsoleerde eilanden. Het land is nauw verweven met een wereldwijd netwerk van handel, toerisme en ander reisverkeer. De specifieke kenmerken van aan de eilanden aangepaste soorten zijn daardoor niet langer adaptief. Volgens Thomas zijn het evolutionair doodlopende wegen. Hun verlies doet pijn, maar ze zullen vervangen worden door nieuwe soorten die zich aanpassen en uitzwerven en unieke soorten worden. Op de zeer lange termijn, zegt hij, zal de biodiversiteit weer opveren.

Thomas zet twee vogels tegenover elkaar: de grote loopvogel takahe, die voortkwam uit de koeten van het geslacht *Porphyrio* dat ongeveer 2,5 miljoen jaar terug in Nieuw-Zeeland arriveerde, en de kleinere, vliegende *pukeko*, die eveneens evolueerde uit de nieuw aangekomen Porphyriokoeten, maar dan pas vijfhonderd tot duizend jaar geleden. Takahe kan niet tegen de predaterende zoogdieren op. 'De takahe staat voor het verleden van Nieuw-Zeeland en de pukeko voor zijn toekomst,' schrijft Thomas. Grote loopvogels met een laag vruchtbaarheidscijfer kunnen alleen met veel hulp in stand worden gehouden. Over het algemeen passen eilandvormen zich slecht aan de geglobaliseerde wereld aan. We moeten besluiten of we ze in stand willen houden en zo ja, tegen welke prijs.

Thomas zegt dat hij niet heel veel moeite heeft met mensen uit de natuurbeschermingswereld die dieren doden als onderdeel van hun werk. 'Tenslotte worden we allemaal geboren en gaan we aan het eind van het leven dood,' zegt hij. Maar hij is ook geen fervent aanhanger van Predator Free 2050. 'Ik vraag me af of het op dit moment zinvol is om die werkwijze uit te breiden naar het totale landoppervlak,' zegt hij. 'Dat betekent heel veel dode ratten en een bescheiden kans op succes.' Aan de andere kant zorgen de ratten ook voor veel leed. 'De rat wil niet doodgaan aan vergiftiging, de kiwi wil niet worden aangevallen. Ik geloof niet in een ethisch correcte oplossing,' zegt Thomas. 'Bijna alle soorten die ooit op de planeet geleefd hebben zijn verdwenen. Vrijwel alle bewuste organismes zijn dood. Alleen een minuscule fractie leeft nu nog. We kunnen de dood van één wezen afwegen tegen de dood of het overleven van andere wezens. Maar er bestaat geen ultiem goed of slecht.'

Thomas werkt vanuit het Verenigd Koninkrijk. In Nieuw-Zeeland leek iedereen aanvankelijk de Predator Free 2050-campagne te omarmen. Maar toen begonnen er ook mensen met een afwijkende opvatting op te staan. Bijvoorbeeld Wayne Linklater, die toen professor was aan de Victoria University in Wellington, en Jamie Steer, beleidsadviseur bij de afdeling Biodiversiteit in de Greater Wellington Regional Council. In 2018 publiceerden zij een kritisch stuk over de campagne in het tijdschrift *Conservation Letters*, en noemden die 'onhaalbaar' en 'gebrekkig'.[24]

'Met deze doelen worden extreme middelen gerechtvaardigd,' zei Linklater later. 'Hoe kunnen we voor de toekomst een zorgzame relatie met de natuur opbouwen als onze instrumenten niet goed zijn? Ik denk dat we op dat punt aan de verkeerde kant van de geschiedenis staan.'

Hun bezwaren zijn niet alleen gebaseerd op het argument dat voor het bereiken van het doel dierenleed nodig is. Terwijl alle aandacht gaat naar het debat over de niet-inheemse roofdieren, wordt het ruimen van inheemse ecosystemen voor menselijk gebruik als bedreiging over het hoofd gezien. Tweederde van de bossen op Aotearoa is verdwenen. Bijna alle laaglandbossen en graslanden in het land behoren tot het verleden. Van de moerasgebieden is 90 procent drooggelegd. Natuurlijk hebben al deze veranderingen ook iets te maken met de achteruitgang van veel inheemse soorten. 'Als het herstel van biodiversiteit het einddoel is, dan is het uitroeien van predatoren van secondair belang, vergeleken bij de noodzaak van een plek waar die biodiversiteit kan leven,' schrijven ze. De bescherming en het herstel van habitat kan meer zijn dan alleen een gebied uitroepen tot reservaat. Linklater stelt voor dat er 'schuilplaatsen' voor bedreigde reptielen worden gecreëerd, zoals steenhopen waar ze zich voor muizen en ratten kunnen verbergen. Inheemse dieren kunnen ook worden bijgevoed, zodat ze zich beter voortplanten en daarmee de ingevoerde roofdieren een stap vóór blijven.

Zulke ingrepen zouden gedeeltelijk kunnen worden betaald met geld dat nu naar Predator Free 2050 gaat. Het daadwerkelijk realiseren van dit toekomstvisioen gaat een enorme hoeveelheid geld kosten. Volgens één schatting is in totaal 32 miljard Nieuw-Zeelandse dollar nodig.[25] Elke dollar die wordt uitgegeven aan het doden kan niet worden gebruikt voor het herstellen van habitat, of aan andere nationale prioriteiten zoals het oplossen van armoedeproblemen of het beter betaalbaar maken van huisvesting.

Linklater en Steer maken zich er ook zorgen over dat alleen het wegwerken van ratten, fretten en buidelratten zonder iets te doen aan de muizen, katten, herten, varkens, konijnen en alle andere ingevoerde soorten, rampzalige ecologische gevolgen zou kunnen hebben, denk maar aan de braamstruiken op het eiland Santiago.

Bovendien, zeggen ze, gaat niet iedereen in Nieuw-Zeeland akkoord met het rondstrooien van vergif over het hele land, en ook de doelen van het project worden niet door iedereen ondersteund. 'De uitroeiing van bepaalde geïntroduceerde soorten is ook omstreden omdat sommige Maori ze als cultureel belangrijk beschouwen,' schrijven ze. 'De Polynesische rat is bijvoorbeeld het doelwit van Predator Free 2050, maar wordt in enkele Maorigebieden beschermd.'

Ratten? Beschermd? Dat wilde ik met eigen ogen zien.

Voor ik het wist zat ik aan boord van een zeilboot samen met Kris MacDonald, de hartelijke voorzitter van de Ngātiwai Trust Board. We waren op weg naar een ontmoeting met een Maoriveldteam dat onderzoek doet naar de Polynesische rat op het afgelegen eiland Mauitaha, voor zover ik weet 's werelds enige rattenreservaat. Het was een mooie dag en terwijl we langs de kust voeren vertelde MacDonald verhalen over de verschillende rotspunten en bergpieken, waarvan de meeste ooit mensen waren geweest. 'Dat zijn onze *tupuna*,' zei MacDonald, die het Maoriwoord voor 'voorouders' gebruikte. Het feit dat hun afstamming kan worden herleid tot deze rotsen maakt onderdeel uit van de juridische strijd die de Ngātiwai voeren om zeggenschap te houden over hun traditionele territorium, zegt hij.

In wat nu de Verenigde Staten zijn heeft de federale overheid meer dan driehonderd verdragen ondertekend met inheemse volken, die de Amerikaanse regering vervolgens regelmatig schond of negeerde. In Aotearoa ondertekenden Britse kolonisten in 1840 één enkel overkoepelend verdrag met de stamhoofden of *rangatira*, die de meeste iwi van de Maori vertegenwoordigden. Het verdrag van Waitangi was opgesteld in het Engels en het Maori en beide versies verschilden iets, waarbij de Maoriversie, wat misschien niet verbaast, gunstiger uitpakt voor de iwi.[26] In de Engelse versie gaven de iwi hun soevereiniteit op in ruil voor het volledige burgerschap en behielden ze hun fysieke bezittingen. In de Maoriversie gaven de iwi alleen de 'kawanatanga' van hun land op, wat meer lijkt op het 'bestuur' en behielden ze 'tino rangatiratanga' (volledig gezag) over de 'taonga' (hun schatten, die ook ontastbaar kunnen zijn).

Onder druk van een protestbeweging in de jaren zeventig van de vorige eeuw, werd het Waitangi Tribunaal opgericht dat moest onderzoeken of de geest van het verdrag werd nageleefd. Veel iwi, waaronder de Ngātiwai, hebben claims ingediend voor landrechten, visrechten en rechten om toegang te krijgen tot en het beheer van land- en zeegebieden. Er wordt al tientallen jaren gewerkt aan een schikking en tot dusverre is ongeveer 2272 miljard Nieuw-Zeelandse dollar betaald in negentig afzonderlijke zaken.[27] In sommige gevallen leidde dat tot naamsveranderingen. Aoraki, de hoogste berg van Nieuw-Zeeland, had de naam Mount Cook gekregen, naar de Britse zeeman die in 1769 in Nieuw-Zeeland belandde, maar in 1998 werd een schikking getroffen met de iwi van Ngai Tahu. (De officiële naam is nu het wat gekunstelde Aoraki/Mount Cook.)[28]

MacDonald legde uit dat de Ngātiwai de *kaitiaki*, of bewakers, van de *kiore* of Polynesische rat zijn. De knaagdieren maken deel uit van de taonga waar ze wettelijk gezag over mogen voeren. Zij willen dat de kiore ook in de toekomst blijft bestaan. MacDonald gaat er niet in mee dat zij invasief zouden zijn, omdat hij er ook niet in gelooft dat mensen en alles wat zij doen onnatuurlijk zijn. 'Wij zijn daar minder door geobsedeerd dan de westerse natuurbescherming,' zei hij. 'Wij zijn gewoon natuur.' MacDonald voegde eraan toe dat als er genoeg vette en lekkere dieren waren, mijn gastheren er wel een paar konden klaarmaken. Volgens MacDonald waren ze 'half zo groot als een New Yorkse rioolrat, heel leuk en donzig en smakelijk om te zien.'

Voordat we aan boord mochten, moesten we eerst door de bioveiligheidscontrole van het Department of Conservation (DOC). Een jonge vrouw inspecteerde al onze bagage in een achterkamer van hun kantoorruimte, zoekend naar meegekomen ongedierte. Iedereen was vriendelijk, maar er hing ook een zekere spanning in de lucht. Deze ambtenaar had tenslotte de bevoegdheid om MacDonald te zeggen dat hij niet welkom was op een eiland dat zijn eigen volk opeist als deel van zijn grondgebied en ook officieel beheert.

Na ongeveer een uur kwam onze zeilboot aan op Mauitaha, dat steil is en nauwelijks een strand heeft. Het rijst als een zuil uit de oceaan op. Er was geen noemenswaardige haven, dus we roeiden door vijf meter hoge golven aan land in een rubberbootje. Toen we onszelf en onze uitrusting aan land hadden gebracht, nam de stuurman van de zeilboot zwaaiend afscheid en beloofde ons over een paar dagen weer op te halen.

Dertig meter hogerop was een sfeervolle kampeerplaats waar we werden opgewacht door Mere Roberts, een antropologe die is gespecialiseerd in *matauranga putaiao* (wetenschappelijke kennis van de Maori), door Hori Parata, ecologisch manager van de Ngātiwai, en door twee 'jongens' die hier van alles en nog wat leren over natuurbeheer: Te Kaurinui Parata (Hori's zoon) en Sonny Poai Pakeha Niha. Een van de jongens nam mijn rugzak over en klom de klif op. Ik volgde, aanzienlijk langzamer. Toen Roberts me op het hol van een zeevogel wees, was ik blij dat ik een excuus had om even uit te rusten. Ze attendeerde me op een paar veren die buiten de ingang van het hol lagen, wat erop wees dat het bewoond was. Blijkbaar kan de kiore in ieder geval samenleven met deze soort, de *oi* of grauwe pijlstormvogel.

Toen we eindelijk boven waren, was het roerend om te zien dat de twee leerling-natuurbeheerders een plekje hadden vrijgemaakt voor mijn tent en het hadden gemarkeerd met een scherm of gordijn van geweven vlas. Hori Parata zat bij het vuur, zijn lange haar samengebonden in een paardenstaart en zijn ogen verborgen achter een honkbalpet en ovalen brillenglazen. Hij nipte van een van de ongeveer veertig koppen thee die hij dagelijks schijnt te drinken. Hij vertelde me iets over Ruanui, de kapitein van een van de kano's die als eerste aankwamen op Aotearoa, en ook degene die de kiore mee naar de eilanden bracht. Ze vormden een essentiële voedselbron, zei hij, en werden bij belangrijke gelegenheden geserveerd aan belangrijke mensen. 'Een delicatesse,' voegde MacDonald eraan toe.

Jarenlang had het Nieuw-Zeelandse Department of Conservation langs de hele kust ratten uitgeroeid die afkomstig waren van de kleine eilanden. Bruine en zwarte ratten hadden op het vasteland al een groot aantal van de kiore verdreven, dus de kleine eilanden waren de laatste toevluchtsoorden voor de donzige knaagdieren die honderden jaren eerder in kano's waren meegenomen.

Roberts deed al decennia onderzoek naar de kiore. In de jaren tachtig reisde ze rond over de Stille Oceaan, sliep op het dek van een postboot, at rauwe tonijn als 'ontbijt, lunch, en diner', ving Polynesische ratten en bewaarde hun levers in alcohol. Daarna publiceerde ze een serie wetenschappelijke artikelen waarin ze haar gegevens gebruikten als indicatie voor menselijke migraties. Gaandeweg begon ze ratten leuk te vinden. Op een dag liep Hori Parata haar kantoor binnen, gekleed 'in rubberlaarzen en een overall' en zei: 'Ik wil je helpen met het redden van de kiore.' Samen brachten zij hun zorgen over aan het Department of Conservation dat in 2010, na twintig jaar actievoeren, toezegde Mauitaha met rust te laten.

Parata is nog altijd boos op de Nieuw-Zeelandse regering en op het DOC. Zijn bescherming van de kiore is dus zowel een manier om de traditionele verantwoordelijkheid van de *kaitiakitanga* op zich te nemen als een manier om te protesteren tegen het kolonialistische beheer van zijn traditionele territorium. 'Wij zijn *rangatira*,' zei hij. 'Wij zijn niet onderdanig en zeggen niet: 'Alstublieft, Meneer Witte Man, mag ik naar mijn eiland toe?' Hij wil dat er genoeg kiore zijn voor een 'culturele vangst'. 'Het is niets voor ons om ze achter kogelvrij glas te zetten,' zegt hij. 'Voor ons is het eten, een voedselbron.' Toen de avond viel hoorden we de roep van de inheemse uil van Aotearoa, de *ruru*, die precies zo klinkt als zijn naam en die waarschijnlijk de kiore eten die op Mauitaha leven.

De volgende ochtend gingen we de vallen bekijken. We kwamen moeilijk vooruit omdat alles recht omhoog of recht omlaag ging en de begroeiing was dicht. Maar het uitzicht vanaf de bergpaden was de moeite waard, duizelingwekkend diep en smaragdgroen. Vanaf de top van het eiland kon ik het kleine broertje van Mauitaha zien, het twee hectare metende Araara, dat eruitziet als het omslag van een fantasyroman: een groot kasteel van rotsen dat oprijst uit een schuimende, glasgroene oceaan. Ik was opgetogen, maar de stemming sloeg om toen de ene val na de andere leeg bleek te zijn. Mijn hoop op het eten van kiore vervloog. Iedereen maakte zich zorgen. Waren alle kiore verdwenen?

Maanden later kreeg ik een e-mail van MacDonald, die me verzekerde dat de vallen bij een volgend bezoek wel vol zaten. Onze timing was gewoon niet goed geweest. Mauitaha is niet groot, maar groot genoeg om een populatie van kiore in leven te houden, voorlopig.

Ward en Campbell zijn er allebei van overtuigd dat wat zij doen niet alleen nuttig is, maar ook rechtvaardig. Ze hebben totale morele zekerheid. Ward beschouwt het doden van exotische roofdieren om de weg vrij te maken voor de terugkeer van de inheemse Nieuw-Zeelandse vogels als een groot goed, een prachtige activiteit die met de hele gemeenschap gedeeld zou moeten worden. Campbell ziet uitroeiing als een noodzakelijk kwaad dat hij wel zijn leven lang wil verdedigen. 'Uitroeien is slecht, punt,' zei hij tegen mij. Maar hij vindt Predator Free 2050 'indrukwekkend' en verwacht dat het zal leiden tot ingrijpende vernieuwingen. Beide mannen hebben de tol van het redden van soorten afgewogen tegen het lijden van de ratten en andere geïntroduceerde soorten en hebben hun keuze als aanvaardbaar bestempeld. Ze slapen de slaap der rechtvaardigen. En als je met hen optrekt is het moeilijk om niet meegesleept te worden door het herstel van soorten, door alles wat in de toekomst nog mogelijk is.

Maar niet iedereen was zo enthousiast. Chris Thomas vond de pogingen om hypergespecialiseerde eilanddieren te redden begrijpelijk, maar op de lange termijn waarschijnlijk zinloos. Wayne Linklater en Jamie Steer zagen in Predator Free 2050 een dure en veel te generalistische vorm van ecologisch beheer om de iconische soorten van Nieuw-Zeeland te redden. Voor Kris MacDonald en Hori Parata voelden de campagnes om de kiore uit te roeien als koloniale onderdrukking.

Het was tijd voor een andere kijk, tijd om te gaan praten met wetenschappers die vinden dat het doden voor de bescherming van soorten niet te rechtvaardigen is, vanwege de pijn, het leed en het verlies van autonomie waar individuele dieren mee te maken krijgen. Zij wachtten op mij aan de overkant van de Tasmanzee op het ecologisch gezien grootste eiland ter wereld: Australië.

13

Empatische natuurbescherming

Arian Wallach, een kleine, felle ecologe uit Israël die in Australië werkt, is in veel opzichten de tegenpool van Campbell. Wallach vindt dat doden voor de bescherming van soorten nooit acceptabel kan zijn en zegt dat er slimmere methoden zijn om zowel bedreigde soorten als de levens van individuele dieren te redden. Ze heeft de bescherming op zich genomen van niet-inheemse dierenpopulaties zoals de kamelen in Australië en de wilde ezels in het Amerikaanse westen, populaties die op de lijst staan om uitgeroeid te worden. Ik ging naar Australië om kennis met haar te maken.

Het was juni en de winter was op komst toen ik uit het raampje keek van een tweemotorige Saab 340, die ongeveer dertig stoelen telt. Ik was een van de zeven passagiers die onderweg waren naar Coober Pedy, een mijnstad waar opaal wordt gewonnen, 840 kilometer ten noorden van Adelaide. Onder mij zag ik de abrikooskleurige grond, bespikkeld met karmozijn- en koraalrode taupekleurige plekken, een archipel van struikgewas in een zee van zand, doorkruist met wegen. De zandbodem van de Australische outback is zo oud dat hij letterlijk verroest is. Toen doken er witte kegels op, als kleine vulkanen, elk met een put ernaast. Dit waren bergen puin van de opaalmijnwerkers, een paar stuks van de twee miljoen open mijnschachten rond de stad.

Ik had een paar dagen vrij in Coober Pedy, een zongebleekt stadje waar het zelfs in de winter warm is, dat op de kruising van twee wegen ligt en opvalt door de verroeste ruimteschepen van oude filmsets, kapotte bussen, een drive-in bioscoop, veel winkels waar ze opaal verkopen, en zelfs een gecombineerde opaalwinkel/ontbijtzaak die *Waffles and Gems* heet. De gemiddelde zomertemperatuur in Coober Pedy loopt tegen de veertig graden, maar de stad is gesticht door mijnwerkers en veel van hun huizen en zaken liggen onder de grond, zodat ze koel blijven. Ik nam een kamer in een ondergrondse Comfort Inn die werd uitgebaat door een evangelisch-christelijke familie en werd bewaakt door hun krulharige hond, die als een kleine potentaat de hele dag in de lobby rondhing.

Dat de woestijn de kleur van gedroogd bloed heeft is wel toepasselijk. Australië staat op gelijke hoogte met Nieuw-Zeeland als het gaat om het doden van dieren. Hoewel het woestijnlandschap er vanuit een vliegtuigraam misschien levenloos uitziet, vind je daar beneden in werkelijkheid een rijke en veranderlijke ecologie, met inheemse dieren zoals kangoeroes en emoes, ingevoerde dieren zoals kamelen, katten, vossen en ezels, en een dier dat daar ergens tussenin zit, de dingo. En de mens doodt ze allemaal, sommige om op te eten, andere omwille van de natuurbescherming en in het geval van de dingo om schapen te beschermen. Dingo's zijn nauw verwant met honden. Of ze zelf honden zijn staat nog ter discussie. Sommige deskundigen gebruiken de wetenschappelijke naam *Canis familiaris*, wat impliceert dat het in wezen vrijlopende honden zijn. Anderen gebruiken de naam *Canis dingo*, wat suggereert dat het om een aparte soort gaat. Degenen die de voorkeur geven aan *Canis dingo* zeggen dat dingo's slechts voor de helft honden zijn en dat ze 'aftakten voordat ze helemaal door de domesticatiemolen gingen', zoals een onderzoeker zei in een interview met het tijdschrift *Undark*.

Mensen hebben Australië 65.000 jaar geleden voor het eerst ontdekt. Dingo's kwamen pas veel later en zijn waarschijnlijk zo'n 3500 jaar geleden meegenomen in boten door mensen uit Zuidoost-Azië. (De dingo is feitelijk het enige bewijs dat Australiërs contact hebben gehad met andere volken vóór de komst van Europese ontdekkingsreizigers en Indonesische zeekomkommervissers ongeveer vierhonderd jaar geleden.)

Dingo's zijn gespierd en bruingrijs, of zwart en geelbruin en soms ook wit, met driehoekige oren en amandelvormige ogen. Ze zijn slank en hebben lange poten. Net als katten stappen ze bij het lopen in hun eigen voetstappen. Toen de Europese ontdekkingsreiziger William Dampier ze in 1688 zag, omschreef hij ze als 'kleine hongerige wolven, mager als skeletten'.

Hoewel de dingo's door mensen naar Australië zijn gebracht, leven ze nu zelfstandig. Maar zoals dingokenner Bradley Smith schrijft 'accepteren ze mensen als sociale metgezellen als ze door hen zijn opgevoed als pup (rond vijf tot zeven weken) en een geschikte omgeving hebben'. In vroeger tijden plukten de Aboriginals dingopups uit het wild. Sommige werden opgegeten, andere werden in de gemeenschap grootgebracht en kregen zelfs borstvoeding van de vrouwen. Deze jonge dingo's fungeerden als 'levende dekens' door de mensen 's nachts warm te houden, of als jachtgezellen. Vooral vrouwen gingen op jacht met dingo's. Zij hielpen de mensen water onder de grond op te sporen, dankzij hun betere reukvermogen. Maar als de dingo's geslachtsrijp werden, lieten ze hun menselijke familie doorgaans in de steek en gingen eropuit om een partner te vinden. Het waren dus niet echt huisdieren, maar eerder langetermijngasten, met een patroon dat sterk doet denken aan dat tussen inheemse volken in Noord-Amerika en wolven.

Na 1860 begonnen Europese pioniers hekken neer te zetten om dingo's en konijnen buiten te houden en in de jaren veertig van de vorige eeuw groeiden die hekken aaneen tot één enkele, 5600 kilometer lange draadversperring die is bedoeld om de schapen in het zuidoosten van het land te beschermen. Dat 'Hondenhek' staat er nog steeds. Ik besloot dat ik er een kijkje moest gaan nemen.

De receptionist van de Comfort Inn raadde me aan Wayne Borrett op te bellen, die toeristen meeneemt op excursies in de woestijn. Borrett reed in noordelijke richting de stad uit en een rode wildernis in, die zo uitgestrekt en leeg was dat mijn kiezen er pijn van deden. Ongeveer een half uur later stopten we bij een wat ingezakt gaashek van misschien een meter hoog. We stapten uit om rond te kijken. De paaltjes leken boomtakken te zijn en Borrett bevestigde dat ze meestal zijn gemaakt van het hout van de plaatselijke mulgabomen, die hier spaarzaam en ver uit elkaar groeien.

Kijkend naar het hek verbaasde het me dat het helpt tegen dingo's. Als ze net zulke ontsnappingskunstenaars als wolven zijn, gaat een armzalig hek als dit ze niet tegenhouden. Het leek me dat ze er makkelijk overheen kunnen springen of onderdoor kunnen kruipen.

Ik zei dat tegen Borrett, die laconiek naar een bord gebaarde dat aan het hek was vastgemaakt:

!WAARSCHUWING!

GIF GESTROOID

LEVENSGEVAAR VOOR HONDEN

HOU ZE ALTIJD AANGELIJND

OP DIT TERREIN 1080 LOKAAS ALTIJD AANWEZIG

OM WILDE HONDEN & OF VOSSEN TEGEN TE HOUDEN

ER KUNNEN OOK VALLEN ZIJN UITGEZET

Aha. Ik snap het eindelijk. Het Hondenhek is eigenlijk geen echte afrastering, maar een doelwit voor de piloten die het 1080-vergif uit de lucht droppen op een dodelijke strook aan weerszijden van het hek. Het is het vergif dat de dingo's tegenhoudt.

Een paar dagen later arriveerden Arian Wallach en haar team: Adam O'Neill, haar partner en wetenschappelijk medewerker, en twee van haar studenten, Erick Lundgren en Eamonn Wooster. Lundgren is een Amerikaan die onderzoek doet naar wilde ezels, Wooster is een Australiër die een afbeelding van zijn studieobject, de vos, op zijn been heeft laten tatoeëren.

Onze bestemming was de ranch Evelyn Down. Wallach komt naar deze kolossale ranch van 1400 vierkante kilometer omdat het een van de weinige plekken in Australië is waar mensen niet actief dieren doden. Stoere Herefordrunderen delen het landschap van de outback met kangoeroes, wilde paarden, wilde ezels, kamelen, emoes, katten, vossen, inheemse knaagdieren, dingo's en reuzenvaranen: enorm grote, prehistorisch ogende reptielen. Van de dieren op deze lijst worden in heel Australië de dingo's, katten, vossen, paarden, kamelen en ezels in grote aantallen gedood, maar hier niet. Wallach heeft de eigenaren ervan overtuigd om te experimenteren met een minder opdringerige aanpak.

Onderweg naar de ranch stopten we bij een poel om naar het waterpeil te kijken. Aan de overkant draafde een vaalgele ezel met een elegante nekstreep de helling af om te drinken. Daarna dook er een grotere, donkere ezel op, die luid balkend en snuivend het water voor zichzelf opeiste. De onderzoekers keken geboeid toe.

Ezels zijn in Australië als lastdieren ingevoerd aan het eind van de negentiende en het begin van de twintigste eeuw, uit Spanje, Mexico, India, Sumatra en Mauritius. Sommige exemplaren ontsnapten, andere zijn kwijtgeraakt, en sommige zijn gewoon in de woestijn vrijgelaten nadat machines hun werk hadden overgenomen. Volgens de laatste schatting van de overheid in 2011 bestaat de Australische populatie van wilde ezels uit vijf miljoen dieren. Als niet-inheemse soort leggen ze beslag op gewassen die nodig zijn voor het vee, en ze worden door natuurbeschermers en boeren als waardeloos beschouwd. Agenten in dienst van veehouders, nationale parken en staatsoverheden schieten ze vaak af vanuit helikopters.

Voordat ik naar Australië vertrok, las ik een rapport van de Australian Broadcasting Corporation waarin staat dat in een tijdsbestek van 24 dagen zesduizend wilde buffels, paarden, ezels en varkens zijn geruimd in Kakadu National Park. Ik nam de informatie tot mij, maar voelde er weinig bij. Zittend in de hitte, tussen de vliegen, en kijkend hoe de zachte snuit van een karamelkleurige Nubische wilde ezel rimpels op het wateroppervlak maakte, realiseerde ik me dat ik niet wilde dat dit dier werd gedood. Maar één ezel verandert het milieu niet. Overheidsecologen stellen dat de tienduizenden niet-inheemse herbivoren de woestijn tot stof vertrappen en drinkplaatsen zoals deze in modderpoelen veranderen.

Volgens Wallach en haar studenten worden de ezels en andere niet-inheemse soorten gebruikt als zondebok. Lundgren zegt dat ze geen studies heeft kunnen vinden die aantonen dat wilde ezels bedreigend zijn voor andere soorten. Hun invloed op het landschap is niet anders dan dat van andere herbivoren, inheems of invasief. En de specifieke impact van de ezels wordt vrijwel zeker overtroffen door die van de runderen, die 'veel aanweziger en talrijker zijn'.

Wallach en Lundgren hebben samengewerkt met Wayne Linklater en Jamie Steer uit Nieuw-Zeeland en met zeven anderen, om onderzoek te doen naar soorten die de afgelopen eeuwen naar Australië zijn gebracht. Het team ontdekte dat 23 van de nieuwkomers nu zijn uitgestorven of in hun leefgebied worden bedreigd, waaronder de kameel, een rundersoort uit Zuidoost-Azië die de banteng heet, en een hertje uit dezelfde regio die het zwijnshert wordt genoemd. En toch worden ze net als de meeste ingevoerde soorten beschouwd als 'ongedierte' en niet opgenomen in overzichten van de 'biodiversiteit' van Australië. Ze worden gewoon gezien als levende vervuiling. Een andere manier om ernaar te kijken, schreven de onderzoekers, is dat 'de diversiteit van migrerende soorten ook een diversiteit aan ecologische bedreigingen en kansen oplevert'. Ingevoerde herbivoren kunnen zelfs functies vervullen van herbivoren die in het Pleistoceen zijn uitgestorven, zoals het verminderen van bosbranden door alle brandstof op te eten of door het graven van waterputten die door andere soorten kunnen worden gebruikt.

In gevallen zoals dat van de wilde ezel, waarbij de meeste natuurbeschermers het doden van niet-inheemse soorten beschouwen als een logische manier om een aangetast landschap te herstellen, ziet Wallach vooral een puzzel die moet worden opgelost. Stap één: stop de overbegrazing door het vee. Stap twee: stop met het doden van dingo's. Als je ze met rust laat, zullen ze misschien op ezels gaan jagen en hun aantallen beperkt houden. Als je die dingen doet herstelt het ecosysteem, zonder gebruik van wapens.

De term 'empatische natuurbescherming (*compassionate conservation*) dateert uit 2010 toen de Born Free Foundation, de nalatenschap van leeuwin Elsa, een symposium organiseerde in Oxford in Engeland. In 2013 werd het *Centre for Compassionate Conservation* aan de technische hogeschool van Sydney opgericht. Hier werkt Wallach. Aan de filosofische onderbouwing van deze benadering wordt nog gewerkt, maar Wallach is met name geïnteresseerd in de deugdethiek. In een artikel uit 2018 schreven Wallach en haar collega's dat 'een deugdzaam persoon zorgvuldige aandacht zal schenken aan het vermogen van anderen om zowel vreugde als pijn te ervaren en zich vanuit die empathie zal inspannen om geen onnodig en ongerechtvaardigd leed te veroorzaken'.

Tot dusverre bestaat de kerntaak van empatische natuurbeschermers uit het bekritiseren van de traditionele natuurbescherming, omdat dit net zo dominant en mensgericht is als het exploiteren van natuurlijke bronnen die het probeert te vervangen. Vanuit het perspectief van de empatische natuurbescherming zijn zowel de aantasting van natuurlijke bronnen als het traditionele natuurbeheer pogingen om de niet-menselijke wereld te overheersen en koste wat het kost aan te passen aan menselijke waarden.

Bij deze kritiek hoort ook het formuleren van alternatieve oplossingen, het bedenken van win-winsituaties waarbij soorten worden gered zonder dat de mens hoeft te doden. Wanneer olifanten in Kenia bijvoorbeeld worden afgeschoten omdat ze de akkers van de boeren vernielen, kan de empatische natuurbescherming een omheining met bijenkorven plaatsen, want olifanten haten bijen. (Als bonus kunnen de boeren honing verzamelen.)

In een ander geval waren traditionele natuurbeschermers bezig met het doden van vossen op Middle Island in Australië omdat ze zeldzame kleine pinguïns eten. De kolonie telde ooit zestig vogels, maar was gekrompen tot nog geen tien dieren. Het eiland lag zo dicht tegen de kust dat zelfs nadat alle vossen waren afgemaakt, nieuwe vossen bij laagtij gewoon naar het eiland konden lopen. Een plaatselijke kippenboer die zijn witharige Maremmaschaapshond Oddball gebruikte om zijn vogels te beschermen, stelde voor dat er waakhonden werden ingezet om de pinguïns te beschermen. Dus in 2006 werden er Maremma's getraind om de pinguïns te bewaken. In 2017 telde de kolonie alweer zo'n honderdtachtig vogels. Het experiment inspireerde in 2015 zelfs tot het maken van de familiefilm *Oddball*. (In augustus 2017 keerden de pinguïns helaas eerder terug naar het eiland dan verwacht, toen de schaapshonden nog niet ter plekke waren. De vossen doodden 142 pinguïns, waarmee het project terug bij af was.)

Vaak, zeggen de aanhangers, kan een oplossing worden gevonden door te kijken naar wat alle soorten in een bepaald gebied willen, wat ze denken en hoe hun gedrag het beste kan worden aangepast. 'Het is eigenlijk heel diepzinnig om je te realiseren dat ecologie gaat over een hoeveelheid bewuste wezens die in een landschap op elkaar reageren,' zegt Wooster. 'Het zijn niet alleen maar eet- en fokmachines.'

Tot dusverre lijkt dit een voor de hand liggende benadering. Waarom pijn en leed veroorzaken als er ook een andere manier is? Maar ik ben geïnteresseerd in de zware gevallen waarbij er geen andere manier is en natuurbeschermers moeten kiezen tussen het doden van duizenden dieren of het laten uitsterven van andere dieren. Wat is dan wijsheid?

Na ons moment met de ezels was het tijd om ons kamp op te slaan. Wallach nam de leiding. Ze maakt vaak direct oogcontact en haar groene ogen kijken je indringend aan onder de keffiyeh die ze draagt tegen de zoutbeluste vliegen die overdag om ons heen zwermen. O'Neill maakte precies hetzelfde ontbijt klaar als op de andere dagen in het kamp: vegaworstjes, paprika's met saus en een aardappelpannenkoek.

Wallach is in 1977 geboren in Haifa en groeide op in Jeruzalem, New York en Zwitserland. Nadat ze een bachelorstudie biologie in Israël had gedaan, waar natuurbescherming zich vooral richt op het behoud van habitats voor het wild in dichtbevolkt gebied, besloot Wallach haar masteropleiding te doen in Australië, een land dat ze woest en weids vond. Halverwege het eerste decennium van deze eeuw begon ze aan een afstudeeronderzoek in de *Arid Recovery Reserve*, een omheind reservaat in Zuid-Australië. 'Het was de eerste keer dat ik geconfronteerd werd met de duistere kant van natuurbescherming,' zegt Wallach. 'Ik dacht dat natuurbescherming alleen maar goede dingen deed.'

Wallach was geschokt en verward door al het doden in het reservaat, maar voelde zich ook aangetrokken tot de man die verantwoordelijk was voor de dood van ontelbare dieren: Adam O'Neill, die op dat moment de konijnen in *Arid Recovery* moest afmaken. Als commercieel jager en professionele 'verdelger voor natuurbescherming' met weinig formele scholing, heeft hij ooit een kattenval uitgevonden en gebouwd waarmee een 12-kaliber jachtgeweer wordt geactiveerd. Maar door jarenlang in dit vakgebied te werken kwam hij op een theorie die hem zo bezighield dat hij er in 2002 een boek over schreef. Als mensen gewoon ophielden met het doden van dingo's, opperde hij, kan de Australische toppredator de aantallen katten en vossen laag houden, zodat inheemse dieren kunnen gedijen en de mensen niet zo veel bloed hoeven te vergieten. Toen hij Wallach leerde kennen, plaatste hij serieuze vraagtekens bij het bewijsmateriaal achter de projecten waar hij voor werkte en hij was al bijna bereid om zijn wapen aan de wilgen te hangen.

O'Neill is zestien jaar ouder dan Wallach en spreekt met een vet Australisch accent dat sterk contrasteert met haar zorgvuldig gearticuleerde, internationale Engels. Hij ziet er behoorlijk verweerd uit, zij niet. Hij jaagt op kangoeroes voor zijn eigen maaltijden, wat volgens hem een moreel gezien betere voedselbron is dan koeien of varkens uit de bio-industrie, en rookt een eindeloze ketting van zelfgerolde sigaretten, twee gewoonten die Wallach afkeurt maar tolereert. In hun huis op het platteland van Queensland delen de twee hun leven met twee reddingshonden en een grote toom scharrelkippen.

Nadat we ons kamp hadden ingericht, begon het team wildcamera's te plaatsen om het gedrag van dingo's, runderen, katten, vossen, ezels en kamelen rond de drinkplaatsen vast te leggen. We waren een dag bezig met het neerzetten van tientallen bakjes met pinda's, die we afdekten met een laag zand. Als de plaatselijke knaagdieren de bakjes eenmaal ontdekt hebben en gewend zijn geraakt aan het stelen van de pinda's, zouden we aan enkele bakjes uitwerpselen van verschillende dieren toevoegen, om te kijken of de inheemse knaagdieren bang zijn voor katten, vossen of dingo's. Het idee is dat als de geur van de uitwerpselen de knaagdieren bang maakt, zij minder tijd bij de bakjes zullen doorbrengen, wat te meten is aan de hand van het aantal pinda's dat ze opeten voor ze ervandoor gaan.

Met dit soort projecten onderzoeken Wallach en haar team wat de interactie is tussen inheemse en niet-inheemse dieren, en verzamelen ze data om te bewijzen dat samenleven mogelijk zou moeten zijn. Wallach gelooft dat veel inheemse soorten kunnen leren samenleven met niet-inheemse katten en vossen, maar in Australië denken de meesten daar anders over.

Net als ezels, paarden en kamelen zijn de katten en vossen naar Australië meegenomen door pioniers. Deze verwilderde roofdieren eten zo ongeveer alles wat zwaarder is dan driekwart pond en lichter dan twaalf pond, wat Australische ecologen de 'kritische gewichtsklasse' noemen. In die klasse zit een verscheidenheid aan dieren met prachtige namen en onzekere vooruitzichten, zoals het elegante roofbuideldier dat bekendstaat als de vlekstaartbuidelmarter, de langoorbuideldas, die eruitziet als een slanke, geleerde neef van het konijn, de kipachtige thermometervogel en een mini-wallaby die bekendstaat als de borstelstaartkangoeroerat. Iedere nacht doden vossen en katten ontelbare aantallen inheemse dieren en samen hebben ze meer dan 25 soorten doen uitsterven, waaronder de ongelofelijk aandoenlijke grootoorspringmuis. Daarom schieten overheden, natuurbeschermers en sommige landeigenaren in Australië niet alleen op grote herbivoren, maar schieten, vangen en vergiftigen ze ook katten en vossen.

Het is onmogelijk om exacte gegevens te krijgen over hoeveel dieren er in Australië worden gedood. De federale overheid houdt geen statistieken bij over dieren die door eigen departementen worden afgemaakt, en lagere overheden evenmin. Een woordvoerder van de staatsregering van Queensland gaf me een kenmerkend antwoord: 'Het beheer van verwilderde dieren is verspreid over zo veel afdelingen dat het heel moeilijk zou zijn om accurate cijfers te geven.' Een academische poging om greep te krijgen op de omvang van het verdelgen stelde vast dat er weinig statistieken worden bijgehouden en dat 'het institutionele geheugen ten aanzien van plaagdierbestrijdingsactiviteiten na vijf jaar sterk afnam en na circa tien jaar vrijwel non-existent was'. Dieren, met andere woorden, worden gewoon gedood en vergeten en niemand kijkt of hun dood iets oplevert.

De staat Victoria kwam wel met een verbijsterend cijfer: ieder jaar betalen ze aan landeigenaren en jagers gemiddeld bijna een miljoen dollar voor vossenscalpen, bij een prijs van tien dollar per scalp.

In 2015 beloofde de Australische regering tot 2020 twee miljoen katten te doden. In juni 2018 zaten ze al op zo'n 844.000 katten. (Hun rapportage over de bestrijdingsactiviteiten tot en met juni 2019 bevatte opvallend genoeg geen gegevens over het aantal geruimde katten, wat erop kan wijzen dat de regering niet op schema ligt.) Kamelen worden vanuit de lucht afgeschoten. Konijnen worden geruimd met vergif en opzettelijk besmet met het calicivirus. Dit was het soort werk dat O'Neill deed toen hij Wallach leerde kennen.

Kort nadat ze elkaar hadden leren kennen, begonnen Wallach en O'Neill het over ecologische theorieën te hebben. En ze gingen daten, als opmerkelijk stel: een hoogopgeleide en cultureel onderlegde Israëli en een buitenmens met een goed schot. Katherine Moseby, de leidende wetenschapper bij het Arid Recovery Reserve, kan zich herinneren dat ze de twee opzocht in hun gedeelde researchkamp in een stil hoekje van de woestijn. 'Na het eten zaten we naar de sterren te kijken. Het was een prachtige avond. Toen zei Arian: "En nu ga ik harp spelen." Ze liep naar haar terreinwagen en haalde een harp tevoorschijn, een volwaardige harp. Daarna ging ze bij het vuur zitten te spelen.'

Bij een van hun eerste wetenschappelijke samenwerkingen vergeleken Wallach en O'Neill populaties van soorten in verschillende droge gebieden van Australië. Aan de vermeend dingovrije kant van het Hondenhek ontdekten ze dat bloeiende populaties van de geelvoetkangoeroe en de thermometervogel, dieren die kwetsbaar zijn voor katten en vossen, samenleefden met dingo's. Stabiele dingofamilies, dus families waarbij de voortplanting niet steeds wordt verstoord door het doden, lijken het beste middel om katten en vossen te bestrijden. In 2010 vond een studie van twee collega's een soortgelijk patroon op nog meer plekken met meer inheemse dieren. Niet iedereen is overtuigd, maar de resultaten suggereren dat dingo's in bepaalde gevallen inheemse soorten kunnen beschermen.

Wallach en O'Neill vertelden me dat overheidsambtenaren na de publicatie van hun resultaten naar die plekken zijn gegaan om de dingo's te vergiftigen. Volgens hen is dat slecht nieuws voor de populaties geelvoetkangoeroes en thermometervogels.

Zelfs als ze erin zouden slagen om hun Australische collega-natuurbeschermers ervan te overtuigen dat dingo's kunnen helpen om bepaalde inheemse soorten te beschermen, dan nog is het illegaal om dingo's te verplaatsen naar de zogeheten dingovrije kant van het Hondenhek, en sociaal ingewikkeld om mensen ervan te weerhouden ze te doden. Dus deze aanpak is nooit echt getest. Natuurbeschermers zijn zich blijven concentreren op het creëren van omheinde reservaten die vrij zijn van alle roofdieren. De reservaten brengen generatie na generatie langoorbuideldassen, borstelstaartkangoeroeratten, wallaby's en andere schattige schepsels voort, die niet voorbereid zijn op het leven in de vrije natuur. Als hun populaties te groot worden voor de omheinde gebieden, worden zij soms 'opnieuw in het wild gezet', waar zij prompt worden gedood en opgegeten door katten en vossen.

Als deze in het reservaat opgegroeide dieren zouden worden vrijgelaten in een gebied waar het aantal roofdieren wordt gereguleerd door stabiele dingofamilies, dan denken Wallach en O'Neill dat ze zich lang genoeg staande kunnen houden om zich aan te passen aan de nieuwe ecologie van Australië, om wijs te worden en te leren hoe je jongen moet opvoeden in de grote boze wereld.

Andere ecologen zeggen dat dit optimisme door data domweg niet wordt ondersteund. Moseby geeft toe dat het doden van dingo's 'het makkelijker heeft gemaakt voor katten en vossen om schade aan te richten', maar voegt eraan toe dat zelfs een enkele kat een ijzingwekkend aantal inheemse dieren kan slachten, dus het beperken van hun aantallen is misschien niet genoeg. 'Ik geloof gewoon niet dat je maar een paar dingo's hoeft toe te voegen en dat alles dan oké is.' Wallach is het ermee eens dat meer onderzoek zou helpen om de kracht van het dingo-effect te meten. Ondanks de enorme weidsheid van dit werelddeel, zegt ze, is het vrijwel onmogelijk om een groot gebied te vinden waar dingo's lang genoeg met rust zijn gelaten om een stabiele socio-ecologische relatie op te bouwen met katten en vossen. Daarom wil ze een Compassionate Conservation Research Station opzetten, een stuk land dat zo groot is als de ranch Evelyn Downs, waar de nieuwe ecologie van Australië kan worden geobserveerd met zo weinig mogelijk bemoeienis van de mens, en absoluut zonder doden.

Wallach en O'Neill zien een toekomst voor zich waarin dingo's, katten, vossen en inheemse soorten co-existeren zonder menselijk ingrijpen, in een nieuw ecosysteem samen met andere ingevoerde dieren zoals kamelen en ezels. Het gaat om een radicaal andere aanpak dan die van de traditionele natuurbescherming, die er meer naar streeft om inheemse dieren in hun oorspronkelijke leefgebied te houden, waar mogelijk vasthoudend aan de wereld zoals die was voordat mensen hem veranderden. In het ecosysteem waar Wallach en O'Neill van dromen worden nog altijd katten en vossen gedood, maar dan door dingo's en niet door ons. Dat vindt Wallach prima, want dingo's leven niet volgens een menselijke ethiek.

Het landschap van Evelyn Downs is gortdroog, maar doordrenkt met diepe kleuren: rode aarde, kronkelige kakibomen, een hemel zo blauw als kobalt. De grond is bespikkeld met stukjes mica en bijna overal waar je kijkt ligt stenen gereedschap. Tenslotte maken mensen al meer dan vijftigduizend jaar deel uit van dit ecosysteem. Ons gezelschap vond veel sporen en kleine uitwerpselen, maar de enige dieren die zich lieten zien waren groot en voor ons niet bang: ruige en onverstoorbare runderen die hun witte voorhoofd onze kant op draaiden, springende kangoeroes die onze auto bijhielden, paarden die om geheimzinnige redenen door de woestijn galoppeerden.

Wallach zette een buitendouche op die op het vuur verwarmd water door een slang omhoogpompt. Een bloot lijf droogt in de woestijn vrijwel meteen op, dus handdoeken waren niet nodig. Op een ochtend gingen we ons om de beurt wassen voordat we een bezoek brachten aan de Lennons, een Aboriginal-Ierse familie die niet meedoet aan het doden van dingo's. Zij zijn onze 'metgezellen', legde Bill Lennon uit toen we aan zijn keukentafel zaten. Hij droeg een honkbalpet en een ring met een opaal zo groot als een gombal die op zijn land was gevonden. 'Dat is onze spirituele kant,' zei hij. 'Dingo's zijn rustige dieren. Als je een dingo hebt die al tijden bij je woont, maakt hij dit geluid alleen als er gevaar dreigt.' Hij maakte diep in zijn keel een laag en zacht gebrom dat hondse bezorgdheid moest uitdrukken. Verder hoor je ze alleen, zei hij, als ze elkaar over grote afstanden in de woestijn 'antwoord geven'. 'Dat klinkt als muziek in mijn oren.'

Lennon vindt niet al het doden verkeerd. Hij jaagt af en toe op kangoeroes om hun vlees te eten. Zijn beschrijving van de regels rond de jacht deden me denken aan andere inheemse jachttradities, een halve wereldbol verwijderd van de keuken waar wij zaten te praten. 'We villen ze niet en hangen ze niet op,' zei hij. 'Hoe je ze kookt is ritueel vastgelegd. Als we het dier niet behandelen zoals het moet, geeft de geest ons geen nieuwe.'

Na het gesprek liet Lennon ons uit. Buiten, dommelend in de zon, lag een cyperse kat met een verdraaide poot, die blijkbaar gebroken was geweest en daarna in een hoek van 90 graden was genezen. Lennon legde uit dat toen hij de stad uit was, een familielid aan mensen van de overheid toestemming had gegeven om enkele vallen voor wilde katten te zetten. Dit exemplaar werd gevangen, maar wist te ontsnappen. Lennon gaf toe dat katten 'een beetje vervelend' kunnen zijn omdat ze inheemse vogels lusten, maar hij had medelijden vanwege die gebroken poot. 'Ik hou er niet van om dieren dood te maken,' zei hij.

Nadat we een dag lang bezig waren geweest met experimenten, warmden we ons rond het kampvuur op een koude avond in de woestijn, terwijl in de uitgestrekte duisternis boven onze hoofden de Melkweg schitterde. Ik confronteerde Wallach met het probleem van Gough Island, een vlekje in de Zuid-Atlantische Oceaan waar zo ongeveer de complete broedpopulatie leeft van de ernstig bedreigde en adembenemend mooie tristanalbatros. (De tristanalbatros is heel nauw verwant met de meer algemeen voorkomende grote albatros, en de vogels zijn op het oog moeilijk uit elkaar te houden.) De aantallen van deze enorme en langlevende witte vogel dalen met 3 procent per jaar, voornamelijk doordat hun kuikens levend worden opgegeten door afstammelingen van de huismuizen die vóór 1888 met mensen naar het eiland zijn meegekomen. Op schrijnende filmbeelden is te zien hoe de muizen op de grote pluizige kuikens klimmen en ze letterlijk levend opeten, aan hun huid knabbelen en hun bloed drinken terwijl de ouders toekijken, duidelijk ontdaan maar onzeker over wat ze moeten doen. Miljoenen jaren lang hoefde hun soort de kuikens niet tegen roofdieren te beschermen, en ze weten gewoon niet hoe dat zou moeten. Populatiemodellen geven aan dat de tristanalbatros binnen een eeuw uitgestorven zal zijn als er niets aan de muizen wordt gedaan. Het herstelprogramma voor Gough Island dat is opgezet door de Royal Society for the Protection of Birds en een consortium van deelnemende partijen, wilde in 2021 het brodifacoumvergif over het eiland strooien. Zou Wallach, als ze daartoe in staat was, deze operatie blokkeren? Of zou zij bereid zijn een hele soort uit te laten sterven om geen muizen te hoeven doden?

Wallach vond mijn vraagstelling over Gough Island simplistisch. Ten eerste kwamen zulke gevallen niet vaak voor, zei ze. De meeste soorten gaan achteruit door meerdere oorzaken, waaronder verlies van habitat en menselijk handelen, en niet alleen door één enkele dierlijke predator. En bovendien, wie geeft ons het recht om voor god te spelen op Gough Island en te bepalen wie leeft en wie sterft? De muizen 'zijn niet onze kinderen die we kunnen commanderen', zei Wallach. 'Ze zijn niet onze huisdieren of ons vee. Zij hebben zeggenschap over zichzelf. Natuurbescherming is welbeschouwd een chauvinistische methode die dieren behandelt als automaten.'

Dus de tristanalbatros mag uitsterven uit respect voor de autonomie van de vogels en de muizen? Ik heb daar moeite mee.

Wallach zuchtte. Ze heeft meegemaakt hoe dodelijk het gif kan zijn. Haar eigen hond Kuda heeft per ongeluk iets van het 1080-lokaas gegeten en is eraan gestorven. De dood van Kuda was 'absoluut het ergste dat me in mijn leven is overkomen', zei ze. En ze kan zich gewoon niet voorstellen dat je zo'n dood, hetzij met 1080 of brodifacoum of een ander middel, toewenst aan welk schepsel dan ook. 'Ik zou dat een muis nooit aandoen. Het kan me niet schelen aan wiens bloed ze zuigen.'

In laatste instantie vindt Wallach dat individuen belangrijker zijn dan soorten. Individuen kunnen pijn en genot ervaren, ze kunnen lijden en blijdschap voelen. Soorten zijn abstracte concepten. Ja, de muizen veroorzaken leed bij de kuikens, maar de muizen zijn niet gebonden aan een menselijke ethiek en wij zijn niet hun meesters. Omdat wij mensen ethiek begrijpen, hebben wij de verplichting niet te pijnigen of te doden, maar die regels gelden alleen voor ons. Het doet er niet toe dat mensen de muizen naar Gough Island hebben meegenomen. Die mensen zijn allang dood, net als die muizen. De huidige generatie muizen is op Gough Island geboren en heeft net zo veel recht om daar te zijn als de albatrossen.

Hoeveel leed er ook is op de wereld, Wallach wil alleen het door mensen veroorzaakte leed oplossen, ook al voelt ze empathie voor de dieren die lijden onder de klauwen en tanden van andere dieren. 'Alleen al het feit dat het leven uit lijden bestaat, schept de noodzaak voor empathie,' zegt ze. Maar ze gelooft ook dat mensen er niets mee te maken hebben als muizen de kuikens van albatrossen eten of als dingo's katten doden.

James Russell, een ecoloog van de University of Auckland die carrière heeft gemaakt met het bestuderen van de bestrijding van ingevoerde soorten, noemt dit 'een heel naïeve opvatting van menselijke verantwoordelijkheid'. Hij vindt dat iedereen in zekere mate verplicht is om te herstellen wat onze medemensen verkeerd hebben gedaan met het verplaatsen van soorten, en dat er moreel gezien weinig verschil is tussen het zelf doden van een dier of het laten doden door een uitheems roofdier. 'We moeten accepteren dat mensen een grotere collectieve verantwoordelijkheid hebben,' zegt hij.

Russell is niet de enige natuurbeschermer die nadrukkelijk bezwaar maakt tegen empathisch wildbeheer. 'Deze benadering is niet empathisch wanneer het invasieve roofdieren toestaat een omgeving te schaden,' schreven 35 conserveringsbiologen en ecologen in 2019. Een artikel uit 2020 met 36 auteurs voorzag 'ernstige gevolgen voor de wereldwijde biodiversiteit' als de empatische natuurbescherming gemeengoed zou worden. '"Empatische natuurbescherming" is misschien prettig voor sommige individuen in een beperkte groep soorten, maar veroordeelt uiteindelijk veel meer individuen tot een onprettige ondergang.'

De situatie is in zekere zin vergelijkbaar met het trolleyprobleem. Op een bepaalde manier lijkt het gebruiken van dingo's om katten en vossen te doden meer op het overhalen van een schakelaar dan op het voorover-duwen van de man. Het resultaat is nog steeds het doodgaan van de kat of de vos, maar we hebben niet zelf de val gezet, het wapen afgevuurd of het vergif gestrooid. Russell zegt dat het één ons misschien meer van streek brengt dan het ander, maar dat elk sterfgeval moreel gezien gelijkwaardig is, of het nou wordt veroorzaakt doordat wij vergif neerleggen of doordat een nek breekt in de kaken van een dingo die wij het landschap in hebben geduwd.

Linklater is het daar niet mee eens. 'Elkaar opeten om in leven te blijven komt neer op een diep ecologische relatie. Het is een universele wet, zoiets als de zwaartekracht. Leven is dood is leven. Doden omdat we een daarmee een cultureel waardeoordeel over de natuur willen bevredigen lijkt daarmee vergeleken nogal oppervlakkig.'

Als ik niet kan bewijzen dat 'biodiversiteit' een objectieve eindwaarde heeft, dan moet ik misschien bereid zijn om te zeggen dat ik genoeg van tristanalbatrossen houd om voor hen te kunnen doden. Het voelt eng om dat te zeggen, maar ik denk wel dat het klopt. De wetenschap kan de dood van de muizen niet objectief rechtvaardigen en evenmin kan ik bewijzen dat het voortbestaan van een soort objectief waardevoller is dan de nu levende, bewuste individuen. Misschien is hier het enige legitieme argument gewoon dat niet alleen ik, maar velen met mij heel graag willen dat albatrossen en andere soorten blijven bestaan.

Er zijn dingen waarvoor wij allemaal bereid zijn te doden. De meesten van ons zouden bewuste wezens doden om ons eigen leven of de levens van onze dierbaarsten te redden. We doden routinematig bewuste wezens die onze gewassen of onze voedselvoorraden opeten of ons huis proberen binnen te dringen. Zou je kunnen doden om tristanalbatrossen te redden? Doden voor de takahe? Voor de floreanaspotvogel? Voor de reuzenschildpad? Maakt het uit of het dier genetisch uniek is of niet? Maakt het uit of het dier op eigen kracht kan overleven na het bestrijden van predatoren of dat het van natuurbescherming afhankelijk blijft? Maakt het uit of het in mineur zingt? Maakt het uit dat het mooi is om te zien?

Maar misschien is er een derde weg. Wat als we dieren kunnen veranderen om ze te redden?

14
Het kooigevecht van de buidelrat

'Ik hou er niet van om dingen dood te maken, maar als je met bedreigde soorten werkt en ziet hoe ze door katten en vossen worden uitgeroeid, dan kun je achteroverleunen of er iets aan gaan doen,' zegt Katherine Moseby. 'Ik heb met eigen ogen gezien hoe één kat een hele populatie kan verwoesten.'

Moseby leidt Arid Recovery, een non-profitorganisatie voor natuurbeheer op twaalfduizend hectare rood duingebied, 350 kilometer ten zuidoosten van Evelyn Downs in het roestige binnenland van Zuid-Australië. Hier kreeg Wallach voor het eerst te maken met de 'duistere' kant van natuurbescherming. Het golvende land is bezaaid met taaie en doornige struiken en opgedeeld in enorme omheinde stukken land vol Australische dieren, waarvan de meeste op het punt van uitsterven staan vanwege de katten en vossen die de mens hier heeft geïntroduceerd.

Wilde katten verschillen biologisch gezien niet van huiskatten. Onze huiskat is slechts gedeeltelijk gedomesticeerd en lijkt genetisch heel veel op de wilde kat. Onderzoekers zeggen dat de 'bescheiden' veranderingen in hun genoom wijzen op selectie voor 'volgzaamheid, als gevolg van gewenning aan mensen voor beloning met voedsel'.[1] Met andere woorden: wij hebben de kat niet gedomesticeerd, de kat heeft ons gedomesticeerd. Het is dus geen wonder dat ze moeiteloos in twee werelden passen, als koning van de vensterbank of als killer van de woestijn.

Inheemse Australische dieren werden lange tijd beschermd op eilanden in zee en op kunstmatige 'eilanden' op het vasteland, omheinde reservaten zoals Arid Recovery. Dat is niet ideaal en iedereen in Australië geeft dat toe. De borstelstaartkangoeroerat, de buidelmiereneter, de buidelmarter en andere gevlekte, gestreepte, donzige en schattige inheemse soorten leven eigenlijk in veredelde gevangenschap: in heel grote kooien. Maar er is op de korte termijn geen realistisch vooruitzicht op het uitroeien van de miljoenen katten en vossen die in de outback leven.

Sommige natuurbeschermers hebben geprobeerd inheemse dieren te leren op de vlucht te slaan voor katten en vossen. Daarbij beschieten ze dieren met een waterpistool terwijl ze een opgezette vos laten zien. Ze laten de dieren katten zien, nemen ze dan gevangen en stoppen ze in een zak, in de hoop dat ze het roofdier associëren met de traumatische ervaring van het opgesloten zijn. Deze pogingen hebben maar weinig succes gehad. Sommige dieren leren er niets van, andere geven de lessen niet door aan hun nakomelingen.

Als je kijkt naar de 'naïviteit van prooien' over de hele wereld, dan zie je dat het ongeveer tweehonderd generaties duurt voordat een prooi leert hoe hij zich tegen een nieuw roofdier moet beschermen.[2] Als het roofdier erin slaagt alle leden van een soort op te eten voordat er een adequaat antiroofdiergedrag is ontwikkeld, leidt dat waarschijnlijk tot uitsterving.

In Arid Recovery proberen wetenschappers dit proces zorgvuldig te sturen om uitsterving te voorkomen. Een klein aantal katten wordt in een afgescheiden gedeelte van het reservaat gelaten. Het is de bedoeling om hun aantallen op een zodanig peil te houden dat ze veel inheemse dieren doden, maar niet allemaal. De overlevende dieren zullen paren en zich voortplanten. Ook de meeste nakomelingen zullen worden gedood, maar opnieuw niet allemaal. Na meerdere generaties zullen alleen de dieren paren die er het best in slagen om de katten te overleven en uiteindelijk, hoopt men, ontstaat er een populatie van kangoeroeratten die goed met katten weet om te gaan.

Arid Recovery is actief op land dat is geschonken door de multinational BHP, die eigenaar is van de nabijgelegen uranium- en kopermijnen. Tijdens mijn vlucht naar de mijnstad Roxby Downs waren er 38 mannen en zes vrouwen aan boord. Op het vliegveld verspreidden mijn vijf medevrouwen en de kudde mannen met zware werkschoenen zich op het asfalt in verschillende richtingen, waar ze werden opgewacht door trucks die onder dikke lagen stof zaten. Ik ontwaarde mijn gastheren: Dan Blumstein, een deskundige in diergedrag van de UCLA met bril, honkbalpet en een dunne sjaal, en Mike Letnic, een Australische veldbioloog met korte broek, rubberlaarzen en een zwaargehavende en breedgerande vilten hoed. Hij grijnsde met een gebit vol spleten en heette me welkom in Roxby Downs. Mijn haar knisperde in de droge hitte.

Het gastenverblijf zat vol, dus Dan, Mike en ik werden uitgenodigd om te overnachten in een standaardarbeidershuisje dat vroeger werd bewoond door een mijnploeg die geheel bestond uit Aboriginals. We dumpten onze spullen en sprongen in een ronduit smerige Toyota Hilux om naar het reservaat te gaan.

Daar maakte ik kennis met Moseby en Katherine Tuft, die het veldstation leidt. We namen plaats op het terras van het gastenverblijf en praatten wat onder het genot van een hapje en een drankje. Toen de avond viel en het zonlicht milder werd, kwamen de dieren tevoorschijn. Zebravinken zwermden in de boom naast het terras. Daarna doken er borstelstaartkangoeroeratten op, harige mini-wallaby's die hier ook *boodies* worden genoemd en zo groot zijn als kittens. Ze hebben een kleine kop, een dikke en bolle romp, en ronde oren zoals beren. En deze kangoeroeratten, die afstammen van een populatie die op een eiland in zee heeft geleefd, kennen helemaal geen angst. Ze hadden ons eten geroken en kwamen onwaarschijnlijk dichtbij. Ze huppelden onder de tafel, streken langs mijn laarzen en stofzuigden alle restjes vlees en brood van de grond.

Nog voordat de grill van de barbecue was afgekoeld zaten ze op een rijtje het vet van de onderzijde te likken, en hun gestrekte halzen zagen er bleek en heel kwetsbaar uit. Een van de diertjes vond zelfs de zuigfles van Tuft en begon bedachtzaam melk op te zuigen, terwijl zijn zwarte ogen mij met kalme interesse opnamen.

Het was onwerkelijk om door een beschermde diersoort te worden belaagd. Alsof een stel pandaberen uit de bomen van het park tevoorschijn kwam en naar je toe kwam kruipen, loerend op je boterhammen.

Of dat je door bosuilen wordt opgejaagd die uit zijn op je ijsje en geen respect hebben voor je persoonlijke ruimte. Maar binnen de omheining wemelt het van deze dieren.

Toen de zon onderging, liepen Blumstein, Letnic, Moseby en ik over een pad in het zand naar een soort observatiepost die uitstak boven de golvende duinen van de schijnbaar eindeloze woestijn. Plukjes bleekgeel gras en een paar groene bomen staken af tegen het rode landschap. Een enorme zon kleurde de laaghangende wolken boven de horizon kersenrood. De wind stak op en het lange honingblonde haar van Moseby woei omhoog, terwijl de temperatuur binnen een paar minuten een graad of tien zakte.

Het leek op wildernis, maar in veel opzichten was het een dierentuin. De inheemse dieren worden hier liefdevol verzorgd en door hekken beschermd, maar beseffen niet dat ze leven onder de hoede van Moseby en Tuft. Terwijl de twee vrouwen juist liever zouden willen dat hun werk helemaal niet nodig is.

De volgende dag ging ik met het team op zoek naar een van de katten die deelnamen aan het evolutie-experiment. Hij had een halsband met zender, maar het duurde toch een paar uur voordat we hem in de duinen hadden opgespoord.

Onder een dode boom vond Letnic de restanten van het avondmaal van een wigstaartarend, met witte tanden en een bovenkaak die hij uit een grijze bal van bont plukte. Ze waren van een kangoeroerat. Het is hier zo droog dat alles wat in het zand valt eeuwig blijft liggen: van dierenbotten en dor hout tot het stenen gereedschap van pre-Europees Australië, netjes gebeiteld en nog steeds met een scherpe rand. Terwijl je in het rode zand buiten de omheining vooral afdrukken ziet van katten en konijnen, vertonen de duinen erbinnen meer bewijzen van inheemse bewoning: de langwerpige en hartvormige hiel van de boodie, de zijwaartse V van het buideldier of de karakteristieke pootafdruk van de grote langoorbuideldas. De hekken maken hier duidelijk het verschil, maar kunnen de dieren die hier hun sporen achterlaten ooit weg uit het reservaat?

Eindelijk vonden we de kat, verscholen in een kluwen van dood en levend struikgewas. Zijn strijdlustige uitdrukking leek op die van een huiskat, die je met de welbekende arrogantie aanstaart vanuit een kartonnen doos.

Die avond ging ik met Moseby, Letnic en Blumstein in de Toyota Hilux kangoeroeratten spotten. Letnic scheen met een lantaarn uit het raam. In de vijftien vierkante kilometer waar de katten zitten, vluchtten de kangoeroeratten, met hun achterkant als donzige stuiterballen, weg voor de stoffige pick-uptruck. Letnic leek zich zorgen te maken dat er te veel katten waren, want overal schitterden de ogen van de roofdieren in het licht van de koplampen. Sommige katten krijgen bijnamen van de onderzoekers. Ze worden genoemd naar componisten zoals Beethoven en Wagner. 'We willen dat ze er als het ware een symfonie van chaos van maken,' zei Moseby. Een lenige Cyperse kat sprong over een zoutstruik en verdween achter een duin. Als te veel katten zich voortplanten binnen de omheining, worden alle inheemse dieren gedood. Als er niet genoeg zijn, leren de inheemse dieren zich niet aanpassen. Het gaat om een delicaat evenwicht.

Toen we in de kleinere, katvrije zone aankwamen, leken de kangoeroeratten aanmerkelijk slomer te zijn. De pick-uptruck moest meerdere malen stoppen, zodat iemand uit kon stappen om ze weg te jagen. Letnic holde naar een paar dieren die hem onbewogen aankeken. Toen hij dichterbij kwam, begonnen ze gezellig met hem mee te hollen, alsof ze drie vrienden waren die een stuk gingen joggen. Ten slotte moest Letnic ze met de zijkant van zijn schoen van de weg duwen. Buiten het hek waren ze allang kattenvoer geweest.

Het verschil tussen deze naïeve dieren en de iets waakzamere kangoeroeratten in het stuk land verderop illustreert waarschijnlijk het leerproces, maar het team is minstens zo geïnteresseerd in het gebruik van de katten als evolutionaire filter. Slimmere, snellere, grotere en alertere kangoeroeratten zullen de listen en lagen van de katten overleven en zich voortplanten. In de loop van de generaties zouden ze in staat moeten zijn om met katten samen te leven.

'Dat kan wel honderd jaar duren,' zei Moseby.

Is dit soort manipulatie van wilde dieren acceptabel als uitsterving dreigt? Moseby heeft het gevoel dat de crisis vraagt om actie en ingrijpen, 'niet om achteroverleunen en zeggen: "Laat alles elkaar maar opeten, dan kijken we wat er overblijft."'

Als Moseby's aanpak werkt, heeft dat het voordeel dat de dieren in de toekomst voor zichzelf kunnen zorgen en niet langer 'beschermingsafhankelijk' zijn. Zelfs bij een massale campagne tegen roofdieren met de schaal van Predator Free 2050 in Nieuw-Zeeland, moeten mensen nog steeds op hun hoede blijven voor de komst van nieuwe predatoren. Als het werkt, kunnen buideldassen en kangoeroeratten hier ook gedijen als mensen zich niet meer bezighouden met biodiversiteit, of als ze er zelf niet meer zijn.

Ik heb betoogd dat 'genetische integriteit' een valse waarde is, net als andere puristische opvattingen die het leven in een bepaalde vorm willen bevriezen. Als de geliefde biodiversiteit op het spel staat en het reële leed van dieren beperkt kan worden, is het op zich niet onethisch om het gedrag van dieren bij te sturen. In een scenario waarin kangoeroeratten hun enorme openluchtkooien vullen met jongen waardoor al het voedsel opraakt, kun je toch niet volhouden dat de hongerdood sterven minder erg is dan sterven door een hongerige kat? Dit project zet de deur open voor serieuze vragen over het veranderen van de dieren die we willen redden. Hoe ver willen we daarin gaan?

Moseby werkt met simpele instrumenten zoals katten, hekken, zenderhalsbanden en vallen, maar ze probeert uiteindelijk wel het genoom van dieren te veranderen. En ze is voorzichtig geïnteresseerd in de toepassing van genetische hulpmiddelen. Een *gene drive* zou, als hij werkt, de evolutionaire wedren met de katten enorm kunnen versnellen.

De 'genetische modificatie' van dieren is in zekere zin begonnen met kunstmatige selectie van gedomesticeerde dieren, want de praktijk om op specifieke eigenschappen te kruisen verandert het genoom. Genetische modificatie van dieren in het lab dateert uit de jaren zeventig van de vorige eeuw.

Maar decennialang was deze praktijk te moeilijk en te duur voor de chronisch noodlijdende beschermingswereld. Tot Karl Campbell in 2011, zoekend naar manieren om beter om te gaan met uitheemse roofdieren op eilanden, op een idee stuitte dat wel eens de revolutionaire innovatie kon zijn die hij nodig had.

Een entomoloog van North Carolina State University die Fred Gould heet, had een artikel geschreven waarin hij stelde dat gentechnieken die waren toegepast op insecten ook geschikt waren voor toepassing bij lastige soorten zoals knaagdieren. (Behalve dat ze eilandsoorten doen uitsterven, eten ratten en muizen ieder jaar genoeg rijst om honderdtachtig miljoen mensen te voeden, en ze verspreiden zowel de ziekte van Lyme als het hantavirus.) Wetenschappers zouden met genetische modificatie bepaalde eigenschappen kunnen versterken, wees Gould uit, en dan overzetten op wilde populaties. Normaal gesproken heeft een nakomeling ten aanzien van een bepaald gen, dat in verschillende typen voorkomt, 50 procent kans om de versie van de moeder te erven en 50 procent kans om de versie van de vader te erven. Maar sommige genen hebben een manier ontwikkeld om dit systeem te misleiden, zodat de nakomelingen van één ouder een kans van bijna 100 procent hebben om een specifiek gen te erven. Die mysterieuze *cheat code* wordt een *gene drive* genoemd, en als wetenschappers een synthetische gene drive zouden kunnen ontwikkelen, zouden ze de gewenste eigenschap generaties lang bij een populatie kunnen activeren. Om ratten op een eiland uit te roeien kun je bijvoorbeeld een gen voor onvruchtbaarheid aanzetten, waardoor een soort verdwijnt als er een bepaalde prevalentie is bereikt: gifstoffen niet nodig. De knaagdieren zouden gewoon ophouden te bestaan, als een dynastie zonder erfgenamen.

Campbell nodigde zichzelf uit voor een bezoek aan het lab van Gould in Raleigh. Zoals dat gaat nam Gould een kijkje op internet om uit te vinden wie Campbell was. 'Ik was geschokt,' zegt Gould. 'Als je naar de website van Island Conservation gaat is het allemaal bossen en ander groen wat de klok slaat.' Veel hartstochtelijke ecologen zijn tegen genetische modificatie. Gould vroeg aan Campbell: 'Weet je wel waar je aan begint?'

Dat wist Campbell. Het kon hem niet schelen dat andere natuurbeschermers genetische modificatie te riskant en tegennatuurlijk vinden. Hij wilde gewoon geen uitstervingen meer. Dat pragmatisme beviel Gould.

Goulds ideeën waren eerst nog theoretisch. Maar in 2012 werd het vooruitzicht om theorie om te zetten in praktijk opeens een stuk realistischer door de ontdekking van de CRISPR-technologie, een nieuwe methode om genen snel, goedkoop en nauwkeurig te coderen. Met behulp van CRISPR kan iedere DNA-sequentie netjes worden uitgeknipt en teruggeplakt op iedere gewenste plek in ieder genoom.

Ongeveer twee jaar daarna wist Kevin Esvelt, toen geneticus aan de Harvard University, gene drives en CRISPR samen te voegen.[3] In plaats van met een dikke glazen naald synthetisch DNA te prikken in alle organismes die je wilt veranderen, kun je met een gene drive niet alleen het gewenste gen coderen, maar er dankzij de CRISPR-technologie in één keer voor zorgen dat de modificatie ook plaatsheeft in een ander genoom. Dus als jouw veranderde organisme paart, worden zijn chromosomen aan het werk gezet en modificeren zij de geërfde chromosomen van de partner eveneens. Dit garandeert dat het nageslacht de gewenste veranderingen overneemt, inclusief de instructies om de gewenste verandering tot stand te brengen. Als de nakomelingen geslachtsrijp zijn en paren, wordt dit proces herhaald. In een ideale gene drive heeft 100 procent van het nageslacht het gen met de gewenste eigenschap.

Die mogelijkheid was heel verlokkelijk voor nauurbeschermingsdoeleinden. Je kon heel wat groter denken dan Floreana: je kon op die manier de ratten uitroeien op het Galapagoseiland Santa Cruz, waar twaalfduizend mensen wonen. Of gewoon alle katten en vossen in Australië. Je zou er elk eiland op de wereld mee kunnen herstellen.

Het idee om gene drives te gebruiken om soorten te redden begon rond te zingen. Campbell hielp mensen van Island Conservation en onderzoekers in de Verenigde Staten, Australië, Nieuw-Zeeland en ook van het Amerikaanse ministerie van Landbouw deze aanpak nader te bestuderen. Zij sloten zich officieel aaneen in het *Genetic Biocontrol of Invasive Rodents*-programma, afgekort tot GBIRd. In juni 2016 zocht Paul Thomas, die als geneticus met muizen werkte aan de University of Adelaide in Australië, Gould op in North Carolina en ook hij werd enthousiast. Thomas vond dat zijn lab de geschikte plek was om uit te zoeken hoe een synthetische gen zou werken bij knaagdieren. Als hij iets kon bereiken met laboratoriummuizen, zou dat misschien ook lukken met de wilde muizen en ratten die de eieren en jongen opeten van zeldzame eilandsoorten. Thomas werd lid van GBIRd.

Toen ik een bezoek bracht aan het laboratorium van Paul Thomas in Adelaide, ging ik met assistent in opleiding Chandran Pfitzner naar de muizenkamer. Voor we naar binnen gingen trokken we blauwe schorten, haarnetjes en mondkapjes aan. Pfitzner sproeide een ontsmettingsmiddel op mijn notitieblok en leidde me door een warme en lege gang naar een ruimte vol bakken van plexiglas op stellingen. Het was in de kamer verrassend stil, alsof het geluid werd gedempt, en je hoorde helemaal geen dieren ritselen of knagen. De onderzoeksmuizen roken naar zoetig zaagsel en zout. Pfitzner keek naar de gegevens op het gebarsten scherm van zijn telefoon, tilde een muis op bij zijn staart, pakte een miniperforator en haalde een klein stukje huid uit zijn oor. De muis gaf geen kik.

Deze muis was gecreëerd in een ander gebouw op de campus. Daar was een bevrucht ei met een glazen naald geïnjecteerd om de noodzakelijke ingrediënten in te brengen die een willekeurige overerving moeten tegengaan: het moleculaire 'schaartje' dat in de CRISPR-technologie wordt gebruikt, een 'gidsmolecuul' dat aangeeft waar moet worden geknipt en een stimulant om het schaartje in het juiste weefsel te laten knippen. In dit geval ging het CRISPR-gen dat eruit werd geknipt niet over onvruchtbaarheid maar over vachtkleur. Het was de bedoeling om de synthetische gene drive te testen met een eigenschap die meteen in het oog springt. Als het werkte, zou de muis een albino zijn. In plaats daarvan was hij mooi grijs. Pfitzner zette de muis terug in de doos.

Nadat we de muizenkamer hadden verlaten en onze beschermende kleding uittrokken, legde Pfitzner het stukje huid van het muizenoor onder een microscoop. Hij wilde zien of de onderdelen van de gene drive op hun plek zaten. De wetenschappers hadden behalve het 'schaartje' en andere onderdelen ook fluorescerende eiwitten ingespoten, en het muizenvlees straalde onder een omgekeerde fluorescentiemicroscoop in twee kleuren, helderrood en neongroen. Alle onderdelen waren aanwezig, maar de grijze vacht was het bewijs dat ze niet functioneerden.

Van de dertig muizen kregen Thomas en Pfitzner er drie die een donkergrijze vacht met witte vlekken en strepen hadden, wat betekent dat de gene drive wel in een paar cellen had gewerkt, maar niet in alle. 'Het is nog vroeg,' zei Thomas, terwijl hij een beetje mistroostig naar de kleurrijke foto van een muis staarde die hij voor mij had uitgeprint.

In 2019 kondigde een team van de University of California in San Diego aan dat ze een gene drive aan de praat hadden gekregen in een groot deel van de vrouwelijke muizen, terwijl die bij de mannetjes niet was aangeslagen. Het was misschien moeilijker dan de genetici aanvankelijk hoopten, maar Thomas twijfelde er niet aan dat zijn team of een ander de code zou kraken. Het was gewoon een kwestie van tijd.

Thomas heeft met collega's uit de toegepaste wiskunde berekend hoe lang het zou duren om een eilandpopulatie van vijftigduizend muizen uit te roeien door slechts honderd muizen te injecteren met een functionerend onvruchtbaarheidsgen. Het antwoord was hooguit vijf jaar.

In de muis met de oorperforatie zat dus de kiem van een unieke mogelijkheid: dat mensen niet alleen een paar muizen in een Australisch lab blijvend kunnen modificeren, maar alle muizen, overal. De dertig gram wegende wriemelaar vertegenwoordigt een almacht over de wereld om ons heen die we nooit eerder hebben gehad, namelijk het vermogen om complete soorten te bewerken of te laten verdwijnen.

Dit potentieel houdt in dat Thomas speciale voorzorgsmaatregelen moet nemen. Hij begrijpt dat het gevaarlijk kan zijn voor het milieu, en zeker voor zijn reputatie, als een muis met een gen voor albinisme of onvruchtbaarheid uit zijn bak van plexiglas ontsnapt en met de vrije muizenpopulatie gaat paren. Dus het eerste wat hij deed, was voor deze experimenten een speciale muizenlijn creëren. De gene drive van Thomas wordt alleen geactiveerd in combinatie met een uniek stukje bacterieel DNA dat in de geperforeerde muis en zijn metgezellen is ingebouwd. Op die manier wordt voorkomen dat de gene drive aanslaat als een van deze muizen de heuvels rond Adelaide in glipt en met een wilde huismuis paart.

Al snel nadat Kevin Esvelt de CRISPR-gene drive had uitgevonden, zag hij de gevaren ervan in. De technologie kon veel goeds doen bij het voorkomen van ernstige erfelijke ziekten en voor het geweldloos reguleren van dierlijke populatie. Maar als hij op een voortijdige, hebzuchtige of eenzijdige manier zou worden toegepast, kon de techniek ook soorten doen uitsterven of het publieke vertrouwen in de wetenschap aantasten.

De bedachtzame, slungelige Esvelt is nu hoogleraar aan het MIT en vergeleken met Campbell of Moseby is hij een echte kamergeleerde. Als hem gevraagd wordt naar de kansen en risico's van zijn uitvinding, brengt hij zijn asielkat Boo ter sprake, die het puntje van zijn oor verloor door bevriezing voordat hij door Esvelt in huis werd genomen. Hij ziet een toekomst voor zich waarin een lokale gene drive de populatie van wilde katten kan verkleinen, net zoals Campbell de ratten op eilanden wil terugdringen. 'De gedachte dat kittens in het wild kunnen bevriezen en verhongeren is gewoon te pijnlijk voor mij,' zegt hij.

Het valt op dat hij het over een 'lokale' gene drive heeft. Na zijn eerste schrikreactie heeft hij manieren bedacht om de synthetische gene drive tot een bepaald aantal generaties te beperken. Eén daarvan noemt hij de *daisy chain*, die een reeks genetische drivers zou moeten toevoegen die vereist zijn om de gewenste genverandering teweeg te brengen.[4] De eerste driver in de genenketting wordt op normale wijze overgeërfd en niet in 100 procent van de nakomelingen ingebouwd, dus als hij sterft, sterft de gene drive ook. Door het aantal drivers in de ketting aan te passen, zou je theoretisch de effectiviteit van het gen kunnen afstemmen op de grootte van de eilandpopulatie die je wilt uitroeien.

Deze daisy-chainmethode wordt nu nog in het lab getest en Esvelt vindt dat, bijvoorbeeld in een poging om een wereldwijd gezondheidsprobleem zoals malaria aan te pakken, niemand een gene drive in het wild mag testen voordat er een bewezen functionerende lokale variant is ontwikkeld. Esvelt is medeauteur van een essay dat ingaat op de belangstelling van Nieuw-Zeeland voor het gebruik van gene drives om uitheemse roofdieren te bestrijden. Hij noemt de basisversie van de gene drive ongeschikt voor natuurbeschermingsdoeleinden en waarschuwt voor ondoordachte toepassingen.[5] 'Willen wij een wereld waarin landen en organisaties routinematig en eenzijdig ecosystemen modificeren, ongeacht de gevolgen voor anderen?' schreef hij.

Esvelt heeft dezelfde bedenkingen bij het enthousiasme waarmee GBIRd op de gentechnologie is gedoken. GBIRd heeft gezegd dat zijn leden zich willen richten op een aanpak met een *precision drive*, zodat de gene drive alleen werkt bij dieren met een specifieke genetische sequentie, verwant aan het faalveilige systeem dat Thomas nu in het lab aan het testen is. Onderzoekers zouden een DNA-sequentie moeten vinden die alleen op een bepaald eiland voorkomt en nergens anders, en dat is ondoenlijk, denkt Esvelt. 'De kans is groot dat het niet zal werken en dat hun verwachtingen te hooggespannen zijn,' zegt hij. Op grotere eilanden is er voor het verkrijgen van een perfecte sequentie te veel verkeer van genen die van buiten komen.

Hoewel Esvelt voorstander is van de bescherming van soorten, vindt hij het ethisch juister dat prioriteit wordt gegeven aan het voorkomen van menselijk en dierlijk lijden. 'Het risico bestaat dat je een tragedie veroorzaakt door een onbedoeld effect dat de ontwikkeling van een gen tegen malaria zou vertragen,' zegt Esvelt. 'Het spijt me, maar ik ben niet zo met bedreigde soorten bezig.' Hij heeft meer belangstelling voor het tegenhouden van erfelijke ziektes en het beheersen van wildekattenpopulaties.

Maar hij wil wel dat GBIRd doorgaat, zo transparant en zorgvuldig mogelijk, en in contact blijft met het publiek, omdat hij zich wel degelijk het lot aantrekt van de invasieve dieren die momenteel met brodifacoum en 1080 worden gedood.

Esvelt werkt nu zelf aan een project om een uitbraak in te dammen van de ziekte van Lyme op Nantucket in Massachusetts.[6] De mensen op het eiland maakten bezwaar tegen het gebruik van een gene drive, dus het plan dat Esvelt nu heeft helpen opstellen is om de plaatselijke, voor Lyme ontvankelijke muizen te overspoelen met wel honderdduizend muizen die men zo heeft gemodificeerd dat ze resistent zijn voor Lyme en teken. De hoop is dat de resistente genen zich ver genoeg binnen de populatie zullen verspreiden om het verschil te kunnen maken. De eilandbewoners mogen wat hem betreft zelf het tempo bepalen.

Campbell benadrukt dat hij en GBIRd voorzichtig en weloverwogen te werk willen gaan. In navolging van Esvelt zegt hij: 'Als je het de eerste keer verpest, word je dertig jaar teruggezet.' In de tussentijd wacht hij af en blijft hij dieren vergiftigen, in de hoop de uitstervingen af te wenden en de eilanden veilig te maken voor de soorten die overblijven.

Gene drives en andere CRISPR-gereedschappen kunnen een krachtige manier zijn om de wereld om ons heen vorm te geven. Behalve het onvruchtbaar maken van knaagdieren, katten en andere roofdieren, kunnen we deze technologie te zijner tijd gebruiken om soorten die we willen beschermen beter te wapenen tegen hun veranderende omgeving. Stel je voor dat we de langoorbuideldas en de borstelstaartkangoeroerat in korte tijd slimmer, of desnoods alleen groter kunnen maken, zodat ze voor katten moeilijker te vangen zijn.[7] Stel je voor dat we soorten die last hebben van klimaatverandering hittebestendig kunnen maken. Stel je voor dat we gentechnologie gebruiken om de hoorn te verwijderen van neushoorns, zodat stropen geen zin meer heeft, en dat je honderd jaar later een andere gene drive gebruikt om de hoorn terug te brengen als er geen markt meer voor is. Stel je voor dat we een gene drive op onszelf toepassen om ons ethisch wijzer te maken en ons te helpen met het nemen van moeilijke beslissingen.

Het lijkt nu meer dan ooit verstandig om onze waarden en doelstellingen kritisch te onderzoeken, voordat wij deze nieuwe gereedschappen inzetten. Want die gereedschappen kunnen ook een eigen leven gaan leiden, denkt filosoof Ronald Sandler.[8] 'Technologieën worden bij menselijke activiteiten niet alleen gebruikt om doelen te bereiken, maar ze structureren ook die activiteiten,' schrijft hij. 'Het zijn niet alleen efficiënte middelen waarmee mensen hun doelen bereiken, ze reorganiseren ook de maatschappelijke en politieke krachten. Ze stellen mensen niet alleen in staat hun visie op een ideale wereld te verwezenlijken, ze beïnvloeden ook wat die visie inhoudt. Op deze en andere manieren transformeren technologieën ons vaak *terwijl* we ze gebruiken.'

Een enquête onder 8199 Nieuw-Zeelanders wees uit dat maar 32 procent het gebruik van gene drives om de doelen van Predator Free 2050 te halen ondersteunt, maar het meest gegeven antwoord was: 'Ik weet het niet.' Ik weet het zelf ook niet.

Ergens lijkt het wat overdreven om al te kieskeurig te doen over inmenging in het genoom van wilde dieren. De overgrote meerderheid van de dieren op aarde bestaat, als je naar het gewicht kijkt, uit runderen, varkens, kippen en andere soorten die wij door conventioneel fokken ingrijpend hebben veranderd. Was het domesticeren van dieren ethisch verkeerd? En als dat niet zo is, waarom is het dan wel verkeerd om een koraal zo te modificeren dat hij in warmer water kan bestaan, of om een buideldas zo te modificeren dat hij een kat te slim af is?

Aan de andere kant is nederigheid ook belangrijk. Dus we moeten eerst zorgvuldig nadenken. Modificeren we andere soorten voor hen of voor ons? Zorgen we dat er mogelijkheden in de toekomst bewaard blijven of sluiten we mogelijkheden voor toekomstige generaties af? Zijn de soorten waar wij ons zorgen over maken in staat om zich op eigen kracht aan te passen aan nieuwe omstandigheden, met hun eigen oplossingen, of gaan er uitstervingen plaatsvinden al wij niet ingrijpen? Wat vindt iedereen die bezorgd is over een soort en zijn leefomgeving als we ze aanpassen om ze te redden?

Een mogelijk gevolg van het veranderen van soorten is dat we, per ongeluk of met opzet, ook hun 'capaciteiten' of 'vaardigheden' veranderen. Dit is het probleem dat centraal staat in sciencefictionverhalen waarin dieren nieuwe vermogens hebben gekregen om voorwerpen te gebruiken, te denken, te redeneren en te communiceren. Het eerste en bekendste verhaal over soortverbetering was de roman *Het eiland van Dr. Moreau* van H.G. Wells, waarin een krankzinnige geleerde met behulp van vivisectie vermenselijkte dieren schept die tegelijk angstaanjagend en meelijwekkend zijn. De verteller moet erachter zien te komen of hij ze iets verschuldigd is. 'Voorheen waren het beesten, met instincten die aan hun omgeving waren aangepast, en gelukkig zoals levende wezens waarschijnlijk zijn. Nu strompelden ze in een harnas van mensachtigheid, en leefden met een angst die nooit meer verdween...'[10] (Hij besluit ze van hun sadistische schepper te bevrijden, maakt er een paar af uit genade en ontvlucht dan het eiland waarbij hij de rest aan hun lot overlaat.)

Eigenlijk hebben we iets soortgelijks al bij bepaalde gedomesticeerde dieren gedaan, zoals iedere hondenbezitter weet. Bij verschillende hondenrassen horen verschillende aangeboren neigingen: sommige rassen houden van spelen, andere van jagen, van apporteren, van schapen hoeden of van bewaken. Het zijn dingen die onze honden duidelijk graag willen. Ze kunnen er zelfs om smeken krijgertje te spelen of voelen een onhoudbare drang om naar vreemden te blaffen. En toch heeft de mensheid deze gedragingen en interesses in hen gekweekt. We hebben onszelf in zekere zin nieuwe verplichtingen opgelegd door het creëren van nieuwe verlangens in onze huisdieren.

Als wij dieren zodanig modificeren dat wij de manier waarop zij gedijen veranderen, hebben wij dan de speciale plicht om te voorzien in de behoeften die wij hebben geschapen? Als wij de medescheppers zijn van bewuste wezens, ligt het voor de hand dat wij als een soort ouders nieuwe verantwoordelijkheden op ons nemen. Dat is precies wat je ziet bij huisdieren, die wij zo grondig hebben veranderd dat zij voor hun geluk nu van ons afhankelijk zijn. Die analogie biedt een mogelijke leidraad bij de modificatie van wilde dieren: ook met veranderingen die worden aangebracht om een soort voor uitsterven te behoeden, moet die zich onafhankelijk van de mens kunnen ontplooien, omdat niet per se op eeuwigdurende zorg door mensen kan worden gerekend.

En toch, de tegenovergestelde koers – de modificatie van niet-mensen om gemakkelijker te leven, om simpelere wezens te zijn met minder wensen en misschien een hogere pijngrens – lijkt bijna nog monsterlijker, de lobotomie van een complete soort om onszelf gevoelens van schuld of medelijden te besparen. De weerzin die velen voelen bij het overwegen van 'soortverbetering', of wat we beter 'verslechtering' kunnen noemen, is een waarschuwingsteken dat we ons op zeer riskant terrein begeven.

Als we buidelratten en kangoeroeratten slimmer maken om ze te redden, zijn we ze dan een antwoord schuldig als ze hun nieuwe cognitieve vermogens gebruiken om naar de rode duinen te staren en zich af te vragen wat eigenlijk de zin van al ons dierenleven is?

Net als bij het project met de noordelijke witte neushoorn, kijken conserveringsbiologen steeds vaker naar de mogelijkheid om gentechnieken te gebruiken om uitgestorven dieren terug te brengen, van heel recent verdwenen soorten tot soorten waarop werd gejaagd door onze voorouders uit het Pleistoceen, of het nou de Tasmaanse tijger is, de trekduif of de mammoet.

De meesten van ons zijn het erover eens dat we geen levende wezens de wereld in mogen halen alleen omdat we dat leuk vinden. Er moet een goede reden voor zijn, vooral omdat de ervaringen met klonen aangeven dat er bijkomend leed kan zijn. Dat is bijvoorbeeld het geval bij vrouwtjes van verwante soorten waarvan de benodigde eitjes voor het procedé worden geoogst, bij draagmoeders die niet bij elkaar passende nakomelingen dragen, en bij de mismaakte dieren die het resultaat kunnen zijn van premature pogingen.

Dus is er een ethisch zinvolle reden om verloren soorten zoals de mammoet terug te halen?[11] Een reden zou kunnen zijn dat met het tenietdoen van een uitsterving een fout wordt hersteld, dat iets slechts uit het verleden wordt goedgemaakt. Tenslotte zijn de meeste soorten die in aanmerking komen voor *de-extinctie* de vergetelheid in geholpen door de mens. Deze handelwijze zou dus kunnen worden beschouwd als een vorm van compensatie.

Maar als de-extinctie wil gelden als compensatie, moet die herstellen (of in elk geval proberen goed te maken) wat de benadeelde partij is kwijtgeraakt. En wie is de benadeelde partij?

Het intuïtieve antwoord is: de mammoet. Tenslotte hebben ze eerst geleefd, dwalend over de toendra waar ze de zon op hun vacht voelden schijnen, en nu zijn ze allemaal dood. Het probleem is dat je niet echt een morele verplichting kunt hebben ten aanzien van iets wat niet bestaat. Je kunt natuurlijk zeggen dat je een verplichting hebt jegens toekomstige leden van de soort. En voor veel milieu-ethici kunnen morele verplichtingen inderdaad gebaseerd zijn op onze plicht tegenover toekomstige generaties mensen en andere soorten die ooit zullen bestaan. Als de mens echter besluit een soort niet te doen herleven, zorgt hij ervoor dat er nooit moreel relevante individuen zullen bestaan en dus ook geen bijbehorende verplichtingen. Als je geen verantwoordelijkheid voor trekduiven wilt hebben, moet je de trekduif niet terugbrengen.

Een ander ethisch argument dat je voor de-extinctie zou kunnen gebruiken, is dat we compensatie verschuldigd zijn voor ecosystemen die de uitgestorven soorten zijn kwijtgeraakt. Maar zoals we eerder hebben gezien kun je een ecosysteem niet iets 'verschuldigd' zijn. Het is niet een echt coherent wezen, en het heeft geen bewustzijn. Het kan geen object van morele verplichtingen zijn. Misschien zijn we in plaats daarvan compensatie verschuldigd aan de individuele bewuste wezens die deel uitmaken van dat ecosysteem. Dit zou bijvoorbeeld gelden voor de andere dieren in het ecosysteem van de mammoeten, die nu een verschraald leven leiden.

De paar duizend jaar die zijn verstreken sinds we de mammoet kwijtraakten, zijn maar een fractie van de tijd vergeleken met de ouderdom van de aarde, maar we hebben gezien dat het leven opmerkelijk wendbaar is. Soorten die aanvankelijk hard werden geraakt door het uitsterven van de mammoet, hebben zich aan de nieuwe omstandigheden aangepast of zijn verdwenen. Bepaalde soorten zijn waarschijnlijk tegelijkertijd uitgestorven, zoals de darm- en huidbacteriën van mammoeten, hun parasieten en alle andere organismes die van hen afhankelijk waren. (Leefden deze grote dieren ook samen met verdwenen vogelsoorten die hen achterna vlogen om te foerageren in hun wolharige vacht en hun mest?) Andere soorten schikten zich in de veranderde omstandigheden. Het leven ging verder. Gezien deze feiten is het moeilijk vol te houden dat de bewuste wezens die nu bestaan, eronder lijden dat ze in een wereld zonder mammoeten leven.[12]

Misschien is de benadeelde partij niet de mammoet of een medebewoner van zijn ecosysteem. Misschien zijn wij het zelf.

Wij zijn beschadigd door dit uitsterven. Wetenschappers zijn beroofd van de mogelijkheid om de ecologie en het gedrag van mammoeten te bestuderen. Talloze generaties zijn geboren en gestorven zonder het genoegen te smaken in de verte zo'n wolharige mammoet te zien, met slagtanden die bijna een complete krul maken. En niemand die nu leeft heeft ooit mammoetsteak geproefd.

Maar als het alleen om onszelf gaat, is het dan de moeite waard? Hoeveel olifanten moeten worden geïnsemineerd met de zygoten van mammoeten? Ik krijg het beeld niet uit mijn hoofd van de dierentuinolifant Chai, die was vastgeketend zodat het personeel van de dierentuin een plastic buis vol sperma in haar voortplantingsorganen kon duwen. Is het te rechtvaardigen dat we levende dieren zulke dingen aandoen alleen omdat het ons cool lijkt om weer mammoeten om ons heen te hebben?

Misschien is het zinvoller om op aarde voldoende ruimte vrij te maken om niet-menselijke dieren te laten gedijen en om de planeet zelf te beschermen in de komende duizenden jaren, zodat we omstandigheden scheppen waarin wellicht nieuwe grote en fantastische soorten evolueren. Als we goed zouden zorgen voor de habitat van onze olifanten en hun de vrijheid geven rond te trekken en op onderzoek te gaan, trekken ze dan misschien vele generaties later weer naar het noorden? Misschien passen ze zich gaandeweg aan aan de kou en laten een vacht groeien. Misschien verspreiden ze zich over een toendra die weer bevroren is dankzij de gezamenlijke inspanningen van zorgzame, nederige mensen die moeite hebben gedaan de klimaatverandering op deze planeet ongedaan te maken.

Op een faculteitsfeestje ontmoette ik eens een bavianenonderzoekster nadat ik een lezing had gegeven aan een universiteit in het Midwesten. Ik vroeg haar naar de bavianen en ze beschreef een samenleving die strikt hiërarchisch is, patriarchaal en vaak gewelddadig. Als laaggeplaatste mannetjes en vrouwtjes uit de pas lopen, worden ze door een reusachtige mannetjesbaviaan gebeten en geslagen tot ze zich onderwerpen. Soms worden ze ook zonder reden geslagen, gewoon om ze er af en toe aan te herinneren welke baviaan de baas is. Doorgaans accepteren de slachtoffers dit, en wachten intussen op hun kans om de leider af te zetten en de macht over te nemen. Mannetjes die zich willen voortplanten, doden de zuigelingen van een vrouwtje of slaan haar tot ze een miskraam krijgt om haar seksuele ontvankelijkheid te versnellen.[13] De vrouwtjes hebben zelf ook een pikorde en laaggeplaatste vrouwtjes krijgen als laatste te eten en te drinken. Deze primaten zijn, laten we wel wezen, eikels. En ze hebben het zwaar. Laaggeplaatste mannetjes en vrouwtjes zijn constant op hun hoede voor de volgende aanval. Hooggeplaatste mannetjes zijn paranoïde, in afwachting van nieuwelingen die hun positie en hun partners willen overnemen. De vrouwtjes worden chronisch misbruikt. Terwijl ze deze primatendystopie beschreef, kwam er opeens een schokkende gedachte bij me op: misschien moeten we ze allemaal uit hun lijden verlossen. *Misschien zou deze soort gewoon niet moeten bestaan.*

In een inmiddels beroemd geworden studie observeerden wetenschappers een troep groene bavianen die er een tijdje in geslaagd waren te ontsnappen aan de cyclus van misbruik en misère.[14] In de vroege jaren tachtig leefden twee baviaantroepen in de buurt van een toeristisch resort. De Vuilnisbelttroep at het afval en verdedigde de stortplaats als territorium. De Woudtroep bleef vooral in het bos, maar begeerde het lekkers van de stortplaats. Uiteindelijk gingen de meest agressieve mannetjes van de Woudtroep op rooftocht naar de stortplaats. Ze hadden besloten dat het de moeite waard was om met de Vuilnisbelttroep te vechten om het aanwezige voedsel.

In 1983 aten deze bavianen afvalvlees dat was besmet met tuberculose. Het bleek dodelijk voor bijna de complete Vuilnisbelttroep en voor de agressieve mannetjes van de Woudtroep die er kwamen eten. Na het abrupte verdwijnen van de meest agressieve helft van de mannetjes veranderde de sfeer in de Woudtroep. Er ontstond een vreedzamere cultuur met een 'ontspannen dominantiestructuur' en minder willekeurig geweld. De vrouwtjes bleven in de meerderheid en waren vriendelijk en gastvrij voor binnenkomende mannetjes uit andere troepen. Laaggeplaatste mannetjes in het nieuwe regime waren minder gestrest en waarschijnlijk ook gezonder.

De nieuwe cultuur hield twintig jaar stand, tot lang nadat de originele agressieve mannetjes waren gestorven. Nieuwe mannetjes die naar deze troep migreerden, keken om zich heen en besloten hun gedrag aan te passen aan de normen van de nieuwe troep.

Als wij echt willen dat de bavianen een goed leven hebben, betekent dat misschien dat mensen de plicht hebben om periodiek elke bavianentroep op de aarde op te zoeken en de meest agressieve mannetjes af te schieten, of dat ze genetische modificatie moeten toepassen om hun temperament te veranderen, door ze moreel zo te 'verbeteren' dat ze aardiger en zorgzamer worden.

Waarom vind ik deze gedachte zowel aantrekkelijk als afstotend? Lori

Gruen vertelt een verhaal in haar boek over Peter Singer.[15] Tijdens een college aan universiteitsstudenten merkte hij op dat hoewel ingrijpen om predatie te stoppen meer kwaad dan goed doet, hij er als het kon toch voor zou zorgen dat chimpansees niet meer met elkaar vechten. Gruen, die Singer als een vriend beschouwt, vond dat walgelijk. 'Onderlinge gevechten tussen chimpansees spelen een centrale rol in hun sociale interactie. Daarmee vestigen of herstellen ze hun sociale hiërarchie, en als de gevechten voorbij zijn gaan ze over tot verzoening, wat de sociale banden versterkt. Chimpansees ervan weerhouden ruzies uit te vechten (met uitzondering van conflicten met dodelijke afloop) zou in strijd zijn met hun belangen.'

Hier lijkt Gruen het vechten te verdedigen met het argument dat het iets natuurlijks is. Toen ik las over de rol van het vechten bij chimpansees, moest ik denken aan mijn eigen jeugd met mijn twee broers. We voerden vaak lichamelijke strijd, voor een deel om onze sociale hiërarchie te bepalen. Ik was de oudste, en als mijn broers niet deden wat ik zei, sloeg ik ze soms in elkaar. Zij vochten terug en begonnen vaak zelf te knokken. Mijn jongste broer Alex kende geen enkele angst of genade, ook al was hij de kleinste. Je ogen en je haar waren voor hem niet veilig, en hij gebruikte zijn hoofd vaak als een pijnlijke stormram. Daarna sloten we vrede en misschien heeft dat onze sociale band versterkt. We zijn nu goede vrienden en brengen graag tijd door met elkaar. Betekent dit dat onze moeder ons zo veel mogelijk had moeten laten vechten? Was het 'in strijd met onze belangen' dat ze ons uit elkaar haalde en naar onze kamers stuurde? (Mijn huidige band met mijn broers is heel belangrijk voor me en versterkt volgens mij ons levensgeluk. Als je zou kunnen bewijzen dat de vechtpartijen in onze jeugd *noodzakelijk* waren voor de hechte vriendschap van nu, dan denk ik dat ze de moeite waard waren. Er is geen blijvende schade veroorzaakt.)

De naturalistische denkfout ontstaat door het verwarren van wat *is* met wat *zou moeten zijn*. Martha C. Nussbaum zal die fout niet maken. 'Het concept levenskwaliteit is uiterst evaluatief en ethisch,' schrijft ze.[16] 'Het stelt dat het frustreren van bepaalde neigingen niet alleen verenigbaar is met levenskwaliteit, maar er zelfs een voorwaarde voor is.'

Vaststellen hoe 'kwaliteit van leven' eruitziet voor een niet-menselijk dier van een bepaalde soort, zou moeten beginnen met een bestudering van zijn huidige 'karakteristieke levenswijze', maar dit beeld van zijn leven moet worden gezien als 'het begin en niet het einde van de evaluatie', zegt Nussbaum.[17] Zij vindt dierlijke autonomie belangrijk en waarschuwt voor 'welwillend despotisme' dat ze 'moreel weerzinwekkend' vindt.[18] Maar er zijn grenzen aan het op zijn beloop laten van de natuur. Nussbaum verwerpt het idee dat we ons niet mogen bemoeien met het leven van wilde dieren alleen omdat ze wild zijn. Ze wijst op onze 'alomtegenwoordige betrokkenheid' bij alle ecosystemen op aarde, een inzicht dat voor mijzelf aanleiding was mijn eigen laisser-fairehouding te herzien.

Dus wat voor soort interventie is wel gewenst? Moeten we ingrijpen om roofdieren te laten ophouden met het doden van prooien? Voor een roofdier kan het leed dat gepaard gaat met de onmogelijkheid te kunnen jagen en doden aanzienlijk zijn. Maar de gazelle in de kaken van de tijger lijdt waarschijnlijk niet minder omdat zijn dood de tijger helpt zijn kernvermogens te ontplooien. Nussbaum geeft toe dat 'het een heel moeilijke zaak blijft'.[19] Uiteindelijk heeft ook zij geen bevredigend antwoord.

En wat als de individuen binnen een bepaalde soort uit gewoonte wreed zijn tegen soortgenoten, zoals bavianen? Ik denk dat Nussbaum net zo geïrriteerd zou zijn over die hooggeplaatste bavianenpatsers als ik. In elk geval sluit ze een vorm van ingrijpen niet uit. 'In dierlijke culturen komen vaak vernederingen van de zwakken door de sterken voor en soms een gewelddadige rivaliteit om seksueel voordeel,' schrijft ze.[20] 'In zulke gevallen kun je zeggen dat alleen de ernstigste schade aan zwakkere soortgenoten moet worden voorkomen.' Meer in het algemeen, omdat de niet-menselijke wereld van nature niet rechtvaardig is, steunt Nussbaum 'de geleidelijke vervanging van het natuurlijke door het rechtvaardige'.[21]

Nussbaum is niet de eerste die voorstelt de 'natuur' vriendelijker en milder te maken. Toen de profeet Jesaja in de achtste eeuw v.Chr. de komst van de Messias en zijn koninkrijk Zion voorspelde, beschreef hij het als een plek waar het geweld van wilde dieren niet meer bestaat: 'Dan zal een wolf zich neerleggen naast een lam, een panter vlijt zich bij een bokje neer, kalf en leeuw zullen samen weiden, en een kleine jongen zal ze hoeden. Een koe en een beer grazen samen, hun jongen liggen bijeen, een leeuw en een rund eten beide stro.'[22]

De meeste mensen beschouwen dit als een allegorie, maar sommigen zouden er blijkbaar graag werkelijkheid van maken. Het 'effectief altruïsme' is een tegenwoordig populaire beweging met een utilitaristisch wereldbeeld dat van individuen verlangt dat ze hun tijd en geld gebruiken om zo veel mogelijk het goede te doen. In tegenstelling tot Singer zelf vinden veel van de jongere aanhangers van het effectief altruïsme dat mensen het 'meer kwaad dan goed doen' moeten vermijden als het gaat om het ingrijpen in de levens van dieren.

Adjunct-directeur Cameron Meyer Shorb van het *Wild Animal Initiative* zegt dat het niet genoeg is om je alleen te richten op de schade die de mens heeft aangericht. Het wegnemen van dingen die het dierenwelzijn bedreigen geeft onszelf misschien een goed gevoel, maar het maakt een wilde kangoeroe niet uit of hij sterft in een brand die wordt veroorzaakt door klimaatverandering of in een 'natuurlijke' brand. Beide zijn even afschuwelijk. Een leven in het wild, zegt Shorb, is vol pijn en lijden, angst voor roofdieren, verwondingen en ziekten, kou en honger.

Het Wild Animal Initiative houdt zich bezig met onderzoek naar het welzijn van dieren met heel grote populaties, vanuit de gedachte dat het vergroten van het welzijn van een miljoen muizen beter is dan dat van drie tijgers, volgens een logica die bijna diametraal tegengesteld is aan de standaardopvatting van natuurbescherming. Een van hun initiatieven probeert stadsbesturen er bijvoorbeeld van te overtuigen dat ze hun populaties wilde duiven beter kunnen reguleren met vogelzaad met een anticonceptiemiddel dan met vergif.

Oscar Horta, filosoof aan de universiteit van Santiago de Compostella, schrijft dat 'de meeste dieren met bewustzijn die ter wereld komen, kort daarna sterven, meestal op pijnlijke wijze (door verhongering, predatie en andere oorzaken).[23] Degenen die overleven hebben vaak zwaar te lijden onder natuurlijke omstandigheden.' Veel vissoorten hebben duizenden of zelfs miljoenen nakomelingen, waarvan er maar een paar de volwassen leeftijd bereiken. 'Veel dieren verhongeren of worden verslonden kort nadat ze een bewustzijn ontwikkelen. Als gevolg daarvan kent hun leven weinig tot geen positieve ervaringen. Deze dieren bestaan enkel, of hoofdzakelijk, uit het leed dat ze ervaren als ze hun doodsstrijd leveren en sterven.' Horta noemt dit alles de 'Natuurlijke Hel' en vraagt zich af: 'Stel dat we die "Natuurlijke Hel" zo zouden kunnen veranderen dat hij misschien niet helemaal verdwijnt, maar wel het leed beperkt dat de dieren ondervinden.' Jeff McMahan, een filosoof van Rutgers University, concludeert dat 'de natuurlijke wereld één grote slachtpartij is' en stelt dat als we ons wetenschappelijk begrip van ecosystemen hebben verbeterd, we moeten gaan nadenken over een vreedzame manier 'om alle carnivore soorten uit te laten sterven'.[24]

Speculeren over zulke radicale ingrepen in de natuur brengt ons op terrein waar we ons intuïtief tegen verzetten. Stel je het jaar 2322 voor, wanneer het probleem van het wildedierenleed is 'opgelost'. Alle vrouwelijke dieren mogen precies twee nakomelingen krijgen, daarna worden ze pijnloos gesteriliseerd. Bavianen zijn gemodificeerd en leven in liefdevolle matriarchaten, waar ze nooit te maken hebben met het verlies van hun kinderen. Roofdieren genieten van de jacht via virtual reality, waarmee ze hun werkelijke prooi een grimmige dood in het wild besparen. Padden werken wormen van sojapasta naar binnen, tijgers smullen van 'gazellevrije' koteletjes. Dieren dragen zenders die een centrale AI-post waarschuwen als hun stresshormoonniveau piekt, waarna een team van robots arriveert om ze te helpen. Als ze oud worden, laten drones ze inslapen. Wij zijn de goden die een veilige en aangename wereld voor alle soorten scheppen. De ecosystemen zoals we die kennen, zijn ontmanteld.

Misschien zijn predatie en dood nog wel toegestaan, maar is het lijden geëlimineerd. Bij alle dieren zijn ampullen met pijnstillers en tranquillizers onder de huid geïmplanteerd. Als ze door een wolf of leeuw worden gegrepen, bepalen sensoren dat hun tijd is gekomen en worden de drugs geactiveerd. De carnivoren mogen nog steeds jagen en eten, maar de gazelle verdwijnt in een pijnloze mist van morfine. Zo'n toekomst lijkt even empathisch als absurd, zelfs een beetje walgelijk. Het idee alleen al gaat in tegen ons gevoel dat mensen nederig moeten zijn en niet moeten proberen de hele aarde te controleren. Dat deze visie veel mensen afstoot, moet ons iets zeggen over wat we zouden verliezen als we proberen de biosfeer uit welwillendheid te overheersen. Ecosystemen opheffen om een einde te maken aan het lijden is een afweging die ik nu nog niet zou willen maken. Als soort zijn we te onwetend en is de mogelijkheid dat we ons vergissen te groot. En ik heb ook steeds het gevoel dat er een onuitsprekelijke waarde verloren zou gaan, maar welke onuitsprekelijke waarde schuilt er in lijden en dood?

Het begrip soevereiniteit, dat ter sprake kwam toen we de voor- en nadelen van het bijvoeren van ijsberen afwogen, kan hier helpen. Nussbaum beroept zich erop als ze stelt dat we weliswaar de plicht hebben om dieren niet te hinderen in hun pogingen om hun vermogens te ontplooien, maar zegt dat we niet de plicht hebben om 'welwillende despoten van de wereld' te zijn.[25] Ze staat open voor het argument dat 'de soevereiniteit van soorten, net als de soevereiniteit van naties, moreel gewicht heeft', schrijft ze. 'Voor een wezen hangt de kwaliteit van leven er deels van af dat het bepaalde wezenlijke zaken zelf kan regelen, zonder menselijke tussenkomst, ook van het welwillende soort.'

Dieren een klein beetje veranderen om hun evolutionaire ontwikkeling gaande te houden ondanks alle uitdagingen waarmee de mens ze confronteert, lijkt ethisch aanvaardbaar, zelfs goed.[26] Als we de akikiki en andere Hawaïaanse vogels zouden kunnen redden met gene drives om muggen ervan te weerhouden ziektes over te brengen, en we zouden zeker weten dat dit op een veilige en effectieve manier kan, en lokale partijen zoals de inheemse Hawaïanen zouden ermee instemmen, dan zou ik daarmee instemmen. Als we op een veilige manier gebruik kunnen maken van gene drives om de populaties van knaagdieren, katten of vossen op een nette manier te laten verdwijnen om uitsterving op eilanden te voorkomen, dan zou ik daar ook voor zijn. Ik zou ook stemmen voor het modificeren van koraal zodat het bestand is tegen klimaatopwarming. En ik zou zelfs akkoord gaan met het veranderen van kangoeroeratten en buidelstaarten als dat de beste manier is om ze in leven te houden. Ze een kans geven om te vechten zonder Australië in een bloedbad te veranderen, lijkt me een win-winsituatie.

Een manier om de ethiek hiervan te doorgronden is nadenken over hoe kangoeroeratten deze kwestie zouden beoordelen als ze dezelfde cognitieve vermogens als wij hadden. Stel dat je in een volgend leven als kangoeroerat terug zou komen, zou je dan willen dat de soort zo wordt verbouwd dat je samen met katten kunt leven?

De mens maakt inmiddels soortgelijke overwegingen ten aanzien van zijn eigen soort. De Internationale Commissie voor het *Clinical Use of Human Germline Genome Editing* publiceerde in september 2020 een rapport waarin werd aanbevolen het huidige verbod op het aanbrengen van erfelijke veranderingen in onze genen voorlopig te verlengen.[27] (Wetenschapper He Jiankui werd in 2018 in China gearresteerd omdat hij verantwoordelijk was voor de eerste genetisch gemodificeerde baby's.)[28] Maar in de toekomst, zei het rapport, kunnen ernstige ziekten zoals taaislijmziekte, thalassemie, sikkelcelanemie en de ziekte van Tay-Sachs worden uitgeroeid met CRISPR. Of dat doel wordt nagestreefd is iets wat moet worden besloten door 'individuele landen na een afgewogen maatschappelijk debat over zowel de ethische als wetenschappelijke aspecten', aldus de auteurs van het rapport. Ongeveer 72 procent van de Amerikanen denkt dat dit soort toepassingen ethisch aanvaardbaar kan zijn.[29] En een ruime 60 procent is het eens met het gebruik van CRISPR om 'het risico dat een baby loopt op het ontwikkelen van een ernstige ziekte of aandoening gedurende zijn leven te verminderen', een doelstelling die in wezen niet veel verschilt van het verkleinen van de kans dat een kangoeroeratjong tijdens zijn leven door een kat wordt opgegeten.

CRISPR is een krachtige technologie, maar nog niet klaar om te worden gebruikt als instrument voor natuurbescherming. Gelukkig is er nog tijd om te debatteren over de toepassing ervan. De enige manier waarop dit instrument op een ethische manier kan worden ingezet, is ervoor te zorgen dat we via een open, transparant en radicaal inclusief proces de voor- en nadelen afwegen en iets van consensus bereiken. De belangen van niet-mensen moeten bij zulke debatten worden behartigd door hun menselijke vertegenwoordigers. Als we erin slagen het beleid en de besluitvorming op orde te krijgen, is dat een prestatie die misschien net zo ingrijpend is als de genetische technologie die ermee zou worden gereguleerd. Een echt transformerende innovatie zou zijn dat we de macht overnemen van de rijken en machtigen die de niet-menselijke wereld domineren voor zo veel mogelijk winst, en dat we leren die wereld te beheren voor het nut en genoegen van ons allemaal samen.[30]

Terug bij de Arid Recovery Reserve bukte Moseby om iets vederlichts van de grond op te rapen. Ze gaf het aan mij. Het waren de gemummificeerde resten van een van haar kangoeroeratten. Het metalen oorplaatje zat er nog aan, met het nummer '3139'. Het dier was gekruld in de foetushouding, met gesloten ogen en een huid die was uitgedroogd en op sommige plekken gebarsten. Ik zag het volmaakte witte schedeltje erdoorheen schijnen. Gek genoeg is dit verdroogde lijk het doel van Moseby's inspanningen: een kangoeroerat die niet door een kat is opgegeten, maar zijn leven heeft geleefd en aan iets anders is gestorven. Inheems of uitheems, predator of prooi, genetisch gemodificeerd of niet, alle dierlijke levens hebben één ding gemeen. Ze zijn hier tijdelijk.

15

Hoe een goed mens te zijn voor de niet-menselijke wereld

Ik droomde eens dat ik in een maanbeschenen tuin was met een vierkante vijver, omzoomd door lelies en riet. Tussen deze planten kwam een zwarte slang tevoorschijn met gelige vlekken achter de kop. 'Zie je wel,' zei ik tegen iemand die vlakbij stond, 'mensen en dieren kunnen samenleven.' De slang gleed geluidloos de vijver in en zwom weg.

De droom bleef de dag daarop in mijn hoofd zitten en ik vroeg me af of er ergens op de wereld een echte slang bestond die eruitzag zoals de slang in mijn droom. Ik zocht een tijdje op internet, en wendde me toen tot Twitter, een virtuele wereld waar ik eerlijk gezegd te veel tijd doorbreng. Ik schreef: 'Ik had een heel levensechte droom over een prachtige slang: een zwarte kop met daarachter aan weerszijden een roomkleurige vlek. Bestaat er een echte soort die er zo uitziet?'

Ik kreeg al snel antwoord van een klimaatactivist uit Denemarken. 'Ja! Natrix natrix. Gefeliciteerd. Een echte mensenvriend. Sommige mensen laten hem zelfs in hun huis overwinteren.' Een Tsjechische zoöloog kwam bijna tegelijkertijd met hetzelfde antwoord: 'Ringslang, Natrix natrix. Misschien wel de meest voorkomende slang op het vasteland van Europa.'

Ik zocht naar een foto van de soort en zodra de foto's in beeld kwamen, voelde ik de haartjes op mijn arm overeind gaan staan. Dit was onmiskenbaar de slang die ik in mijn droom gezien had. Ringslangen jagen inderdaad in en rond het water. Ik kan me niet herinneren dat ik deze slang al eerder had gezien, maar het is zeker mogelijk. Ik ben meerdere keren in Europa geweest en heb tijd doorgebracht op het platteland waar je deze slang kunt tegenkomen. Misschien heb ik hem lang geleden in een natuurdocumentaire gezien. Het is mogelijk dat de droom een herinnering naar boven heeft gehaald waar ik geen bewuste toegang toe heb.

Ik wilde meer over de slang te weten komen en vooral over zijn relatie met de mens. Ik vond een artikel van twee Nederlandse wetenschappers, Rob Lenders en Ingo Janssen, die betoogden dat Natrix natrix zo algemeen voorkomt in Europa omdat ze hun eieren graag leggen in warme koeienvlaaien en de mest van andere boerderijdieren.[1] Zij volgden de neolithische mens en zijn veedieren over het continent, naar koudere klimaten dan gebruikelijk is voor eierleggende slangen, en werden zo cultureel geassocieerd met het vee en zelfs beschouwd als hun beschermers. Ze werden gezien als 'chthonische godheden', goden van de onderwereld die 'je geen kwaad mag doen', schreven de onderzoekers. Elk voorjaar kwamen ze tevoorschijn uit hun overwinteringsplaatsen voordat de sneeuw gesmolten was en werden geroemd als 'herauten van de lente'. Omdat ze nooit met hun ogen knipperden, schreven de onderzoekers, 'dachten onze voorouders dat het alwetende en heel wijze wezens waren'. De slangen stonden ook symbool voor dood en wedergeboorte, omdat ze vervelden. In de Baltische landen werden ringslangen ook wel beschouwd als de geesten van dode voorouders, 'die zorg dragen voor hun afstammelingen door de waardevolle veedieren te beschermen en hun vruchtbaarheid te bevorderen'. De Letten en de Litouwers lieten de ringslangen inderdaad in hun huizen wonen, dicht bij de haard om ze warm te houden, en gaven ze soms zelfs te eten.[2] Die verering gaat terug tot de IJzertijd.

De onderzoekers denken dat de ring om de nek van de ringslang, die net niet helemaal aansluit, de inspiratiebron is geweest voor een bekende accessoire uit de IJzertijd in Europa die bekendstond als de torc (of torque), een metalen halssieraad met een opening aan de voorzijde. Ze wijzen erop dat veel torcs waren versierd met slangmotieven en ze noemen ook de Ketel van Gundestrup, een enorm zilveren vat uit de tweede tot eerste eeuw v. Chr. dat is gevonden in het veen in Denemarken. Hij is overdekt met in zilver gesmede figuren en taferelen, waaronder de gehoornde god Cernunnos. Hij draagt een torc en heeft er ook een in zijn rechterhand. Zijn linkerhand houdt een ringslang vast. Hij wordt omringd door dieren: herten, iets hondachtigs, iets katachtigs, en een kleine figuur die op de rug van een dolfijn zit.

Ik bestudeerde de taferelen op de ketel en had het gevoel dat ik naar beelden keek uit de Europese droomtijd, toen dierlijke mensen en menselijke dieren met elkaar konden praten, toen dierengoden en dieren zelf werden aanbeden, en toen mensen zichzelf nog zagen als één diersoort tussen vele andere. Een voorchristelijke wereld zonder de mens-dier-dualiteit.

De komst van het christendom maakte een eind aan de verering van ringslangen, die zoals alle slangen werden veracht als symbolen van Satan die Eva in het Paradijs verleidde. Maar in sommige delen van Europa is men deze soort blijven respecteren. Een Roemeense bioloog schrijft over Oost-Roemenië: 'Niemand maakt deze slang dood omdat hij wordt beschouwd als een beschermer van het huis, die helpt tegen muizen en insecten.'[3] In Nederland leggen vrijwilligers nu 'broeihopen' aan waarin hun lokale soort Natrix kan nestelen: bergjes losse compost die warmte vasthouden en goed zijn voor de eieren. We hebben deze dieren niet getemd en houden ze ook niet gevangen uit gewoonte, en toch zijn onze levens al duizenden jaren met elkaar vervlochten.

De ringslang is bepaald niet het enige voorbeeld van dit soort vervlechting. De Yao-stam in Mozambique heeft een speciale band met een wilde vogel die de honingspeurder heet. Zoals zijn naam al aangeeft kan hij mensen op het spoor van honing brengen. Die samenwerking is nuttig voor beide partijen. De vogels kunnen de honingraten lokaliseren, die meestal in boomholtes zitten. Als ze er een vinden, zoeken ze een mens en communiceren met hem, met behulp van een specifieke 'kwetterende roep'. Zodra ze de aandacht van een mens hebben, leiden ze hem vliegend van boom tot boom zorgvuldig naar de raat. Daar halen de mensen de raat tevoorschijn en verjagen de bijen met rook. Als de raat eenmaal op de grond ligt, halen de mensen de honing eruit terwijl de vogels de was opeten. Als een mens op honingjacht wil, lokt hij de vogels met een speciaal geluid dat wetenschappers beschrijven als 'een luide triller, gevolgd door gegrom, "trrr-hm"'. Naar het schijnt gebruikt de Hadzastam in Tanzania weer een ander geluid om dezelfde vogels te roepen, een 'melodieus gefluit'.

In het zuiden van Brazilië werken wilde tuimelaars en vissers elke dag samen om harders te vangen. De dolfijnen duwen de vissen naar de kust, waar ze door vissers worden opgewacht. De dolfijnen geven een teken aan de vissers door hun kop uit het water te steken en het oppervlak met hun keel te raken, wat de vissers omschrijven als een 'kopstoot'. Daarna gooien de vissers hun netten uit. De dolfijnen vangen de vissen die in paniek wegvluchten voor de netten. Iedereen wint. (Behalve de harder.)

Dit is trouwens niet de enige plek waar mensen en dolfijnen samenwerken, want dat doen ze ook in de rivier de Ayeyarwady in Myanmar. Hier roepen mensen de dolfijnen door op hun kano's te slaan of door 'keelgeluiden te maken', volgens een verslag van deze praktijk. De dolfijnen reageren door uit het water te springen en vlak bij de kano's met hun staartvinnen te slaan, waarna ze de mensen naar scholen vis leiden die ze vervolgens netjes naar de visnetten duwen. Net als hun Braziliaanse verwanten eten deze dolfijnen 'vissen die geschrokken zijn door of wegvluchten voor de neerdalende werpnetten', en ze knabbelen aan vissen die uit de netten steken.

Dit zijn verrassend goede samenwerkingen met wilde dieren, waarvan ik er graag meer zou zien. Soms zijn we zo gewend aan onze nauwe band met andere soorten dat we ze niet eens meer beschouwen als 'wild'. Jagen met wolven, je huis delen met wilde katten: hoe zijn honden en katten anders deel gaan uitmaken van onze gezinnen?

We moeten beter ons best doen om de wereld met niet-menselijke dieren te delen. Slechts een kwart van al het ijsvrije land op aarde staat in 'zeer beperkte mate' onder invloed van de mens, en dat is grotendeels toendra, taiga en woestijn.[4] Gemeten naar gewicht zijn er op de wereld tien keer zo veel mensen als wilde zoogdieren. En ons vee weegt weer bijna twee keer zo veel als wij. Vijfenzeventig procent van alle vogels, gemeten naar gewicht, zijn kippen. Achtendertig procent van het ijsvrije land is bedekt met graan en gewassen.[5] De fotosynthese die in al die planten plaatsvindt en die de energie van de zon omzet, dient ons. Het zonlicht dat ooit miljoenen soorten voedde gaat steeds meer door de kelen van mensen, en dan slurpen we ook nog eens duizenden jaren van zonsopgangen en -ondergangen op in de vorm van fossiele brandstoffen.

Omdat wilde dieren op elkaar zijn gepropt in de nauwe ruimte tussen boerderijen, wegen en steden, ontstaan er meer conflicten, worden populaties versnipperd en bedreigd, en nemen onze ethische vraagstukken toe. Door simpelweg onze menselijke voetafdruk te verkleinen en meer ruimte voor andere soorten te scheppen, kunnen we veel conflicten door de dieren zelf laten oplossen en ons op onze eigen problemen concentreren, in plaats van ons intensief met hen te bemoeien. Respect voor soevereiniteit zou gewoner moeten zijn dan empathisch ingrijpen. Simpel gezegd: hoe meer ruimte de dieren krijgen, hoe minder micromanagement we hoeven te voeren en hoe makkelijker de ethische besluitvorming zal zijn.

Op sommige plekken zijn we nu al bezig om meer ruimte te maken. In bepaalde delen van de wereld neemt het aantal wilde dieren toe doordat ze zich verplaatsen van grote agrarische gebieden naar landschappen die zijn teruggekeerd naar een wilde, onbeheerde (en toch verregaand vermenselijkte) staat. De complete Amerikaanse oostkust is sinds de komst van de Europese kolonisten twee keer getransformeerd. Eerst veranderde het van een complexe omgeving die door de inheemse bewoners was gevormd en waar grote aantallen bosdieren zoals herten en trekduiven leefden, in een ontbost, agrarisch landschap met weinig bomen, waar de iconische kastanjebomen uiteindelijk bezweken aan een ingevoerde bacterieziekte. Maar toen verplaatste de landbouw zich naar het westen en keerde er nieuw, kastanjeloos bos terug, een lappendeken van bomen doorsneden met voorstedelijke bebouwing en wegen. Met de terugkeer van de bomen kwamen ook herten, beren, wasberen en coyotes terug (maar geen trekduiven). Hetzelfde gebeurde in Noord-Europa, waar de landbouw zich naar het oosten en zuiden verplaatste.

Veel van deze ontwikkelingen zijn het gevolg van het uitbesteden van arbeidsintensieve landbouw naar andere regio's. Om onze wereldwijde voetafdruk te verkleinen, kan de mensheid niet volstaan met het heen en weer schuiven van landbouw en infrastructuur, we moeten echt leren die voetafdruk kleiner te maken. Technologie kan ons daarbij helpen, maar ook veranderingen in ons gedrag, bijvoorbeeld door minder vlees te eten, minder rundvlees vooral, omdat slachtvee per calorie veel meer ruimte verbruikt dan nodig is voor plantaardig voedsel.

In feite weten we allang hoe we minder ruimte kunnen innemen. Waar het aan ontbreekt is wilskracht. We kunnen veel leren van de manier waarop inheemse gemeenschappen op eilanden hun milieu beheerden, voordat de wereldeconomie deze gebieden betrok bij de bevoorradingsketens van het vasteland. Zoals Sabra Kauka tegen me zei, die Hawaïaanse studies doceert in Kauai: 'Een eiland is een microkosmos en een vergrootglas.' In het prekoloniale Hawaï werd nog geen 15 procent van het land ingericht voor huisvesting en een intensieve voedselproductie voor de paar honderdduizend inwoners. Op bevloeide terrassen werd taro verbouwd, en men ving vis en watervogels. Grote stukken bos bleven ongerept.[6] 'Wij Hawaïanen staan niet boven het land, het land staat boven ons,' vertelde ze. De regels voor de omgang met het land waren uitgebreid en als je de regels overtrad 'waren de straffen streng'. Het resultaat was *aina momona*, een vruchtbaar land met overvloed en diversiteit.

We kunnen en moeten grote stukken onbebouwd land waar grote diersoorten kunnen gedijen, behouden en uitbreiden. Maar misschien is dat niet voldoende. We moeten ook manieren bedenken om de ruimte te delen, om bepaalde soorten toe te staan hun leefruimte met die van ons te laten overlappen, en ze in onze ruimte faciliteren. Dat is een sleutel voor goed nabuurschap op aarde, voor het verminderen van het aantal soorten dat afhankelijk is van natuurbescherming, voor het respecteren van de soevereiniteit van niet-menselijke gemeenschappen. We moeten gewoon minder ruimte innemen.

We moeten ook serieus aan de slag met klimaatverandering. Als stijgende temperaturen het leefgebied van planten en dieren verkleinen, is dat ook weer een manier waarop wij ruimte op de planeet aarde innemen. Over klimaatverandering hebben we vooral gesproken als de antropogene invloed op de wereld, en hoe die onze morele verantwoordelijkheid voor andere soorten vergroot. Maar je moet klimaatverandering ook bestrijden ten behoeve van de vele medemensen die erdoor geraakt zullen worden. Het is een glashelder voorbeeld van onrechtvaardigheid. De mensen die profiteren van het verbranden van fossiele brandstoffen kunnen in hun privétoestellen altijd verder naar het noorden vliegen. De armen op deze aarde zijn degenen die hun oogsten zien mislukken, die ziek worden en jong sterven aan fijnstof. Om al deze redenen zou ieder mens dat streeft naar het leiden van een moreel bestaan een effectieve en duurzame manier moeten vinden om klimaatrechtvaardigheid te bewerkstelligen.

Dit is eigenlijk het beste advies dat ik kan geven: maak ruimte voor andere soorten en vecht voor klimaatrechtvaardigheid. Al doe je alleen maar deze twee dingen, het zal veel goeds doen in de wereld. En het zal niet alleen mensen en andere dieren helpen, maar ook triljoenen andere vormen van leven.

Er is iets vreemds aan het liefhebben van de wereld, iets wat in mijn gedachten kruipt als ik door het bos wandel of over een rivier peddel. Ecosystemen zijn gebouwd op de dood. Het Amazonegebied is een plek van grote schoonheid en duizelingwekkende diversiteit, waar schattige doodshoofdaapjes ravotten in vijgenbomen die hoger zijn dan gebouwen van tien verdiepingen, maar het is ook een plek waar harpijachtige arenden babyaapjes van hun moeders rug trekken, waar de steek van een kogelmier zo'n intense pijn veroorzaakt dat het voelt alsof je bent beschoten, waar een jaguar je kippen, je honden en zelfs je kinderen opeet als je niet oppast. In 2014 interviewde ik John Terborgh in Cocha Cashu, het veldstation waar hij al dertig jaar onderzoek doet. Hij heeft deze plek voor zijn werk gekozen omdat er 'de gewenste aanvoer van dieren' was, doordat er niet werd gejaagd of gekapt en er nog geen soorten verdwenen waren. In zijn onderzoek naar de manier waarop ecosystemen zijn gestructureerd, ontdekte hij dat predatie de belangrijkste organiserende factor is. 'Roofdieren vind je werkelijk overal,' zei hij in zijn kantoor. Hij ving een cicade terwijl hij sprak en hield hem vast tussen duim en wijsvinger, waar hij verwoed zat te zoemen. 'Vijfennegentig procent van de nestpogingen faalt,' zei hij. In mijn herinnering aan het interview zei hij tegen me: '*Alle baby's gaan dood.*' Maar ik vind dat niet terug in mijn notities. Misschien heb ik zijn verhaal later zo samengevat, gezeten onder een vijgenboom, kijkend naar een mestkever die de poep van een brulaap tot een volmaakt bolletje rolde.

'Natuur' is het weefsel van al het leven op aarde, een patroon dat bestaat uit een onvoorstelbaar groot aantal individuen, die ieder het product zijn van miljarden jaren evolutie. En evolutie beitelt zijn meesterwerken uit de dood. Onze soorten bestaan alleen, jij bestaat alleen, dankzij willekeurige genetische mutaties en de dood van ontelbare miljarden individuen, die of stierven voordat ze zich hadden voortgeplant om hun genen aan volgende generaties door te geven, of die hun genen wel doorgaven maar toen alsnog stierven. We staan op een stapel lijken die vier miljard jaar teruggaat, tot aan de Laatste Universele Gemeenschappelijke Voorouder. En in zo veel van die levens was er lijden, zoals angst, verdriet en pijn, en waren er zeeën van bloed.

Ik weet nog dat ik vol ongeloof langs een meer liep toen iemand was overleden die me heel dierbaar was. Zestig jaar aan herinneringen, een absoluut unieke persoonlijkheid, voorkeuren, meningen, verdrietigheden, iets zo complex dat er tientallen jaren voor nodig waren om het te creëren. Het leek onmogelijk dat dit in een oogwenk kon verdwijnen. De manier waarop hij zijn kleingeld op het aanrecht legde. Weg. Als het jaren duurt voordat iemands eigenheid met herinneringen tot een geheel is geweven, dan zou het ontknopen ervan ook tijd moeten kosten. Maar nee. Doodgaan is moeiteloos, het is als wegglijden in water.

Er zijn bijna acht miljard mensen op aarde. Ik kan me bij dat getal niet echt iets voorstellen en de omvang ervan verbaast me nog elke dag. Ik heb mijn kinderen wel eens verteld dat er elke minuut tweehonderdvijftig baby's ter wereld komen, vier per seconde. Tot de dag van vandaag houden ze soms op met wat ze aan het doen zijn, koken of boodschappen doen, en zeggen dan: '*Op dit moment* wordt er een baby geboren.' Maar het aantal mensen is niets vergeleken met het aantal bewuste wezens, elk met zijn eigenheid, dat nu op aarde leeft.

Het gaat ons menselijk verstand te boven om te beseffen wat de onschatbare waarde is van ieder wezen of van het enorme aantal wezens dat er was, is en zal zijn. We zijn eraan gewend dat normale dingen goedkoop zijn en zeldzame dingen kostbaar. Maar eigenheid is tegelijk heel gewoon én onbetaalbaar.

We haten en vrezen de dood omdat hij die eigenheid laat verdwijnen en het weefsel van een heel leven in een mum van tijd uit elkaar trekt. Doodsangst is het centrale thema van het *Gilgamesj-epos*. Nadat Enkidu sterft, deels als straf voor het vermoorden van Humbaba, rouwt Gilgamesj zes dagen en zeven nachten, en hij weigert het lijk te begraven 'tot er een made uit zijn neusgat viel'.[7] Na zijn dood wordt Gilgamesj door angst bezeten en zegt: 'Wanneer ik sterf, zal ik dan niet zijn zoals Enkidu? Verdriet heeft bezit genomen van mijn hart! Ik vrees de dood en dwaal door de wildernis om Utnapishtim te vinden.'[8] Utnapishtim de Verre weet namelijk waar je de plant kunt vinden die onsterfelijk maakt wanneer je ervan eet. Na vele avonturen vindt Gilgamesj de plant, maar als hij een bad neemt in een waterpoel, wordt de plant gestolen door een slang die hem opeet, zijn huid afwerpt en aan een nieuw leven begint, herboren. Gilgamesj huilt van angst en keert terug naar huis.

Maar de dood schept ook leven, zoals de made die uit de neus van Enkidu viel al aangaf. De doden zijn voedsel voor anderen. De aarde waar planten uit groeien is verrijkt door dode dieren en planten die zijn verrot en levenschenkende humus zijn geworden. En wij allemaal moeten sterven en ons lichaam toevoegen aan de compost. Zoals de bioloog Bernd Heinrich zegt: 'Eigenlijk komen we niet voort uit stof en keren we ook niet terug tot stof. We komen voort uit het leven en wij zijn het doorvoerkanaal naar ander leven.'

Filosoof (en overlever van een krokodillenaanval) Val Plumwood zegt dat de twee strijdige, moderne westerse opvattingen van de dood allebei onbevredigend zijn.[9] Of onze onsterfelijke zielen 'blijven voor eeuwig bestaan in het rijk der geesten' of, als we niet religieus zijn, de dood is 'het absolute einde van het materiële, belichaamde zelf'. Geloven dat onze zielen als doorzichtige engeltjes naar de hemel vliegen komt neer op een 'verloochening van het aardse', maar geloven dat we domweg sterven en verdwijnen betekent 'het verlies van de betekenis en de continuïteit van het zelf'. Als alternatief komt ze met het animistische concept, dat de dood van het zelf beschouwt 'als een terugkeer naar het land dat het leven voedt'. In Plumwoods metafoor is het leven een boek 'dat is geleend uit de circulaire bibliotheek van de aardegemeenschap'. Het kan prachtig zijn, maar je mag het niet houden.

Als we sterven wordt ons bewustzijn als een kaars uitgeblazen, maar Plumwood betwijfelt of alleen het bewustzijn onze eigenheid bepaalt. We zijn ook onze lichamen, die voedsel kunnen zijn voor zo veel anderen, voor de condor, de wolf, de raaf, de wigstaartarend, de ijsbeer, de duizendpoot, de leeuw, de schimmel. Kort nadat ze haar verhandeling over de dood had voltooid, die nog niet gepubliceerd was, werd Plumwood dood aangetroffen op haar landgoed buiten Canberra, en 'men vermoedde dat ze het slachtoffer was van een slangen- of spinnenbeet', aldus *The Sydney Morning Herald*.[10] Het zou een passend einde geweest zijn, maar in werkelijkheid ging het om een beroerte. Maar ze was in elk geval in de natuur.

De onderlinge verwevenheid van levens waar de milieuactivist in mij zo van houdt, is onopzettelijk ontstaan door evolutie, in een volstrekt amoreel proces dat toevallig een wereld heeft voortgebracht die zo mooi is dat je hart een sprongetje van vreugde maakt. Deze wereld is gebouwd en gevoed doordat materie en energie uit de atmosfeer en uit het zonlicht van het ene organisme naar het andere stromen, in een kringloop van dood en eten en sterven en rotten. Die *stroom* zelf is al iets waardevols. In *The Land Ethic* definieert Aldo Leopold 'land' als 'een fontein van energie die door een kringloop van aarde, planten en dieren stroomt'.[11] De dood zorgt ervoor dat energie doorstroomt en is dus noodzakelijk en waardevol voor de kerntaak van de natuurbescherming: laat de stroom vloeien, houdt de relaties levend, houdt de evolutie gaande. Neem het geval van Gough Island, dat ik ter sprake bracht toen ik met Arian Wallach bij het kampvuur zat in Australië. Het vergiftigen van de muizen op het eiland kan in dit kader worden gezien als het omleiden van de stroom, zodat die terugkeert naar de albatrossen die dan het land met de zee kunnen verbinden, zodat de stroom verder wordt uitgebreid. De doodsstrijd en het sterven onderweg zijn triest, maar we moeten allemaal sterven, op een dag worden we allemaal voedsel. Dood en pijn zijn geen abnormale verschrikkingen, ze zijn heel gewoon.

Voor individuen zorgen is het tegenovergestelde. De essentie van zorg is het sturen van energie en materie naar één lichaam, om het levend te houden. Als ik voor mijn kinderen zorg, voed ik ze met de energie van andere lichamen, van andere levens. Drie keer per dag stop ik zonlicht dat door tientallen soorten is gegaan in hun kleine monden en het geeft me een diepe en oeroude voldoening om dat te doen. Zorg gaat over het samenbundelen van energie en stoffen in geliefde individuen, niet over het in stand houden van de stroom.

Op een fundamenteel lichamelijk niveau is het onmogelijk om voorrang te geven aan de stroom én voorrang te geven aan het individu. Je kunt niet voor alle individuen op aarde tegelijk zorgen, omdat het voeden en in leven houden van de één betekent dat je die weghoudt uit de maag van de ander, die daardoor verhongert. Als wij onszelf benoemen tot de verdelers van alle materie en energie op aarde, nemen wij een last op ons die te kolossaal is om te kunnen begrijpen, laat staan om hem te dragen. We zijn niet waardig en ook niet capabel genoeg om beheerder te zijn van alles op aarde.

Daarin zit de spanning die ik voortdurend probeer op te lossen: tussen mijn respect voor de waarde van het individu en mijn meer mystieke ontzag voor wat ons als dieren verbindt met alle andere levensvormen, een ontzag dat centraal staat in mijn liefde voor de niet-menselijke wereld. Twintig jaar geleden worstelde Plumwood ook met deze spanning toen ze schreef: 'Elke samenleving die individuele levensvormen hoog in het vaandel heeft staan, zal moeite hebben met de pijnlijke aspecten in het verhaal van de voedselketen.'[12] De enige manier om deze twee uitersten op te lossen, zei ze, is om 'de wereld en onszelf tegelijkertijd van twee kanten te bekijken'.

Nu ik het eind van mijn reis nader, merk ik dat ik twee lijsten ben gaan maken: een lijst van dingen die werkelijk goed zijn en een lijst van dingen die dat niet zijn. Ik laat die lijsten nu volgen. Laten we beginnen met dingen waarvan vaak wordt gezegd dat ze waardevol zijn voor ecosystemen, terwijl ik denk dat ze helemaal niet zo belangrijk zijn.

Dingen die niet waardevol zijn:
1. Natuurlijkheid
2. Wildheid (gedefinieerd als afwezigheid van menselijke invloed)
3. Ecologische integriteit
4. Genetische integriteit
5. Zuiverheid in het algemeen

Al deze vermeende waarden vloeien voort uit het mens-natuur-dualisme dat vals en schadelijk is. De eerste twee, natuurlijkheid en wildheid, zijn synoniemen voor 'plaatsen en organismes die niet zijn besmet door menselijke invloed', waarmee wordt gezegd dat mensen zowel onnatuurlijk zijn als per definitie vernietigers van de natuur, wat geen van beide waar is. 'Ecologische integriteit' wil, net als het verwante concept van 'inheemse' versus 'invasieve' soorten, een bepaalde staat van het landschap vastpinnen als de moreel juiste of superieure staat. Aangezien die staat bijna altijd wordt gedefinieerd als prekoloniaal of voormenselijk, komt het alweer neer op het devalueren van een staat of een organisme omdat het is besmet door menselijke (of specifiek Europese) invloed. 'Genetische integriteit' doet hetzelfde op het niveau van organismen en soorten, en verklaart de voormenselijke staat tot moreel superieur, terwijl elke verandering die het gevolg is van menselijke invloed als een vorm van vervuiling wordt beschouwd.

Zuiverheid voeg ik aan de lijst toe om te benadrukken wat een ongeschikt criterium dit is voor ecosystemen, soorten of zelfs individuen. Deze categorieën zijn van nature dynamisch, adaptief, met elkaar verweven en onduidelijk begrensd. Als mensen proberen de levende wereld in de tijd te bevriezen of in hoekige hokjes te stoppen, begrijpen ze haar volgens mij helemaal niet. Het veranderlijke karakter van het leven vormt de kern van alles wat het waardevol maakt. De levende wereld die wij bewonen is ontstaan door miljoenen jaren van evolutie, dus van verandering. Al binnen één generatie van een bepaalde soort verandert het genoom. De enige manier waarop je kunt voorkomen dat leven verandert, is door het te doden.

Het is iets anders als je vindt dat bepaalde ecosystemen moeten worden beschermd om culturele redenen, uitdrukkelijk omdat een groep mensen eraan gehecht is of er graag op een bepaalde manier naar kijkt. Dan zeg je gewoon dat je vanuit een bepaalde menselijke voorkeur verandering wil vermijden. En als dat weinig kost in termen van pijn of lijden, zie ik niet in waarom dat niet zou mogen. Ik richt mijn eigen tuin in volgens mijn eigen voorkeuren, ik dood en verwijder planten waar ik niet van houd en voeg planten toe die ik wel leuk vind, voornamelijk om mijzelf en mijn gezin te plezieren, al denk ik ook aan de vogels en insecten met wie ik de ruimte deel. Als je een reservaat beheert en streeft naar een bepaalde 'natuurlijke verscheidenheid', en als het bereiken daarvan niemand schade berokkent, ga dan je gang! Je moet alleen niet beweren dat je doel objectief waardevol is of op een of andere manier uit de wetenschap kan worden afgeleid. Ik vind zulk tuin- of landschapsbeheer goed en zelfs noodzakelijk, als maar niet de hele aarde wordt beheerd. We moeten bescheidenheid als deugd in ere houden. Idealiter zouden er in grote gebieden zowel onbeheerde plekken moeten zijn als plekken die met verschillende doelstellingen op verschillende manieren worden beheerd. Zo'n diversiteit in benaderingen maakt het mogelijk om resultaten te vergelijken, dingen uit te proberen en respect te betonen aan de vele manieren waarop de niet-menselijke wereld waardevol kan zijn. En dan nu mijn lijst van dingen die waardevol zijn in de niet-menselijke wereld, in aflopende volgorde van hoe zeker ik ervan ben dat ze op de lijst thuishoren.

Dingen die wel waardevol zijn:

1. Het welzijn van – op zijn minst – bewuste wezens, inclusief hun autonomie
2. Menselijke empathie
3. Menselijke bescheidenheid
4. De uitwisseling van materie en energie tussen levensvormen
5. De diversiteit van levensvormen

Denk eraan dat welzijn een breed concept is: het gaat meer om het leiden van een goed en vervuld leven dan om 'geluk'. Ik bedoel hiermee te zeggen dat individuele bewuste wezens belangrijk zijn. Die bewering kan ik op een aantal manieren staven. Ik zou als een Aristoteliaan kunnen zeggen dat welzijn gewoon het juiste is. Ik zou als een echte utilitarist kunnen praten over het maximaliseren van de voorkeursbevrediging van moreel capabele entiteiten. Ik zou het kunnen hebben over het recht van mensen en niet-mensen om hun vermogens te ontplooien. Ik kan de distributieve rechtvaardigheid noemen, internationaal, interspecifiek en intergenerationeel, en dat frame gebruiken om op te roepen tot het delen van alle goede dingen op aarde, met alle mensen en alle bewuste wezens, ook zij die nog niet geboren zijn. Ik denk dat je met elke benadering je punt wel kunt maken. In veel opzichten is dit de waarde die het makkelijkst is te rechtvaardigen. Men is het er vrijwel unaniem over eens dat kwaliteit van leven voor de mens een objectieve eindwaarde heeft, en aangezien wij nauw verwant zijn aan dieren en cognitief en emotioneel op hen lijken, gelden de meeste argumenten voor menselijke waarde ook voor dieren.

Of dezelfde argumenten ook gelden voor leden van andere domeinen, met name planten en schimmels, waarvan we nog maar net beginnen te begrijpen hoe ze communiceren en hun keuzes in de wereld maken, laat ik nog even in het midden. Maar op basis van bewijs dat bepaalde individuele planten bereid zijn meer risico te nemen dan andere, en van nieuw onderzoek naar netwerken van bomen en schimmels die zich over een heel bos uitstrekken, staat vast dat onze niet-dierlijke verwanten als entiteit én als netwerk onze morele intuïtie uitdagen en verwarren.[13] Ik kijk er nu al naar uit om me in de toekomst hiermee bezig te gaan houden.

Voor veel soorten individuele dieren is autonomie belangrijk voor hun welzijn, lijkt mij. Zelf kunnen kiezen waar ze heen gaan, wat ze daar doen, met wie ze paren enzovoort, maakt dat ze vanuit hun eigen perspectief een goed leven hebben. Het bewijs voor deze voorkeur is geleverd door de moeite die Thelma en Louise deden om bij de schaapshond te kunnen blijven die deel van hun familie was geworden, en door de pogingen van primaten, olifanten en andere soorten om uit dierentuinen te ontsnappen, en zelfs door de bereidheid van muizen om andere muizen uit hun kleine kooitjes te bevrijden. Vrijheid is onvoorwaardelijk waardevol voor veel niet-mensen, net zoals voor mensen. Vrijheid hoort bij welzijn. En met dit soort vrijheid definieer ik liefst het woord 'wild'. Een wild dier wordt 's ochtends wakker en besluit wat het voor ontbijt wil.

Wat betreft de deugden bescheidenheid en empathie ben ik een beetje ouderwets: als mensen handelen in overeenstemming met deze deugden, leidt dat tot wederzijdse bloei, en wordt de complexiteit van het niet-menselijke leven doorgaans minder ingeperkt. Dingen gaan beter als we handelen met bescheidenheid en empathie. Deze deugden voelen goed.

Als het gaat om de waarde van de energiestromen en diversiteit, kan ik met overtuiging stellen dat er grote subjectieve eindwaarde in de niet-menselijke wereld wordt gevonden. Miljoenen mensen over de hele wereld houden van de niet-menselijke wereld zonder dat ze daar verder rechtstreeks nut van ondervinden. Deze liefde vinden we in allerlei culturen, tijdperken, inkomensniveaus en persoonlijkheden. De waarde van een zonbeschenen weide waar je doorheen loopt en waar je een bloem plukt om in je haar te steken, de waarde van de levenslange herinnering aan het geluid van een walvis die boven water ademhaalt, de waarde van de geur van bossen na de regen, is zo groot en diep als de oceaan.

Ik heb sterk het gevoel dat de energiestromen en de diversiteit van de wereld der levende dingen ook een *objectieve* eindwaarde hebben en dat zelfs een universum zonder bewuste wezens om ze te waarderen, ecologieën van levende wezens nog steeds moreel waardevol zijn. Maar, zoals u zich zult herinneren van al mijn hoofdbrekens in hoofdstuk 8: ik kan dit niet bewijzen. Ik kan u alleen het lupineblad geven. Ik denk dat bescheidenheid ook betekent dat we toegeven dat er grenzen zijn aan onze kennis en moreel begrip.

Het zal u zijn opgevallen dat niet alle waardevolle dingen op mijn lijst dezelfde valuta hebben, bij wijze van spreken. De eerstgenoemde waarde vind je in individuen, die makkelijk zijn te tellen, hoewel sommige mensen liever het cognitieve vermogen, het aantal resterende levensjaren of een andere variabele meten. De tweede en derde zijn deugden die je niet zomaar kunt tellen of wegen, maar die je meestal snel herkent als ze in praktijk worden gebracht. Ecologische complexiteit kan op verschillende manieren worden gemeten, evenals biodiversiteit, maar deze metingen gebruiken verschillende eenheden. We hebben dus te maken met onvergelijkbare grootheden. Hoe weeg je duizend individuele levens af tegen een soort? Hoe weeg je de waarde van bescheidenheid af tegen de waarde van een ecosysteem?

Volgens Immanuel Kant kwam alle moraliteit neer op één enkel principe: gebruik mensen niet als middelen tot een doel. Singer kan in theorie ieder probleem oplossen met zijn stokpaardje: de voorkeursbevrediging. Maar mijn lijst kun je niet terugbrengen tot één principe, waarde of deugd. Dat is prima, zeggen filosofen. Ik blijk een 'waardepluralist' te zijn.[14]

Meerdere dingen tegelijk waardevol vinden, betekent dat je soms tussen dingen moet kiezen. Maar hoe doe je dat als het om onvergelijkbare grootheden gaat? Ethici zeggen vaak dat we gebruik moeten maken van wat ze 'praktische wijsheid' noemen, iets dat Aristoteles heeft bedacht en zoveel betekent als 'het oordeel van een bedachtzaam, ontwikkeld persoon met ervaring in het nemen van morele beslissingen'. Welbeschouwd zijn we nu terug bij het morele particularisme, dat verlangt dat we zorgvuldig aandacht besteden aan alle aspecten van een bepaald geval, redelijke argumenten ontwikkelen voor een bepaalde handelwijze en dan tot handelen overgaan.

Alles bij elkaar genomen denk ik dat deze waarden aangeven dat we in een door mensen gedomineerde wereld aan niet-menselijke dieren respect en empathie zijn verschuldigd, voldoende ruimte, een klimaat dat niet al te snel verandert en dat we, in sommige gevallen, ingrijpen wanneer ze hulp nodig hebben bij ecologische problemen die de mens zelf heeft veroorzaakt. Wat we verschuldigd zijn aan het individuele dier hangt ervan af wat voor dat dier belangrijk is. In veel gevallen is terughoudendheid de beste manier om ze te respecteren, zodat ze hun eigen keuzes kunnen maken, zelfs als wat zij kiezen betekent dat de 'natuur' er voor ons vreemd en nieuw uitziet. In sommige gevallen kan onze eerbied voor het weefsel en de stroom van het leven ons ertoe brengen dieren te verwonden of te doden ter bescherming van een evolutionaire afstamming of van een complexe ecologie, vooral in de bijzondere situatie waarbij geïntroduceerde roofdieren van het vasteland de populaties op eilanden bedreigen. Ik denk dat die tol in sommige gevallen betaald moet worden, vooral wanneer de dood snel komt en het lijden tot een minimum kan worden beperkt. Maar we moeten niet doden als standaardoplossing. We moeten niet lichtzinnig met levens omgaan. We moeten ook andere benaderingen proberen en onszelf kritische vragen stellen over het genetisch belang van de afstammingslijn die we willen beschermen. We moeten goed nadenken waartoe we ons met onze daden verplichten als we kwetsbare soorten in de komende millennia willen helpen of beschermen. We moeten ook serieus rekening houden met de mogelijkheid dat andere soorten, bijvoorbeeld bij de kruising tussen de gestreepte en gevlekte bosuilen, of bij de zwarte kers die zich in een nieuwe omgeving leert verdedigen tegen insecten, zelf een oplossing vinden voor hun ecologische problemen en dat onze gewelddadige inmenging contraproductief kan zijn.

Als ik mijn conclusies zou moeten samenvatten in een Aldo Leopold-achtige richtlijn, dan wordt dat het volgende: *Iets is goed als het welzijn en de autonomie van levende wezens, hun diversiteit en de complexiteit van hun interacties erdoor worden bevorderd, maar als we al deze dingen niet tegelijk kunnen realiseren, moeten we zorgvuldige en bescheiden keuzes maken.* Het is wat langer dan de versie van Leopold, maar een kernachtig axioma levert niet altijd een waterdicht ethisch systeem op.

Als je te maken hebt met strijdige, onvergelijkbare waarden en tot een handelwijze besluit die mens en dier in staat stelt een vervuld leven te leiden, kan dat soms betekenen dat je op biodiversiteit en complexiteit moet inleveren, en vice versa. En omdat je door het ontbreken van een vaste standaard niet kunt vergelijken wat de beste optie is, kun je niet simpelweg kiezen voor het 'minste kwaad'. In filosofische kringen staat dit bekend als een 'moreel dilemma'. Soms is het niet mogelijk om een verkeerde keuze te vermijden, wat je ook doet.

Wat je verkeerd doet als je moet kiezen voor het minste van twee kwaden, wordt het 'moreel residu' genoemd. Onlangs hebben Chelsea Batavia en Michael Paul Nelson van de Oregon State University in Corvallis samen met Arian Wallach een paper geschreven over het moreel residu.[15] Ze omschrijven het als 'de morele voorwaarden waaraan niet voldaan wordt in situaties waarbij een moreel dilemma speelt'. Als je ervoor kiest de muizen op Gough Island te vergiftigen om de kuikens van de albatrossen te redden, bestaat het moreel residu uit de pijn, het lijden en de dood van de muizen. Als je ervoor kiest om de muizen niet te vergiftigen, is het moreel residu de pijn, het lijden en de dood van de kuikens, plus het verlies van de tristanalbatros als soort. Door het moreel residu te erkennen nemen we verantwoordelijkheid en, zeggen Wallach en haar coauteurs, voelen we verdriet.

Kortom, zo zou ik enkele van de moeilijke gevallen aanpakken die we hebben besproken en waarbij het onmogelijk is zo te handelen dat alles van waarde in stand wordt gehouden of bevorderd:

1. Probeer erachter te komen wat in zo'n geval volgens jou echt waardevol is. Denk diep na. Kijk kritisch naar je eigen aannames over wat waardevol is, en waarom.
2. Maak een lijst van alle opties voor het oplossen van je huidige dilemma en de mogelijke gevolgen van elke optie. Vergeet er niet bij te zetten dat 'niets doen' ook een optie kan zijn, maar denk eraan dat 'niets doen' bij gebrek aan beter niet ideaal is, want 'niets' betekent meestal dat je bemoeizuchtige menselijke invloeden hun gang laat gaan, invloeden waarvoor je een deel van onze collectieve verantwoordelijkheid draagt.
3. Kies op basis van de waarden die je hebt geformuleerd de moreel minst verkeerde optie, en gebruik daarbij zowel je rationele als je emotionele inzichten. Let wel: de 'juiste' oplossing bestaat misschien niet.
4. Neem verantwoordelijkheid voor je keuze door te erkennen dat je de beslissing hebt genomen op basis van je eigen waarden en door elk moreel residu te aanvaarden.
5. Voel verdriet, indien nodig.

Natuurlijk is het niet aan één enkel persoon om te beslissen over de grote morele dilemma's. Mijn sjabloon voor besluitvorming zou idealiter collectief moeten worden gebruikt door alle betrokken partijen, wellicht inclusief niet-mensen die door woordvoerders worden vertegenwoordigd. Afhankelijk van de samenstelling van de groep zou je kunnen eindigen met een lijst van kernwaarden die nog langer is dan die van mij. Het voordeel van het werken in een groep is dat je je verdriet kunt delen als je tot een bepaalde handelwijze hebt besloten (of hebt besloten niets te doen).

Er bestaat niet één happy end voor al het leven op aarde, net zoals er geen simpele formule is voor ethisch handelen in een door mensen gedomineerd wereld. We moeten er het beste van maken met een veelheid van onverenigbare waarden, en leven met de keuzes die we hebben gemaakt, met de soorten die niet zijn gered, met de pijn die we hebben veroorzaakt.

Maak ruimte voor anderen, stop de klimaatverandering, strijd voor rechtvaardigheid, wees empathisch, wees bescheiden, geef toe dat je niet alles weet. Maak nesten voor slangen. Zit stilletjes in het licht van het laatste uur van de schemering, als de schaduw van de jeneverbessen lang wordt en alles blauw kleurt. Luister naar de roep van de zwaluwen die boven je hoofd vliegen en muggen uit de lucht pakken, en weet dat we niet alleen op aarde zijn. Je kunt niet meer doen dan je best, elke dag weer, tot aan die dag dat je je last als mens neerlegt en, als dier, deel wordt van het grote banket.

DANKWOORD

Ik heb het motto van dit boek, ‘Bloei is altijd wederzijds’, ontleend aan *Braiding Sweetgrass: Indigenous Wisdom, Scientific Knowledge, and the Teachings of Plants* van Robin Wall Kimmerer. Ik vind haar oproep om een goede relatie op te bouwen met onze medemensen en met niet-mensen (in plaats van door te gaan met destructief handelen en ons beschaamd te distantiëren van andere soorten) essentieel voor het vinden van ‘de zin des levens’. In de verantwoording van een boek werpen auteurs meestal het romantische idee van zich af dat zij de enige schepper zijn, en laten ze zien dat hun boek tot stand is gekomen in een dicht web van samenwerkingen met anderen. In die zin is het alsof je met je handen wroet in de bosgrond en het vlechtwerk voelt en ruikt van de wortels en de mycorrhiza van schimmels die een ‘afzonderlijke’ boom voeden en ondersteunen. Ik schrijf dit in maart 2021: het zijn de allerlaatste woorden van *Waarom wilde natuur niet meer bestaat* en in zeker opzicht ook de belangrijkste.

Ten eerste verklaar ik dat dit boek grotendeels is geschreven in het traditionele leefgebied van de Klamath- en Modocvolken, die tegenwoordig samen met de Yahooskin-stam van Noordelijke Paiute-indianen de soevereine natie vormen van het Klamathvolk. Een grote zorg voor het huidige Klamathvolk is het redden van de *C'waam* en de *Koptu*, twee bedreigde vissoorten die leven in het Upper Klamath Lake en zijn zijrivieren. Ze zijn momenteel nauw betrokken bij het onderzoek naar en de bescherming van deze vissoorten, en nemen zo verantwoordelijkheid voor hun deel van een wederkerige relatie met de vissen. Tijdens de jaarlijkse C'waamceremonie die elk jaar in de lente plaatsvindt, als er vaak nog sneeuw op de grond ligt, worden een paar van de vissen gezegend door de stamoudsten en vrijgelaten in de prachtige rivier de Sprague. Vroeger voedde de stam zich met C'waam en Koptu tijdens het hongerigste deel van het jaar. Hoewel ze nu te zeldzaam zijn om gegeten te worden, worden ze nog ieder voorjaar bedankt. Een bekend Klamathgezegde luidt: '*naanok ?ans naat sat'waYa naat ciiwapk diceew'a*', wat betekent: 'Wij helpen elkaar, wij zullen goed leven.' Bloei is altijd wederzijds.

Ten tweede dank ik de uitgevers die mij de opdracht hebben gegeven om de verhalen over mensen en dieren te schrijven die de kiemen voor dit boek vormen: Adam Rogers en Vera Titunik van *Wired*, Ross Andersen en Michelle Nijhuis van *The Atlantic*, Rob Kunzig, Rachael Bale en Brian Howard van *National Geographic*, Alex Heard van *Outside*, Lauren Morello, toen van *Nature* en nu van *Politico*, Hillary Rosner van *Boom: A Journal of California*, Ursula K. Heise en Jon Christensen van UCLA, en Michelle Niemann, toen van UCLA, nu een onafhankelijke schrijfconsulent en redacteur.

Mijn dubbele dank gaat uit naar Michelle Nijhuis, mijn goede vriendin, voor haar emotionele steun en voor de uitstekende kampvuurgesprekken over natuurbescherming. Dank ook aan Jack en Sylvia. Rust in vrede, Pika.

Ik wil ook de nerts bedanken die langs me liep in het Flat Branch Park in Columbia, Missouri, toen ik mijn dochter in 2010 naar de kinderopvang bracht: hij dook op om me gerust te stellen op een moment van twijfel of mijn ideeën over de rol van 'natuur' in de mensenwereld wel de moeite waard waren.

Dank aan een jongeman die in 2013 mijn lezing bijwoonde aan de University of Oklahoma en na afloop naar me toekwam om te vertellen dat hij de condors vredig had laten sterven, en aan Zev Trachtenberg omdat hij me gevraagd had die lezing te komen geven. Dank aan Chris Luecke van Utah State University voor de uitnodiging om in 2017 te komen praten over de compromissen tussen dierenrechten en natuurbescherming, waarmee dit boek als project van start ging. Dank aan Jamie Lorimer aan Oxford University voor het verzoek een lezing te komen geven in de herfst van 2019, waarmee hij mij dwong mijn gedachten te ordenen en conclusies te trekken.

Dank aan Fred Swanson, Michael Nelson en de medewerkers van het H.J. Andrews Experimental Forest voor het aanbieden van een Andrews Forest Writing Residency. Ik moest eerder weg omdat mijn grootmoeder op sterven lag, maar de dagen die heb doorgebracht in jullie bos waren betoverend en geestverruimend.

Dank aan Charles Mann omdat hij me aanspoorde dieper te graven in de manier waarop Descartes naar dieren keek, en voor de voortdurende aanmoediging en steun voor mijn werk door de jaren heen, en voor de heerlijke inmaakproducten. Dank aan Wally Sykes omdat ze zei dat ik een hond moest nemen. Ik heb geen hond genomen, maar ik begrijp wat er volgens haar ontbrak aan mijn analyse van de relatie tussen hond en mens. Dank aan Michael Soulé, een man die ik zeer bewonder, die een biertje met me ging drinken om het over onze meningsverschillen te hebben, die in de praktijk erg bleken mee te vallen.

Dank aan Sabra Kauka en Maka'ala Ka'aumoana, inheemse gemeenschapsleiders en docenten, die hun kijk op de natuurbescherming op het eiland Kauai met mij gedeeld hebben. Dank aan Sheri S. Mann van het Hawai'i Department of Land & Natural Resources omdat ze mij aan hen heeft voorgesteld.

Dank aan Katie Cassel omdat ze mij haar waardevolle gids over de planten van Kauai gaf en aan Jim Cassel voor het geweldige interview over varkens. Ik heb het niet in het boek zelf kunnen opnemen, maar het heeft me zeer geholpen. Dank aan Cali Crampton omdat ze mijn man en mij heeft meegenomen naar het Bird Camp. Dank aan André Raine dat je ons meenam naar de holen van de stormvogels en dat je ons trage tempo en onze eindeloze vragen wist te verdragen. Ik heb nog nooit van mijn leven onder zo veel modder gezeten. Dank aan Brian Vastag en Beth Mazur omdat ze ons op Kauai welkom hebben geheten.

Dank aan de Badger Run Wildlife Rehab in Klamath Falls voor het redden van een vleermuis in mijn huis. Dank aan mijn zwager Kevin Maier, die me meenam om naar de bultruggen te kijken, en aan mijn schoonzus Shayna Rohwer die intussen mijn baby te eten gaf. Dank aan al de geweldige filosofen van de International Society for Environmental Ethics die mijn ondeskundige vragen beantwoordden en heel gastvrij waren toen ik mijn man en kinderen meenam naar hun jaarvergadering. Ik bedank met name Av Hiller van Portland State University die me wees op fascinerend werk over hoe er in de verre toekomst wordt omgegaan met het leed van wilde dieren. Dank aan Edward N. Zalta en de andere auteurs van de Stanford Encyclopedia of Philosophy, een fantastische en vrij toegankelijke bron voor het doorgronden van filosofische ideeën. Neem maar eens een kijkje. Dank aan Clare Palmer voor het toestaan van een interview en voor het lezen van het hoofdstuk over haar werk. Dank aan Heath Holden omdat ze mij attendeerde op het verhaal over de grévyzebra.

Dank aan Glenn Shepard omdat hij als tolk met me mee wilde gaan naar Manú. Zonder jou zou ik er een potje van hebben gemaakt en ik heb heel veel geleerd tijdens de kanotochten op en neer de Yomibato, Manú en de Madre de Dios. Dank aan Nancy Santullo van Rainforest Flow voor de logistiek, het rondleiden en de moeite die je doet om het drinkwater daar schoon te houden, waarmee je levens redt. Dank aan Francisco 'Pancho' Peuño Sorecco, Javier Shumarapague, Alejo Machipango, Alex en Nicanor voor het mij halen en brengen. Ik zal nooit de keer vergeten dat we op de terugweg waren van Yomibato naar Tayakome en de kleine Briggs & Stratton-buitenboordmotor van 16-pk het in het donker (opnieuw) begaf en we ronddobberden onder de sterren. Ik vroeg me toen af waarom ik niet bang was, tot ik me realiseerde dat ik in het gezelschap was van 's werelds beste experts op het gebied van overleven in het Amazonegebied en dat jullie ervoor zouden zorgen dat ik veilig was. Ik heb echt genoten van onze tijd samen. Speciale dank aan Orlando Cornejo Ylla voor het koken op onze tocht naar Manú en voor het discreet wachten tot ik weg was voor je de kippen slachtte. Ik zal je gebakken banaan en je danstalent nooit vergeten. Dank ook aan Elias Machipango Shuverireni, Martin, Thalia, Maria, Ismael, Samuel, Paulina, Victoria, Celsor, Marco, Luz Marie, Yoina, Maylli, Florentino, Mauro Metaki en veel andere Matsigenka die me welkom heetten met *masato de yuca* en tijdens mijn verblijf in Manú heel gul waren met hun tijd en kennis.

Dank aan Karl Campbell omdat ze me rondleidde op Floreana en niet, of nauwelijks, lachte toen een mug me op mijn ooglid had gestoken en ik er tijdens ons veldwerk bij liep als Popeye. Dank aan Claudio Cruz voor de rondleiding op zijn boerderij. Ik denk nog vaak aan de fregatvogels die laag boven het wateroppervlak van je vijver vlogen en hun snavels naar beneden richtten om met hoge snelheid water op te slurpen, echt een prachtig gezicht.

Dank aan Kris MacDonald, Hori Parata, Mere Roberts, Te Kaurinui Parata, Sonny Poai Pakeha Niha en de staf van de Ngātiwai Trust Board. Ik heb veel geleerd tijdens ons korte bezoek aan Mauitaha. Bijzondere dank voor de prachtige cadeaus, die ik zal blijven koesteren. Dank aan Wayne Linklater voor het lezen van twee hoofdstukken en het geven van uitstekend commentaar en voor de uitnodiging om een lezing te geven aan de Victoria University in Wellington. Dank aan James Russell voor het lezen van gedeeltes van het manuscript en voor het geregeld met debatteren over uitheemse soorten, maar steevast op zeer vriendelijke toon. Dank aan Danielle Shanahan voor de rondleiding in Zealandia. Dank aan Paul Ward en Tim Park voor de rondleiding in Polhill.

Dank aan Brent Marris, mijn achter-achterneef en eigenaar van Marisco Vineyards in Marlborough, Nieuw-Zeeland, voor je onvoorstelbare gastvrijheid. Ik heb tijdens ons samenzijn zo veel geleerd, niet alleen over wijn, maar ook over varkens, honden, landbeheer en mijn eigen familiegeschiedenis!

Dank aan Arian Wallach, Adam O'Neill, Erick Lundgren en Eamonn Wooster voor het faciliteren van mijn bezoek aan hun veldstation in Australië en voor het beantwoorden van mijn eindeloze en irritant hypothetische vragen. Speciale dank aan Erick omdat je me naar de stad terugreed: ik weet niet meer hoeveel uren die omweg jou gekost heeft, maar je hebt zeker iets van mij te goed. Dank aan Wayne Borrett voor het laten zien van het Hondenhek en andere plekken rond Coober Pedy en aan Bill Lennon voor het geïmproviseerde interview.

Dank aan Katherine Moseby en Katherine Tuft voor het mij onderbrengen en rondleiden in Arid Recovery en voor het delen van jullie werk met mij. En dank aan Daniel Blumstein en Mike Letnic om mij mee te nemen tijdens de bijeenkomst van jullie onderzoeksgroep. Dank aan Paul Thomas voor de uitnodiging om naar je lab te komen en aan Chandran Pfitzner voor het laten zien van de muizen.

Dank aan Peggy Mason, Rolf Peterson, Steven Wise, Donny Martorello, Wendy Spencer, Pamela Maciel Cabañas, Luigi Boitani, Brenda Guernsey, Ronald Sandler, Rachel Nuwer, Gayle Burges, Lisa Wathne, Mike Clark, John Farnsworth, Oliver Ryder, Chris Thomas, Lotta Berg, Joris Cromsigt, Jamie Steer, Fred Gould, Kevin Esvelt, Eric Sanderson, Justin Marceau, John Terborgh en Chelsea Batavia voor het zo genereus delen van hun tijd en kennis.

Dank aan de mieren van de *Tapinoma sessile*-soort, voor het telkens weer binnendringen in de schuur waar ik werk om daar over mijn computer en mijzelf te kruipen, zodat ik voor mijn ethische theorieën een concrete casus had. Dank aan het moeder-stinkdier en haar jongen die onder mijn veranda woonden, omdat ze zulke kalme en zachtaardige huisgenoten zijn, een levend voorbeeld van 'coëxistentie' tussen mens en dier.

Dank aan Russ Morgan. Ik heb je verhaal niet in dit boek opgenomen, maar ik heb ontzettend veel over het beheer van wolven van jou geleerd. Dank aan alle lezers die geabonneerd waren op de stukken over wolven die ik publiceerde op de niet meer bestaande website *Beacon*. Een groot deel van die teksten vormden het fundament voor dit boek. Dank aan mijn volgers op Twitter omdat ze een virtuele gemeenschap vormden waarmee ik mijn ups en downs kon delen toen ik het boek aan het schrijven en bewerken was. Dank vooral aan Jennie Kaae Ferrara en Vojtěch Kotecký voor hun reactie op mijn tweet over de droom met de slang en voor het determineren van Natrix natrix, en aan Theodore Davis voor het bevestigen dat de kokako in mineur zingt.

Dank aan mijn moeder Kathrine Beck en aan mijn broer Alexander Marris, voor het lezen van gedeeltes van het manuscript en voor de vele nuttige gesprekken. Dank aan Yasha Rohwer voor haar filosofische hulp en morele ondersteuning. Ik hou van je, Sweeto. Dank aan Adele en Nicolas Rohwer voor veel uitstekende tafelgesprekken over wat we aan wilde dieren verschuldigd zouden kunnen zijn.

Dank aan Sarah Chase voor het regelmatig op mijn kinderen passen en met me borrelen. Dank aan Finley en Lucy Chase als borrelvrienden. Dank aan de wetenschappers, artsen, verpleegsters, medische technici, ziekenhuismedewerkers, apothekers en veel anderen die de pandemie hebben bestreden, terwijl ik me in mijn tuinschuur opsloot om aan dit boek te schrijven en mijn gezin dicht bij me te hebben.

Dank aan Brooke Borel voor haar hulp bij het zoeken naar een factchecker. Dank aan Emily Krieger voor haar rigoureuze en vaak heel grappige factchecking. (Alle fouten die zijn blijven staan, zijn natuurlijk mijn eigen schuld.) Dank aan Alexandra Elbakyan voor haar hulp bij het onderzoek. Dank aan Mia Kwon voor haar ronduit schitterende omslagontwerp en aan Ashley Polikoff voor haar redactie. Dank aan Rosie Mahorter van Bloomsbury Publishing voor haar goede publiciteitswerk en aan Morgan Jones van Bloomsbury voor haar hulp met al het beeldmateriaal en de rechten.

Dank aan mijn agent Abigail Koons van Park & Fine voor haar altijd weer geweldige vertegenwoordiging en adviezen. Toen we elkaar net hadden ontmoet kwamen we uit een restaurant en gleed het hengsel van mijn handtas van mijn schouder, waarna jij hem heel attent opving: toen wist ik dat jij de agent voor mij was.

Dank aan mijn uitgever Ben Hyman omdat hij een genie is en essentieel voor het welslagen van dit boek. Ik ben je vooral dankbaar voor je talent in het bedenken van titels. Een paar van de beste hoofdstuktitels zijn door jou bedacht en na veel heen-en-weergeschuif kwam je ook met een perfecte ondertitel.

Ten slotte dank ik de staf en vrijwilligers van Rogue Climate, de organisatie voor klimaatrechtvaardigheid in Zuid-Oregon waar ik zelf ook als vrijwilliger werk. Het kantoor van de Rogue Climate is ironisch genoeg in vlammen opgegaan tijdens de door klimaatverandering veroorzaakte bosbranden van 2020, maar de organisatie krabbelde weer overeind en barstte als de dennenappel van *Pinus ponderosa* open in de hitte om zaden van hoop te verspreiden. Soms staat de financiële ondersteuning van weinig verdienende inwoners van Oregon die warmtepompen willen installeren op gespannen voet met het respecteren van de autonomie van wolven of fluithazen, maar de strijd voor klimaatrechtvaardigheid is ook een strijd voor het scheppen van omstandigheden waarin individuele niet-mensen kunnen gedijen. Door liefdevol maar hardnekkig een wereld op te eisen waarin we echt voor elkaar zorgen, waarin we allemaal samen kunnen bloeien, krijg ik elke dag nieuwe hoop.

NOTEN

1 DE VLUCHT VAN DE KAUAIKRUIPER

1 Linn e.a., 'Red-crested Cardinal'.

2 Mijn beschrijving van de evolutionaire geschiedenis van de vogels op Hawaii is ontleend aan Ziegler, *Hawaiian Natural History, Ecology, and Evolution*, 251-264.

3 Hunt en Lipo, 'The Last Great Migration', 208.

4 Ziegler, *Hawaiian Natural History, Ecology, and Evolution*, 328.

5 Van Dine, *Mosquitoes in Hawaii*, 7.

6 Paxton e.a., 'Loss of Cultural Song Diversity and the Convergence of Songs in a Declining Hawaiian Forest Bird Community'.

7 Oregon Department of Fish and Wildlife, 'Oregon Wolf Population'.

8 Oregon Wild, 'Wolves Come Home to Oregon'.

9 Kane, 'California Wolf Is Back in Oregon'.

10 Marris, 'Why OR7 Is a Celebrity'.

11 Hebblewhite, 'Wolves Without Borders'.

12 Oregon Department of Fish and Wildlife, *Oregon Wolf Conservation and Management 2019 Annual Report*.

13 Cubaynes, 'Density-dependent Intraspecific Aggression Regulates Survival in Northern Yellowstone Wolves'.

2 ONZE DIERENFAMILIE

1 Nagel, 'What Is It Like to Be a Bat?'

2 Nengo e.a., 'New Infant Cranium from the African Miocene Sheds Light on Ape Evolution'.

3. O'Leary e.a., 'The Placental Mammal Ancestor and the Post-K-Pg Radiation of Placentals'.

4 550 miljoen jaar geleden: Evans e.a., 'Discovery of the Oldest Bilaterian from the Ediacaran of South Australia'.

5 'The Cambridge Declaration on Consciousness'.

6 De Waal, *Are We Smart Enough to Know How Smart Animals Are?*, 49-50.

7 Kohda e.a., 'Cleaner Wrasse Pass the Mark Test'.

8 De Waal, *Are We Smart Enough to Know How Smart Animals Are?*, 262.

9 Morell, *Animal Wise*, 97.

10 Vernes en Wilkinson, 'Behaviour, Biology and Evolution of Vocal Learning in Bats'.

11 Hedrick, 'The Development of Animal Personality'.

12 Walton en Toth, 'Variation in Individual Worker Honey Bee Behavior Shows Hallmarks of Personality'.

13 Kelleher e.a., 'Animal Personality and Behavioral Syndromes in Amphibians'.

14 Skinner en Miller, 'Aggregation and Social Interaction in Garter Snakes'.

15 Morell, 'Snakes Have Friends Too'.

16 Žampachová e.a., 'Consistent Individual Differences in Standard Exploration Tasks in the Black Rat'.

17 Morell, *Animal Wise*, 80-85.

18 Ibid, 55.

19 De Waal, *Are We Smart Enough to Know How Smart Animals Are?*, 68.

20 Ibid, 135.

21 Masserman e.a., '"Altruistic" Behavior in Rhesus Monkeys'.

22 De Waal, *Are We Smart Enough to Know How Smart Animals Are?*, 133.

23 Marino e.a., 'The Harmful Effects of Captivity and Chronic Stress on the Wellbeing of Orcas (*Orcinus orca*)'.

24 Preston en De Waal, 'Empathy: Its Ultimate and Proximate Bases,' 19.

25 Das e.a., 'Demonstration of Altruistic Behaviour in Rats'.

26 Bartal e.a., 'Empathy and Pro-social Behavior in Rats'.

27 Bartal e.a., 'Anxiolytic Treatment Impairs Helping Behavior in Rats'.

28 Campbell-Smith, 'A Viral Coyote-Badger Video Demonstrates the Incredible Complexity of Nature'.

29 De Waal, *Are We Smart Enough to Know How Smart Animals Are?*, 199-200.

30 Veel voorbeelden van het gebruik van gereedschap is te vinden in Shumaker, Walkup, en Beck, *Animal Tool Behavior*, Morell, *Animal Wise*, en De Waal, *Are We Smart Enough to Know How Smart Animals Are?*

31 Bonta, 'Intentional Fire-spreading by 'Firehawk' Raptors in Northern Australia'.

32 Cook en Fowler, 'Insight' in Pigeons'.

33 Hirata, 'Sweet-Potato Washing'.

34 Foote e.a., 'Genome-culture Coevolution Promotes Rapid Divergence of Killer Whale Ecotypes'. See also the Supplementary Information.

35 *The Descent of Man, and Selection in Relation to Sex*, 61.

36 Isden e.a., 'Performance in Cognitive and Problem-Solving Tasks in Male Spotted Bowerbirds Does not Correlate with Mating Success'.

37 Morell, *Animal Wise*, 116.

38 Biro e.a., 'Chimpanzee Mothers at Bossou, Guinea, Carry the Mummified Remains of Their Dead Infants'.

39 Marino, 'The Harmful Effects of Captivity and Chronic Stress on the Well-Being of Orcas'.

40 Balcombe, *What a Fish Knows*, 82.

41 Balcombe, *What a Fish Knows*, 232.

3 FILOSOFEREN OVER HET NIET-MENSELIJKE

1 Berger en McGraw, 'Further Evidence for Eagle Predation of, and Feeding Damage on, the Taung Child'.

2 Brain, 'New Finds at the Swartkrans Australopithecine Site'.

3 Gibbons, 'Meet the Frail, Small-brained People Who First Trekked out of Africa'.

4 Deze alinea is gebaseerd op Hart, *Man the Hunted*.

5 Pobiner, 'Meat-Eating Among the Earliest Humans'.

6 Aubert e.a., 'Earliest Hunting Scene in Prehistoric Art'.

7 Fickett-Wilbar, 'Cernunnos', 85-108.

8 Looper, *The Beast Between*, 150.

9 Anderson, *Creatures of Empire*, 19-20.

10 Isabella, 'From Prejudice to Pride'.

11 Mijn beschrijving is ontleend aan Clark, 'Animals in Classical and Late Antique Philosophy'.

12 Francis of Assisi, *The Little Flowers of Saint Francis of Assisi*.

13 Joint Secretariat, *Inuvialuit and Nanuq*, 206.

14 Mijn beschrijving van deze rechtszaken is ontleend aan Evans, *The Criminal Prosecution and Capital Punishment of Animals*.

15 Ibid, 22

16 Ibid, 38-39.

17 Ibid, 43.

18 Genesis 1:30, NBV21

19 Genesis 1:26, NVB21

20 Evans, *The Criminal Prosecution and Capital Punishment of Animals*. 143

21 Ibid, 150.

22 Cottingham, 'A Brute to the Brutes?'

23 Geciteerd in Singer, *Animal liberation*, 203.

24 Geciteerd in Regan, *The Case for Animal Rights*, 78.

25 Deze alinea en de volgende zijn gebaseerd op Bates, 'Have Animals Souls?'

26 Morell, *Animal Wise*, 13-14.

27 Geciteerd in in Keeling e.a., 'Understanding Animal Welfare,' 19-20.

28 Singer, *Animal Liberation*, 21.

29 Regan, *The Case for Animal Rights*, xvi.

30 Ibid, 31.

31 Singer, *Animal Liberation*, 226.

32 Ibid.
33 Regan, *The Case for Animal Rights*, xxxvii.
34 Het originele trolleyprobleem werd geïntroduceerd in Foot, 'The Problem of Abortion and the Doctrine of Double Effect'. De hier weergegeven versies zijn ontleend aan de 'Bystander at the Switch and Fat Man cases' in Thompson, 'The Trolley Problem'.
35 *The Case for Animal Rights*, 134.
36 Gruen, *Entangled Empathy*.
37 Dancy, 'Moral Particularism'.
38 Gruen, *Entangled Empathy*, 3.
39 Ibid, 32.
40 Greene e.a., 'An fMRI Investigation of Emotional Engagement in Moral Judgment'.
41 Ibid.
42 Davis, 'Do Emotions and Morality Mix?'
43 Hursthouse, 'Virtue Ethics and the Treatment of Animals'.
44 Ibid, 132.
45 State of New York Court of Appeals, Motion No. 2018-268, 6-7.
46 Brosnan en De Waal, 'Monkeys Reject Unequal Pay'.

4 TUSSEN HOND EN WOLF

1 Details van het aanbrengen van de halsband bij 47 ontleend aan Landers, 'Wolf 47 Works Full-Time for Washington Wildlife Researchers'.
2 Rohwer en Marris, 'Is There a Prima Facie Duty to Preserve Genetic Integrity in Conservation Biology?'
3 Randi e.a., 'Mitochondrial DNA Variability in Italian and East European Wolves'.
4 George, *The Epic of Gilgamesh*, 5.
5 Ibid, 39.
6 Marris, *Rambunctious Garden*.
7 Public Law 88-577, 'To Establish a National Wilderness Preservation System'.
8 Sandler, *Environmental Ethics*, 42.
9 Faurby e.a., 'Brain Expansion in Early Hominins Predicts Carnivore Extinctions in East Africa'.
10 Broughton en Weitzel, 'Population Reconstructions for Humans and Megafauna Suggest Mixed Causes for North American Pleistocene Extinctions'.
11 Gill e.a., 'Pleistocene Megafaunal Collapse, Novel Plant Communities, and Enhanced Fire Regimes in North America'.
12 Johnson, 'Ecological Consequences of Late Quaternary extinctions of megafauna'.
13 Ibid.
14 Galetti e.a., 'Ecological and Evolutionary Legacy of Megafauna Extinctions'.
15 Perrig e.a., 'Demography of Avian Scavengers After Pleistocene Megafaunal Extinction'.
16 Galetti e.a., 'Ecological and Evolutionary Legacy of Megafauna Extinctions'.

17 Ibid.
18 Smith e.a., 'Unraveling the Consequences of the Terminal Pleistocene Megafauna Extinction on Mammal Community Assembly'.
19 Kimmerer, *Braiding Sweetgrass*, 164.
20 Anderson, *Tending the Wild*, 156.
21 Ibid, 155.
22 Shipek, 'A Native American Adaptation to Drought'.
23 Harris e.a., *Foraging and Farming*, 163-164.
24 Shipek, 'A Native American Adaptation to Drought'.
25 Anderson, *Tending the Wild*, 148-155.
26 Pierotti en Fogg, *The First Domestication*.
27 Chiyo e.a., 'Illegal Tusk Harvest and the Decline of Tusk Size in the African Elephant'.
28 Darimont e.a., 'Human Predators Outpace Other Agents of Trait Change in the Wild'.
29 Roca e.a., 'Shifting Song Frequencies in Response to Anthropogenic Noise'.
30 Nihei en Higuchi, 'When and Where Did Crows Learn to Use Automobiles as Nutcrackers'.
31 Gilbert, *Movement and Foraging Ecology of Partially Migrant Birds in a Changing World*.
32 *The Genius of Birds*, 242.
33 Ackerman, *The Genius of Birds*, 246.
34 Suárez-Rodríguez e.a., 'Incorporation of Cigarette Butts into Nests Reduces Nest Ectoparasite Load in Urban Birds'.
35 Ackerman, *The Genius of Birds*, 257.
36 Singer en Parmesan, 'Lethal Trap Created by Adaptive Evolutionary Response to an Exotic Resource'.
37 Platts e.a., 'Habitat Availability Explains Bariation in Climate-driven Range Shifts Across Multiple Taxonomic Groups'.
38 Weiskopf e.a., 'Climate Change Effects on Biodiversity, Ecosystems, Ecosystem Services, and Natural Resource Management in the United States'.
39 Freeman e.a., 'Climate Change Causes Upslope Shifts and Mountaintop Extirpations in a Tropical Bird Community'.
40 Prokosch, e.a., 'Are Animals Shrinking Due to Climate Change?'
41 Weiskopf e.a., 'Climate Change Effects on Biodiversity, Ecosystems, Ecosystem Services, and Natural Resource Management in the United States,' 2.
42 Bird en Nimmo, 'Restore the Lost Ecological Functions of People'.
43 Deze statistiek en de alinea over de Grote sterfte in de Amerika's na 1492 is ontleend aan Koch e.a., 'Earth System Impacts of the European Arrival and Great Dying in the Americas after 1492'.
44 Meany, *Vancouver's Discovery of Puget Sound*, 124.
45 Dit jaartal en het jaartal van 1782 in de volgende zin ontleend aan Hopper, 'Everyone Was Dead'.
46 'Constructing the Wilderness and Clearing the Landscape,' 112.

47 Banner, 'Why Terra Nullius?'
48 Mijn verslag van het ontstaan van Yosemite is uit Dowie, *Conservation Refugees*, 2-5.
49 Anderson, *Tending the Wild*, 3.
50 Taylor, 'The Last Survivor'.
51 Kimmerer, *Braiding Sweetgrass*, 6.
52 De term 'onbebouwd gebied' is uit Sandler, *Environmental Ethics*, 42.
53 Ibid, 44.
54 Jervis, e.a., 'Resisting Extinction'.

5 DE LEEUW IN DE ACHTERTUIN

1 Adamson, *Born Free*, 47-48.
2 Ibid, 108.
3 'Elsa's Legacy: The Born Free Story', *Nature*.
4 Born Free Foundation, Adopt a Lion.
5 Nuwer, 'The Strange and Dangerous World of America's Big Cat People'.
6 Guynup, 'Captive Tigers in the U.S. Outnumber Those in the Wild'.
7 Alle opgenoemde huisdieren in deze alinea ontleend aan Hirschman, 'Consumers and Their Animal Companions,' 616-617.
8 Weaver, 'Justin Bieber Would Like to Reintroduce Himself'.
9 Hirschman, 'Consumers and Their Animal Companions', 618.
10 Noisey Staff, 'DJ Khaled Reveals "Major Key" Album Cover Which Is the Greatest Album Cover Maybe Ever'.
11 Skoglund e.a., 'Ancient Wolf Genome Reveals an Early Divergence of Domestic Dog Ancestors and Admixture into High-Latitude Breeds'.
12 Lescureux en Linnell, 'Warring Brothers'.
13 Connors, 'Do Wolfdogs Make Good Pets?'
14 Terrill, *Part Wild*.
15 Ibid, 209.
16 Ibid, 239.
17 Breton, 'Influence of Enclosure Size on the Distances Covered and Paced By Captive Tigers'.
18 Mech en Boitani, red. *Wolves: Behavior, Ecology, and Conservation*, 21.
19 'Wolf Dogs Killed Owner, Autopsy Determines'.
20 Lazzaroni e.a., 'The Effect of Domestication and Experience on the Social Interaction of Dogs and Wolves with a Human Companion'.
21 Nussbaum, *Frontiers of Justice*. NB Nussbaum werkt aan een nieuw boek over dierenrechten, dat naar ze mij vertelde in 2022 moet verschijnen. Daarom is het mogelijk dat mijn overzicht haar nieuwere inzichten niet weergeeft. Lezers die geïnteresseerd zijn in een rechtvaardigheidsbenadering van dierenethiek raad ik aan haar boek te raadplegen bij verschijning.
22 Ibid, 75.

23 Ibid, 355.
24 Ibid, 326.
25 Adamson, *Born Free*, 39.

6 DE AUTOCRATISCHE MENAGERIE

1 Brereton, 'Lion Hunting'.
2 Hancocks, *A Different Nature*, 7.
3 'Animals in Classical and Late Antique Philosophy', 45.
4 Het materiaal over The London Zoo is ontleend aan Hancocks, *A Different Nature*.
5 Het verhaal van Hagenbeck is ontleend aan Rothfels, *Savages and Beasts*.
6 Ibid, 83.
7 Delaney, 'Ota Benga'.
8 Rothfels, *Savages and Beasts*, 183.
9 Association of Zoos & Aquariums, 'The Accreditation Standards & Related Policies', 24-25.
10 Norton e.a. red. *Ethics on the Ark*, 46.
11 In *Blackfish* zeiden medewerkers van SeaWorld dat 25 procent van de orka's een ingezakte rugvin heeft, maar het werkelijke getal is veel lager. De studie waar ze vermoedelijk naar verwijzen gaat over een orkapopulatie in Nieuw-Zeeland waarvan 23,3 procent een 'inzakkende, ingezakte of kromme' rugvin heeft, die op verschillende manieren kunnen hangen of verdraaid zijn. Zie Visser, 'Prolific Body Scars and Collapsing Dorsal Fins on Killer Whales (*Orcinus orca*) in New Zealand Waters'. Dit onderzoek meldde expliciet dat dit percentage ongewoon hoog was en merkte op: 'Voor de populatie in Brits-Columbia gaat het om 4,7 procent en voor die in Noorwegen om 0,57 procent', met als toevoeging dat 'het volledig inzakken van de rugvin van orka's bij geen enkele populatie aan de orde is'. Daar staat tegenover dat in 2013 alle mannelijke orka's in gevangenschap een ingezakte rugvin hadden en sommige vrouwtjes ook, volgens Parsons e.a., *An Introduction to Marine Mammal Biology and Conservation*, 168.
12 Mollman, 'Attendance at SeaWorld San Diego Has Plummeted since the "Blackfish" Documentary'.
13 Allen, Greg.
14 SeaWorld, 'Orca Encounter'.
15 The Whale Sanctuary Project, 'We're building a model sanctuary'.
16 SeaWorld Entertainment. *2019 Annual Report*.
17 Bierlein, *Woodland*, 26.
18 Pierce, 'Tusko the Elephant Rampages through Sedro-Woolley'.
19 Bierlein, Woodland, 59, 71.
20 Het grootste deel van het verhaal over Chai en de gegevens over de sterfte onder gevangen olifanten is afkomstig uit Berens, 'Glamour Beasts'. Een paar details komen uit andere bronnen, en krijgen een aparte noot.
21 Hancocks, 'Former Woodland Park Head Sees Sad Future for Elephants in OK'.
22 Siebert, 'Zoos Called It a 'Rescue'.

23 Hancocks, 'Bamboo Should Be Sent to a Place Where She Can Heal'.
24 Hancocks, 'Former Woodland Park Head Sees Sad Future for Elephants in OK'.
25 Mapes, 'How Quickly They Grow'.
26 Bierlein, *Woodland*, 147.
27 Madrid, 'Cash Cows'.
28 Hancocks, 'Hansa's Short Life One of Deprivation'.
29 Hancocks, 'Bamboo Should Be Sent to a Place Where She Can Heal'.
30 Mapes, 'How Quickly They Grow'.
31 'Seattle Zoo's Beloved Young Elephant Dies'.
32 Mulady, 'Donation Made to Honor Hansa'.
33 Madrid, 'Cash Cows'.
34 McGraw en Foster, 'When You Stand Up for Zoos You Stand Up for Elephants'.
35 *The Seattle Times*-directie, 'Conservation Gift to Honor Hansa'.
36 Woodland Park Zoological Society, IRS form 990 for 2007.
37 Slinker en Liddell, 'Op-ed: Zoos Play a Vital Role Protecting Wild Elephants and Their Habitat'.
38 Ik ben er niet in geslaagd het originele rapport online te vinden en de Woodland Park Zoo reageerde niet op verzoeken om commentaar of hulp bij factchecking. Ik vond de geciteerde passages in een blogpost in de Zoo: Woodland Park Zoo, 'Update: Learning More About Watoto'.
39 Ibid.
40 Doughton,'Elephant Chai Suffered Injuries, Weight Loss Months Before Her Death'.
41 Siebert, 'Zoos Called It a 'Rescue'.
42 De details van deze 'redding' zijn uit Siebert, 'Zoos Called It a 'Rescue'.
43 Winsor, 'CITES Stops Short of Outright Ban on Zoo Trade in Wild African Elephants'.
44 American Veterinary Medical Association. 'AZA to Phase Out Bullhooks for Elephant Management'.
45 Breton en Barrot, 'Influence of Enclosure Size on the Distances Covered and Paced by Captive Tigers'.
46 Mason en Latham, 'Can't Stop, Won't Stop'.
47 Jacobson e.a., 'Characterizing Abnormal Behavior in a Large Population of Zoo-housed Chimpanzees'.
48 Greco e.a., 'The Days and Nights of Zoo Elephants'.
49 Laidman, 'Zoos Using Drugs to Help Manage Anxious Animals'.
50 Hribal, *Fear of the Animal Planet*, 26.
51 Hess, *Nim Chimpsky*, 290.
52 Parker, 'Killing Animals at the Zoo'.
53 Holsman, 'New Details Emerge about Elephant Deaths at Fellsmere Center'.
54 Association of Zoos & Aquariums, 'Zoo and Aquarium Statistics'.
55 Ibid.
56 Loh, e.a., 'Quantifying the Contribution of Zoos and Aquariums to Peer-reviewed Scientific Research'.

57 Woodland Park Zoo. 'Young Wolves Join Northern Trail'.
58 Association of Zoos & Aquariums, 'Zoo and Aquarium Statistics'.
59 Clayton e.a., 'The Role of Zoos in Fostering Environmental Identity'.
60 Clayton e.a., 'Zoo Experiences'.
61 Fraser, 'An Examination of Environmental Collective Identity Development Across Three Life-Stages'.

7 DE WAARDIGHEID VAN DE CONDOR

1 Perrig e.a., 'Demography of Avian Scavengers after Pleistocene Megafaunal Extinction'.
2 Foster, 'Wings of the Spirit'.
3 Smith, Anna, 'An Indigenous Effort to Return Condors to the Pacific Northwest Nears Its Goal'.
4 Meretsky e.a., 'Demography of the California Condor'.
5 Snyder en Snyder, 'Biology and Conservation of the California Condor'.
6 Phillips en Nash, red., *The Condor Question*, 12.
7 Ibid, 45, 60.
8 Ibid, 273.
9 Stallcup, 'Farewell, Skymaster'.
10 *National Audubon Society v. Hester.*
11 Redactionele staf *Sports Illustrated*, 'Last Chance for the Condor'.
12 Ibid.
13 Jorgensen, 'Conservation Implications of Parasite Co-reintroduction'.
14 Finley, 'Life History of the California Condor Part IV'.
15 San Diego Zoo Global Library, California Condor (*Gymnogyps californianus*) Fact Sheet.
16 U.S. Fish & Wildlife Service, 'California Condor Population Information'.
17 Mock, 'Lead Ammo, the Top Threat to Condors, Is Now Outlawed in California'.
18 Freeman, 'Return of the Sacred Condor'.
19 The Condor Cave, 'The Loss of AC-9'.
20 Farnsworth, 'The Condor Question Revisited'.
21 Scott e.a., *Shepherding Nature*, 42.
22 Soulé, 'What Is Conservation Biology?'
23 *Conservation Biology*: Meretsky, e.a., 'Demography of the California Condor: Implications for Reestablishment'.

8 ZIJN SOORTEN WAARDEVOL?

1 *The Case for Animal Rights*, xxxix.
2 Nussbaum, *Frontiers of Justice*, 357.
3 *A Sand County Almanac*, 129-133.
4 Ibid, 201-226.

5 Lloyd en Sreedhar, 'Hobbes's Moral and Political Philosophy'.
6 White, 'The Historical Roots of Our Ecologic Crisis'.
7 Mijn taxonomie van waarde is ontleend aan Sandler, *The Ethics of Species.*
8 Ibid, 18.
9 Routley, 'Is There a Need for a New, an Environmental, Ethic?'
10 Sandler, *The Ethics of Species*, 18-19.
11 Routley, 'Is There a Need for a New, an Environmental, Ethic?'
12 Sandler, *The Ethics of Species*, 71.
13 Ibid, 38.
14 Bekoff, Marc, red., *Encyclopedia of Animal Rights and Animal Welfare*, 206.
15 Sandler, *The Ethics of Species*, 33.
16 American Museum of Natural History. 'What Is Biodiversity?'
17 Jackson, 'Perspective: Ecological Novelty Is Not New'.
18 Arditti e.a., 'Good Heavens What Insect Can Suck It?'
19 Schilthuizen e.a., 'Incorporation of an Invasive Plant into a Native Insect Herbivore Food Web'.
20 Thomas, *Inheritors of the Earth*, 179.
21 Higgs, *Nature by Design*, 107.
22 Rohwer en Marris, 'Renaming Restoration'.

9 IJSBEREN VOEREN

1 Smith, 'Winter Bird Feeding'.
2 Robb e.a., 'Winter Feeding of Birds Increases Productivity in the Subsequent Breeding Season'.
3 Plummer, 'Is Supplementary Feeding in Gardens a Driver of Evolutionary Change in a Migratory Bird Species?'
4 Chisholm en Parfit, *Saving Luna.*
5 Parrott, 'How You Can Help—Not Harm—Wild Animals Recovering from Bushfires'.
6 Santa Monica Mtns, Twitter-post.
7 Mittermeier, 'Starving-Polar-Bear-Photographer Recalls What Went Wrong'.
8 'Heart-Wrenching Video Shows Starving Polar Bear on Iceless Land'.
9 Wiig e.a., '*Ursus maritimus*'.
10 Pagano e.a., 'High-energy, High-fat Lifestyle Challenges an Arctic Apex Predator'.
11 Ibid.
12 Joint Secretariat, *Inuvialuit and Nanuq.*
13 Ibid, xiv.
14 Regehr e.a., 'Conservation Status of Polar Bears'.
15 Ibid.
16 Een groot deel van het verdere hoofdstuk behandelt de argumenten uit Palmer, 'Should We Provide the Bear Necessities?'
17 Zie Palmer, *Animal Ethics in Context.*

18 Nicklaus, 'Peabody CEO Earns $7.6 Million'.
19 Pagano e.a., 'High-energy, High-fat Lifestyle Challenges an Arctic Apex Predator'.
20 Donaldson en Kymlicka, *Zoopolis*.
21 Ibid, 170.
22 Ibid, 182.
23 Ibid, 181.
24 Mathews, 'Wild Animals Are Starving, and It's Our Fault, so Should We Feed Them?'
25 Scott e.a., *Shepherding Nature*, 3.
26 Ibid, 91-97.
27 Ibid, 84.
28 Ibid, 36.
29 Marris, 'These Rare Zebras Are Dependent on Humans'.
30 Scott e.a., *Shepherding Nature*, 30-32.
31 Smart, 'Grizzly Bears Move North in High Arctic as Climate Change Expands Range'.
32 Rinker e.a., 'Polar bear evolution is marked by rapid changes in gene copy number in response to dietary shift'.
33 Fitzpatrick en Shaffer, 'Hybrid Vigor Between Native and Introduced Salamanders'.

10 DE PUNT VAN DE PIJL

1 NB De Matsigenka gebruiken het Spaanse patroniem, gevolgd door de meisjesnaam van de moeder, dus is zijn achternaam op de Nederlandse manier Machipango.
2 Shepard, 'Hunting in Amazonia'.
3 Shepard e. a., 'Trouble in Paradise'.
4 Hecht, *The Scramble for the Amazon*, 437.
5 Nadasdy, *Sovereignty's Entailments*, 269.
6 Anderson, *Creatures of Empire*, 28.
7 Ibid, 30.
8 Ibid, 31.
9 Santos-Fita e.a., 'Symbolism and Ritual Practices Related to Hunting in Maya Communities'.
10 Kimmerer, *Braiding Sweetgrass*, 183.
11 Plumwood, 'Integrating Ethical Frameworks for Animals, Humans, and Nature'.
12 Plumwood, 'Human Vulnerability and the Experience of Being Prey'.
13 Plumwood, 'Tasteless'.
14 Plumwood, 'Integrating Ethical Frameworks for Animals, Humans, and Nature'.

11 BLOEDVERGIETEN VOOR BIODIVERSITEIT

1 Het verhaal van Karl is overgenomen uit Marris, 'Process of Elimination'.
2 Een uitstekend overzicht van de geschiedenis en de conserveringsdilemma's op de

Galapagoseilanden is te vinden in Hennessy, *On the Backs of Tortoises*, en Nicholls, *The Galápagos.*

3 Holmes e.a., 'Globally Important Islands'.

4 Thomas, *Inheritors of the Earth.*

5 Marris, 'Resurrecting a Long-Lost Galapagos Giant Tortoise'.

6 Steinfurth, 'Marine Ecology and Conservation of the Galápagos Penguin'.

7 Bellard, 'Alien Species as a Driver of Recent Extinctions'.

8 Loss e.a., 'The Impact of Free-Ranging Domestic Cats on Wildlife of the United States'.

9 Mijn bron hier is Doherty e.a., 'Invasive Predators and Global Biodiversity Loss'. Ik downloadde met name de tabel met ruwe data uit het materiaal in het Supplement, haalde daar de uitgestorven soorten uit en zocht toen hun geografische verblijfplaats erbij.

10 Walsh en Tucker, 'Contemporary Range Expansion of the Virginia Opossum'.

11 Thomas, *Inheritors of the Earth*, 84.

12 Ibid, 85.

13 Orlando, 'Back to the Roots and Routes of Dromedary Domestication'.

14 Lundgren e.a., 'Introduced Megafauna are Rewilding the Anthropocene'.

15 Tape, Ken D. e.a. 'Tundra Be Dammed'.

16 Marris, 'Large Island Declared Rat-Free in Biggest Removal Success'.

17 Deze naam is afkomstig uit Schwartz, 'Death row dingoes set to be the environmental saviour of Great Barrier Reef 's Pelorus Island'. De details van het project zijn afkomstig uit Allen e.a., 'Elucidating Dingo's Ecological Roles'.

18 Soulé, 'What Is Conservation Biology?'

19 Doherty e.a., 'Conservation or Politics?'

20 Ik ontleende deze lijst aan de Database van Island Invasive Species Eradictions, ontwikkeld door Island Conservation.

21 Geciteerd in Norcross, 'Death for Animals,' 468.

22 Ibid, 466.

23 Littin e.a., 'Comparative Effects of Brodifacoum on Rats and Possums'.

24 Volgens Karl Campbell is dit cijfer ontleend aan een ongepubliceerde studie van het Ecuadorian Ministry of Agriculture.

25 Le Mitouard, Eric. 'Sa pétition pour sauver les rats de Paris a déja recueilli 17,000 signatures'. Updated aantal ondertekeningen afkomstig van https://www.mesopinions.com/petition/animaux/stoppez-genocide-rats/26805

26 Marris, 'Wolf Cull Will Not Save Threatened Canadian Caribou'.

27 Daley, 'North America's Rarest Warbler Comes Off the Endangered List'.

28 Phippen, 'Kill Every Buffalo You Can!'

29 Haig, 'Genetic Identification of Spotted Owls, Barred Owls, and Their Hybrids'.

30 Clément, 'Habitat Features and Behavioral Plasticity Promote Barred Owl Presence in Developed Landscapes'.

31 U.S. Fish & Wildlife Service, 'Barred Owl Study Update'. Geraadpleegd 13 november 2020.

32 Mallet e.a., 'How Reticulated Are Species?'

33 Abbott e.a., 'Hybridization and speciation'.
34 Nietlisbach e.a., 'Hybrid Ancestry of an Island Subspecies of Galápagos Mockingbird'.
35 Ackermann e.a., 'The Hybrid Origin of 'Modern' Humans'.
36 Li e.a., 'Horizontal Transfer of an Adaptive Chimeric Photoreceptor'.

12 DE VRIENDELIJKE TOUTOUWAI

1 Voor de achtergrond van de geologie, ecologie en het milieu van Aotearoaen en de oorsprong en impact van de ingevoerde zoogdieren steunde ik op King, *The Handbook of New Zealand Mammals.*
2 Wilmshurst e.a., 'High-precision Radiocarbon Dating Shows Recent and Rapid Initial Human Colonization of East Polynesia'.
3 Bauer en Russell, '*Hoplodactylus delcourti*'.
4 1Hitchmough e.a., '*Hoplodactylus delcourti*'.
5 Miskelly, 'Extinct Birds of New Zealand'.
6 Companion Animals New Zealand. Companion Animals in New Zealand 2020.
7 Predator Free NZ, 'Backyard Trapping'.
8 Newshub verslaggever, 'Baby Possums Drowned'.
9 Smith, 'Possum Pics Disgust'.
10 NZ Pocket Guide, 'Why New Zealand Hates Possums'.
11 Forest & Bird, 'Frequently Asked Questions about 1080'.
12 Littin e.a., 'Welfare Aspects of Vertebrate Pest Control and Culling'.
13 Royal New Zealand Society for the Prevention of Cruelty to Animals Incorporated. '1080 - What Is It, and What Can Be Done About It?'
14 Royal New Zealand Society for the Prevention of Cruelty to Animals Incorporated, 'SPCA Prosecutes Woman for Neglecting Her Pet Rabbit'.
15 Auckland Council, 'Hunua Pest Numbers at Record Low'.
16 Persoonlijke communicatie met musicus Theodore Davis.
17 BirdLife International, *Callaeas wilsoni.*
18 Historische achtergrond afkomstig van Department of Conservation (NZ). 'History of Kapiti Island'. Details dierenregulering afkomstig van Department of Conservation (NZ). 'Kapiti Island Nature and Conservation'.
19 BirdLife International, *Notiomystis cincta.*
20 Brown e.a., *Kapiti Island Ecological Restoration Strategy.*
21 BirdLife International, *Porphyrio mantelli.*
22 Zealandia. *Annual Report 2018/19*, 6.
23 Thomas, *Inheritors of the Earth*, 124-132.
24 Linklater en Steer, 'Predator Free 2050: A flawed Conservation Policy Displaces Higher Priorities and Better, Evidence-based Alternatives'.
25 Ibid.
26 Ministry for Culture and Heritage (NZ). 'The Treaty in Brief'.
27 Driver, 'Fact Check'.
28 Ministry for Culture and Heritage (NZ), 'The Ngāi Tahu Claim'.

13 EMPATISCHE NATUURBESCHERMING

1 Pedler, 'The Impacts of Abandoned Mining Shafts'.
2 Lewis, 'An Identity Crisis for the Australian Dingo'.
3 Clarkson e.a., 'Human Occupation of Northern Australia by 65,000 Years Ago'.
4 Balme e.a., 'New Dates on Dingo Bones from Madura Cave'.
5 *The Dingo Debate*, 17.
6 Geciteeerd in ibid, 3.
7 Ibid, 20.
8 Philip, 'Living Blanket, Water Diviner, Wild Pet'.
9 Wallach e.a., 'When All Life Counts in Conservation'.
10 Wallach, 'Summoning Compassion to Address the Challenges of Conservation'.
11 Waters, 'Knights in Shining Fur'.
12 Middle Island Project, '2017-2018 Penguin Breeding Season'.
13 Radford e.a., 'Degrees of Population-level Susceptibility of Australian Terrestrial Non-volant Mammal Species'.
14 Reddiex, 'Control of Pest Mammals for Biodiversity Protection in Australia'.
15 Department of the Environment and Energy (Australia), *Threatened Species Strategy – Year Three Progress Report*, 18.
16 Callen e.a., 'Envisioning the Future with 'Compassionate Conservation'.
17 Rohwer en Marris, 'Clarifying Compassionate Conservation with Hypotheticals'.
18 Burg en Croxall, 'Global Population Structure and Taxonomy of the Wandering Albatross Species Complex'.
19 Cuthbert, e.a., 'Population Trends and Breeding Success of Albatrosses and Giant Petrels at Gough Island'.
20 Hayward e.a., 'Deconstructing Compassionate Conservation'.
21 Callen e.a., 'Envisioning the Future with 'Compassionate Conservation'.

14 HET KOOIGEVECHT VAN DE BUIDELRAT

1 Montague e.a., 'Comparative Analysis of the Domestic Cat Genome'.
2 Anton e.a., 'Global Determinants of Prey Naiveté to Exotic Predators'.
3 Esvelt e.a., 'Emerging Technology'.
4 Noble e.a., 'Daisy-Chain Gene Drives for the Alteration of Local Populations'.
5 Esvelt en Gemmell, 'Conservation Demands Safe Gene Drive'.
6 Buchthal e.a., 'Mice Against Ticks'.
7 Rohwer, 'A Duty to Cognitively Enhance Animals'.
8 Sandler, 'The Ethics of Genetic Engineering and Gene Drives in Conservation'.
9 MacDonald e.a., 'Public Opinion Towards Gene Drive'.
10 Wells, *The Island of Doctor Moreau*, 99.
11 Rohwer en Marris, 'An Analysis of Potential Ethical Justifications for Mammoth De-extinction'.
12 Rohwer en Marris, 'An Analysis of Potential Ethical Justifications for Mammoth De-extinction'.

13 Zipple e.a., 'Conditional Fetal and Infant Killing by Male Baboons'.
14 Sapolsky en Share, 'A Pacific Culture Among Wild Baboons'.
15 Gruen, *Entangled Empathy*, 58.
16 Nussbaum, *Frontiers of Justice*, 366.
17 Ibid, 369.
18 Ibid, 373.
19 Ibid, 379.
20 Ibid, 399.
21 Ibid, 400.
22 Jesaja 11:6-7, NBV21
23 Horta, 'Animal Suffering in Nature'.
24 McMahan, 'The Meat Eaters'.
25 Nussbaum, *Frontiers of Justice*, 373.
26 Rohwer, 'Gene Drives, Species, and Compassion for Individuals'.
27 National Academy of Sciences 2020, Heritable Human Genome Editing.
28 Cohen, 'Commission Charts Narrow Path'.
29 'Public Views of Gene Editing for Babies'.
30 Kofler e.a., 'Editing Nature'.

15 HOE EEN GOED MENS TE ZIJN VOOR DE NIET-MENSELIJKE WERELD

1 'The Grass Snake and the Basilisk'.
2 Eckert, 'On the Cult of the Snake in Ancient Baltic and Slavic Tradition'.
3 Gheorghe, 'The Grass Snake'.
4 Riggio e.a., 'Global Human Influence Maps'.
5 Food and Agriculture Organization, 'Land Use in Agriculture by the Numbers'.
6 Winter, 'A Hawaiian Renaissance That Could Save the World'.
7 George, *The Epic of Gilgamesh*, 81.
8 Ibid, 70.
9 Plumwood, 'Tasteless,' 323330.
10 Bericht uit *The Sydney Morning Herald*: 'Val Plumwood died of natural causes'.
11 Leopold, *A Sand County Almanac*, 216.
12 Plumwood, 'Integrating Ethical Frameworks,' 317.
13 Reed-Guy, 'Sensitive Plant (*Mimosa pudica*) Hiding Time Depends on Individual and State'.
14 Mason, 'Value Pluralism'.
15 Batavia e.a., 'The Moral Residue of Conservation'.

BIBLIOGRAFIE

Abbott, Richard, Dirk Albach, Stephen Ansell, Jan W. Arntzen, Stuart J.E. Baird, Nicolas Bierne, Jenny Boughman, e.a. 'Hybridization and Speciation'. *Journal of Evolutionary Biology* 26, no. 2 (2013): 229-246.

Ackerman, Jennifer. *The Genius of Birds*. New York: Penguin, 2016.

Ackermann, Rebecca Rogers, Alex Mackay en Michael L. Arnold. 'The Hybrid Origin of "Modern" Humans'. *Evolutionary Biology* 43, no. 1 (2016): 1-11.

Adamson, Joy. Born Free: *A Lioness of Two Worlds*. Verenigd Koninkrijk: Fontana/Collins, 1960.

Allen, Benjamin L., Lee R. Allen, Michael Graham en Matt Buckman. 'Elucidating Dingo's Ecological Roles: Contributions from the Pelorus Island Feral Goat Biocontrol Project'. *Australian Zoologist* (2020): 1.

Allen, Greg. 'SeaWorld Agrees to End Captive Breeding of Killer Whales.' *NPR*, 17 maart

2016. https://www.npr.org/sections/thetwo-way/2016/03/17/470720804/seaworld

-agrees-to-end-captive-breeding-of-killer-whales.

American Museum of Natural History. 'What Is Biodiversity?' Geraadpleegd 11 november 2020. https://www.amnh.org/research/center-for-biodiversity-conservation/what-is-biodiversity.

American Veterinary Medical Association. 'AZA to Phase Out Bullhooks for Elephant Management', JAVMA News. 30 oktober 2019. https://www.avma.org/javma-news/2019-11-15/aza-phase-out-bullhooks-elephant-management.

Anderson, M. Kat. *Tending the Wild: Native American Knowledge and the Management of California's Natural Resources*. Berkeley en Los Angeles: University of California Press, 2013.

Anderson, Virginia DeJohn. *Creatures of Empire: How Domestic Animals Transformed Early America*. New York: Oxford University Press, 2004.

Anton, Andrea, Nathan R. Geraldi, Anthony Ricciardi en Jaimie T.A. Dick. 'Global Determinants of Prey Naiveté to Exotic Predators'. *Proceedings of the Royal Society B* 287, no. 1928 (2020): 20192978.

Appleby, Michael, Anna Olsson en Francisco Galindo, red. *Animal Welfare*, 3e ed. Wallingford, Oxfordshire: CABI, 2018.

Arditti, Joseph, John Elliott, Ian J. Kitching, Lutz T. Wasserthal. 'Good Heavens What Insect Can Suck It' - Charles Darwin, *Angraecum sesquipedale and Xanthopan morganii praedicta.*' *Botanical Journal of the Linnean Society* 169, no. 3 (2012): 403-432.

Association of Zoos & Aquariums. 'The Accreditation Standards & Related Policies', 2e ed., 2020.

Association of Zoos & Aquariums. 'Zoo and Aquarium Statistics'. Laatste update: april 2020. Geraadpleegd 11 november 2020. https://www.aza.org/zoo-and-aquarium-statistics?locale=en.

Aubert, Maxime, Rustan Lebe, Adhi Agus Oktaviana, Muhammad Tang, Basran Burhan, Andi Jusdi, Budianto Hakim, e.a. 'Earliest Hunting Scene in Prehistoric Art'. *Nature* 576, no. 7787 (2019): 442-445.

Auckland Council. 'Hunua Pest Numbers at Record Low'. *Our Auckland*. 26 februari 2019. https://ourauckland.aucklandcouncil.govt.nz/articles/news/2019/02/hunua-pest-numbers-at-record-low/.

Balcombe, Jonathan. *What a Fish Knows: The Inner Lives of Our Underwater Cousins*. New York: Scientific American/Farrar, Straus and Giroux, 2016.

Balme, Jane, Sue O'Connor en Stewart Fallon. 'New Dates on Dingo Bones from Madura Cave Provide Oldest Firm Evidence for Arrival of the Species in Australia'. *Scientific Reports* 8, no. 1 (2018): 1-6.

Banner, Stuart. 'Why Terra Nullius? Anthropology and Property Law in Early Australia'. *Law and History Review* 23, no. 1 (2005): 95-131.

Barnosky, Anthony D., Emily L. Lindsey, Natalia A. Villavicencio, Enrique Bostelmann, Elizabeth A. Hadly, James Wanket en Charles R. Marshall. 'Variable Impact of Late-Quaternary Megafaunal Extinction in Causing Ecological State Shifts in North and South America'. *Proceedings of the National Academy of Sciences* 113, no. 4 (2016): 856-861.

Bartal, Inbal Ben-Ami, Jean Decety en Peggy Mason. 'Empathy and Pro-social Behavior in Rats'. *Science* 334, no. 6061 (2011): 1427-1430.

Bartal, Inbal Ben-Ami, Haozhe Shan, Nora MR Molasky, Teresa M. Murray, Jasper Z. Williams, Jean Decety en Peggy Mason. 'Anxiolytic Treatment Impairs Helping Behavior in Rats'. *Frontiers in Psychology* 7 (2016): 850.

Batavia, Chelsea, Michael Paul Nelson en Arian D. Wallach. 'The Moral Residue of Conservation'. *Conservation Biology* (2020).

Bates, A.W.H. 'Have Animals Souls? The Late-Nineteenth Century Spiritual Revival and Animal Welfare'. In *Anti-Vivisection and the Profession of Medicine in Britain*, 43-67. London: Palgrave Macmillan, 2017.

Bauer, Aaron M., en Anthony P. Russell. 'Hoplodactylus delcourti n. sp. (Reptilia: Gekkonidae), the Largest Known Gecko'. *New Zealand Journal of Zoology* 13, no. 1 (1986): 141-148.

Beiler, Kevin J., Daniel M. Durall, Suzanne W. Simard, Sheri A. Maxwell en Annette M. Kretzer. 'Architecture of the wood-wide web: Rhizopogon spp. genets link multiple Douglas-fir cohorts'. *New Phytologist* 185, no. 2 (2010): 543-553.

Bekoff, Marc, red. *Encyclopedia of Animal Rights and Animal Welfare*. 2 dln. Santa Barbara: ABC-CLIO, 2009.

Bellard, Céline, Phillip Cassey en Tim M. Blackburn. 'Alien Species as a Driver of Recent Extinctions'. *Biology Letters* 12, no. 2 (2016): 20150623.

Berens, Michael J. 'Glamour Beasts: The Dark Side of Elephant Captivity,' *The Seattle Times*, 1 december 2012, Eerste deel op https://special.seattletimes.com/o/html/nationworld/2019809167_elephants02m.html.

Berger, L.R., en W.S. McGraw. 'Further Evidence for Eagle Predation of, and Feeding Damage on, the Taung Child'. *South African Journal of Science* 103, no. 11-12 (2007): 496-498.

Bierlein, John. *Woodland: The Story of the Animals and People of Woodland Park Zoo*. History Ink, 2017.

Bird, Rebecca Bliege, en Dale Nimmo. 'Restore the Lost Ecological Functions of People'. *Nature Ecology and Evolution* 2, no. 7 (2018): 1050-1052.

BirdLife International. 2016. Porphyrio mantelli. The IUCN Red List of Threatened Species 2016: e.T22728833A94998264. https://dx.doi.org/10.2305/IUCN.UK.2016-3.RLTS. T22728833A94998264.en. Gedownload op 13 november 2020.

BirdLife International. 2017. Callaeas wilsoni (aangepaste versie van raming uit 2016). The IUCN Red List of Threatened Species 2017: e.T103730482A119551156. https://dx.doi.org/10.2305/IUCN.UK.2017-3.RLTS.T103730482A119551156.en. Gedownload op 13 november 2020.

BirdLife International. 2017. Notiomystis cincta (aangepaste versie van raming uit 2016). The IUCN Red List of Threatened Species 2017: e.T22704154A118814893. https://dx.doi.org/10.2305/IUCN.UK.2017-3.RLTS.T22704154A118814893.en. Gedownload op 20 oktober 2020.

Biro, Dora, Tatyana Humle, Kathelijne Koops, Claudia Sousa, Misato Hayashi en Tetsuro Matsuzawa. 'Chimpanzee Mothers at Bossou, Guinea, Carry the Mummified Remains of Their Dead Infants'. *Current Biology* 20, no. 8 (2010): R351-R352.

Bonta, Mark, Robert Gosford, Dick Eussen, Nathan Ferguson, Erana Loveless en Maxwell Witwer. 'Intentional Fire-spreading by 'Firehawk' Raptors in Northern Australia'. *Journal of Ethnobiology* 37, no. 4 (2017): 700-718.

Born Free Foundation. 'Adopt a Lion'. Geraadpleegd 1 december 2020. https://www.bornfree.org.uk/adopt-a-lion.

Brain, Charles K. 'New Finds at the Swartkrans Australopithecine Site'. *Nature* 225, no. 5238 (1970): 1112-1119.

Brereton, Gareth. 'Lion Hunting: The Sport of Kings'. British Museum Blog, 4 januari 2019. https://blog.britishmuseum.org/lion-hunting-the-sport-of-kings-2/.

Breton, Grégory, en Salomé Barrot. 'Influence of Enclosure Size on the Distances Covered and Paced by Captive Tigers (*Panthera tigris*)'. *Applied Animal Behaviour Science* 154 (2014): 66-75.

Brosnan, Sarah F., en Frans B.M. De Waal. 'Monkeys Reject Unequal Pay'. *Nature* 425, no. 6955 (2003): 297-299.

Broughton, Jack M., en Elic M. Weitzel. 'Population Reconstructions for Humans and Megafauna Suggest Mixed Causes for North American Pleistocene Extinctions'. *Nature Communications* 9, no. 1 (2018): 1-12.

Brown, Kerry, Jeremy Rolfe, Lynn Adams, Peter de Lange en Chris Green. *Kapiti Island Ecological Restoration Strategy*. Wellington: Department of Conservation Technical Report, 2016.

Browning, Heather. 'No Room at the Zoo: Management Euthanasia and Animal Welfare'. *Journal of Agricultural and Environmental Ethics* 31, no. 4 (2018): 483-498.

Buchthal, Joanna, Sam Weiss Evans, Jeantine Lunshof, Sam R. Telford III en Kevin M. Esvelt. 'Mice Against Ticks: An Experimental Community-guided Effort to Prevent Tick-borne Disease by Altering the Shared Environment'. *Philosophical Transactions of the Royal Society B* 374, no. 1772 (2019): 20180105.

Burg, T.M., en J.P. Croxall. 'Global Population Structure and Taxonomy of the Wandering Albatross Species Complex'. *Molecular Ecology* 13, no. 8 (2004): 2345-2355.

Callen, Alex, Matt W. Hayward, Kaya Klop-Toker, Benjamin L. Allen, Guy Ballard, Chad T. Beranek, Femke Broekhuis, e.a. 'Envisioning the Future with 'Compassionate Conservation': An Ominous Projection for Native Wildlife and Biodiversity'. *Biological Conservation* 241 (2020): 108365.

Campbell-Smith, Jennifer. 'A Viral Coyote-Badger Video Demonstrates the Incredible Complexity of Nature'. *High Country News,* 14 februari 2020. https://www.hcn.org/issues/52.4/wildlife-a-viral-coyote-badger-video-demonstrates-the-incredible-complexity-of-nature.

Carson, Rachel. *Silent Spring.* New York: Houghton Mifflin Harcourt, 2002.

Cäsar, Cristiane, Klaus Zuberbühler, Robert J. Young en Richard W. Byrne. 'Titi Monkey Call Sequences Vary with Predator Location and Type'. *Biology Letters* 9, no. 5 (2013): 20130535.

Cassani Davis, Lauren. 'Do Emotions and Morality Mix?' *The Atlantic,* 5 februari 2016. https://www.theatlantic.com/science/archive/2016/02/how-do-emotions-sway-moral-thinking/460014/.

Cassel, Katie. *Nā Pua o Kōke'e: Field Guide to the Native Flowering Plants of Northwestern Kaua'i.* Rancho Palos Verdes, CA: Quaking Aspen Books, 2010.

Chisholm, Suzanne en Michael Parfit, regie. *Saving Luna.* 2007. [film]

Chiyo, Patrick I., Vincent Obanda en David K. Korir. 'Illegal Tusk Harvest and the Decline of Tusk Size in the African Elephant'. *Ecology and Evolution* 5, no. 22 (2015): 5216-5229.

Clark, Stephen R.L. 'Animals in Classical and Late Antique Philosophy'. In *The Oxford Handbook of Animal Ethics,* red. Tom L. Beauchamp en R.G. Frey. New York: Oxford University Press, 2011.

Clarkson, Chris, Zenobia Jacobs, Ben Marwick, Richard Fullagar, Lynley Wallis, Mike Smith, Richard G. Roberts, e.a. 'Human Occupation of Northern Australia by 65,000 Years Ago'. *Nature* 547, no. 7663 (2017): 306-310.

Clayton, Susan, John Fraser en Carol D. Saunders. 'Zoo Experiences: Conversations, Connections, and Concern for Animals'. Speciale uitgave, gepubliceerd in samenwerking met de American Zoo and Aquarium Association, *Zoo Biology* 28, no. 5 (2009): 377-397. Clayton, Susan, John Fraser en Claire Burgess. 'The Role of Zoos in Fostering Environmental Identity'. *Ecopsychology* 3, no. 2 (2011): 87-96.

Clément, Marion Alice. "Habitat Features and Behavioral Plasticity Promote Barred Owl Presence in Developed Landscapes'. Afstudeerscriptie, Clemson University, 2020. https:// tigerprints.clemson.edu/all_theses/3364.

Cohen, Jon. "Commission Charts Narrow Path for Editing Human Embryos'. *Science,* 3 september 2020. https://www.sciencemag.org/news/2020/09/commission-charts-narrow-path-editing-human-embryos.

Companion Animals New Zealand. Companion Animals in New Zealand 2020. Auckland, New Zealand. Accessed at https://static1.squarespace.com/static/5d1bf13a3f8e880001289eeb/t/5f768e8a17377653bd1eebef/1601605338749/Companion+Animals+in+NZ +2020+%281%29.pdf.

Connors, Martha Schindler. "Do Wolfdogs Make Good Pets?' *The Bark*, november/december 2010.

Cook, Robert G., en Catherine Fowler. " 'Insight' in Pigeons: Absence of Means-end Processing in Displacement Tests'. *Animal Cognition* 17, no. 2 (2014): 207-220.

Cottingham, John. '"A Brute to the Brutes?": Descartes' Treatment of Animals'. *Philosophy* 53, no. 206 (1978): 551-559.

Cowperthwaite, Gabriela, reg. Blackfish. 2013. [film]

Cubaynes, Sarah, Daniel R. MacNulty, Daniel R. Stahler, Kira A. Quimby, Douglas W. Smith, en Tim Coulson. 'Density-dependent Intraspecific Aggression Regulates Survival in Northern Yellowstone Wolves (Canis lupus)'. *Journal of Animal Ecology* 83, no. 6 (2014): 1344-1356.

Cuthbert, Richard J., John Cooper en Peter G. Ryan. "Population Trends and Breeding Success of Albatrosses and Giant Petrels at Gough Island in the Face of At-sea and On-land Threats'. *Antarctic Science* 26, no. 2 (2014): 163.

Daley, Jason. 'North America's Rarest Warbler Comes Off the Endangered List'. *Smithsonian,* 11 oktober 2019. https://www.smithsonianmag.com/smart-news/north-americas-rarest-warbler-comes-endangered-list-180973324/.

Darimont, Chris T., Stephanie M. Carlson, Michael T. Kinnison, Paul C. Paquet, Thomas E. Reimchen en Christopher C. Wilmers. "Human Predators Outpace Other Agents of Trait Change in the Wild'. *Proceedings of the National Academy of Sciences* 106, no. 3 (2009): 952-954.

Darwin, Charles. *The Descent of Man, and Selection in Relation to Sex.* Verenigd Koninkrijk: D. Appleton, 1872.

Das, Ushnik, Anshu Kumari, Shruthi Sharma en Laxmi T. Rao. 'Demonstration of Altruistic Behaviour in Rats'. *bioRxiv* (2019): 805481.

Da Silva, Maria N.F., Shepard H. Shepard Jr en Douglas W. Yu. 'Conservation Implications of Primate Hunting Practices Among the Matsigenka of Manu National Park'. *Neotropical Primates* 13.2 (2005): 31-36.

Delaney, Ted. 'Ota Benga (†1916)' *Encyclopedia Virginia*, 23 oktober 2020. Teruggevonden op http://www.EncyclopediaVirginia.org/Benga_Ota_ca_1883-1916.

Department of Conservation (NZ). 'History of Kapiti Island'. https://www.doc.govt.nz/parks -and-recreation/places-to-go/wellington-kapiti/places/kapiti-island-nature-reserve /historic-kapiti-island/.

Department of Conservation (NZ). 'Kapiti Island Nature and Conservation'. 'https://www.doc.govt.nz/parks-and-recreation/places-to-go/wellington-kapiti/places/kapiti-island-nature-reserve/nature-and-conservation/.

Department of the Environment and Energy (Australia). *Threatened Species Strategy-Year Three Progress Report.* 2019.

De Waal, Frans. *Are We Smart Enough to Know How Smart Animals Are?* New York: W.W. Norton & Company, 2016.

DIISE. The Database of Island Invasive Species Eradications, ontwikkeld door Island Conservation, Coastal Conservation Action Laboratory UCSC, IUCN, SSC, Invasive Species Specialist Group, University of Auckland en Landcare Research New Zealand. http://diise.islandconservation.org. 2018.

Doherty, Tim S., Alistair S. Glen, Dale G. Nimmo, Euan G. Ritchie en Chris R. Dickman. 'Invasive Predators and Global Biodiversity Loss'. *Proceedings of the National Academy of Sciences* 113, no. 40 (2016): 11261-11265.

Doherty, Tim S., Don A. Driscoll, Dale G. Nimmo, Euan G. Ritchie en Ricky-John Spencer. 'Conservation or Politics? Australia's Target to Kill 2 Million Cats'. *Conservation Letters* 12, no. 4 (2019): e12633.

Donaldson, Sue en Will Kymlicka. *Zoopolis: A Political Theory of Animal Rights.* New York: Oxford University Press, 2011.

Doughton, Sandi. 'Elephant Chai Suffered Injuries, Weight Loss Months before Her Death'. *The Seattle Times.* 19 maart 2016. https://www.seattletimes.com/seattle-news/times-watchdog/chai-suffered-injuries-weight-loss-months-before-her-death-in-oklahoma/.

Dowie, Mark. *Conservation Refugees: The Hundred-year Conflict between Global Conservation and Native Peoples.* Cambridge, MA: MIT Press, 2009.

Driver, George. 'Fact check: Has NZ Spent More on Corrections in Two Years than on All Treaty of Waitangi Settlements?' Radio New Zealand, 8 oktober 2020. https://www.rnz.co.nz/news/political/427913/fact-check-has-nz-spent-more-on-corrections-in-two-years-than-on-all-treaty-of-waitangi-settlements.

Eckert, Rainer. 'On the Cult of the Snake in Ancient Baltic and Slavic Tradition (Based on Language Material from the Latvian Folksongs)'. *Zeitschrift für Slawistik* 43, no. 1 (1998): 94-100.

'Elsa's Legacy: The Born Free Story' *Nature.* PBS. Season 29 Episode 6. Aired: 01/08/2011. https://www.pbs.org/video/nature-elsas-legacy-the-born-free-story/.

Esvelt, Kevin M., Andrea L. Smidler, Flaminia Catteruccia en George M. Church. 'Emerging Technology: Concerning RNA-guided Gene Drives for the Alteration of Wild Populations'. *Elife* 3 (2014): e03401.

Esvelt, Kevin M., en Neil J. Gemmell. 'Conservation Demands Safe Gene Drive'. *PLoS Biology* 15, no. 11 (2017): e2003850.

Evans, Scott D., Ian V. Hughes, James G. Gehling en Mary L. Droser. 'Discovery of the Oldest Bilaterian from the Ediacaran of South Australia'. *Proceedings of the National Academy of Sciences* 117, no. 14 (2020): 7845-7850.

Farnsworth, John. 'The Condor Question Revisited'. Minding Nature 8, no. 2 (Spring 2015).

Faurby, Søren, Daniele Silvestro, Lars Werdelin en Alexandre Antonelli. 'Brain Expansion in Early Hominins Predicts Carnivore Extinctions in East Africa'. *Ecology Letters* 23, no. 3 (2020): 537-544.

Fickett-Wilbar, David. 'Cernunnos: Looking a Different Way'. *Proceedings of the Harvard Celtic Colloquium* 23 (2003): 80-111.

Finley, William L. 'Life History of the California Condor Part IV-The Young Condor in Captivity'. *The Condor* 12, no. 1 (1910): 4-11.

Francis of Assisi, The Little Flowers of Saint Francis of Assisi. red. en vert. Roger Hudleston. Italië: Limited Editions Club, 1930.

Fraser, John Robert. 'An Examination of Environmental Collective Identity Development across Three Life-Stages: The Contribution of Social Public Experiences at Zoos'. Diss., Antioch University, 2009.

Freeman, Benjamin G., Micah N. Scholer, Viviana Ruiz-Gutierrez en John W. Fitzpatrick. 'Climate Change Causes Upslope Shifts and Mountaintop Extirpations in a Tropical Bird Community'. *Proceedings of the National Academy of Sciences* 115, no. 47 (2018): 11982-11987.

Freeman, Mark. 'Return of the Sacred Condor,' *Medford Mail Tribune,* 4 april 2019. https://mailtribune.com/news/top-stories/condors-planned-for-release-in -northern-california-could-show-up-in-oregon.

Fitzpatrick, Benjamin M., en H. Bradley Shaffer. 'Hybrid Vigor Between Native and Introduced Salamanders Raises New Challenges for Conservation'. *Proceedings of the National Academy of Sciences* 104, no. 40 (2007): 15793-15798.

Food and Agriculture Organization of the United Nations. 'Land Use in Agriculture by the Numbers'. 7 mei 2020. http://www.fao.org/sustainability/news/detail/en/c/1274219/. Foot, Philippa. 'The Problem of Abortion and the Doctrine of Double Effect'. *Oxford Review* 5 (1967): 5-15.

Foote, Andrew D., Nagarjun Vijay, María C. Ávila-Arcos, Robin W. Baird, John W. Durban, Matteo Fumagalli, Richard A. Gibbs, e.a. 'Genome-culture Coevolution Promotes Rapid Divergence of Killer Whale Ecotypes'. *Nature Communications* 7, no. 1 (2016): 1-12.

Forest & Bird. 'Frequently Asked Questions about 1080', 16 april 2018. https://www.forestandbird.org.nz/resources/frequently-asked-questions-about-1080.

Foster, John W. 'Wings of the Spirit: The Place of the California Condor Among Native Peoples of the Californias'. Geraadpleegd 1 december 2020. California Department of Parks and Recreation. https://www.parks.ca.gov/?page_id=23527.

Funk, Cary, Meg Hefferon. 'Public Views of Gene Editing for Babies Depend on How It Would Be Used'. *Pew Research Center*, 26 juli 2018. https://www.pewresearch.org/science/2018/07/26/public-views-of-gene-editing-for-babies-depend-on-how-it-would-be-used/.

Fuouco, Linda Wilson, Chico Harlan. 'Wolf Dogs Killed Owner, Autopsy Determines'. *Pittsburgh Post-Gazette*, 18 juli 2006. https://www.post-gazette.com/local/westmoreland/2006/07/19/Wolf-dogs-killed-owner-autopsy-determines/stories/200607190197.

Galetti, Mauro, Marcos Moleón, Pedro Jordano, Mathias M. Pires, Paulo R. Guimaraes Jr, Thomas Pape, Elizabeth Nichols, e.a., 'Ecological and Evolutionary Legacy of Megafauna Extinctions'. *Biological Reviews* 93, no. 2 (2018): 845-862.

George, Andrew, red. *The Epic of Gilgamesh: The Babylonian Epic Poem and Other Texts in Akkadian and Sumerian*. New York: Penguin, 2002.

Gheorghe, Adrian. 'The Grass Snake'. Laatste wijziging op 24 januari 2011. http://alexisphoenix.org/romaniasnake.php.

Gibbens, Sarah. 'Heart-Wrenching Video Shows Starving Polar Bear on Iceless Land'. *National Geographic*, 7 december 2017. https://www.nationalgeographic.com/news/2017/12/polar-bear-starving-arctic-sea-ice-melt-climate-change-spd/.

Gibbons, Ann. 'Meet the Frail, Small-brained People who First Trekked out of Africa'. *Science*, 22 november 2016. doi:10.1126/ science.aal0416.

Gilbert, Nathalie. 'Movement and Foraging Ecology of Partially Migrant Birds in a Changing World'. Doctoraalscriptie, University of East Anglia, 2015. https://ueaeprints.uea.ac.uk /id/eprint/59626.

Gill, Jacquelyn L., John W. Williams, Stephen T. Jackson, Katherine B. Lininger en Guy S. Robinson. 'Pleistocene Megafaunal Collapse, Novel Plant Communities, and Enhanced Fire Regimes in North America'. *Science* 326, no. 5956 (2009): 1100-1103.

Greco, Brian J., Cheryl L. Meehan, Jen N. Hogan, Katherine A. Leighty, Jill Mellen, Georgia J. Mason en Joy A. Mench. 'The Days and Nights of Zoo Elephants: Using Epidemiology to Better Understand Stereotypic Behavior of African Elephants (*Loxodonta africana*) and Asian Elephants (*Elephas maximus*) in North American Zoos'. *PLoS One* 11, no. 7 (2016).

Greene, Joshua D., R. Brian Sommerville, Leigh E. Nystrom, John M. Darley en Jonathan D. Cohen. 'An fMRI Investigation of Emotional Engagement in Moral Judgment'. *Science* 293, no. 5537 (2001): 2105-2108.

Gruen, Lori. *Entangled Empathy: An Alternative Ethic for Our Relationships with Animals*. Brooklyn: Lantern Books, 2015.

Guernsey, Brenda. 'Constructing the Wilderness and Clearing the Landscape: A Legacy of Colonialism in Northern British Columbia'. *Landscapes of Clearance: Archaeological and Anthropological Perspectives* 57 (2008): 112.

Guynup, Sharon. 'Captive Tigers in the U.S. Outnumber Those in the Wild. It's a Problem'. *National Geographic*, december 2019. https://www.nationalgeographic.com/animals/2019/11/tigers-in-the-united-states-outnumber-those-in-the-wild-feature/.

Haig, Susan M., Thomas D. Mullins, Eric D. Forsman, Pepper W. Trail en L.I.V. Wennerberg. 'Genetic Identification of Spotted Owls, Barred Owls en Their Hybrids: Legal Implications of Hybrid Identity'. *Conservation Biology* 18, no. 5 (2004): 1347-1357.

Hancocks, David. *A Different Nature: The Paradoxical World of Zoos and Their Uncertain Future*. Berkeley en Los Angeles: University of California Press, 2001.

Hancocks, David. 'Bamboo Should Be Sent to a Place Where She Can Heal'. *The Seattle Times*, 9 september 2005. https://www.seattletimes.com/opinion/bamboo-should-be-sent-to-a-place-where-she-can-heal/.

Hancocks, David. 'Hansa's Short Life One of Deprivation'. *Seattle PI*, 11 juni, 2007. Update: 21 maart 2011. https://www.seattlepi.com/local/opinion/article/Hansa-s-short-life-one-of-deprivation-1240222.php.

Hancocks, David. 'Former Woodland Park Head Sees Sad Future for Elephants in OK'. Crosscut, 2 april 2015. https://crosscut.com/2015/04/guest-opinion-former-woodland-park-head-sees-sad-future-for-elephants-in-ok.

Harris, David R., en Gordon C. Hillman, red. *Foraging and Farming: The Evolution of Plant Exploitation*. United Kingdom: Routledge, 2014.

Hart, Donna. *Man the Hunted: Primates, Predators, and Human Evolution*. Verenigd Koninkrijk: Routledge, 2018.

Hart, George. *The Routledge Dictionary of Egyptian Gods and Goddesses*. Verenigd Koninkrijk: Routledge, 2005.

Hayward, Matt W., Alex Callen, Benjamin L. Allen, Guy Ballard, Femke Broekhuis, Cassandra Bugir, Rohan H. Clarke, e.a. 'Deconstructing Compassionate Conservation'. *Conservation Biology* 33, no. 4 (2019): 760-768.

Hebblewhite, Mark, en Jesse Whittington. 'Wolves Without Borders: Transboundary Survival of Wolves in Banff National Park over Three Decades'. *Global Ecology and Conservation* (2020): e01293.

Hecht, Susanna B. *The Scramble for the Amazon and the 'Lost Paradise' of Euclides Da Cunha*. Chicago: University of Chicago Press, 2013.

Hedrick, Ann V. 'The Development of Animal Personality'. *Frontiers in Ecology and Evolution* 5 (2017): 14.

Hennessy, Elizabeth. *On the Backs of Tortoises: Darwin, the Galápagos, and the Fate of an Evolutionary Eden*. New Haven: Yale University Press, 2019.

Hess, Elizabeth. *Nim Chimpsky: The Chimp Who Would Be Human*. New York: Bantam, 2008.

Higgs, Eric. *Nature by Design: People, Natural Process, and Ecological Restoration*. Cambridge, MA: MIT Press, 2003.

Hirata, Satoshi, Kunio Watanabe en Kawai Masao. '"Sweet-Potato Washing" Revisited'. In *Primate Origins of Human Cognition and Behavior*, 487-508. Tokyo: Springer, 2008. Hirschman, Elizabeth C. 'Consumers and Their Animal Companions'. *Journal of Consumer Research* 20, no. 4 (1994).

Hitchmough, R., van Winkel, D., Lettink, M. & Chapple, D., 2019. Hoplodactylus delcourti. The IUCN Red List of Threatened Species 2019: e.T10254A120158840. https://dx.doi.org/10.2305/IUCN.UK.2019-2.RLTS.T10254A120158840.en. Gedownload op 21 oktober 2020.

Holmes, Nick D., Dena R. Spatz, Steffen Oppel, Bernie Tershy, Donald A. Croll, Brad Keitt, Piero Genovesi, e.a. 'Globally Important Islands Where Eradicating Invasive Mammals Will Benefit Highly Threatened Vertebrates'. *PloS One* 14, no. 3 (2019).

Holsman, Melissa. 'New Details Emerge About Elephant Deaths at Fellsmere Center'. *TCPalm*, 5 februari 2017. https://www.tcpalm.com/story/news/local/indian-river-county /2017 /04 /05 /new -details -emerge -elephant -deaths -fellsmere -center/ 99748330/.

Hopper, Tristan. 'Everyone Was Dead: When Europeans First Came to B.C., They Stepped Into the Aftermath of a Holocaust'. *The National Post*, 21 februari 2017. https://nationalpost.com/news/canada/everyone-was-dead-when-europeans-first-came-to-b-c-they-confronted-the-aftermath-of-a-holocaust.

Horta, Oscar. 'Animal Suffering in Nature: The Case for Intervention'. *Environmental Ethics* 39, no. 3 (2017): 261-279.

Hribal, Jason. *Fear of the Animal Planet: The Hidden History of Animal Resistance*. Chico, CA: A.K. Press, 2011.

Hunt, Heather, Warne, Kennedy. *It's My Egg (and You Can't Have It!)*. New Zealand: Potton & Burton, 2017.

Hunt, Terry L., en Carl P. Lipo. 'The Last Great Migration: Human Colonization of the Remote Pacific Islands'. Hoofdstuk 8 in *Human Dispersal and Species Movemen*t: From Prehistory to the Present, red. Nicole Boivin, Rémy Crassard en Michael Petraglia, 194-216. Cambridge: Cambridge University Press, 2017. doi:10.1017/978131 6686942.009.

Hursthouse, Rosalind. 'Virtue Ethics and the Treatment of Animals'. In *The Oxford Handbook of Animal Ethics*, red. Tom L. Beauchamp en R.G. Frey, 119-143. New York: Oxford University Press, 2011.

Isabella, Jude. 'From Prejudice to Pride,' *Hakai Magazine*, 10 oktober 2017. https://www.hakaimagazine.com/features/prejudice-pride/.

Isden, Jess, Carmen Panayi, Caroline Dingle en Joah Madden. 'Performance in Cognitive and Problem-Solving Tasks in Male Spotted Bowerbirds Does Not Correlate with Wating Success'. *Animal Behaviour* 86, no. 4 (2013): 829-838.

Jackson, Stephen T. 'Perspective: Ecological Novelty Is Not New'. In *Novel Ecosystems: Intervening in the New Ecological World Order*, red. R. J. Hobbs, E.S. Higgs en C.M. Hal, 63-65. Hoboken, NJ: John Wiley & Sons, 2013.

Jacobson, Sarah L., Stephen R. Ross, en Mollie A. Bloomsmith. 'Characterizing Abnormal Behavior in a Large Population of Zoo-housed Chimpanzees: Prevalence and Potential Influencing Factors'. *PeerJ* 4 (2016): e2225.

Jervis, Lori L., Paul Spicer, William C. Foster, Jeffrey Kelly en Eli Bridge. 'Resisting Extinction'. *Conservation & Society* 17, no. 3 (2019): 227-235.

Johnson, Christopher N. 'Ecological Consequences of Late Quaternary Extinctions of Megafauna'. *Proceedings of the Royal Society* B: Biological Sciences 276, no. 1667 (2009): 2509-2519.

Johnson, Christopher N., Susan Rule, Simon G. Haberle, A. Peter Kershaw, G. Merna McKenzie, en Barry W. Brook. 'Geographic Variation in the Ecological Effects of Extinction of Australia's Pleistocene Megafauna'. *Ecography* 39, no. 2 (2016): 109-116.

Joint Secretariat. *Inuvialuit and Nanuq: A Polar Bear Traditional Knowledge Study.* Joint Secretariat, Inuvialuit Settlement Region. 2015.

Jørgensen, Dolly. 'Conservation Implications of Parasite Co-reintroduction'. *Conservation Biology* 29, no. 2 (2015): 602-604.

Kane, Will. 'California Wolf Is Back in Oregon'. *SFGate*, 3 maart 2012, update 24 december 2013. https://www.sfgate.com/science/article/California-wolf-is-back-in-Oregon-3377534.php.

Kawall, Jason. 'A History of Environmental Ethics,' in *The Oxford Handbook of Environmental Ethics*, red. Gardiner, Stephen Mark, en Allen Thompson. New York: Oxford University Press, 2017.

Keeling, Linda J., Jeff Rushen en Ian J. H, Duncan. 'Understanding Animal Welfare'. In *Animal Welfare*, red. Michael C. Appleby (Wallingford, Oxfordshire, UK & Cambridge, MA: CABI, 2011), 19-20.

Kelleher, Shannon R., Aimee J. Silla en Phillip G. Byrne. 'Animal Personality and Behavioral Syndromes in Amphibians: A Review of the Evidence, Experimental Approaches, and Implications for Conservation'. *Behavioral Ecology and Sociobiology* 72, no. 5 (2018): 79.

Kimmerer, Robin Wall. *Braiding Sweetgrass: Indigenous Wisdom, Scientific Knowledge and the Teachings of Plants*. Minneapolis: Milkweed Editions, 2013.

King, Carolyn M. *The Handbook of New Zealand Mammals*, 2e ed. New York: Oxford University Press.

Koch, Alexander, Chris Brierley, Mark M. Maslin en Simon L. Lewis. 'Earth System Impacts of the European Arrival and Great Dying in the Americas after 1492'. *Quaternary Science Reviews* 207 (2019): 13-36.

Kofler, Natalie, James P. Collins, Jennifer Kuzma, Emma Marris, Kevin Esvelt, Michael Paul Nelson, Andrew Newhouse, e.a. 'Editing Nature: Local Roots of Global Governance'. *Science* 362, no. 6414 (2018): 527-529.

Kohda, Masanori, Hatta Takashi, Tmohiro Takeyama, Satoshi Awata, Hirokazu Tanaka, Jun-ya Asai en Alex Jordan. 'Cleaner Wrasse Pass the Mark Test. What Are the Implications for Consciousness and Self-awareness Testing in Animals?' *bioRxiv* (2018): 397067.

Laidman, Jenni. 'Zoos Using Drugs to Help Manage Anxious Animals'. *The Blade*, 12 september 2005. https://www.toledoblade.com/frontpage/2005/09/12/Zoos-using-drugs-to-help-manage-anxious-animals.html.

Landers, Rich. 'Wolf 47 Works Full-Time for Washington Wildlife Researchers'. *The Spokesman-Review*, 9 maart 2014. https://www.spokesman.com/stories/2014/mar/09/wolf-47-works-full-time-for-washington-wildlife/.

LaPointe, Dennis A., Carter T. Atkinson en Michael D. Samuel. 'Ecology and Conservation Biology of Avian Malaria'. *Annals of the New York Academy of Sciences* 1249, no. 1 (2012): 211-226.

Lazzaroni, Martina, Friederike Range, Jessica Backes, Katrin Portele, Katharina Scheck, en Sarah Marshall-Pescini. 'The Effect of Domestication and Experience on the Social Interaction of Dogs and Wolves with a Human Companion'. *Frontiers in Psychology* 11 (2020): 785.

Le Mitouard, Eric. 'Sa pétition pour sauver les rats de Paris a déjà recueilli 17,000 signatures'. *Le Parisien*, 14 december 2016. https://www.leparisien.fr/paris-75/paris-75005 /sa-petition-pour-sauver-les-rats-de-paris-a-deja-recueilli-17-000-signatures-14-12-2016-6456072.php.

Lenders, H.J., en Ingo AW Janssen. 'The Grass Snake and the Basilisk: From Pre-Christian Protective House God to the Antichrist'. *Environment and History* 20, no. 3 (2014): 319-346.

Leopold, Aldo. *A Sand County Almanac, and Sketches Here and There*. New York: Oxford University Press, 1989.

Lescureux, Nicolas en John D.C. Linnell. 'Warring Brothers: The Complex Interactions between Wolves (Canis lupus) and Dogs (Canis familiaris) in a Conservation Context'. *Biological Conservation* 171 (2014): 232-245. ScienceDirect.

Lewis, Dyani. 'An Identity Crisis for the Australian Dingo'. *UnDark*, 12 augustus 2019. https://undark.org/2019/08/12/identity-crisis-australian-dingo/.

Li, Fay-Wei, Juan Carlos Villarreal, Steven Kelly, Carl J. Rothfels, Michael Melkonian, Eftychios Frangedakis, Markus Ruhsam, e.a. 'Horizontal Transfer of an Adaptive Chimeric Photoreceptor from Bryophytes to Ferns'. *Proceedings of the National Academy of Sciences* 111, no. 18 (2014): 6672-6677.

Linklater, Wayne, en Jamie Steer. 'Predator Free 2050: A Flawed Conservation Policy Displaces Higher Priorities and Better, Evidence-based Alternatives'. *Conservation Letters* 11, no. 6 (2018): e12593.

Linn, A., K.J. Burns en C.H. Richart. 'Red-crested Cardinal (Paroaria coronata)', *Cornell Lab of Ornithology: Birds of the World*, 4 maart 2020. https://doi.org/10.2173/bow.reccar.01.

Littin, K.E., C.E. O'Connor en C.T. Eason. 'Comparative Effects of Brodifacoum on Rats and Possums'. *New Zealand Plant Protection* 53 (2000): 310-315.

Littin, K., P. Fisher, N.J. Beausoleil en T. Sharp. 'Welfare Aspects of Vertebrate Pest Control and Culling: Ranking Control Techniques for Humaneness'. *Revue Scientifique et Technique (International Office of Epizootics)* 33, no. 1 (2014): 281-289.

Loh, Tse-Lynn, Eric R. Larson, Solomon R. David, Lesley S. de Souza, Rebecca Gericke, Mary Gryzbek, Andrew S. Kough, Philip W. Willink en Charles R. Knapp. 'Quantifying the Contribution of Zoos and Aquariums to Peer-reviewed Scientific Research'. *Facets* 3, no. 1 (2018): 287-299.

Looper, Matthew G. *The Beast Between: Deer Imagery in Ancient Maya Art*. Austin: University of Texas Press, 2019.

Loss, Scott R., Tom Will en Peter P. Marra. 'The Impact of Free-ranging Domestic Cats on Wildlife of the United States'. *Nature Communications* 4, no. 1 (2013): 1-8.

Low, Philip, Jaak Panksepp, Diana Reiss, David Edelman, Bruno Van Swinderen en Christof Koch. 'The Cambridge Declaration on Consciousness'. Gepresenteerd op de Francis Crick Memorial Conference, Cambridge, England, 2012.

Lundgren, Erick J., Daniel Ramp, William J. Ripple en Arian D. Wallach. 'Introduced Megafauna Are Rewilding the Anthropocene'. *Ecography* 41, no. 6 (2018): 857-866.

MacDonald, Edith A., Jovana Balanovic, Eric D. Edwards, Wokje Abrahamse, Bob Frame, Alison Greenaway, Robyn Kannemeyer, e.a. 'Public Opinion Towards Gene Drive As a Pest Control Approach for Biodiversity Conservation and the Association of Underlying Worldviews'. *Environmental Communication* (2020): 1-15.

Madrid, Cienna. 'Cash Cows'. *The Stranger*, 11 mei 2011. https://www.thestranger.com/seattle/cash-cows/Content?oid=8078780.

Mallet, James, Nora Besansky en Matthew W. Hahn. 'How Reticulated Are Species?' BioEssays 38, no. 2 (2016): 140-149.

Mapes, Lynda. 'How Quickly They Grow: Hansa Is 5'. *The Seattle Times*, 6 november 2005. https://www.seattletimes.com/seattle-news/how-quickly-they-grow-hansa-is-5/.

Mapes, Lynda. 'Seattle Zoo's Beloved Young Elephant Dies'. *The Seattle Times*, 9 juni 2007. https://www.seattletimes.com/seattle-news/seattle-zoos-beloved-young-elephant-dies/.

Marino, Lori, Naomi A. Rose, Ingrid N. Visser, Heather Rally, Hope Ferdowsian, en Veronica Slootsky. 'The Harmful Effects of Captivity and Chronic Stress on the Wellbeing of Orcas (Orcinus orca)'. *Journal of Veterinary Behavior* 35 (2020): 69-82.

Marris, Emma. *Rambunctious Garden: Saving Nature in a Post-wild World*. New York: Bloomsbury Publishing, 2013.

Marris, Emma. 'Wolf Cull Will Not Save Threatened Canadian Caribou'. *Nature*, 20 januari 2015. https://www.nature.com/news/wolf-cull-will-not-save-threatened-canadian-caribou-1.16734.

Marris, Emma. 'Why OR7 Is a Celebrity'. *High Country News*, 23 januari 2017. https://www.hcn.org/issues/49.1/why-or7-is-a-celebrity.

Marris, Emma. 'Resurrecting a Long-Lost Galapagos Giant Tortoise'. *Wired*, 14 september 2017. https://www.wired.com/story/resurrecting-a-long-lost-galapagos-giant-tortoise/.

Marris, Emma. 'Process of Elimination'. *Wired*, 28 februari 2018. https://www.wired.com /story/crispr-eradicate-invasive-species/.

Marris, Emma. 'Large Island Declared Rat-Free in Biggest Removal Success'. *National Geographic*, 9 mei 2018. https://www.nationalgeographic.com/news/2018/05/south-georgia-island-rat-free-animals-spd/.

Marris, Emma. 'These Rare Zebras Are Dependent on Humans, for Now'. *National Geographic*, 16 januari 2020. https://www.nationalgeographic.com/animals/2020/01/grevys-zebras-face-drought-hay-deliveries/.

Mason, Georgia J., en N. Latham. 'Can't Stop, Won't Stop: Is Stereotypy a Reliable Animal Welfare Indicator?' *Animal Welfare* 13, Suppl. 1 (2004): 57-69.

Masserman, Jules H., Stanley Wechkin en William Terris. ' 'Altruistic' Behavior in Rhesus Monkeys'. *American Journal of Psychiatry* 121, no. 6 (1964): 584-585.

Mathews, Freya. 'Wild Animals Are Starving, and It's Our Fault, so Should We Feed Them?' *The Conversation*, 18 augustus 2013. https://theconversation.com/wild-animals-are-starving-and-its-our-fault-so-should-we-feed-them-16803.

McGraw, James en William Foster. 'When You Stand Up for Zoos You Stand Up for Elephants'. *The Seattle Times*, 15 juni 2007. https://www.seattletimes.com/opinion/when -you-stand-up-for-zoos-you-stand-up-for-elephants/.

McMahan, Jeff. 'The Meat Eaters'. *The New York Times*, 19 september 2010. https://opinionator.blogs.nytimes.com/2010/09/19/the-meat-eaters/.

Meany, Edmond Stephen. *Vancouver's Discovery of Puget Sound: Portraits and Biographies of the Men Honored in the Naming of Geographic Features of Northwestern America*. New York: Macmillan, 1915.

Mech, L. David, en Luigi Boitani, red. *Wolves: Behavior, Ecology, and Conservation*. Chicago: University of Chicago Press, 2010.

Meretsky, Vicky J., Noel FR Snyder, Steven R. Beissinger, David A. Clendenen en James W. Wiley. 'Demography of the California Condor: Implications for Reestablishment'. *Conservation Biology* 14, no. 4 (2000): 958.

Middle Island Project. *2017-2018 Penguin Breeding Season—Completion Report*. http://www.warrnamboolpenguins.com.au/sites/warrnamboolpenguins.com.au/files/documents/2017-18%20Completion%20Report.pdf.

Ministry for Culture and Heritage (NZ). 'The Ngāi Tahu Claim'. New Zealand History. Update: 14 juni 2016. https://nzhistory.govt.nz/politics/treaty/the-treaty-in-practice/ngai-tahu.

Ministry for Culture and Heritage (NZ). 'The Treaty in Brief'. New Zealand History. Update: 17 mei 2017. https://nzhistory.govt.nz/politics/treaty/the-treaty-in-brief.

Minta, Steven C., Kathryn A. Minta en Dale F. Lott. 'Hunting Associations Between Badgers (Taxidea taxus) and Coyotes (Canis latrans)'. *Journal of Mammalogy* 73, no. 4 (1992): 814-820.

Miskelly, Colin. 'Extinct Birds of New Zealand—A Diverse Menagerie, Sadly Departed'. Te Papa Blog, 28 juli 2015. https://blog.tepapa.govt.nz/2015/07/28/extinct-birds-of-New-zealand-part-1-a-diverse-menagerie-sadly-departed/.

Mittermeier, Cristina. 'Starving-Polar-Bear Photographer Recalls What Went Wrong'. *National Geographic*, augustus 2018. https://www.nationalgeographic.com/magazine/2018/08/explore-through-the-lens-starving-polar-bear-photo/.

Mock, Jillian. 'Lead Ammo, the Top Threat to Condors, Is Now Outlawed in California'. *Audubon*, 1 juli 2019. https://www.audubon.org/news/lead-ammo-top-threat-condors-now-outlawed-california.

Mollman, Steve. 'Attendance at SeaWorld San Diego Has Plummeted since the 'Blackfish' Documentary'. *Quartz*, 26 mei 2016. https://qz.com/692900/attendance-at-seaworld-san-diego-has-plummeted-since-the-blackfish-documentary/.

Montague, Michael J., Gang Li, Barbara Gandolfi, Razib Khan, Bronwen L. Aken, Steven M. J. Searle, Patrick Minx, e.a., 'Comparative Analysis of the Domestic Cat Genome Reveals Genetic Signatures Underlying Feline Biology and Domestication'. *Proceedings of the National Academy of Sciences* 111, no. 48 (2014): 17230-17235.

Morell, Virginia. *Animal Wise: The Thoughts and Emotions of Our Fellow Creatures*. New York: Crown Publishers, 2013.

Morell, Virginia. 'Snakes have friends too'. *National Geographic*, 13 mei 2020, https://www.nationalgeographic.com/animals/2020/05/snakes-have-friends-adding-to-evidence-animal-sociability/.

Mulady, Kathy. 'Donation Made to Honor Hansa'. *Seattle PI*, 11 juni 2007. Updated March 21, 2011. https://www.seattlepi.com/local/article/Donation-made-to-honor-Hansa-1240282.php.

Nagel, Thomas. 'What Is It Like to Be a Bat?' *The Philosophical Review* 83, no. 4 (1974): 435-450.

Nadasdy, Paul. *Sovereignty's Entailments: First Nation State Formation in the Yukon*. Toronto: University of Toronto Press, 2017.

National Academy of Sciences 2020. *Heritable Human Genome Editing*. Washington, DC: The National Academies Press, 2020.

National Audubon Soc. v. Hester, 627 F. Supp. 1419 (D.D.C. 1986) U.S. District Court for the District of Columbia-627 F. Supp. 1419 (D.D.C. 1986) 3 februari 1986.

Nengo, Isaiah, Paul Tafforeau, Christopher C. Gilbert, John G. Fleagle, Ellen R. Miller, Craig Feibel, David L. Fox, e.a. 'New Infant Cranium from the African Miocene Sheds Light on Ape Evolution'. *Nature* 548, no. 7666 (2017): 169-174.

Newshub. 'Baby Possums Drowned at Drury School's 'Inhumane' Fundraiser'. 7 februari 2017. https://www.newshub.co.nz/home/new-zealand/2017/07/baby-possums-drowned -at-drury-school-s-inhumane-fundraiser.html.

Nicholls, Henry. *The Galápagos: A Natural History*. New York: Basic Books, 2014.

Nicklaus, David. 'Peabody CEO Earns $7.6 million but Will Be Hurt by Sinking Stock Price'. *Saint Louis Post-Dispatch*, 26 maart 2020. https://www.stltoday.com/business/columns/david-nicklaus/peabody-ceo-earns-7-6-million-but-will-be-hurt-by-sinking-stock-price/article_980a3987-bc31-50de-a1b9-70de0c47b28d.html.

Nietlisbach, Pirmin, Peter Wandeler, Patricia G. Parker, Peter R. Grant, B. Rosemary Grant, Lukas F. Keller en Paquita EA Hoeck. 'Hybrid Ancestry of an Island Subspecies of Galápagos Mockingbird Explains Discordant Gene Trees'. *Molecular Phylogenetics and Evolution* 69, no. 3 (2013): 581-592.

Nihei, Yoshiaki, en Hiroyoshi Higuchi. 'When and Where Did Crows Learn to Use Automobiles as Nutcrackers'. Tohoku Psychologica Folia 60 (2001): 93-97.

Noble, Charleston, John Min, Jason Olejarz, Joanna Buchthal, Alejandro Chavez, Andrea L. Smidler, Erika A. DeBenedictis, George M. Church, Martin A. Nowak en Kevin M. Esvelt. 'Daisy-Chain Gene Drives for the Alteration of Local Populations'. *Proceedings of the National Academy of Sciences* 116, no. 17 (2019): 8275-8282.

Norcross, Alastair. 'Death for Animals'. In *The Oxford Handbook of Philosophy of Death*, red. Ben Bradley, Fred Feldman en Jens Johansson. New York: Oxford University Press, 2013.

Norton, Bryan G., Michael Hutchins, Terry Maple en Elizabeth Stevens, red. *Ethics on the Ark: Zoos, Animal Welfare, and Wildlife Conservation.* Washington, DC: Smithsonian Institution, 1995.

Nussbaum, Martha C. *Frontiers of Justice: Disability, Nationality, Species Membership.* Boston: Harvard University Press, 2009.

Nuwer, Rachel. 'The Strange and Dangerous World of America's Big Cat People'. *Longreads*, maart 2020. https://longreads.com/2020/03/16/tiger-trafficking-in-america/.

Nuwer, Rachel Love. *Poached: Inside the Dark World of Wildlife Trafficking.* United Kingdom: Hachette, 2018.

NZ Pocket Guide. 'Why New Zealand Hates Possums'. Geraadpleegd op 13 november 2020. https://nzpocketguide.com/new-zealand-hates-possums/.

O'Leary, Maureen A., Jonathan I. Bloch, John J. Flynn, Timothy J. Gaudin, Andres Giallombardo, Norberto P. Giannini, Suzann L. Goldberg, e.a. 'The Placental Mammal Ancestor and the Post-K-Pg Radiation of Placentals'. *Science* 339, no. 6120 (2013): 662-667.

Oregon Department of Fish and Wildlife. 'Oregon Wolf Population'. Geraadpleegd 2 december 2020. https://dfw.state.or.us/Wolves/population.asp.

Oregon Department of Fish and Wildlife. *Oregon Wolf Conservation and Management 2019 Annual Report*, 2020. https://www.dfw.state.or.us/Wolves/docs/oregon_wolf_program/2019_Annual_Wolf_Report_FINAL.pdf.

Oregon Wild. 'Wolves Come Home to Oregon'. Geraadpleegd 2 december 2020. https://oregonwild.org/wildlife/wolves-come-home-oregon.

Orlando, Ludovic. 'Back to the Roots and Routes of Dromedary Domestication'. *Proceedings of the National Academy of Sciences* 113, no. 24 (2016): 6588-6590.

Pagano, Anthony M., George M. Durner, Karyn D. Rode, Todd C. Atwood, Stephen N. Atkinson, Elizabeth Peacock, Daniel P. Costa, Megan A. Owen en Terrie M. Williams. 'High-energy, High-fat Lifestyle Challenges an Arctic Apex Predator, the Polar Bear'. *Science* 359, no. 6375 (2018): 568-572.

Palmer, Clare. *Animal Ethics in Context*. New York: Columbia University Press, 2010.

Palmer, Clare. 'Should We Provide the Bear Necessities? Climate Change, Polar Bears and the Ethics of Supplemental Feeding'. In *Animals in Our Midst*, red. Bernice Bovenkirk en Josef Keulartz. New York: Springer, nog te verschijnen.

Parker, Ian. 'Killing Animals at the Zoo'. *The New Yorker*, 9 januari 2017. https://www.newyorker.com/magazine/2017/01/16/killing-animals-at-the-zoo.

Parrott, Marissa, Dale Nimmo en Euan Ritchie. 'How You Can Help-not Harm-Wild Animals Recovering from Bushfires'. *The Conversation*, 19 februari 2020. https://theconversation.com/how-you-can-help-not-harm-wild-animals-recovering-from-bushfires-131385.

Parsons, Edward CM, E.C.M. Parsons, A. Bauer, M.P. Simmonds, Andrew John Wright, en D. McCafferty. *An Introduction to Marine Mammal Biology and Conservation*. Burlington, MA: Jones & Bartlett Publishers, 2013

Paxton, Kristina L., Esther Sebastián-González, Justin M. Hite, Lisa H. Crampton, David Kuhn en Patrick J. Hart. 'Loss of Cultural Song Diversity and the Convergence of Songs in a Declining Hawaiian Forest Bird Community'. *Royal Society Open Science* 6, no. 8 (2019): 190719.

Pedler, Reece D. 'The Impacts of Abandoned Mining Shafts: Fauna Entrapment in Opal Prospecting Shafts at Coober Pedy, South Australia'. *Ecological Management & Restoration* 11, no. 1 (2010): 36-42.

Perrig, Paula L., Emily D. Fountain, Sergio A. Lambertucci en Jonathan N. Pauli. 'Demography of Avian Scavengers after Pleistocene Megafaunal Extinction'. *Scientific Reports* 9, no. 1 (2019): 1-9.

Philip, Justine. 'Living Blanket, Water Diviner, Wild Pet: A Cultural History of the Dingo'. *The Conversation*, 6 augustus 2017. https://theconversation.com/living-blanket-water-diviner-wild-pet-a-cultural-history-of-the-dingo-80189.

Phillips, D., en H. Nash. *Captive or Forever Free? The Condor Question*. San Francisco: Friends of The Earth, 1981.

Phippen, J. Weston. 'Kill Every Buffalo You Can! Every Buffalo Dead Is an Indian Gone' *Atlantic*, 13 mei 2016. https://www.theatlantic.com/national/archive/2016/05/the-buffalo-killers/482349/.

Pierce, J. Kingston. 'Tusko the Elephant Rampages through Sedro-Woolley on May 15, 1922'. HistoryLink.org, 22 februari 2003. https://www.historylink.org/File/5270.

Pierotti, Raymond John en Brandy R. Fogg. *The First Domestication: How Wolves and Humans Coevolved*. New Haven: Yale University Press, 2017.

Platts, Philip J., Suzanna C. Mason, Georgina Palmer, Jane K. Hill, Tom H. Oliver, Gary D. Powney, Richard Fox en Chris D. Thomas. 'Habitat Availability Explains Variation in Climate-driven Range Shifts Across Multiple Taxonomic groups'. *Scientific Reports* 9, no. 1 (2019): 1-10.

Plummer, Kate E., Gavin M. Siriwardena, Greg J. Conway, Kate Risely en Mike P. Toms. 'Is Supplementary Feeding in Gardens a Driver of Evolutionary Change in a Migratory Bird Species?' *Global Change Biology* 21, no. 12 (2015): 4353-4363.

Plumwood, Val. 'Human Vulnerability and the Experience of Being Prey'. *Quadrant* 39, no. 3 (1995): 29.

Plumwood, Val. 'Integrating Ethical Frameworks for Animals, Humans, and Nature: A Critical Feminist Eco-socialist Analysis'. *Ethics & the Environment* 5, no. 2 (2000): 285-322.

Plumwood, Val. 'Tasteless: Towards a Food-based Approach to Death'. *Environmental Values* 17, no. 3 (2008): 323-330.

Pobiner, Briana. 'Meat-Eating Among the Earliest Humans'. *American Scientist* 104, no. 2 (2016): 110-117.

Predator Free NZ. 'Backyard Trapping'. Geraadpleegd op 13 november 2020. https://predatorfreenz.org/get-involved/backyard-trapping/.

Preston, Stephanie D., en Frans B.M. de Waal. 'Empathy: Its Ultimate and Proximate Bases'. *Behavioral and Brain Sciences* 25, no. 1 (2002).

Prokosch, Jorinde, Zephne Bernitz, Herman Bernitz, Birgit Erni en Res Altwegg. 'Are Animals Shrinking Due to Climate Change? Temperature-mediated Selection on Body Mass in Mountain Wagtails'. *Oecologia* 189, no. 3 (2019): 841-849.

Public Law 88-577 (16 U.S.C. 1131-1136) 88th Congress, Second Session September 3, 1964. 'To establish a National Wilderness Preservation System for the permanent good of the whole people, and for other purposes'.

Radford, James Q., John CZ Woinarski, Sarah Legge, Marcus Baseler, Joss Bentley, Andrew A. Burbidge, Michael Bode, e.a. 'Degrees of Population-level Susceptibility of Australian Terrestrial Non-volant Mammal Species to Predation by the Introduced Red Fox (Vulpes vulpes) and Feral Cat (Felis catus)'. *Wildlife Research* 45, no. 7 (2018): 645-657.

Randi, Ettore, Vittorio Lucchini, Mads Fjeldsø Christensen, Nadia Mucci, Stephan M. Funk, Gaudenz Dolf en Volker Loeschcke. 'Mitochondrial DNA Variability in Italian and East European Wolves: Detecting the Consequences of Small Population Size and Hybridization'. *Conservation Biology* 14, no. 2 (2000): 464-473.

Reddiex, Ben, David M. Forsyth, Eve McDonald-Madden, Luke D. Einoder, Peter A. Griffioen, Ryan R. Chick en Alan J. Robley. 'Control of Pest Mammals for Biodiversity Protection in Australia. I. Patterns of Control and Monitoring'. *Wildlife Research* 33, no. 8 (2007): 691-709.

Reed-Guy, Sarah, Connor Gehris, Meng Shi en Daniel T. Blumstein. 'Sensitive Plant (Mimosa pudica) Hiding Time depends on Individual and State'. *PeerJ* 5 (2017): e3598. Regan, Tom. The Case for Animal Rights. Berkeley en Los Angeles: University of California Press, 2004

Regehr, Eric V., Kristin L. Laidre, H. Resit Akçakaya, Steven C. Amstrup, Todd C. Atwood, Nicholas J. Lunn, Martyn Obbard, Harry Stern, Gregory W. Thiemann en Øystein Wiig. 'Conservation Status of Polar Bears (Ursus maritimus) in Relation to Projected Sea-ice Declines'. *Biology Letters* 12, no. 12 (2016): 20160556.

Riggio, Jason, Jonathan E.M. Baillie, Steven Brumby, Erle Ellis, Christina M. Kennedy, James R. Oakleaf, Alex Tait, e.a. 'Global Human Influence Maps Reveal Clear Opportunities in Conserving Earth's Remaining Intact Terrestrial Ecosystems'. *Global Change Biology* (2020): 4344-4356.

Rinker, David C., Natalya K. Specian, Shu Zhao en John G. Gibbons. 'Polar Bear Evolution Is Marked by Rapid Changes in Gene Copy Number in Response to Dietary Shift'. Proceedings of the National Academy of Sciences 116, no. 27 (2019): 13446-13451.

Robb, Gillian N., Robbie A. McDonald, Dan E. Chamberlain, S. James Reynolds, Timothy JE Harrison en Stuart Bearhop. 'Winter Feeding of Birds Increases Productivity in the Subsequent Breeding Season'. *Biology Letters* 4, no. 2 (2008): 220-223.

Roca, Irene T., Louis Desrochers, Matteo Giacomazzo, Andrea Bertolo, Patricia Bolduc, Raphaël Deschesnes, Charles A. Martin, Vincent Rainville, Guillaume Rheault en Raphaël Proulx. 'Shifting Song Frequencies in Response to Anthropogenic Noise: A Meta-analysis on Birds and Anurans'. *Behavioral Ecology* 27, no. 5 (2016): 1269-1274.

Rohwer, Yasha. 'A Duty to Cognitively Enhance Animals'. *Environmental Values* 27, no. 2 (2018): 137-158.

Rohwer, Yasha. 'Gene Drives, Species, and Compassion for Individuals in Conservation Biology'. *Ethics, Policy & Environment*, 18 november 2020. https://www.tandfonline.com/doi/full/10.1080/21550085.2020.1848184.

Rohwer, Yasha, en Emma Marris. 'Is There a Prima Facie Duty to Preserve Genetic Integrity in Conservation Biology?' Ethics, Policy & Environment 18, no. 3 (2015): 233-247.

Rohwer, Yasha, en Emma Marris. 'Renaming Restoration: Conceptualizing and Justifying the Activity as a Restoration of Lost Moral Value Rather Than a Return to a Previous State'. *Restoration Ecology* 24, no. 5 (2016): 674-679.

Rohwer, Yasha, en Emma Marris. 'An Analysis of Potential Ethical Justifications for Mammoth De-extinction and a Call for Empirical Research'. *Ethics, Policy & Environment* 21, no. 1 (2018): 127-142.

Rohwer, Yasha, en Emma Marris. 'Clarifying Compassionate Conservation with Hypotheticals: Response to Wallach e.a. 2018'. *Conservation Biology* 33, no. 4 (2019): 781-783.

Rolston, Holmes. *Environmental Ethics: Duties to and Values in the Natural World: Book Summary.* Philadelphia: Temple University Press, 1989.

Rothfels, Nigel. *Savages and Beasts: The Birth of the Modern Zoo.* Baltimore: The Johns Hopkins University Press, 2002.

Routley, Richard. 'Is There a Need for a New, an Environmental Ethic?' In *Proceedings of the XVth World Congress of Philosophy* 1 (1973): 205-210.

Royal New Zealand Society for the Prevention of Cruelty to Animals Incorporated. '1080 – What Is It, and What Can Be Done about It?' 7 januari 2019. https://www.spca.nz/news-and-events/news-article/1080-what-is-it-and-what-can-be-done-about-it.

Royal New Zealand Society for the Prevention of Cruelty to Animals Incorporated. 'SPCA Prosecutes Woman for Neglecting Her Pet Rabbit', 12 februari 2020. https://www.spca.nz/news-and-events/news-article/neglectedrabbit.

San Diego Zoo Global Library. 'California Condor (Gymnogyps californianus) Fact Sheet'. Geraadpleegd 11 november 2020. https://ielc.libguides.com/sdzg/factsheets/californiacondor.

Sandler, Ronald L. *The Ethics of Species: An Introduction.* United Kingdom: Cambridge University Press, 2012.

Sandler, Ronald. *Environmental Ethics: Theory in Practice.* New York: Oxford University Press, 2017.

Sandler, Ronald. 'The Ethics of Genetic Engineering and Gene Drives in Conservation'. *Conservation Biology* 34, no. 2 (2020): 378-385.

Sandom, Christopher, Søren Faurby, Brody Sandel en Jens-Christian Svenning. 'Global Late Quaternary Megafauna Extinctions Linked to Humans, Not Climate Change'.

Proceedings of the Royal Society B: Biological Sciences 281, no. 1787 (2014): 20133254.
Santa Monica Mtns. Twitter, 17 november 2018. https://twitter.com/SantaMonicaMtns/status/1063850186709975040?s=20.

Santos-Fita, Dídac, Eduardo J. Naranjo, Erin IJ Estrada, Ramón Mariaca en Eduardo Bello. 'Symbolism and Ritual Practices Related to Hunting in Maya Communities from Central Quintana Roo, Mexico'. *Journal of Ethnobiology and Ethnomedicine* 11, no. 1 (2015): 71.

Sapolsky, Robert M. en Lisa J. Share. 'A Pacific Culture among Wild Baboons: Its Emergence and Transmission'. *PLoS Biol* 2, no. 4 (2004): e106.

Schilthuizen, Menno, Lúcia P. Santos Pimenta, Youri Lammers, Peter J. Steenbergen, Marco Flohil, Nils G. P. Beveridge, Pieter T. van Duijn, e.a. 'Incorporation of an Invasive Plant into a Native Insect Herbivore Food Web'. *PeerJ* 4 (2016): e1954.

Schwartz, Dominique. 'Death Row Dingoes Set to Be the Environmental Saviour of Great Barrier Reef 's Pelorus Island'. *ABC News*, 22 juli 2016. https://www.abc.net.au/news/2016-07-23/dingoes-set-to-become-pelorus-island-environmental-saviour/7652424.

Scott, J. Michael, John A. Wiens, Beatrice Van Horne en Dale D. Goble. *Shepherding Nature: The Challenge of Conservation Reliance*. New York: Cambridge University Press, 2020.

SeaWorld. 'Orca Encounter'. https://seaworld.com/orlando/shows/orca-encounter/. Geraadpleegd 10 november 2020.

SeaWorld Entertainment. '2019 Annual Report'. Geraadpleegd 11 november 2020. https://s1.q4cdn.com/392447382/files/doc_financials/Annual%20Reports/Annual/SEAS-2019-Annual-Report.pdf.

Shepard Jr, Glenn Harvey. 'Hunting in Amazonia'. In *Encyclopaedia of the History of Science, Technology, and Medicine in Non-Western Cultures*, red. Helaine Selin. New York: Springer, Dordrecht, 2014.

Shepard Jr, Glenn H., Klaus Rummenhoeller, Julia Ohl-Schacherer en Douglas W. Yu. 'Trouble in Paradise: Indigenous Populations, Anthropological Policies, and Biodiversity Conservation in Manu National Park, Peru'. *Journal of Sustainable Forestry* 29, no. 2-4 (2010): 252-301.

Shipek, Florence C. 'A Native American Adaptation to Drought: The Kumeyaay as Seen in the San Diego Mission Records 1770-1798'. *Ethnohistory* 28, no. 4 (1981): 295-312.

Shumaker, Robert W., Kristina R. Walkup en Benjamin B. Beck. Animal Tool Behavior: *The Use and Manufacture of Tools by Animals*. Baltimore: The Johns Hopkins University Press, 2011.

Siebert, Charles. 'Zoos Called It a 'Rescue'. But Are the Elephants Really Better Off?' *The New York Times*, 9 juli 2019. https://www.nytimes.com/2019/07/09/magazine/elephants-zoos-swazi-17.html.

Singer, Michael C., en Camille Parmesan. 'Lethal Trap Created by Adaptive Evolutionary Response to an Exotic Resource'. *Nature* 557, no. 7704 (2018): 238-241.

Singer, Peter. *Animal Liberation: Towards an End to Man's Inhumanity to Animals.* United Kingdom: Granada Publishing Ltd., 1977.

Skoglund, Pontus, Erik Ersmark, Eleftheria Palkopoulou en Love Dalén. 'Ancient Wolf Genome Reveals an Early Divergence of Domestic Dog Ancestors and Admixture into High-Latitude Breeds'. *Current Biology* 25 (2015): 1515-1519.

Slinker, Bryan en Rob Liddell. 'Op-Ed: Zoos Play a Vital Role Protecting Wild Elephants and Their Habitat'. *The Seattle Times*, 8 december 2012. https://www.seattletimes.com/opinion/op-ed-zoos-play-a-vital-role-protecting-wild-elephants-and-their-habitat/.

Smart, Amy. 'Grizzly Bears Move North in High Arctic as Climate Change Expands Range'. *National Post*, 14 december 2019. https://nationalpost.com/news/canada/grizzly-bears-move-north-in-high-arctic-as-climate-change-expands-range.

Smith, Anna. 'An Indigenous Effort to Return Condors to the Pacific Northwest Nears Its Goal'. *Audubon*, 5 november 2020. https://www.audubon.org/news/an-indigenous -effort-return-condors-pacific-northwest-nears-its-goal.

Smith, Blanton. 'Possum Pics Disgust'. Taranaki Daily News, August 2, 2012. https://www.stuff.co.nz/taranaki-daily-news/news/7392131/Possum-pics-disgust.

Smith, Bradley. *The Dingo Debate: Origins, Behaviour and Conservation. Australia*: CSIRO Publishing, 2015.

Smith, Felisa A., Catalina P. Tomé, Emma A. Elliott Smith, S. Kathleen Lyons, Seth D. Newsome en Thomas W. Stafford. 'Unraveling the Consequences of the Terminal Pleistocene Megafauna Extinction on Mammal Community Assembly'. *Ecography* 39, no. 2 (2016): 223-239.

Smith, Joe. 'Winter Bird Feeding: Good or Bad for Birds?' *Cool Green Science*, 5 januari 2015. https://blog.nature.org/science/2015/01/05/winter-bird-feeding-good-or-bad-for -birds/.

Snyder, Noel F.R., en Helen A. Snyder. 'Biology and Conservation of the California Condor'. In *Current Ornithology*, dl. 6, red. D.M. Power, 175-267. Boston, MA: Springer, 1989.

Soulé, Michael E. 'What Is Conservation Biology?' *BioScience* 35, no. 11 (1985): 727-734.

Sports Illustrated. 'Last Chance for the Condor', 23 maart 1987. https://vault.si.com/vault/1987/03/23/last-chance-for-the-condor-with-only-one-of-the-species-left-in-the-wild-a-remarkable-bird-struggles-for-survival.

Stallcup, R. 'Farewell, Skymaster'. *Point Reyes Bird Observatory Newsletter* 53 (1981): 10.

Stanford Encyclopedia of Philosophy, editie Winter 2017. 'Moral Particularism', van Jonathan Dancy. Laatst gewijzigd 22 september 2017, https://plato.stanford.edu/archives/win2017/entries/moral-particularism.

Stanford Encyclopedia of Philosophy, editie Voorjaar 2018. 'Value Pluralism', door Elinor Mason. Laatst gewijzigd 7 februari 2018. https://plato.stanford.edu/archives/spr2018/entries/value-pluralism/.

Stanford Encyclopedia of Philosophy, editie Najaar 2020. 'Hobbes's Moral and Political Philosophy', door Sharon A. Lloyd en Susanne Sreedhar. Laatst gewijzigd 30 april 2018. https://plato.stanford.edu/archives/fall2020/entries/hobbes-moral/.

State of New York Court of Appeals, *Nonhuman Rights Project, Inc., on Behalf of Tommy v. Patrick C. Lavery, &c., e.a./Nonhuman Rights Project, Inc., on Behalf of Kiko v. Carmen Presti e.a.*, Motion No. 2018-2268.

Steinfurth, Antje. 'Marine Ecology and Conservation of the Galápagos Penguin, Spheniscus mendiculus'. PhD diss., Christian-Albrecht University of Kiel, 2007. https://d-nb.info/1019952164/34.

Suárez-Rodríguez, Monserrat, Isabel López-Rull en Constantino Macias Garcia. 'Incorporation of Cigarette Butts into Nests Reduces Nest Ectoparasite Load in Urban Birds: New Ingredients for an Old Recipe?' *Biology Letters* 9, no. 1 (2013): 20120931.

Svartberg, Kenth, Ingrid Tapper, Hans Temrin, Tommy Radesäter en Staffan Thorman. 'Consistency of Personality Traits in Dogs'. *Animal Behaviour* 69, no. 2 (2005): 283-291.

Taylor, H.J. 'The Last Survivor'. *University of California Chronicle*, januari 1931, dl. IXXXIII, No. I en januari 1932, dl. XXXIV, No. 1. Geraadpleegd op https://www.yosemite.ca.us/library/the_last_survivor/.

Terrill, Ceiridwen. *Part Wild: One Woman's Journey with a Creature Caught Between the Worlds of Wolves and Dogs*. New York: Simon and Schuster, 2011.

The Condor Cave. 'The Loss of AC-9'. Facebook. 11 juli 2017. https://www.facebook.com/notes/the-condor-cave/the-loss-of-ac-9/1734698233211159/.

The Seattle Times. 'Conservation Gift to Honor Hansa'. 11 juni 2007. https://www.seattletimes.com/seattle-news/conservation-gift-to-honor-hansa/.

The Sydney Morning Herald. 'Val Plumwood Died of Natural Causes: Friend', 6 maart 2008. smh.com.au/environment/val-plumwood-died-of-natural-causes-friend-20080306-gds455.html.

The Whale Sanctuary Project. 'We're building a model sanctuary where captive whales and dolphins can be rehabilitated and live permanently in their natural environment'. Home page. Geraadpleegd 11 november 2020. https://whalesanctuaryproject.org/.

Thomas, Chris D. *Inheritors of the Earth: How Nature Is Thriving in an Age of Extinction.* United Kingdom: Hachette, 2017.

Thomson, Judith Jarvis. 'The Trolley Problem'. *Yale Law Journal* 94, no. 6 (1985): 1395-1415. Geraadpleegd 2 december 2020. doi:10.2307/796133.

Urban, Mark C. 'Climate-tracking Species Are Not Invasive'. *Nature Climate Change* 10 (2020): 382-384.

U.S. Fish & Wildlife Service. 'California Condor Population Information'. 18 februari 2020. https://www.fws.gov/cno/es/CalCondor/Condor-population.html.

U.S. Fish & Wildlife Service. 'Barred Owl Study Update'. Geraadpleegd 2 december 2020. https://www.fws.gov/oregonfwo/articles.cfm?id=149489616.

Van Dine, Delos Lewis. Mosquitoes in Hawaii. Hawaiian Gazette Company, 1904.

Vernes, Sonja C., en Gerald S. Wilkinson. 'Behaviour, Biology and Evolution of Vocal Learning in Bats'. *Philosophical Transactions of the Royal Society B* 375, no. 1789 (2020): 20190061.

Vice. 'DJ Khaled Reveals 'Major Key' Album Cover Which Is the Greatest Album Cover Maybe Ever'. *Noisy*, 24 juni 2016. https://www.vice.com/en/article/rdzmdq/dj-khaled-reveals-major-key-album-cover-which-is-greatest-album-cover-maybe-ever.

Visser, Ingrid N. 'Prolific Body Scars and Collapsing Dorsal Fins on Killer Whales (Orcinus orca) in New Zealand Waters'. Aquatic Mammals 24 (1998): 71-82.

Wallach, Arian D., Marc Bekoff, Chelsea Batavia, Michael Paul Nelson en Daniel Ramp. 'Summoning Compassion to Address the Challenges of Conservation'. *Conservation Biology* 32, no. 6 (2018): 1255-1265.

Wallach, Arian D., Erick Lundgren, Chelsea Batavia, Michael Paul Nelson, Esty Yanco, Wayne L. Linklater, Scott P. Carroll, e.a. 'When All Life Counts in Conservation'. *Conservation Biology* 34 (2019): 997-1007.

Walsh, L.L., en P.K. Tucker. 'Contemporary range expansion of the Virginia opossum (Didelphis virginiana) impacted by humans and snow cover'. *Canadian Journal of Zoology* 96, no. 2 (2018): 107-115.

Walton, Alexander, en Amy L. Toth. 'Variation in Individual Worker Honey Bee Behavior Shows Hallmarks of Personality'. *Behavioral Ecology and Sociobiology* 70, no. 7 (2016): 999-1010.

Waters, Hannah. 'Knights in Shining Fur: The Fight to Save Australia's Littlest Penguins'. *Audubon*, 25 september 2015. https://www.audubon.org/news/knights-shining-fur-fight-save-australias-littlest-penguins.

Weaver, Caity. 'Justin Bieber Would Like to Reintroduce Himself'. *GQ*, 11 februari 2016. https://www.gq.com/story/justin-bieber-gq-interview?

Weiskopf, Sarah R., Madeleine A. Rubenstein, Lisa G. Crozier, Sarah Gaichas, Roger Griffis, Jessica E. Halofsky, Kimberly J. W. Hyde, e.a. 'Climate Change Effects on Biodiversity, Ecosystems, Ecosystem Services, and Natural Resource Management in the United States'. *Science of the Total Environment* 773 (2020): 137782.

Wells, Herbert George. *The Island of Doctor Moreau*. New York: Bantam, 2005.

White, Lynn. 'The Historical Roots of Our Ecologic Crisis'. *Science* 155, no. 3767 (1967): 1203-1207.

Wiig, Ø., Amstrup, S., Atwood, T., Laidre, K., Lunn, N., Obbard, M., Regehr, E. & Thiemann, G. 2015. 'Ursus maritimus. The IUCN Red List of Threatened Species 2015,' e.T22823A14871490. https://dx.doi.org/10.2305/IUCN.UK.2015-4.RLTS.T22823A14871490.en. Gedownload op 11 november 2020.

Wilmshurst, Janet M., Terry L. Hunt, Carl P. Lipo en Atholl J. Anderson. 'High-Precision Radiocarbon Dating Shows Recent and Rapid Initial Human Colonization of East Polynesia'. Proceedings of the National Academy of Sciences 108, no. 5 (2011): 1815-1820.

Winsor, Morgan. 'CITES Stops Short of Outright Ban on Zoo Trade in Wild African Elephants'. *ABC News*, 28 augustus 2019. https://abcnews.go.com/International/cites-stops-short-outright-ban-zoo-trade-wild/story?id=65239933.

Winter, Kawika B. 'A Hawaiian Renaissance That Could Save the World: This Archipelago's Society Before Western Contact Developed a Large, Self-sufficient Population, Yet Imposed a Remarkably Small Ecological Footprint'. *American Scientist* 107, no. 4 (2019): 232-240.

Woodland Park Zoo. 'Young Wolves Join Northern Trail', 8 april 2011. https://blog.zoo.org/2011/04/young-wolves-join-northern-trail.html.

Woodland Park Zoo. 'Update: Learning More about Watoto'. 7 oktober 2014. https://blog.zoo.org/2014/10/update-learning-more-about-watoto.html?utm_source=feedburner&utm_medium=feed&utm_campaign=Feed:+WoodlandParkZBlog+(Woodland+Park+Zoo+Blog+%7C+Naturally+Inspiring).

Woodland Park Zoological Society, IRS form 990 for 2007. Accessed at https://projects.propublica.org/nonprofits/display_990/916070005/2009_01_EO%2F91-6070005_990_200712.

Žampachová, Barbora, Barbora Kaftanová, Hana Šimánková, Eva Landová en Daniel Frynta. 'Consistent Individual Differences in Standard Exploration Tasks in the Black Rat (Rattus rattus)'. *Journal of Comparative Psychology* 131, no. 2 (2017): 150.
Zealandia. *Annual Report 2018/19*. https://www.visitzealandia.com/Portals/0/Annual%20Report%202018-2019_Web_size_smaller.pdf.

Ziegler, Alan C. *Hawaiian Natural History, Ecology, and Evolution*. Honolulu: University of Hawaii Press, 2002.

Zipple, Matthew N., Jackson H. Grady, Jacob B. Gordon, Lydia D. Chow, Elizabeth A. Archie, Jeanne Altman, en Susan C. Alberts. 'Conditional Fetal and Infant Killing by Male Baboons'. *Proceedings of the Royal Society B: Biological Sciences* 284, no. 1847 (2017): 20162561.

REGISTER